**Grenzfälle – Schäden im Metallbau: Band 6**

# Grenzfälle
## Schäden im Metallbau: Band 6 (100 neue Fälle)
## Ursachen – Bewertung – Vermeidung

399 Abbildungen und 8 Tabellen

Herausgeber:
Dipl.-Ing. Jörg Dombrowski
Metallbauermeister German Sternberger

Autoren:
Dr.-Ing. Elena Alexandrakis
Schlossermeister Jens Belz
Norbert Finke
Metallbauermeister Andreas Friedel
Werkzeugmachermeister Thomas Hammer
Metallbauermeister Walter Heinrichs
Dr.-Ing. Lothar Höher
Dipl.-Ing. Martin Hofmann
Dr.-Ing. Jens Jürgensen
Dipl.-Ing. Architekt Frank Kammenhuber
Metallbauermeister Andreas Konzept
Dipl.-Ing. (FH) Achim Knapp
Dipl.-Ing. Erwin Kostyra
M. Sc. Nico Maczionsek
Metallbauermeister Ralf Patzer
Dipl.-Ing. (FH) Hans Pfeifer
Prof. Dr.-Ing. Michael Pohl
Dipl.-Journ. Yvonne Schneider
Prof. Dr.-Ing. habil. Jochen Schuster
Dr.-Ing. Barbara Siebert
Universitätsprofessor Dr.-Ing. Geralt Siebert
Dr. John Siehoff
Dipl.-Ing. (FH) Helmut Simianer
Metallbauermeister German Sternberger
Metallbauermeister Pascal Tonneau
Dipl.-Ing. Steffen Wagner
Gabriele Weilnhammer
Metallbauermeister Peter Zimmermann

**Bibliografische Information der Deutschen Nationalbibliothek**
Die Deutsche Nationalbibliothek verzeichnet diese Publikation in der Deutschen National-bibliografie; detaillierte bibliografische Daten sind im Internet über http://dnb.d-nb.de abrufbar.

© RM Rudolf Müller Medien GmbH & Co. KG, Köln 2025
Alle Rechte vorbehalten.
Herausgegeben von Dipl.-Ing. Jörg Dombrowski und German Sternberger

Das Werk einschließlich seiner Bestandteile ist urheberrechtlich geschützt. Jede Verwertung außerhalb der engen Grenzen des Urheberrechtsgesetzes ist ohne die Zustimmung des Verlages unzulässig und strafbar. Dies gilt insbesondere für Vervielfältigungen, Bearbeitungen, Übersetzungen, Mikroverfilmungen und die Einspeicherung und Verarbeitung in elektronischen Systemen.

Wiedergabe von DIN-Normen mit Erlaubnis des DIN Deutsches Institut für Normung e.V. Maßgebend für das Anwenden von Normen ist deren Fassung mit dem neuesten Ausgabedatum, die bei der DIN Media GmbH, Burggrafenstraße 6, 10787 Berlin, erhältlich ist. Maßgebend für das Anwenden von Regelwerken, Richtlinien, Merkblättern, Hinweisen, Verordnungen usw. ist deren Fassung mit dem neuesten Ausgabedatum, die bei der jeweiligen herausgebenden Institution erhältlich ist. Zitate aus Normen, Merkblättern usw. wurden, unabhängig von ihrem Ausgabedatum, in neuer deutscher Rechtschreibung abgedruckt.

Das vorliegende Werk wurde mit größter Sorgfalt erstellt. Verlag und Autor können dennoch für die inhaltliche und technische Fehlerfreiheit, Aktualität und Vollständigkeit des Werkes und seiner elektronischen Bestandteile (Internetseiten) keine Haftung übernehmen.

Wir freuen uns Ihre Meinung über dieses Fachbuch zu erfahren. Bitte teilen Sie uns Ihre Anregungen, Hinweise oder Fragen per E-Mail: info@rudolf-mueller.de mit.

Umschlaggestaltung, Satz und Herstellung: Satz+Layout Werkstatt Kluth, Erftstadt
Druck und Bindearbeiten: Westermann Druck Zwickau GmbH, Zwickau
Printed in Germany

ISBN 978-3-481-04820-4 (Buch-Ausgabe), Produktionscharge *001
ISBN 978-3-481-04821-1 (E-Book als PDF)
ISBN 978-3-481-04822-8 (Bundle Buch + E-Book), Produktionscharge *001

# Geleitwort

**Grenzfälle – oft die spannendsten Fälle**

Spektakuläre Schäden erregen naturgemäß besonders großes Aufsehen. Aber für Fachleute mindestens ebenso lehrreich sind die Fälle, bei denen es auf den ersten – und vielleicht auch auf den zweiten – Blick nicht klar ist, ob es ein Schaden ist oder nicht.

Wir schauen im vorliegenden Werk tatsächlich zweimal hin. Und wenn es sein muss, auch dreimal. Denn im sechsten Band unserer Buchreihe „Schäden im Metallbau" hat unser Herausgeber-Team hundert Fälle zusammengetragen, die nicht sofort eindeutig sind.

Wir haben diesen Band „Grenzfälle" genannt. Dieser Begriff umschreibt aus unserer Sicht perfekt die Lage: Es könnte so sein, wie man spontan vermutet, es könnte aber auch anders sein. Und um nun herauszufinden, wie die Einordnung lauten muss, gilt es, sehr genau hinzuschauen.

Mein Eindruck bei der Entstehung des Werkes war, dass unsere Herausgeber zunehmend große Begeisterung bei der Arbeit entwickelten. Ich vermute, das hatte auch damit zu tun, dass der Lerneffekt bei der Aufbereitung der Grenzfälle auch für sie selbst besonders groß war.

Der bisher alleinige Herausgeber Jörg Dombrowski wird in diesem Band von German Sternberger unterstützt. Die beiden kennen sich seit Jahren, zum Beispiel aus ihrer gemeinsamen Tätigkeit als Mitglieder im Beratungsgremium des Branchenmagazins M&T-Metallhandwerk. German Sternberger leitet als Metallbauermeister die Metallbauwerkstatt der Universität Heidelberg. Als öffentlich bestellter und vereidigter Sachverständiger ist er seit vielen Jahren bei der Handwerkskammer Mannheim gelistet und unterstützt in seiner Region die Rechtsfindung.

Auch dieses Mal hat eine Riege von Autoren unsere Herausgeber mit Fällen aus ihrer Gutachterpraxis versorgt. Wenn Sie alle Autoren auf einen Blick sehen möchten, gehen Sie zur Seite 301. Dort finden Sie unsere Sachverständigen nebst Zuordnung ihrer jeweiligen Fälle.

Alle Fälle finden Sie ab dem Erscheinungsdatum dieses Titels auch in der Online-Datenbank www.Schaeden-im-Metallbau.de. Diese ist ein hilfreiches Werkzeug, wenn es darum geht, sich ein Bild zu verschaffen, was alles passieren kann, was die Gründe sind und wie ein Fall zu bewerten ist.

Durch den Band „Grenzfälle" wächst die Datenbank auf einen Bestand von rund 700 Fällen. Das ist einmalig im Metallhandwerk. Aber auch für andere Einzelgewerke finden Sie nicht so leicht eine vergleichsweise umfangreiche und facettenreiche Darstellung dessen, was passieren kann, wird und was im Nachgang gegebenenfalls bearbeitet werden muss(te).

Inzwischen hat diese Datenbank übrigens Einzug in das schweizerische Fachregelwerk Metallbaupraxis-Schweiz genommen. Zwar lassen sich die Fälle nicht einfach eins zu eins von Deutschland auf die Schweiz übertragen. Aber viele Fälle haben eine so starke technische Verwandtschaft mit der schweizerischen Praxis, dass sie durchaus als Anschauungsmaterial und Denkanstoß dienen können. Nutzer des schweizerischen Regelwerkes können bei ihren Recherchen einfach eine automatisierte Suche nach Schadensfällen im Hintergrund ihrer Recherchen laufen lassen. Und bei Bedarf öffnen sie sich einfach einen passenden Fall.

Aus unserer Sicht gehören ein Fachregelwerk und eine Schäden-Sammlung inhaltlich ohnehin eng zusammen. Oft liefern ja die Dinge, die nicht gut gelungen sind, ein besonders aussagekräftiges Beweismaterial für die Richtigkeit von Bauregeln und -normen. Wir empfehlen daher, die „Grenzfälle" und die „Metallbaupraxis" als etwas innerlich Zusammengehörendes zu verstehen.

Die Details zur Gliederung des vorliegenden Werkes und zur optimalen Nutzung liefern Ihnen auf den folgenden Seiten Jörg Dombrowski und German Sternberger. Wir sind uns gemeinsam sicher, dass wir Ihnen mit diesem Buch ein besonders hilfreiches Arbeitsmittel liefern, an dem Sie viel Freude haben werden. Nutzen Sie es zum Wohl Ihres Betriebs und des Handwerks insgesamt.

Mit großem Dank an die Herausgeber und alle Autoren wünsche ich Ihnen viele spannende und erhellende Momente beim Stöbern in diesem Buch. Und als positiven Ausblick weise ich darauf hin, dass es vor allem die gelungenen Projekte sind, die das Bild des Metallhandwerks in der Öffentlichkeit besonders prägen.

Wir wollen daher genauso diese gelungenen Beispiele zeigen und feiern. Dafür haben wir die Wettbewerbe um den Deutschen Metallbaupreis (siehe Seite 259) und den Feinwerkmechanik-Preis ins Leben gerufen. Wenn Sie also in Ihrem Betrieb etwas besonders Gelungenes gefertigt haben, nehmen Sie bitte am entsprechenden Wettbewerb teil, es lohnt sich.

Alles Gute und eine schadensfreie Zeit wünscht Ihr

Dr. John-Thomas Siehoff
Senior Programm Manager Metall

QR-Code Datenbank

QR-Code Fachregelwerk

QR-Code Deutscher Metallbaupreis

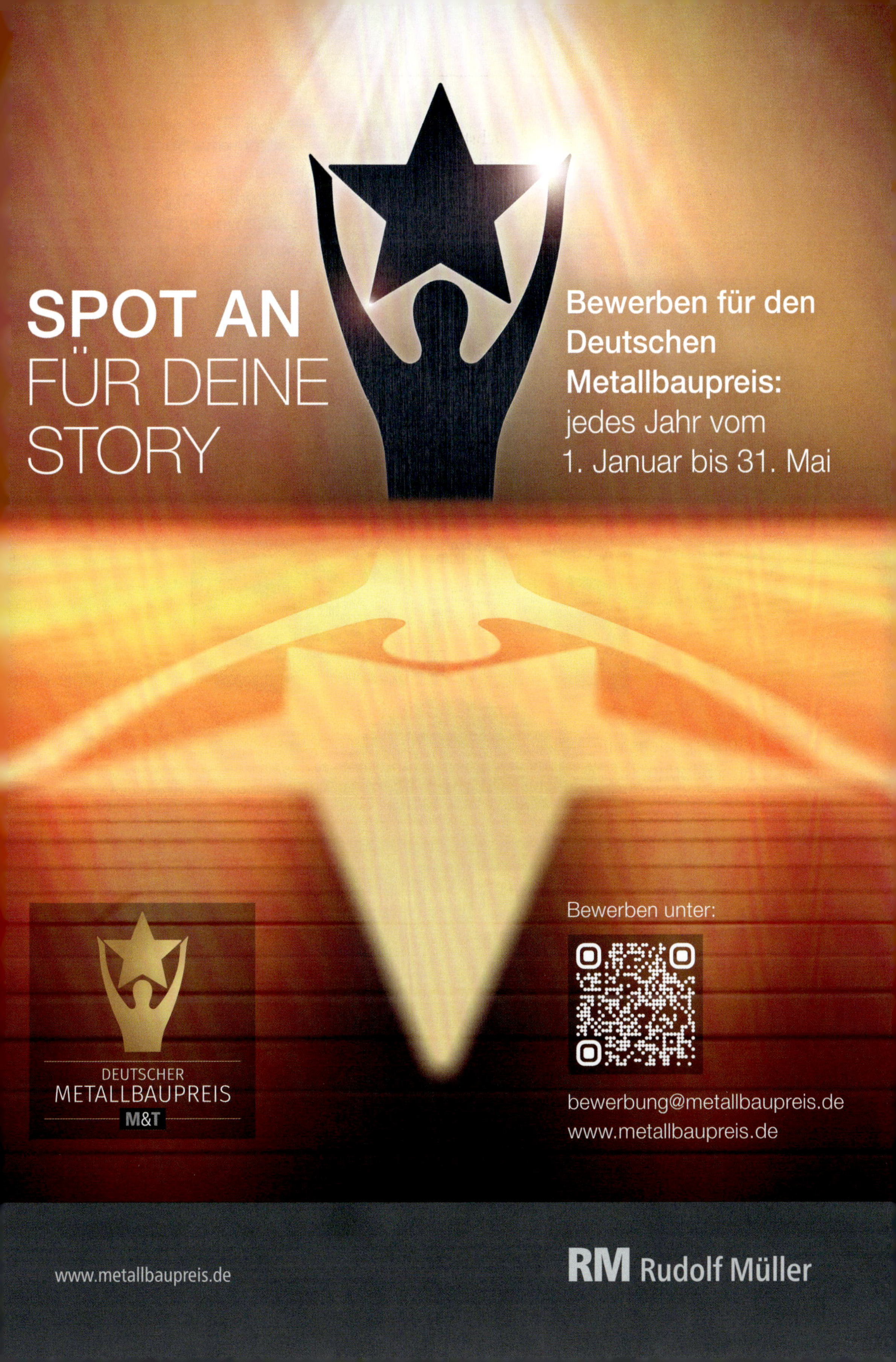
SPOT AN
FÜR DEINE
STORY
Bewerben für den
Deutschen
Metallbaupreis:
jedes Jahr vom
1. Januar bis 31. Mai
DEUTSCHER
METALLBAUPREIS
M&T
Bewerben unter:
bewerbung@metallbaupreis.de
www.metallbaupreis.de
www.metallbaupreis.de
RM Rudolf Müller

# Grenzfälle

Interaktive Social Media:
Mit Anregungen durch laufende Posts zum Thema bieten unsere Präsenzen in den sozialen Medien Facebook und LinkedIn eine Plattform für Diskussion und Kommentar

Mit Beiträgen, Downloads und Checklisten
**mt-metallhandwerk.de**

Netzwerk

Zusatzinformationen zum Buch

500 Schadensfälle in 5 Bänden

Schadensfälle

Schadensfälle zum Reinhören

Audiobeiträge

Schadensfälle online

Etwa 700 Beispiele in der Datenbank zum Recherchieren und Informieren
**schaeden-im-metallbau.de**

# Fachinformation rund um dieses Buch

Anwendungswissen

Wissensspeicher

Allgemein anerkannte Regeln der Technik

Wichtige Kapitel:
1.3   Rechtliche Grundlagen
1.4   Statik und Konstruktion
1.6   Werkstoffe
1.7.2.5 Schweißen
1.8   Oberflächentechnik
1.19  Hinzunehmende Unregelmäßigkeiten

**metallbaupraxis.de**

Gelungene Beispiele

Preisgekrönte Projekte des Metallbaus
**metallbaupreis.de**

Direkter Austausch

Zusatzwissen

Mit Vorträgen zum Thema Schäden im Metallbau
**metallkongress.de**

Themenfeld Schadensfälle u.a. mit „Thema des Monats"
**mt-metallhandwerk.de**

# Inhaltsverzeichnis

|  |  | Geleitwort | 5 |
|---|---|---|---|
| **1.** | **Einführung** | | 14 |
| **2.** | **Schadensfälle** | | 22 |
| 2.1 | Statik und Befestigungen | | 22 |
| 2.1.1 | Gewindestangen als wirkungslose Schraubenverbindung (Fall 501) | | 22 |
| 2.1.2 | Ungünstige Verstärkung von Rahmenecken (Fall 502) | | 24 |
| 2.1.3 | Trotz falscher Statik mangelfrei (Fall 503) | | 26 |
| 2.1.4 | Halterungen gebogen, geschweißt, feuerverzinkt und gebrochen (Fall 504) | | 28 |
| 2.1.5 | Hallendeckenaufhängung durch Zink-Lötrissigkeit geschädigt (Fall 505) | | 30 |
| 2.1.6 | Feuerverzinkte Laschen gebrochen (Fall 506) | | 32 |
| 2.1.7 | Terrassendach mit zulässiger Durchbiegung (Fall 507) | | 34 |
| 2.1.8 | Statische Berechnung reicht nicht (Fall 508) | | 36 |
| 2.1.9 | Falsche Schwerlastanker (Fall 509) | | 38 |
| 2.1.10 | Geländer fahrlässig befestigt (Fall 510) | | 40 |
| 2.1.11 | Falsche Befestigung im WDVS (Fall 511) | | 42 |
| 2.1.12 | Dübel könnten doch korrodieren (Fall 512) | | 44 |
| 2.1.13 | Unterdimensionierte Befestigung eines Drehflügelantriebs (Fall 513) | | 46 |
| 2.1.14 | Fehlerhafte Verankerung von Tragkonsolen (Fall 514) | | 48 |
| 2.1.15 | Unerwünschte Verformungen von Fassadentafeln (Fall 515) | | 50 |
| 2.1.16 | Schweißbolzen – unsichtbar und (un)sicher? (Fall 516) | | 52 |
| 2.1.17 | Exzenterschrauben abgerissen (Fall 517) | | 54 |
| 2.1.18 | Kugelbolzen gebrochen (Fall 518) | | 56 |
| 2.2 | Maße und Toleranzen | | 58 |
| 2.2.1 | Vermeintlicher Messfehler beim Türeneinbau (Fall 519) | | 58 |
| 2.2.2 | Unebenheit einer Stahlblechbekleidung innerhalb der Toleranz (Fall 520) | | 60 |
| 2.2.3 | Fluchtendes Tor auch optisch ohne Mangel (Fall 521) | | 62 |
| 2.2.4 | Doppelstabmattenzaun ohne Mangel (Fall 522) | | 64 |
| 2.2.5 | Balkon aus Stahl und Glas im Toleranzbereich (Fall 523) | | 66 |
| 2.2.6 | Treppenanlage teilweise außerhalb der Toleranz (Fall 524) | | 68 |

| | | |
|---|---|---|
| 2.2.7 | Treppenmaße nicht innerhalb der Toleranzen (Fall 525) .... | 70 |
| 2.2.8 | Wendelstufen falsch ausgeführt (Fall 526) ................ | 72 |
| 2.2.9 | Tischgestell wacklig und instabil (Fall 527) ............... | 74 |
| 2.2.10 | Thermische Formänderung führt zu Funktionsbeeinträchtigungen (Fall 528) ..................................... | 76 |
| 2.2.11 | Sicherheitsbauteil mit zu großen Toleranzen (Fall 529) ...... | 78 |
| 2.2.12 | Muttern an Offshore-Windkraftanlagen gebrochen (Fall 530) ........................................... | 80 |
| 2.2.13 | Antriebswellen von Pkw gebrochen (Fall 531) ............. | 82 |
| 2.2.14 | Schilder komplett zerstört (Fall 532) .................... | 84 |
| 2.3 | Bauanschlüsse und Dichtungen......................... | 86 |
| 2.3.1 | Wasserdichtes Garagentor trotzdem undicht (Fall 533) ..... | 86 |
| 2.3.2 | Flachdachrichtlinie nicht für Terrassentür (Fall 534) ........ | 88 |
| 2.3.3 | Alte Fensterelemente genügen nicht den heutigen Ansprüchen (Fall 535) ................................. | 90 |
| 2.3.4 | Fassade schlecht abgedichtet (Fall 536) .................. | 92 |
| 2.3.5 | Undichter Sockelanschluss (Fall 537) ..................... | 94 |
| 2.3.6 | Aluminiumpfosten ohne Statik und Loslager (Fall 538) ..... | 96 |
| 2.3.7 | Fassade mangelhaft abgedichtet (Fall 539) ................ | 98 |
| 2.4 | Brand- und Rauchschutz.............................. | 100 |
| 2.4.1 | Falsche Schlossvariante ausgewählt (Fall 540) ............. | 100 |
| 2.4.2 | Falscher Schließzylinder in Brandschutztür (Fall 541) ...... | 102 |
| 2.4.3 | Brandschutztür bei Bauabnahme verzogen (Fall 542) ....... | 104 |
| 2.4.4 | Undichte und manipulierte Rauchschutztüren (Fall 543) .... | 106 |
| 2.4.5 | Feuerschutztüren nicht nach Zulassung eingebaut (Fall 544) . | 108 |
| 2.4.6 | Brandschutzfenster mit falscher Verglasung (Fall 545) ...... | 110 |
| 2.4.7 | VSG ohne ausreichende Nachweise (Fall 546) ............. | 112 |
| 2.5 | Bedienungs- und Nutzungssicherheit und Sicherungstechnik . | 114 |
| 2.5.1 | Rollgitter mit zulässiger Sicherheit (Fall 547) .............. | 114 |
| 2.5.2 | Elektrochromes Glas falsch angeschlossen (Fall 548) ....... | 116 |
| 2.5.3 | Glasbruch durch Hitzestau (Fall 549) .................... | 118 |
| 2.5.4 | Glasbruch durch lokale Temperaturerhöhung (Fall 550) .... | 120 |
| 2.5.5 | Öffnungsbegrenzer als sicherheitsrelevante Bauteile (Fall 551) ........................................... | 122 |
| 2.5.6 | Ohne die richtigen Dokumente mangelhaft (Fall 552) ...... | 124 |
| 2.5.7 | Schiebetor mit geringer Nachbesserung regelgerecht (Fall 553) . | 126 |
| 2.5.8 | Türen mit vergleichbarem Einbruchschutz (Fall 554) ....... | 128 |
| 2.5.9 | Haustüren mit erheblichen Mängeln (Fall 555) ............ | 130 |
| 2.5.10 | Anstoßsicherung nicht auf gleicher Höhe (Fall 556) ........ | 132 |
| 2.6 | Oberflächen......................................... | 134 |
| 2.6.1 | Unwesentliche Fläche (Fall 557) ........................ | 134 |
| 2.6.2 | Ausreichende Grundbeschichtung (Fall 558) .............. | 136 |
| 2.6.3 | Unscheinbare Kratzer sind kein Schaden (Fall 559) ........ | 138 |

| | | |
|---|---|---|
| 2.6.4 | Zulässige Farbtonunterschiede an eloxierten Fensterelemente (Fall 560) | 140 |
| 2.6.5 | Fehlerhafte Reinigung von nichtrostendem Stahl kein Mangel (Fall 561) | 142 |
| 2.6.6 | Farbveränderungen an Sektionaltoren (Fall 562) | 144 |
| 2.6.7 | Lackierung mit schlechter Haftfestigkeit (Fall 563) | 146 |
| 2.6.8 | Ziemlich zerkratzt und zerbeult (Fall 564) | 148 |
| 2.6.9 | Hallendach durch Korrosion geringfügig gemindert (Fall 565) | 150 |
| 2.6.10 | Unzulässige Zinkabplatzungen an Stahlprofilen (Fall 566) | 152 |
| 2.6.11 | Pflanzkübel aus nichtrostendem Stahl durchgerostet (Fall 567) | 154 |
| 2.6.12 | Antriebszapfen einer Dampflok gebrochen (Fall 568) | 156 |
| 2.6.13 | Oberflächlicher Riss an einem Gusskörper (Fall 569) | 158 |
| 2.6.14 | Feder glatt gebrochen (Fall 570) | 160 |
| 2.6.15 | Sechskantstangen aus CrNi-Stahl gebrochen (Fall 571) | 162 |
| 2.6.16 | Hydraulikstempel durch Stromfluss beschädigt (Fall 572) | 164 |
| 2.6.17 | Edelstahlgewebe durch falsche Wärmebehandlung gerissen (Fall 573) | 166 |
| 2.6.18 | Kanüle durch Bearbeitungsfehler gebrochen (Fall 574) | 168 |
| 2.6.19 | Untypischer Schraubenbruch durch Fehler bei der Massivumformung (Fall 575) | 170 |
| 2.6.20 | Automatenstahl nach dem Kaltziehen aufgeplatzt (Fall 576) | 172 |
| 2.6.21 | Werkzeugaufnahme bei der spanenden Bearbeitung gebrochen (Fall 577) | 174 |
| 2.6.22 | Oberfläche durch Abfunkung geschädigt (Fall 578) | 176 |
| 2.6.23 | Lagerkäfige aus Messing anfällig für Spannungsrisskorrosion (Fall 579) | 178 |
| 2.6.24 | Stahlträger gefährlich geschädigt (Fall 580) | 180 |
| 2.7 | Schweißen | 182 |
| 2.7.1 | Fehlende Dokumentation (Fall 581) | 182 |
| 2.7.2 | Nachbearbeitung von Schweißnähten als Gewährleistung (Fall 582) | 184 |
| 2.7.3 | Irreparable Beizblasen an Wasserboilern (Fall 583) | 186 |
| 2.7.4 | Schweißschäden an hochlegierten Geländerpfosten (Fall 584) | 188 |
| 2.7.5 | Geländer mit geringfügigen Mängeln (Fall 585) | 190 |
| 2.7.6 | Korrosion an CrNi-Stahl durch Flugrost und fehlende Formatierung (Fall 586) | 192 |
| 2.7.7 | Versteckte Schweißnahtfehler (Fall 587) | 194 |
| 2.7.8 | Schadhafte Schweißnähte an Glascontainern (Fall 588) | 196 |
| 2.7.9 | Versteckte Bindefehler (Fall 589) | 198 |
| 2.7.10 | Rohre eines Förderbandes gerissen (Fall 590) | 200 |
| 2.7.11 | Gerissene Schweißnaht an einem Kugelgehäuse (Fall 591) | 202 |
| 2.7.12 | Schadhafte Längsschweißnähte an Rohren (Fall 592) | 204 |
| 2.7.13 | Durch Schlackeneinschlüsse gebrochene Aufhängung (Fall 593) | 206 |

| | | |
|---|---|---:|
| 2.7.14 | „Vulkanausbrüche" beim Schweißen des unlegierten Baustahl S355J2 (Fall 594) | 208 |
| 2.7.15 | Heißrisse in Schweißverbindungen (Fall 595) | 210 |
| 2.7.16 | Laserschweißnähte an Rechteckprofilen aufgeplatzt (Fall 596) | 212 |
| 2.7.17 | Festigkeitsverlust durch fehlerhafte Wärmebehandlung (Fall 597) | 214 |
| 2.7.18 | Falsche Einschätzung des Ferritgehalts (Fall 598) | 216 |
| 2.7.19 | Beim Laserstrahltrennen zu schnell abgekühlt (Fall 599) | 218 |
| 2.7.20 | Falsche Werkstoffauswahl als Schadensursache (Fall 600) | 220 |
| **3.** | **Hinzunehmende Unregelmäßigkeiten** | 221 |
| 3.1 | Toleranzen und hinzunehmende Unregelmäßigkeiten | 221 |
| 3.2 | Beispiele für hinzunehmende Unregelmäßigkeiten | 226 |
| 3.2.1 | Maßliche Unregelmäßigkeiten | 226 |
| 3.2.2 | Optische Unregelmäßigkeiten | 228 |
| 3.2.3 | Technologische Unregelmäßigkeiten | 229 |
| 3.2.4 | Natürliche Unregelmäßigkeiten | 232 |
| 3.3 | Zulässige Unregelmäßigkeiten an Schweißverbindungen | 232 |
| 3.4 | Visuelle Bewertung von optischen Unregelmäßigkeiten | 238 |
| 3.5 | Bewertungsmethode nach Prof. Oswald | 247 |
| 3.6 | Umgang mit Mängelanzeigen | 250 |
| **4.** | **Fachregel, Datenbank und Deutscher Metallbaupreis** | 252 |
| 4.1 | Arbeiten mit dem Fachregelwerk | 252 |
| 4.1.1 | Teil 1: Grundlagen | 252 |
| 4.1.2 | Teil 2: Metallbauarbeiten – Konstruktion und Ausführung | 254 |
| 4.1.3 | Auftragschecklisten | 254 |
| 4.1.4 | Überblick Fachregelwerk | 255 |
| 4.2 | Nutzung der Schadensfalldatenbank | 255 |
| 4.3 | Deutscher Metallbaupreis | 259 |
| **5.** | **Anhang** | 262 |
| 5.1 | Schadensfall-Suchmatrix | 262 |
| 5.2 | Glossar | 263 |
| 5.3 | Stichwortverzeichnis | 269 |
| 5.4 | Normenverzeichnis | 293 |
| 5.5 | Richtlinienverzeichnis | 297 |
| 5.6 | Literatur- und Quellenverzeichnis | 299 |
| 5.7 | Bildnachweis | 300 |
| 5.8 | Autoren | 301 |

# 1 Einführung

Sachverständige und Gerichte haben gut zu tun. Häufig stehen leider auch „Schäden im Metallbau" im Mittelpunkt der Streitigkeiten. Doch immer öfter sind es nicht die klaren, eindeutigen Mängel mit offensichtlich falschen Befestigungen, fehlender Statik oder schlecht geschweißten Nähten. Sondern es sind die Fälle, die sich im Grenzbereich der Toleranzen bewegen, bei denen sich die Ursachen nicht sofort erschließen oder bei denen der Kunde einfach nur die Rechnung kürzen wollte.

Deshalb stellen wir im sechsten Band aus der Reihe „Schäden im Metallbau" einhundert Schadensfälle – **Grenzfälle** vor. Dabei handelt es sich oft um die Fälle aus dem Grenzbereich der Toleranzen und hinzunehmenden Unregelmäßigkeiten. Hier ein kleiner Überblick, um welche (oft nur vermeintlichen) Schäden es sich dabei handeln kann:

**Herausgeber** Dipl.-Ing. Jörg Dombrowski

- Streitpunkte, die am Ende gar kein Mangel waren, auch weil es sich um „Hinzunehmende Unregelmäßigkeiten" handelt, die im Rahmen der Toleranzen lagen.
- Fremdschäden: Schadensfälle, deren Ursachen nicht in der Verantwortung des Metallbauers lagen.
- Folgeschäden: Schäden, die zum Beispiel durch falsche Bedienung oder unterlassene Reinigung und Wartung entstanden sind.
- Versteckte Schäden: Schadensfälle, die im Verborgenen lagen und nicht auf den ersten Blick erkennbar waren.
- Materialschäden: Schadensfälle, deren Ursachenforschung kompliziert war und die durch Materialfehler oder falsche Werkstoffe entstanden sind.
- Streitfälle um fehlende Dokumente wie fehlende Qualifikationen oder Zertifizierungen, Zulassungen, Werkszeugnisse, Wartungs-, Bedienungs- und Reinigungshinweise.

**Herausgeber** Metallbauermeister German Sternberger

In der Palette der einhundert Schadensfälle sind aber auch einige offensichtliche Schäden, die allerdings einen speziellen oder außergewöhnlichen Lerneffekt für den Metallbauer haben. Ganz nach dem Motto: „Aus den Fehler anderer lernen".

Einen breiten Raum nehmen die optischen Unregelmäßigkeiten ein, die oft ein willkommenes Streitobjekt für Kunden sind, um Rechnungen zu kürzen oder gar nicht zu zahlen. In akribischer Detektivarbeit wird nach kleinen Kratzern und anderen Unregelmäßigkeiten gefahndet. Hier zitieren wir gerne einen ö.b.u.v. Sachverständigen und Mitautor dieses Buches zu einem seiner Fälle: „Bei diesem Fall sieht man deutlich, dass auch, wenn es keine Mängel gibt, solange gesucht wird, bis etwas gefunden ist. Trauriger Hintergrund: Die Tür wurde nie bezahlt und der Metallbauer musste Insolvenz anmelden."

Diese Anmerkung zeigt schon, worum es einigen Kunden leider nur geht. Manchmal ist es lächerlich, wegen welcher Nichtigkeiten Auftraggeber vor Gericht ziehen. Es geht um wenige hundert Euro und dafür werden Gerichte, Gutachter, Zeugen und der Justizapparat in Bewegung gesetzt. Der Aufwand steht in keinem Verhältnis zum Nutzen. Vor Gericht gibt es dann eigentlich nur Verlierer, denn etwa vier Fünftel dieser Fälle enden mit einem Vergleich (so die Einschätzung des zitierten Sachverständigen), und der ausführende Betrieb kommt nie zu seinem ganzen meist wohlverdienten und sehr knapp kalkulierten Geld.

Der Sachverständige wird deshalb auch immer mehr zum Moderator, Streitschlichter und Psychologen, indem er eindeutig und klar mit handfesten Fakten und Beispielen argumentieren kann – oftmals im Sinne des Metallbauers. Genau hierfür gibt ihm dieser Band fundierte praxisnahe Informationen an die Hand.

Was neben den Oberflächenunregelmäßigkeiten sonst noch zum Streitobjekt werden kann, lesen Sie in den weiteren Fällen aus den Bereichen Statik und Befestigungen, Maße und Toleranzen, Bauanschlüsse und Dichtungen, Brand- und Rauchschutz, Bedienungs- und Nutzungssicherheit und Sicherungstechnik und Schweißen.

Zwei typische Beispiele für die Fälle aus diesem Schadensfallband zeigt das Titelbild. Beim obersten Beispiel geht es um die Einhaltung von maßlichen Toleranzen, die meist sehr detailliert in Normen, Regeln, Richtlinien, Verordnungen und Gesetzen festgelegt sind. Nur wo sind sie zu finden und wo gelten sie? Schauen Sie ins Buch. Im unteren Beispiel geht es um die große Palette der optischen Unregelmäßigkeiten, die nicht dem subjektiven Empfinden des Kunden überlassen sind, sondern für die Sie entweder eindeutige Festlegungen in der Leistungsbeschreibung (bis zum Grenzmuster) getroffen haben oder für die es eindeutige Regelungen zum Beispiel zu Betrachtungsbedingungen und -abständen und zu den dann hinzunehmenden Unregelmäßigkeiten gibt.

Das Buch lebt wieder von der Vielzahl seiner Autorinnen und Autoren. Die einhundert Fälle kommen diesmal von einer Rekordzahl von 27 Fachleuten auf den verschiedensten Gebieten. Dabei sind einige der altbewährten und erfahrenen ö.b.u.v. Sachverständigen, aber auch eine Reihe neuer Autorinnen und Autoren. Sie bieten teilweise einen anderen Blickwinkel auf das Thema. Diese Vielfalt ist eine der Stärken der Schadensfallbände, denn sie macht das Lesen so abwechslungsreich und lehrreich. Die Palette der Autoren reicht vom Sachverständigen für metallkundliche Untersuchungen und Schadensanalysen, über den Geschäftsführer einer SLV, die Beratende Ingenieurin für konstruktiven Glasbau und den Gruppenleiter am Lehrgebiet Werkstoffprüfung einer Uni bis hin zum Ingenieur für Oberflächentechnik. Die Mehrzahl sind öffentlich bestellte und vereidigte Sachverständige des Metallbauerhandwerks und beschäftigen sich beinahe täglich mit Schäden und deren Begutachtung.

An dieser Stelle sei uns noch eine Anmerkung zur Herausgeberschaft erlaubt. Als Herausgeber fungieren diesmal sozusagen im starken Doppel Dipl.-Ing. Jörg Dombrowski aus Berlin und Metallbauermeister German Sternberger aus Leimen. Ein harmonisches Duo, das sich hervorragend ergänzt. Der langjährige Redakteur und Herausgeber der ersten fünf Schadensfallbände und der erfahrene Sachverständige, Schweißfachmann und Werkstattleiter. Hier finden sich Theorie und Praxis zu einer idealen Ergänzung, die dem Buch durchaus sehr gut tut.

**Wie Sie das Buch richtig nutzen!**

Im Mittelpunkt auch dieses sechsten Bandes der Schadensfallbuchreihe stehen wieder die einhundert Fälle. Systematisch und übersichtlich aufgebaut, finden Sie hier auf zwei Buchseiten die anschaulich bebilderten und mit Schadensbeschreibung, Fehleranalyse und -bewertung und Schadensvermeidung und -beseitigung beschriebenen Fälle.

Zu jedem Fall bekommen Sie noch einmal in einem Kasten die wichtigsten Tipps zur Schadensvermeidung und einen Überblick über die relevanten Normen, Regeln, Richtlinien und Merkblätter. Die Hinweise auf die Produktgruppe und das Baujahr und das Schadensjahr helfen Ihnen, den Schaden richtig einzuordnen und bieten Ihnen die Informationen um zu prüfen, welche Regelungen zum Zeitpunkt des Schadens relevant waren.

Einen wichtigen Hinweis geben wir Ihnen mit den zum jeweiligen Fall passenden Kapiteln des Fachregelwerkes Metallbauerhandwerk – Konstruktionstechnik. Hier bekommen Sie vermittelt, welche Informationen aus der Metallbaupraxis bei der Bewertung des (vermeintlichen) Schadens hilfreich sind. Anschauliche Übersichts- und Detailbilder verdeutlichen die geschilderten Sachverhalte des Falles.

Die QR-Codes, die Sie immer wieder an den verschiedensten Stellen in diesem Buch finden, helfen Ihnen schnell auf weiterführende wichtige Informationen zuzugreifen.

Immer wieder gibt es im Buch auch den Hinweis (mit QR-Code) auf unsere Schadensfalldatenbank, die dann mit den einhundert Fällen aus diesem Buch über ein umfassendes Archiv von etwa 700 Fällen für eine systematische Suche und Recherche verfügt.

**Was Sie zusätzlich zur Verfügung haben!**

Zusätzlich zu den einhundert Schadensfällen haben wir in diesem Buch eine Reihe von nützlichen Zusatzinformationen zusammengetragen, die Ihnen bei der Einordnung der Fälle eine wichtige Hilfe sein können.

Im Kapitel 3.1 erläutern wir sehr praxisnah, was Toleranzen und was hinzunehmende Unregelmäßigkeiten sind. Die Definition dieser Begriffe und die Erläuterungen zu Maßtoleranzen, optischen, technologischen und natürlichen Unregelmäßigkeiten helfen Ihnen bei der Einordnung der Fälle und Ihrer eigenen Arbeiten. Sozusagen als praktische Ergänzung dazu erhalten Sie im Kapitel 3.2 anschauliche Beispiele zu den jeweiligen Unregelmäßigkeiten aus der gutachterlichen Praxis.

Im Kapitel 3.3 wird dann ausführlich auf die zulässigen Unregelmäßigkeiten an Schweißverbindungen eingegangen. Welche Unregelmäßigkeiten in den einzelnen Bewertungsgruppen zulässig sind und welche Toleranzen eingehalten werden müssen, ist in einer übersichtlichen Tabelle verzeichnet.

Da das Thema der optischen Unregelmäßigkeiten eine so große Bedeutung bei den „Grenzfällen" hat, haben wir ihm ein eigenes Unterkapitel gewidmet. Zur „Visuellen Bewertung von optischen Unregelmäßigkeiten" erhalten Sie wichtige Infos zu Regelungen und Bewertungen. Dazu gibt es zahlreiche praktische Tipps, wie Sie von vornherein Streitigkeiten mit Ihren Kunden vermeiden können.

Die Bewertungsmethode nach Prof. Oswald im Kapitel 3.5 hilft Ihnen bei der Ermittlung einer Wertminderung – von der Bagatelle bis zum größeren Schaden mit einer Beeinträchtigung der Funktionsfähigkeit.

Wie Sie mit Mängelanzeigen vom Kunden (berechtigt oder unberechtigt) umgehen, wird im Kapitel 3.6 erläutert. Dort gibt es auch genaue Formulierungshilfen für eine schnelle und rechtssichere Reaktion auf die Kundenkritik.

Im Kapitel 4 stellen wir Ihnen wichtige Hilfsmittel vor, die Ihnen über die Schadensfälle hinaus bei der Schadensvermeidung helfen können. Sie erfahren ausführlich, was das Fachregelwerk (4.1) zu dem Thema alles bietet. Ein besonders wichtiges, informatives und nützliches Kapitel für die Leser dieses Buches ist das Kapitel 1.19 Hinzunehmende Unregelmäßigkeiten. Es liefert Ihnen die entscheidenden Anhaltspunkte und Argumente für die Einschätzung, ob bei einer Kundenreklamation Ihre Konstruktion im Rahmen der Toleranzen lag, also die vermeintlichen Abweichungen „hinzunehmen" sind. Die Palette der behandelten Themen reicht von „Höhenbezugspunkt/Meterriss" über die „Hinzunehmenden Abweichungen von technischen Konstruktionsregeln", die „Beurteilung der Hinnehmbarkeit von geringen Mängeln" bis zum „Schutz der Leistung".

Auch führen wir Sie in die Nutzung der Schadensfalldatenbank ein (4.2) ein, die nun über einen wertvollen Fundus von etwa 700 Fällen zur lehrreichen systematischen Recherche und Fehleranalyse verfügt. Online zugänglich gemacht, finden Sie hier (fast) alles, was verkehrt gemacht (oder auch nicht) werden kann. Eine kurze Einführung zu jedem Fall hilft Ihnen bei der Einordnung. Wenn Sie den Schadensfall (als PDF) komplett lesen möchten, müssen Sie sich für die Online-Datenbank registrieren. Für Buchkäufer dieses aktuellen Bandes der Buchreihe „Schäden im Metallbau" ist das für das erste halbe Jahr kostenlos. Sie erhalten im Buch einen Gutscheincode für die

Nutzung der Datenbank. M&T-Jahresabonnenten bekommen den Zugang zu einem Vorzugspreis.

Die übergroße Mehrzahl der Metallbauarbeiten wird in tadelloser Qualität und fehlerfrei gebaut. Mit der Verleihung des Deutschen Metallbaupreises zeigen wir Ihnen die herausragende Spitze dieser Projekte. Einige Highlights aus diesem Jahr stellen wir im Kapitel 4.3 vor. Weitere tolle Beispiele finden Sie in der „Hall of Fame" unter www.metallbaupreis.de.

Abgerundet wird das Buch mit dem Anhang. Eine Schadensfall-Suchmatrix (5.1) sortiert die Fälle entsprechend den Produktkategorien und hilft bei der schnellen Suche von Fällen zu bestimmten Produkten.

Ein Glossar mit etwa achtzig Fachbegriffen bietet Ihnen wichtige Definitionen aus dem Bereich der Toleranzen und hinzunehmenden Unregelmäßigkeiten. Weitere über 500 Fachbegriffe finden Sie in unserem Lexikon unter www.mt-metallhandwerk.de in der Rubrik Technik.

Ein Stichwortverzeichnis hilft Ihnen bei der systematischen Suche in diesem Buch.

Normen-, Richtlinien- und Quellen- und Literaturverzeichnis fassen noch einmal die relevanten Fundstellen für weitere Recherchen zusammen. Bemerkenswert ist dabei, dass von den etwa einhundert im Normenverzeichnis enthaltenen Normen mehr als ein Drittel zum Normenpool des Fachregelwerkes gehören, die Nutzern der Metallbaupraxis im Volltext zur Verfügung stehen.

Im Autorenverzeichnis am Ende des Buches finden Sie alle Autoren mit Kurzvita und Bild und den Kapiteln, für die sie verantwortlich zeichnen.

**Was Sie über das Buch hinaus brauchen!**

Wer noch tiefer in die Materie der hinzunehmenden Unregelmäßigkeiten, Toleranzen und Schadensfälle einsteigen will, hat dazu bei uns neben den schon erwähnten „Kanälen" weitere Möglichkeiten.

Nutzen Sie die vielen Zusatzinformationen und nicht zuletzt die Posts und Diskussionen auf unseren Social Media Kanälen zum Beispiel bei Facebook, LinkedIn oder Youtube. Spannung für die Ohren und den Kopf verspricht der M&T Podcast mit einem hörbaren Einblick in zahlreiche Schadensfälle.

Der Metallbaukongress liefert jedes Jahr im Oktober mit Fachvorträgen zu Schadensfällen und wichtigen Neuheiten für den Metallbau weiterführende Infos.

Das bei RM Rudolf Müller Medien erschienene Fachbuch „Schweißen im Metallbau" bietet praxisbezogene Grundlagen und anwendungsbezogenes Wissen zum Planen, Ausführen und Nachbehandeln von Schweißverbindungen, die auch bei den hinzunehmenden Unregelmäßigkeiten eine große Rolle spielen.

Einen informativen Überblick über alle diese Möglichkeiten gibt die Grafik des Infonetzes zu Schadensfällen am Anfang dieses Buches.

„Dumme und Gescheite unterscheiden sich dadurch, dass der Dumme immer dieselben Fehler macht und der Gescheite immer neue." (Kurt Tucholsky)

Machen Sie nicht immer wieder die gleichen Fehler. Seien Sie aber mehr als gescheit, denn Sie müssen nicht neue Fehler machen. Sie können besonders klug sein, indem Sie aus den Fehlern anderer lernen. Dieser sechste Band der Schadensfallbuchreihe und unsere inzwischen 700 Fälle in der Datenbank, bieten Ihnen ein beinahe unerschöpfliches Reservoir zur blitzgescheiten Fehlervermeidung.

In diesem Buch geht es viel um Toleranzen. Die technischen Toleranzen sollten Sie Ihren Kunden vermitteln, wenn Sie eine Arbeit im Rahmen der „hinzunehmenden Unregelmäßigkeiten" abgeliefert haben. Und menschlich tolerant sollten Sie sein, wenn Sie trotz aller Bemühungen einen Fehler gemacht haben. Denn nichts ist schädlicher als ein schlechtes Image.

Jörg Dombrowski, Herausgeber         German Sternberger, Herausgeber

**NÜTZLICHE INFOS ZUR VERMEIDUNG VON SCHÄDEN UND ZUR EINSCHÄTZUNG VON HINZUNEHMENDEN UNREGELMÄSSIGKEITEN:**

- Praxistipps zur Schadensvermeidung bei jedem Fall in diesem Buch,
- Fachregelwerk Metallbauerhandwerk – Konstruktionstechnik mit dem Grundlagenwissen und allen notwendigen Regeln und Normen zu regelgerechten Metallbauprodukten unter www.metallbaupraxis.de,
- Hinweise bei jedem Schadensfall in diesem Buch, welche Kapitel des Fachregelwerkes für die Beurteilung des Schadens beziehungsweise zur Schadensvermeidung relevant sind,
- Online-Datenbank mit etwa 700 Schäden im Metallbau mit weiteren Beispielen zu den hinzunehmenden Unregelmäßigkeiten und komfortabler Recherchemöglichkeit unter www.schaeden-im-metallbau.de,
- fünf weitere Bände mit jeweils hundert Schadensfällen im Metallbau, weitere Infos unter www.baufachmedien.de,
- Metallbaukongress mit Fachvorträgen zu Schäden und zur Schadensvermeidung mithilfe des Fachregelwerkes; weitere Infos unter www.metallbaukongress.de,
- Deutscher Metallbaupreis mit herausragenden Arbeiten des Metallhandwerks; weitere Infos unter www.metallbaupreis.de,
- Interaktive Social Media Kanäle mit laufenden Posts zu Schadensfällen bei LinkedIn und Facebook,
- bereits mehr als fünfzig Schadensfälle zum Zuhören im M&T-Podcast,
- Themenfeld Schadensfälle unter anderem mit dem „Thema des Monats" unter www.mt-metallhandwerk.de.

# Ihr Praxisratgeber im Metallbau!

**Umfasst Ordnerwerk, DVD und Online-Zugang!**

**Auch als Digitalangebot verfügbar mit praktischer Suchfunktion!**

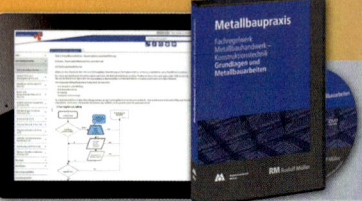

Im Kombi-Paket (bestehend aus Ordnerwerk, DVD und Online-Zugang) oder als reines Digitalangebot (bestehend aus DVD und Online-Zugang) erhältlich.

## Metallbaupraxis:

### Das Fachregelwerk Metallbaupraxis im Jahresabo

- Relevante Regeln und Normen praxisnah erklärt und kommentiert
- Immer aktuell entsprechend der allgemein anerkannten Regeln der Technik dank halbjährlicher Aktualisierungslieferung
- Enthält Konstruktionstechnik, technische Grundlagen und Werkstoffe

Jetzt bestellen unter:
**www.baufachmedien.de/metall**

## M&T Metallhandwerk & Technik
*Mehr Technik. Mehr Tiefe. Mehr Tipps.*

Bundesverband Metall

**RM** Rudolf Müller

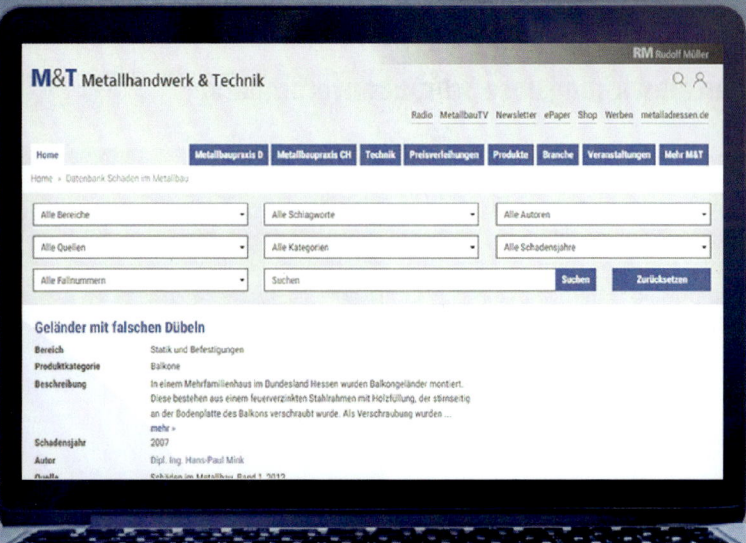

# Schäden im Metallbau erkennen und vermeiden
## Über 700 Schadensfälle auf einen Blick!

Mit der Online-Datenbank „Schäden im Metallbau" haben Sie sofortigen Zugriff auf hunderte Schadensfälle und umfassendes Fachwissen, speziell für den Metallbau.

**Ihre Vorteile:**

- Finden Sie schnell spezifische Schadensbilder oder vermachen sich einen Überblick über typische Schadensfälle im Metallbau.

- Jeder Fall ist klar gegliedert mit Schadensbeschreibung, Fehleranalyse und praktischen Tipps zur Schadensvermeidung und -beseitigung.

- Nutzen Sie verschiedene Filter und die Volltextsuche für präzise, individuelle Treffer.

Jetzt registrieren und mit dem Gutschein „*Datenbank-Test-6M*" sechs Monate lang kostenlos die gesamte Datenbank nutzen!

## M&T Metallhandwerk & Technik
*Mehr Technik. Mehr Tiefe. Mehr Tipps.*

**RM** Rudolf Müller

# Gewindestangen als wirkungslose Schraubenverbindung

**Schadensbeschreibung**

Ein für eine Umnutzung vorgesehenes Bestandsbauwerk musste, bevor zusätzliche Einbauten vorgenommen werden konnten, bautechnisch angepasst und vor allem statisch verstärkt werden. Bei dem Gebäude handelte es sich um eine mit Sandwichelementen (Fassade) verkleidete Stahlkonstruktion.

Da eine Demontage der originalen Stahlkonstruktion aus dem Bauwerk ohne dessen Zerstörung nicht möglich war, entschloss sich das ausführende Stahlbauunternehmen dazu, entsprechende Wandriegel zur Einleitung von zusätzlich einwirkenden horizontalen Kräften in die bestehenden Stahlstützen einzubauen.

Die Verstärkung erfolgte durch horizontal angebrachte feuerverzinkte Rechteck-Hohlprofile, die über eigens dafür geschweißte „Konsolen" aus Winkelprofilen und Stahlblechen mit den vorhandenen Stahlstützen verbunden werden sollten.

**Fehleranalyse und -bewertung**

Dem konstruktiv erfahrenen Bauherrn kam die durch das Stahlbauunternehmen gewählte Ausführungsvariante etwas eigenwillig vor. Deshalb ließ er sich bei der Bauwerksabnahme durch den verantwortlichen Konstrukteur des Stahlbauers die gewählte konstruktive Lösung näher erklären.

Auf der Unterseite des Hohlprofils wurden zunächst Verstärkungsbleche angeschweißt, die genau an den Stellen positioniert waren, an denen sie als Auflagen auf den getrennt angefertigten Stahlkonsolen dienen konnten. Die nicht feuerverzinkungsgerechte Ausführung ist nicht Gegenstand dieses Falles. Befestigt wurde das so örtlich verstärkte horizontale Hohlprofil mit zwei Sechskantschrauben auf der Oberseite des Stahlwinkels der jeweiligen Konsolenkonstruktion. Damit wurde zunächst die mechanische Verbindung zwischen Konsole und Hohlprofil hergestellt.

Einbausituation einer bestehenden Stahlkonstruktion mit nachträglich eingebauten Wandriegeln: Bestandsstahlstütze (grüner Pfeil), Hohlprofil zur Verstärkung (blauer Pfeil), Konsole zur Befestigung der Verstärkung (roter Pfeil).

Nicht gelöst war damit jedoch die Anbindung der Konsolen an die Bestandsstahlstützen. Deren schweißtechnische Befestigung war aufgrund der baulichen Situation (Zugänglichkeit), aber insbesondere aus Gründen des Brandschutzes nicht möglich. Somit wurde auch hier auf eine Schraubenverbindung zurückgegriffen. Dazu wurden die Konsolenkonstruktionen ursprünglich so gestaltet, dass diese mit angeschweißten Stahlblechen (mit zwei Bohrungen) an beiden Gurten der Bestandsstütze angeschraubt werden konnten. Die Verschraubung erfolgte jedoch nur mit dem Gurt der Stahlstütze, der auf der „Vorderseite" der Stahlstütze frei zugänglich war. Die hinteren beiden Löcher der Konsolenkonstruktion konnten nicht für eine Verschraubung genutzt werden, da sie nicht frei zugänglich waren. Der freie Raum zwischen den Stahlstützen und der dahinterliegenden Sandwichwand betrug nur wenige Zentimeter.

Dem verantwortlichen Konstrukteur war nicht bewusst, dass die Fassadenelemente nicht demontierbar waren. Er ging von einer freien Zugänglichkeit für die Montage aus.

**Schadensvermeidung und -beseitigung**

Der Bauherr wies den Stahlbauer darauf hin, dass eine Befestigung der Konsolenkonstruk-

## 2.1.1 Gewindestangen als wirkungslose Schraubenverbindung (Fall 501)

Detail der mittels Schraubenverbindungen erfolgten Anbindung des Hohlprofils mit zwei nicht genutzten Bohrungen für eine ursprünglich vorgesehene Schraubenverbindung (Pfeil).

tionen mit jeweils nur zwei Schrauben zur sicheren Krafteinleitung in das Bestandsbauwerk nicht ausreiche. Deshalb montierte der Stahlbauer noch jeweils zwei Gewindestangen zwischen dem Steg der Stahlstütze und dem als Auflage dienenden Winkelprofil.

Diese mit dem Bauherrn nicht abgestimmte „Befestigung" wurde durch diesen bei einem weiteren Vororttermin abgelehnt. Sie eigne sich nicht, die über die horizontalen Hohlprofile eingebrachte Beanspruchung sicher in die vertikalen Stahlstützen einzuleiten. Es bestehe bei einer entsprechenden Beanspruchung die Gefahr, dass die als „Notlösung" gewählten Gewindestangen durch Biegung überbeansprucht und zerstört werden.

Damit das Bauwerk doch noch in einen verkehrssicheren Zustand gebracht werden konnte, wurde als Lösung für eine sichere Verbindung zwischen dem hinteren Gurt der jeweiligen Stahlstützen und den Konsolen eine spezielle mechanische Klemmverbindung gewählt.

*Steffen Wagner*

Produktkategorie: Stahlkonstruktionen
Baujahr: 2021
Schadensjahr: 2021
Schlagworte: Konstruktionstechnik, Schrauben, Schweißen, Stahl/-bau, Statik

### PRAXISTIPP:

- Sollen in Bestandsbauwerke aus Stahlkonstruktionen zusätzliche strukturelle Verstärkungen eingebracht werden, sind die nachfolgenden Fragen zu beachten:
  - Ist die Zugänglichkeit an den gewählten Stellen für die Verbindung mit der vorgesehenen Technologie gegeben?
  - Welche Möglichkeiten bestehen für eine sichere Krafteinleitung in das Bestandsbauwerk?
  - Wird durch das gewählte Verbindungsverfahren ein gegebenenfalls existierender Korrosionsschutz (zum Beispiel Feuerverzinkung, organische Beschichtung) beschädigt oder zerstört und wie kann dieser wiederhergestellt werden?
  - Können aus Gründen des Brandschutzes thermische Fügeverfahren, wie das Schweißen, angewendet werden?
  - Erlauben mechanische Fügeverfahren eine sichere Kraftübertragung in das Bestandsbauwerk und wie ist die Zugänglichkeit für das Einbringen der dafür erforderlichen Bohrungen?
- Es sollte bereits im Entwurfsstadium eine Vor-Ort-Begehung mit eingeplant werden!

### GELTENDE REGELN:

Die Beachtung folgender Normen, Richtlinien, Verordnungen und Regeln sind die 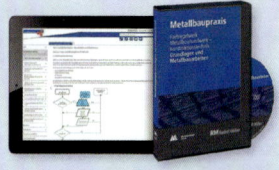 Voraussetzung für die fachtechnisch einwandfreie Ausführung der Arbeit:

- Fachregelwerk Metallbauerhandwerk – Konstruktionstechnik: Kap. 1.4 Statik und Konstruktion, Kap. 1.7.2.5 Schweißen, Kap. 1.7.2.1.6 Herstellen von hochfesten vorgespannten Schraubenverbindungen (HV-Verbindungen).

# Ungünstige Verstärkung von Rahmenecken

## Schadensbeschreibung

Ein mittelständischer Schweißbetrieb hatte zur gefährdungssicheren Lagerung der benötigten Druckgasflaschen ein neues Gebäude errichten lassen.

Ein Metallbauunternehmen (zertifiziert für EXC 2) hatte den Auftrag als schlüsselfertige Leistung von der Bemessung über die Fertigung und Korrosionsschutz bis zur Errichtung vertraglich übernommen.

Das Bauwerk wurde als feuerverzinkte Stahlkonstruktion mit insgesamt vier Zweigelenkrahmen in Querrichtung ausgeführt. Die Aussteifung in Längsrichtung erfolgte dabei über einen druckschlaffen Kreuzverband im Bereich der hinteren Gebäudeseite. In den mittleren Feldern des Dachbereiches – jeweils in Höhe des Obergurtes – wurde die Anordnung des Horizontalverbands bautechnisch umgesetzt. Im vorderen Bereich des Gebäudes befanden sich drei große Toröffnungen für das Be- und Entladen der Druckgasflaschen mit einem Gabelstapler.

Zum Schutz vor äußeren Witterungsbedingungen wurden im Dach und an drei Wandseiten kaltgeformte Stahltrapezprofilbleche angeordnet.

Das Gebäude verfügte in seinem Inneren weiterhin über einen ummauerten Raum für einen Druckluftbehälter. Dieser war jedoch vom Rest des Gebäudes statisch unabhängig.

## Fehleranalyse und -bewertung

Zur besseren Erklärung der Problematik für den zu betrachtenden Anschluss werden hier kurz die statischen Besonderheiten dieser Verbindungsstelle erläutert.

Das Einspannmoment im Bereich jeder der ausgeführten Rahmenecken, also die biegesteife Verbindung zwischen den vertikalen Stützen und den horizontalen Riegeln, ist infolge der gewählten Hallengeometrie und der maßgebenden Lastfallkombination geringfügig größer als das Biegemoment in Feldmitte des Riegels.

Das neuerrichtete moderne Lagergebäude für Druckgasflaschen als Stahlkonstruktion.

Für die konstruktive Lösung der Rahmenecken wählte der Metallbauer folgende Lösung: An jede der vertikalen, jeweils als warmgewalzter Doppel-T-Träger (HEA 240) ausgeführten Stützen wurde zur Herstellung des entsprechenden Stahlrahmens ein identischer Doppel-T-Träger (HEA 240) angeschraubt. Am Ende des horizontalen Trägers der so entstandenen Rahmenkonstruktion nahm der Metallbauer eine Verstärkung mit einem sogenannten Voutenblech vor, um die in der Statik berechneten Anschlusskräfte besser in die vertikale „Säule" einleiten zu können.

Am rechten Ende der jeweiligen Voutenbleche brachte er in die horizontalen (Decken-)Träger eine Versteifung (eingeschweißte Bleche beziehungsweise Rippen) zur Lastübertragung ein. Solche sah er jedoch im Bereich der Einwirkung des Voutenblechs an den vertikalen „Säulen" nicht vor. Die darüberliegenden Steifen (Rippen) hatten durch die konstruktiv gewählte Gestaltung mit den Voutenblechen kaum Wirkung auf die Lastübertragung mehr, da sie dadurch im Bereich der sogenannten Nulllinie „verschoben" wurden.

Die gewählte bautechnische Lösung war somit auf der einen Seite schweißtechnisch aufwendig herzustellen (Vollsteifen und Voutenblech) und kann andererseits zu Unregelmäßigkeiten beim Schmelztauchverzinken führen. Darüber hinaus erfüllte sie aufgrund des in der vertikalen Stütze falsch angebrachten Stegbleches nicht die ihr zugedachte Aufgabe.

## 2.1.2 Ungünstige Verstärkung von Rahmenecken (Fall 502)

Innenansicht des Lagers für Druckgasflaschen.

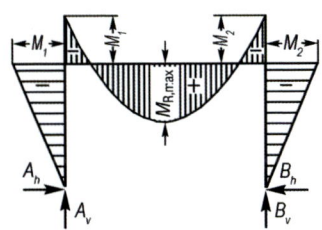

Qualitativer Schnittgrößenverlauf (Biegemoment) eines Zweigelenkrahmens bei konstanter horizontaler Beanspruchung.

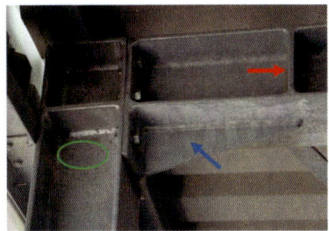

Einbausituation im Bereich einer biegesteifen Rahmenecke mit Voutenblech (blauer Pfeil), eingeschweißter Versteifung (roter Pfeil) und fehlender Verstärkung an der senkrechten Säule (grüner Kreis).

Die komplette Rahmenkonstruktion wurde übrigens aus dem unlegierten Baustahl S235JR+AR gefertigt.

**Schadensvermeidung und -beseitigung**

Im vorliegenden Fall – kein Schadensfall – hätte durch eine geschickte Auswahl des Grundwerkstoffes mit „geringfügig" höherer Festigkeit für die Stahlbauprofile der Rahmenkonstruktion auf eine schweißtechnische Ausführung mit Vouten verzichtet werden können. Das hätte auch die Schmelztauchverzinkung vereinfacht.

Eine statische Nachrechnung hatte ergeben, dass mit einem gewählten Grundwerkstoff S275 oder S355 eine deutliche Vereinfachung der Anschlüsse möglich gewesen wäre.

Die Kostensteigerung für den gewählten Grundwerkstoff mit höherer Festigkeit wäre deutlich niedriger als die Kosten für den zusätzlichen Materialeinsatz und die aufwendige schweißtechnische Verarbeitung.

*Steffen Wagner*

Produktkategorie: Stahlkonstruktionen
Baujahr: 2023
Schadensjahr: 2023
Schlagworte: Feuerverzinken, Konstruktionstechnik, Schweißen, Stahl/-bau, Statik

**PRAXISTIPP:**
- Sind in Stahlkonstruktionen durch die Beanspruchung in Anschlussbereichen zusätzliche strukturelle Verstärkungen notwendig, sind die nachfolgenden Fragen zu beachten:
  – Welche Verstärkungsmaßnahmen sind statisch erforderlich?
  – Sind die Verstärkungsmaßnahmen konstruktiv erforderlich?
  – Kann die Auswahl eines Grundwerkstoffes mit höherer Festigkeit Schweißarbeiten minimieren?
  – Welches Korrosionsschutzsystem (Feuerverzinkung, organische Beschichtung, Duplexsystem usw.) wurde gewählt?
- Es gibt in der gängigen Fachliteratur sehr viele Standardbeispiele über die klassische Ausbildung von biegesteifen Rahmenecken mit und ohne Voute.

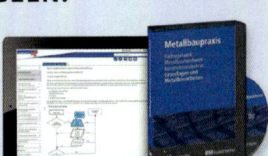

**GELTENDE REGELN:**

Die Beachtung folgender Normen, Richtlinien, Verordnungen und Regeln sind die Voraussetzung für die fachtechnisch einwandfreie Ausführung der Arbeit:

- Fachregelwerk Metallbauerhandwerk – Konstruktionstechnik: Kap. 1.4 Statik und Konstruktion, Kap. 1.7.2.5 Schweißen, Kap. 1.8.2.1.3.2 Feuerverzinken,
- Infoblatt: Feuerverzinkungsgerechtes Konstruieren. Institut Feuerverzinken, Düsseldorf

# Trotz falscher Statik mangelfrei

## Schadensbeschreibung

*Fall 1:* Bei einem Gerichtsverfahren wurde von einer der Parteien festgestellt, dass in einer statischen Berechnung einer Glasscheibe ein Fehler ist: Die Holmlast war mit einem zu geringen Wert angesetzt (0,5 kN/m statt 1,0 kN/m). Daraufhin wurden auf Basis einer Glasdicken-Vordimensionierung (häufig kostenfrei von Glasherstellern oder Glaslieferanten) die Glasscheiben ausgetauscht, bevor das Gerichtsgutachten zur entsprechenden Beweisfrage fertiggestellt war.

*Fall 2:* Bei einer hinterlüfteten Fassade mit Metallbekleidung wurden von einem Gutachter Abweichungen zwischen vorliegender statischer Berechnung und Ausführung festgestellt. Der Gutachter hatte, ohne die Statik überprüft zu haben, diese als falsch eingestuft, die Fassade wurde über Monate mit einem Netz gesichert.

*Fall 3:* Eine ausführende Firma hatte Bedenken gegenüber der Ausführung einer Stahl-Glas-Fassade angemeldet, da ihr Statiker zur Erkenntnis gelangt war, die Glasstatik funktioniere mit den ausgeschriebenen Glasdicken nicht. Die Firma hatte daraufhin dickere Glasscheiben bestellt und eine Nachtragsforderung gestellt.

## Fehleranalyse und -bewertung

In einer statischen Berechnung wird das geplante Tragwerk modelliert, dabei die Lastabtragung abgebildet und schließlich der Nachweis der Tragfähigkeit und der Gebrauchstauglichkeit geführt. Es gibt unterschiedliche Methoden beziehungsweise Rechenverfahren zur Ermittlung der Beanspruchung eines Tragwerks, verschiedene Detaillierungsgrade zur Abbildung der realen beziehungsweise geplanten Konstruktion in einem statischen Modell sind möglich.

Für die jeweiligen Grenzzustände (Tragfähigkeit/Gebrauchstauglichkeit, planmäßig/außergewöhnlich) ist mit geeigneten Modellen für Tragsystem und Belastung (statisch/stoßartig) nachzuweisen, dass diese nicht überschritten werden, wenn die Bemessungswerte für die Einwirkungen, die Baustoffeigenschaften und die geometrischen Maße in diesen Modellen verwendet werden.

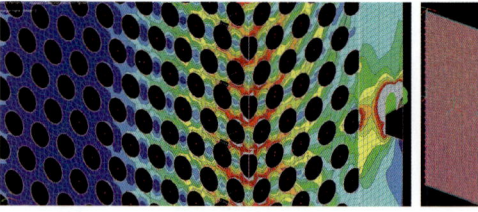

Aufwendige Modellierung eines gelochten Fassadenelementes (links) versus einfache Modellierung (rechts). Was ist richtig und was ist falsch?

Die Tragwerksmodelle sollten mit ausreichender Genauigkeit die betrachteten Grenzzustände erfassen, eine einzig richtige statische Berechnung gibt es in der Regel nicht. Vielmehr kann die Modellierung auf der sicheren Seite liegend einfacher erfolgen, was oft etwas größere Bauteilabmessungen oder höherwertige Materialien bedeutet, oder aber – etwas weniger weit auf der sicheren Seite liegend – aufwendiger und bezüglich der Konstruktion entsprechend wirtschaftlicher. Einige Effekte können nur durch eine aufwendige Berechnung erfasst werden.

Ein Beispiel hierfür ist die statische Berechnung von Glasscheiben zum Beispiel einer Glas-Metallfassade (Abbildung): Bei Anwendung der geometrisch linearen Bemessungsmethode (Kirchhoff'schen Plattentheorie) ergeben sich auf der sicheren Seite liegende Ergebnisse. Bei Verformungen, die meistens größer sind als die Plattendicke, kann die Biegefläche der Rechteckplatte mit der Kirchhoff'schen Plattentheorie nur noch unzureichend beschrieben werden. In Abhängigkeit vom Verhältnis der Kantenlängen überlagert sich dem Biegespannungszustand ein Membranspannungszustand, der sich zusätzlich an der Lastabtragung beteiligt. Unter Verwendung dieser geometrisch nichtlinearen Berechnungsmethode können sich deutlich geringere Spannungen und Durchbiegungen im Glas ergeben.

*Fall 1:* Sowohl Statiker (falsche Holmlast) als auch Glashersteller haben mit einer einfachen Software geometrisch linear gerechnet. Bei Verwendung der materialgerechten Membranspannungstheorie können auch für die tatsächlich anzusetzende höhere Holmlast die Nachweise erfüllt werden (Tabelle). Der Glasaustausch war unnötig.

*Fall 2:* Die Fassade wurde aufgenommen und die statischen Nachweise konnten mit den ange-

### 2.1.3 Trotz falscher Statik mangelfrei (Fall 503)

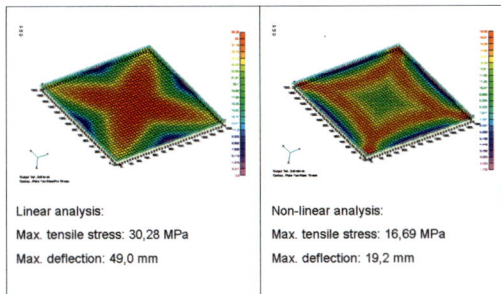

Vergleich geometrisch lineare Berechnung mit geometrisch nichtlinearer Berechnung einer vierseitig gelagerten Glasscheibe.

| Berechnung | „Statiker" | „Glashersteller" | auch richtig! |
|---|---|---|---|
| Holmlast in kN/m | 0,5 | 1,0 | 1,0 |
| Berechnungsmethode | linear | linear | nichtlinear |
| maximale Ausnutzung in Prozent | 75 | 163 | 58 |
| maximale Durchbiegung in mm | 42 > 21 | 59 > 21 | 18 < 21 |

Ergebnisse der unterschiedlichen Berechnungen zum Fall 1.

passten Randbedingungen geführt werden. Die kostenintensive Netzsicherung und die durchgeführte Demontage der Fassade waren unnötig.

*Fall 3:* Die Ausschreibung beruhte auf einer geometrisch nichtlinearen Glasdickenvordimensionierung. Der Glasstatiker der ausführenden Firma hat sehr konservativ geometrisch linear gerechnet. Die Nachtragsforderung war unbegründet. Der Bauherr war darüber hinaus mit der nun schlechteren optischen Qualität (Grünstich aufgrund der sehr dicken Gläser) sehr unzufrieden und hat einen Rechtsstreit mit der Firma angestrengt.

**PRAXISTIPP:**

- Lassen Sie sich als Gutachter nicht zu der Aussage „hinreißen" „die Statik funktioniert nicht", nur, weil es Abweichungen oder Unstimmigkeiten gibt.
- Selbst bei Fehlern in der Statik kann die Konstruktion dennoch ausreichend tragsicher und gebrauchstauglich sein. Hier sollte zunächst die Statik überprüft werden – und das nicht nur mit einfachen Rechenmethoden, sondern in weiteren Schritten mit allen Möglichkeiten, die als „Werkzeuge" für statische Berechnungen zur Verfügung stehen. Hierzu zählt beispielsweise entsprechende Spezialsoftware für eine genaue Modellierung.
- Während beim Aufstellen einer statischen Berechnung durchaus Vereinfachungen getroffen werden können und üblich sind, sollte das bei Streitfällen nicht erfolgen. Schalten Sie Spezialisten ein!

**Schadensvermeidung und -beseitigung**

Bei allen drei beschriebenen Fällen gibt es keinen Sachschaden und außer dem Vermögensschaden war auch kein Schaden zu erwarten. Der Austausch beziehungsweise die Umplanung der Elemente wäre aus statischen Gründen nicht erforderlich gewesen. In der statischen Berechnung wurden unzutreffende oder unwirtschaftliche Annahmen getroffen.

*Dr.-Ing. Barbara Siebert,*
*Univ.-Prof. Dr.-Ing. Geralt Siebert*

Produktkategorie: Fassaden
Baujahr: diverse
Schadensjahr: diverse
Schlagworte: Bauaufsichtliche Zulassung, Bemessung, Brüstung, Fassaden/-bau, Glas/-bau, Standfestigkeit/-sicherheit, Statik

**GELTENDE REGELN:**

Die Beachtung folgender Normen, Richtlinien, Verordnungen und Regeln sind die Voraussetzung für die fachtechnisch einwandfreie Ausführung der Arbeit:

- Fachregelwerk Metallbauerhandwerk – Konstruktionstechnik: Kap. 1.4 Statik und Konstruktion, Kap. 1.10 Konstruktiver Glasbau,
- DIN EN 1990 Eurocode: Grundlagen der Tragwerksplanung.

# Halterungen gebogen, geschweißt, feuerverzinkt und gebrochen

### Schadensbeschreibung

Im vorliegenden Fall wurden Halterungen für Blumenkästen aus Flachmaterial S235JR hergestellt, wobei die Ecken kaltgebogen wurden. Anschließend wurden die Querstreben im Eckenbereich angeschweißt und letztendlich wurden die Teile aus Gründen des Korrosionsschutzes feuerverzinkt.

Schließlich wurden die Halterungen an Balkonen bis zum vierten Stock angebracht und dann mit den Blumenkästen bestückt.

Dabei kam es an zahlreichen Teilen zu Brüchen im Eckenbereich unmittelbar neben den Schweißnähten.

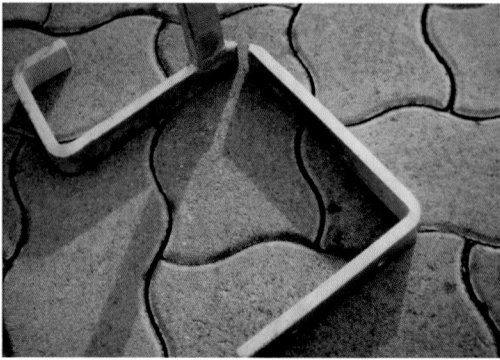

**Falsch:** Die Halterungen für Blumenkästen waren nach dem Kaltbiegen, Verschweißen und Feuerverzinken in den Ecken gebrochen.

### Fehleranalyse und -bewertung

Eine metallographische Untersuchung der Schadensbereiche ergab, dass es sich hier um „Zink-Lötrissigkeit" (= LME = liquid metal embrittlement) handelte. Diese tritt immer dann auf, wenn Stahl, der stark unter Spannungen steht, mit flüssigem Zink in Berührung kommt.

Das heißt, die ersten Risse traten bereits beim Feuerverzinken auf. Sie waren nur nicht erkennbar, weil die Oberfläche dick mit Zink überdeckt war.

Die Spannungen wurden hier einmal durch das Kaltbiegen des Flachmaterials und zum anderen durch den Schweißprozess verursacht.

### Schadensvermeidung und -beseitigung

Um solche Schäden zu vermeiden, wäre es erforderlich, das Flachmaterial nicht kalt-, sondern warmzubiegen beziehungsweise die Querstreben nicht im Eckbereich anzuschweißen, sondern etwas weiter davon entfernt, sodass es nicht zu einer Überlagerung der Spannungen durch die Verformung und den Schweißprozess kommen kann.

Da schon eine ganze Anzahl von gleichartigen Teilen bereits geschweißt, aber noch nicht verzinkt vorhanden waren, stand nun die Frage im Raum, ob diese noch verwendet werden können oder ob sie zu vernichten waren.

Zunächst war im Gespräch, ob es unbedingt „Feuerverzinken" sein musste, oder ob auch eine andere Art von Korrosionsschutz (zum Beispiel

## 2.1.4 Halterungen gebogen, geschweißt, feuerverzinkt und gebrochen (Fall 504)

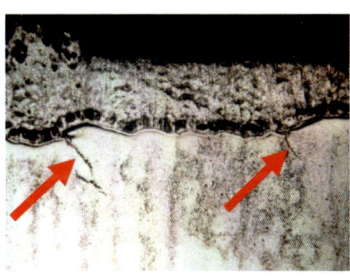

**Falsch:** Die ersten Risse traten bereits beim Feuerverzinken auf. Sie waren nur nicht erkennbar, weil die Oberfläche dick mit Zink überdeckt war.

galvanisch verzinken oder Anstrich mit Zinkstaubfarbe) infrage käme.

Der Hersteller wollte jedoch unbedingt feuerverzinkte Teile, weil dieser Korrosionsschutz am langlebigsten ist. Daher kam nur noch eine Wärmebehandlung in Form von „Normalglühen" vor dem Verzinken infrage. Dabei wird der Großteil der vorhandenen Spannungen abgebaut und es entsteht ein feinkörniger Werkstoffzustand mit guten Zähigkeitswerten und die Gefahr einer Zink-Lötrissigkeit beim Feuerverzinken besteht nicht mehr.

Ein reines Spannungsarmglühen bei etwa 650 Grad Celsius wäre hier nicht ausreichend, weil dabei die Gefahr der Grobkornbildung im ungünstigen Verformungsbereich und damit einer zusätzlichen Versprödung bestünde.

Bei der Planung der zukünftigen Fertigung wäre zu empfehlen, die Querstreben weiter nach oben zu setzen, also weiter entfernt von den Eckbereichen, damit es nicht zu einer Überlagerung von Spannungen durch den Biege- und den Schweißprozess kommt und damit die Gefahr der Zink-Lötrissigkeit minimiert wird.

*Gabriele Weilnhammer*

Produktkategorie: Weitere Metallkonstruktionen
Baujahr: 1997
Schadensjahr: 1997
Schlagworte: Biegen, Feuerverzinken, Schweißen, Spannungen

**PRAXISTIPP:**
- Bereits bei der Planung von Teilen, die feuerverzinkt werden sollen, muss so konstruiert werden, dass es nicht zu einer Überlagerung von Spannungen kommen kann. Andernfalls kann auf eine Wärmebehandlung nach dem Schweißen nicht verzichtet werden.
- Bei einer erforderlichen Wärmebehandlung reicht ein Spannungsarmglühen bei etwa 650 Grad Celsius nicht aus, weil es dabei bei ungünstigen Kaltverformungsbedingungen zu einer Grobkornbildung und damit zu einer zusätzlichen Versprödung kommen kann. Hier ist ein Normalglühen bei etwa 900 Grad Celsius erforderlich.

**GELTENDE REGELN:**

Die Beachtung folgender Normen, Richtlinien, Verordnungen und Regeln sind die Voraussetzung für die fachtechnisch einwandfreie Ausführung der Arbeit:

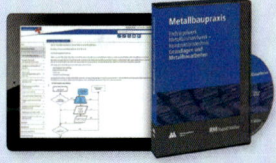

- Fachregelwerk Metallbauerhandwerk – Konstruktionstechnik: Kap. 1.7.2.5 Schweißen, Kap. 1.8.2.1.3.2 Feuerverzinken,
- DIN 17022 Wärmebehandlung von Eisenwerkstoffen; Verfahren der Wärmebehandlung,
- DASt-Richtlinie 022: Feuerverzinken von tragenden Stahlbauteilen.

# Hallendeckenaufhängung durch Zink-Lötrissigkeit geschädigt

## Schadensbeschreibung

Beim Bau einer Mehrzweckhalle wurden für die Deckenaufhängung Bauteile aus dem Werkstoff S355J0, feuerverzinkt verwendet. Dabei fielen bereits während der Bauphase zahlreiche Risse im Übergangsbereich der Schweißnähte auf, sodass die Fertigung gestoppt wurde, weil die Tragfähigkeit der Deckenaufhängung nicht mehr gewährleistet werden konnte.

## Fehleranalyse und -bewertung

An verschiedenen rissbehafteten Stellen wurden Proben entnommen und zunächst Risse aufgebrochen. Auf den Bruchflächen waren ausgeprägte Zinkbeläge und Beläge von Zinkoxid zu beobachten. Mikroschliffe aus den Rissbereichen ließen erkennen, dass es sich dabei um Zn-Lötrissigkeit handelte, also um Risse, die bereits beim Verzinken im Bereich erhöhter Spannungen im Stahl entstehen, aber teilweise von außen nicht oder nur teilweise erkennbar sind, da sie in der Regel mit Zink gefüllt sind und auf der Oberfläche eine relativ dicke Zinkschicht die Risse überdeckt.

Solche Schäden treten im Bereich erhöhter Spannungen, also vorwiegend im Schweißnahtübergangsbereich, auf und werden begünstigt durch eine ungünstige chemische Zusammensetzung des Stahles ($Si_{soll}$ 0,12 bis 0,28 Prozent) und durch eine ungünstige Zusammensetzung des Zinkbades ($Sn_{soll}$ kleiner 0,05 Prozent, $Pb_{soll}$ kleiner 0,8 Prozent, $Bi_{soll}$ kleiner 0,1 Prozent).

Die Werkstoffanalysen der verwendeten Stahlteile zeigten Siliziumgehalte zwischen 0,32 und 0,42 Prozent. Eine Nachfrage bei der Verzinkerei ergab, dass die Zusammensetzung des Zink-

Die Schäden traten an der feuerverzinkten Deckenaufhängung (Werkstoff S355J0) für eine Mehrzweckhalle auf.

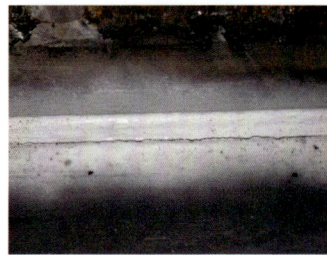

**Falsch:** Bereits während der Bauphase traten zahlreiche Risse im Übergangsbereich der Schweißnähte auf.

bades zum Zeitpunkt des Verzinkens der verwendeten Teile bei 1,12 Prozent Zinn (Sn), 1,30 Prozent Blei (Pb) und 0,097 Prozent Wismut (Bi) neben Zink lag.

Zum damaligen Zeitpunkt (Fertigungsjahr 2006) war jedoch noch nicht bekannt, dass diese Elemente im Zinkbad einen so gravierenden Einfluss auf die Anfälligkeit für Zink-Lötrissigkeit haben. Man hatte sie in erhöhtem Maße zugegeben, weil dadurch eine glänzendere Oberfläche der Zinkschicht erreicht wurde.

## Schadensvermeidung und -beseitigung

Da solche Risse an zahlreichen Stellen der Konstruktion festgestellt worden waren, erschien eine Reparatur nicht sinnvoll; vor allem, da alle

## 2.1.5 Hallendeckenaufhängung durch Zink-Lötrissigkeit geschädigt (Fall 505)

Teilweise waren die Risse deutlich erkennbar, teilweise aber auch mit Zink überdeckt.

Viele Risse waren mit Zink gefüllt und auf der Oberfläche überdeckte eine relativ dicke Zinkschicht die Risse.

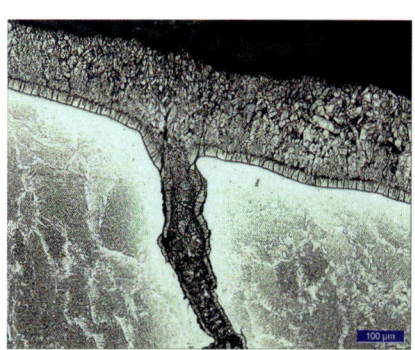

betroffenen Stellen hätten herausgetrennt und durch neue Komponenten hätten ersetzt werden müssen.

Man entschloss sich daher für einen kompletten Abriss und Neubau der Dachaufhängung. Dabei wurde bereits bei der Bestellung darauf geachtet, dass die Stähle mit dem Vermerk „zum Verzinken geeignet" bestellt wurden, was bedeutet, dass der Stahllieferant den angegebenen Siliziumgehalt einzuhalten hat. Mit der Verzinkerei wurde vereinbart, dass die angegebenen Grenzwerte für Blei, Zinn und Wismut im Zinkbad einzuhalten sind. Beides war nachvollziehbar zu dokumentieren und bei Lieferung schriftlich zu bestätigen.

*Gabriele Weilnhammer*

Produktkategorie: Stahlhallen
Baujahr: 2006
Schadensjahr: 2006
Schlagworte: Feuerverzinken, Korrosion, Schweißen, Spannungen, Stahl/-bau, Tragwerke

### PRAXISTIPP:

- Um zu vermeiden, dass beim Schweißen hohe Eigenspannungen im Bereich der Nahtübergänge zu Unregelmäßigkeiten und Rissbildung führen, sollten Sie die Stahlteile mit dem Vermerk „zum Verzinken geeignet" bestellen, was in erster Linie einen günstigen Siliziumgehalt beinhaltet.
- Mit der Verzinkerei sollten Sie vereinbaren, dass eine tagesaktuelle Analyse der Zinkbadzusammensetzung mitzuliefern ist und die entsprechenden Gehalte für Zinn, Blei und Wismut innerhalb der genannten Vorgaben des DIBt eingehalten wurden.

### GELTENDE REGELN:

Die Beachtung folgender Normen, Richtlinien, Verordnungen und Regeln sind die Voraussetzung für die fachtechnisch einwandfreie Ausführung der Arbeit:

- Fachregelwerk Metallbauerhandwerk – Konstruktionstechnik: Kap. 1.7.2.5 Schweißen, Kap. 1.8.2.1.3.2 Feuerverzinken,
- DIN EN 10025-2 Warmgewalzte Erzeugnisse aus Baustählen; Teil 2: Technische Lieferbedingungen für unlegierte Baustähle,
- DASt-Richtlinie 022: Feuerverzinken von tragenden Stahlbauteilen.

# Feuerverzinkte Laschen gebrochen

### Schadensbeschreibung

An feuerverzinkten Laschen für große Masten wurden verzögerte Brüche festgestellt. Die Laschen zeigten einen verformungsarmen Bruch. Insbesondere aufgrund dieses Kombination von verzögertem und sprödem Bruchverhalten wurde als Ursache zunächst der Verzinkungsprozess unter Einwirkung von Wasserstoff (Vorbehandlung Beizen) angenommen.

### Fehleranalyse und -bewertung

Eine Analyse der chemischen Zusammensetzung zeigte durch den sehr geringen Aluminiumanteil, dass ein offensichtlich unberuhigter Baustahl für die Laschen verwendet wurde.

Aufgrund der Analyse und des Bruchverhaltens konnte eine sogenannte „Alterungsunbeständigkeit" nicht ausgeschlossen werden.

### Erläuterung zur Alterungsunbeständigkeit:

Neben den Elementen Kohlenstoff, Phosphor, Sauerstoff kann auch der ungebundene Stickstoff in Stählen zu einem sogenannten Alterungseffekt führen. Die Festigkeit steigt, die Verformungsfähigkeit nimmt ab. Die Anwesenheit des ungebundenen Stickstoffs führt im Stahl bei fehlenden Elementen mit hoher Affinität zum Stickstoff wie zum Beispiel Aluminium, Titan und Niob zur Bildung spröder Phasen. Das kann unbemerkt bei Raumtemperatur ablaufen. Die Auswirkungen sind oft erst nach Monaten oder auch Jahren in Form einer Minderung der Verformungsfähigkeit zu erkennen.

Im Zusammenhang mit einer hohen Verformung (Verformungsgrad etwa fünf Prozent) wird diese spezielle Erscheinungsform als Reck- oder Verformungsalterung bezeichnet. In den verformten Zonen bilden sich spröde Nitrid-Phasen. Bei höheren Temperaturen läuft der Ausscheidungsprozess bereits in kurzer Zeit ab.

**Falsch:** Die feuerverzinkten Stahllaschen waren an der Biegestelle glatt gebrochen.

Zur Überprüfung dieser Schadenshypothese wurde eine unverzinkte Probe geteilt und eine Hälfte bei 250 Grad Celsius zwanzig Minuten getempert. Der Biegeversuch zeigte einen glasartigen verformungsarmen Bruch am getemperten Muster, während sich die unbehandelte Hälfte problemlos verformen ließ.

Zur Überprüfung dieser Schadenshypothese wurde eine unverzinkte Probe geteilt und eine Hälfte bei 250 Grad Celsius zwanzig Minuten getempert. Nach dieser Behandlung wurde bei dem Muster die Lasche unter der Prüfmaschine verformt. Der Versuch zeigte einen glasartigen verformungsarmen Bruch am getemperten Muster, während sich die unbehandelte Hälfte problemlos verformen ließ.

### Schadensvermeidung und -beseitigung

Zur Vermeidung der Alterungsvorgänge werden den Stählen stickstoffaffine Elemente zugefügt. Hierzu gehören unter anderem die Elemente Aluminium (etwa 0,02 Prozent), Titan und Niob (etwa 0,01 bis 0,02 Prozent). Diese Elemente waren in den untersuchten Stahlproben nur mit sehr geringeren Anteilen vorhanden.

*Martin Hofmann*

## 2.1.6 Feuerverzinkte Laschen gebrochen (Fall 506)

| Probe | C in Prozent | Si in Prozent | Mn in Prozent | P in Prozent | S in Prozent | Cr in Prozent | Mo in Prozent | Ni in Prozent | Al in Prozent |
|---|---|---|---|---|---|---|---|---|---|
| 1 | 0,095 | 0,210 | 0,846 | 0,031 | 0,042 | 0,174 | 0,042 | 0,179 | 0,003 |
| St37-2 | 0,21 | – | – | 0,065 | 0,065 | | | | |
| S235JR | 0,21 max. | – | 1,50 max. | 0,055 max. | 0,055 max. | | | | |

| Probe | Co in Prozent | Cu in Prozent | Nb in Prozent | Ti in Prozent | V in Prozent | W in Prozent | Pb in Prozent | B in Prozent |
|---|---|---|---|---|---|---|---|---|
| 1 | 0,017 | 0,809 | 0,0028 | <0,0001 | 0,003 | <0,0025 | <0,001 | 0,0003 |
| St37-2 | | | | | | | | |
| S235JR | | | | | | | | |

Eine Analyse der chemischen Zusammensetzung der Laschen ergab einen sehr geringen Aluminiumanteil.

Produktkategorie: Maste
Baujahr: 1998
Schadensjahr: 1998
Schlagworte: Baustahl, Biegen, Feuerverzinken, Verzinken

**PRAXISTIPP:**

- Unberuhigte Stähle sind heute vergleichsweise selten anzutreffen. Eine Absicherung für Sie ist über die Anforderung eines spezifischen 3.1-Prüfzeugnisses und bei risikobehafteten Produkten mit einer zusätzlichen Prüfung der chemischen Zusammensetzung vor der Verarbeitung möglich.
- In der zum Zeitpunkt des Schadenseintrittes gültigen DIN 50976 Feuerverzinken von Einzelteilen (Stückverzinken) war folgender Verweis zum Thema Alterungsbeständigkeit enthalten: „Wenn der Stahl vor dem Feuerverzinken kaltverformt werden soll, so ist ein alterungsunempfindlicher Stahl zu empfehlen."

**GELTENDE REGELN:**

Die Beachtung folgender Normen, Richtlinien, Verordnungen und Regeln sind die Voraussetzung für die fachtechnisch einwandfreie Ausführung der Arbeit:

- Fachregelwerk Metallbauerhandwerk – Konstruktionstechnik: Kap. 1.4 Statik und Konstruktion, Kap. 1.7.1.1 Biegeumformen, Kap. 1.8.2.1.3 Verzinken,
- DIN 50976 Feuerverzinken von Einzelteilen (Stückverzinken) (zurückgezogen), ersetzt durch DIN EN ISO 1461,
- DIN EN 10025 Warmgewalzte Erzeugnisse aus Baustählen,
- DIN EN ISO 1461 Durch Feuerverzinken auf Stahl aufgebrachte Zinküberzüge (Stückverzinken); Anforderungen und Prüfungen.

# Terrassendach mit zulässiger Durchbiegung

**Richtig:** Die rechnerisch ermittelte maximale Durchbiegung dieses Terrassendaches betrug 14 Millimeter, die zulässige Durchbiegung (1/300 von 4.260 Millimeter) lag bei 14,2 Millimeter.

## Schadensbeschreibung

Ein Hauseigentümer war mit einer optisch sichtbaren Durchbiegung seines Terrassendaches nicht einverstanden. Der Sachverständige hatte nun die Aufgabe festzustellen, ob das ein Mangel war oder nicht.

## Fehleranalyse und -bewertung

Mit einem Lasermessgerät wurden die entsprechenden Werte gemessen und dokumentiert. Das Terrassendach lag absolut waagerecht. Die gemessene Durchbiegung zwischen den Pfosten (Stützweite 4.260 Millimeter) lag zwischen drei und neun Millimeter.

Im Metallbau, speziell im Stahlbau, ist die zulässige Durchbiegung in der DIN EN 1993-1-1 geregelt, die sich auf die Bemessung und Konstruktion von Stahltragwerken bezieht.

Der Wert von 1/300 als Verhältnis von Durchbiegung zur Spannweite wird dort als allgemeiner Richtwert für die maximale Durchbiegung unter Gebrauchslasten verwendet. Diese Grenze soll sicherstellen, dass die Tragkonstruktion weder durch übermäßige Verformungen Schaden nimmt, noch optisch oder funktional beeinträchtigt wird. Allerdings können die zulässigen Grenzwerte je nach Bauteil und Nutzungsanforderung variieren.

Ebenfalls eingerechnet werden muss die Durchbiegung des Terrassendaches unter Schneelast. Diese Berechnungen basieren auf den Materialeigenschaften und der Konstruktion des Daches sowie der zu erwartenden Schneelast. Die Schneelast wird durch lokale Bauvorschriften und Schneelastzonen definiert. Die Schneelastzone hängt von der Region ab, in der sich das Terrassendach befindet. Die Schneelast wird in

Kilonewton pro Quadratmeter angegeben und variiert je nach Gebiet und Dachneigung. Zu finden sind diese Werte in der DIN EN 1991-1-3. Die Schneelasten für die verschiedenen Schneelastzonen in Deutschland liegen zwischen 0,75 und über 2,5 Kilonewton pro Quadratmeter.

Aus der Typenstatik des Terrassendaches wurden dann die statischen Werte der vorderen Kastenrinne als Grundlage für die weiteren Berechnungen übernommen.

Der rechnerische Nachweis der Gebrauchstauglichkeit des Rohrprofils wurde mit einem gängigen Statikprogramm durchgeführt. Statisch nachgewiesen wurde eine Durchbiegung von 14 Millimeter. Ohne Schneelast hatte die Durchbiegung am Tag der Messung maximal neun Millimeter betragen. Mit Schneelast hatte die nachgewiesene maximale Durchbiegung 14 Millimeter betragen. Bei einer normativ zulässigen Durchbiegung von 1/300 war bei der vorhandenen Länge von 4.260 Millimetern eine Durchbiegung von 14,2 Millimeter erlaubt. Daher war das Terrassendach nicht zu beanstanden.

**Schadensvermeidung und -beseitigung**

Die maximal mögliche Durchbiegung des Terrassendaches bei einer Stützweite von 4.260 Millimetern wurde mit 14,2 Millimeter ermittelt und lag damit über der errechneten Durchbiegung von 14 Millimetern. Damit war die Durchbiegung zulässig.

Tipp des Sachverständigen: Möchte der Kunde später noch in der Front seines Terrassendaches ein Glastür-Faltschiebesystem eingebaut haben, ist Folgendes zu beachten:

Beim Verkauf und der Montage eines solchen Terrassendaches ist dem Kunden am besten schriftlich mitzuteilen, dass dieses Dach (auch schon ohne Schneelast) eine gewisse Durchbiegung haben darf. Soll später eine Tür eingebaut werden, ist es vorteilhaft, wenn der vordere Träger vorher entsprechend statisch ertüchtigt wird. Selbst dann wird es im Belastungsfall bei dieser Spannweite immer noch eine Durchbiegung geben, die bei der Größe und beim Einbau der Türanlage berücksichtigt werden muss.

*Walter Heinrichs*

Produktkategorie: Wintergärten
Baujahr: 2023
Schadensjahr: 2023
Schlagworte: Belastung, Bemessung, Gebrauchstauglichkeit, Hinzunehmende Unregelmäßigkeiten, Maßtoleranzen, Profile, Statik, Terrasse

**PRAXISTIPP:**
- Ermitteln Sie die maximal möglichen Durchbiegungen Ihrer Konstruktion.
- Informieren Sie Ihren Kunden (am besten schriftlich) darüber, vor allem, wenn er plant später noch eine Türanlage in sein Terrassendach einzubauen.

**GELTENDE REGELN:**

Die Beachtung folgender Normen, Richtlinien, Verordnungen und Regeln sind die Voraussetzung für die fachtechnisch einwandfreie Ausführung der Arbeit:

- Fachregelwerk Metallbauerhandwerk – Konstruktionstechnik: Kap. 1.4 Statik und Konstruktion, Kap. 1.4.3.1.4 Schneelasten, Kap. 1.4.3.4.1 Berechnung von Durchbiegungen,
- DIN EN 1993-1-1 Eurocode 3: Bemessung und Konstruktion von Stahlbauten; Teil 1-1: Allgemeine Bemessungsregeln und Regeln für den Hochbau,
- DIN EN 1991-1-3 Eurocode 1: Einwirkungen auf Tragwerke; Teil 1–3: Allgemeine Einwirkungen, Schneelasten,
- Typenstatik.

## Statische Berechnung reicht nicht

### Schadensbeschreibung

Auf Basis des Prüfberichtes eines Prüfingenieurs wurde ein Gerichtsverfahren angestrengt. Beanstandet wurde eine Ganzglasbrüstung der Kategorie B nach DIN 18008-4 hinsichtlich folgender Punkte:

- Die Dicke der PVB-Folie war mit 0,76 Millimeter zu gering, da gemäß DIN 18008-4 mindestens 1,52 Millimeter gefordert sind. Dementsprechend waren die Glasscheiben auszutauschen.
- Ein nicht korrekter Nachweis des Handlaufes.

Entsprechend diesen beiden Punkten wurden im Verlauf des Gerichtsverfahrens die Beweisfragen gestellt.

Beanstandet wurde die Foliendicke bei einer Ganzglasbrüstung der Kategorie B nach DIN 18008-4.

### Fehleranalyse und -bewertung

Bei der Planung und beim statischen Nachweis einer absturzsichernden Ganzglasbrüstung sind unter anderem gemäß DIN 18008-4 folgende Punkte zu berücksichtigen und entsprechende Nachweise der Verwendbarkeit zu führen.

1. Zunächst Klärung in welche Kategorie (A, B oder C) die Konstruktion einzuordnen ist.
2. Nachweis der Tragfähigkeit für stoßartige Beanspruchung (Stoßnachweis, durch Anprall von Personen) für Glas und Befestigung.
3. Nachweis der Tragfähigkeit für statische Einwirkungen (Holm, Wind) für das Glas.
4. Nachweis der Tragfähigkeit für statische Einwirkungen (Holm, Wind) für den Handlauf.
5. Nachweis der Tragfähigkeit für Profile, Klemmen, Punkthalter sowie deren Anschluss untereinander oder an das Gebäude (Dübel, Einnietmuttern, Schrauben usw.).
6. Planung der konstruktiven Ausbildung (Entwässerung, Abdichtung usw.).

Der Stoßnachweis kann sehr einfach mithilfe der Tabellen in der DIN 18008 geführt werden. Darin ist für Kategorie B (tatsächlich) für VSG eine Mindestdicke von 1,52 Millimeter PVB-Folie gefordert, allerdings auch eine konstruktive Detailausbildung mit Bohrungen im Glas – welche hier jedoch nicht ausgeführt wurden.

Eine zweite Möglichkeit ist der Nachweis der Stoßsicherheit durch ein allgemeines bauaufsichtliches Prüfzeugnis (abP). Hier wird die Konstruktion von einer anerkannten Prüfstelle geprüft (Pendelschlagversuch) und ein entsprechendes Prüfzeugnis erstellt. Die Konstruktion muss dabei innerhalb des Regelungsbereichs der DIN 18008-4 sein, darf aber von den auf Erfahrung basierenden Tabellen und Konstruktionsdetails abweichen. Ein solches abP ist „gleichwertig" zur Norm anwendbar.

Im vorliegenden Fall lag ein Prüfzeugnis für eine Konstruktion mit 0,76 Millimeter PVB-Foliendicke vor. Somit war die Forderung des Prüfingenieurs nach einem Scheibenaustausch falsch.

Der rechnerische Nachweis des Handlaufs hatte zwar einige Unstimmigkeiten, das nachgewiesene Modell lag jedoch sehr auf der sicheren Seite, der Nachweis konnte in diesem Fall mit genauerer Modellierung geführt werden.

Allerdings wurde im Zuge der Bearbeitung des Gutachtens festgestellt, dass alle anderen erforderlichen Nachweise (also 3., 4. und 5.) nicht

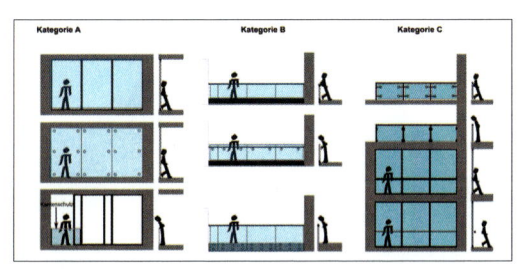

## 2.1.8 Statische Berechnung reicht nicht (Fall 508)

Kategorien A, B und C gemäß der DIN 18008-4.

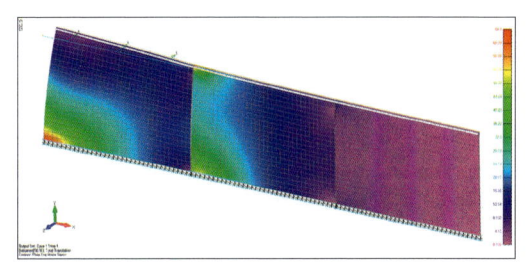

Beispiel für eine Glasstatik mit entsprechenden Ausfallszenarien für eine Kategorie-B-Verglasung.

geführt wurden – und zum Teil auch nicht geführt werden können. Dies hatte der Prüfingenieur übersehen. Das war aber nicht Bestandteil der Beweisfragen. Insbesondere die unabdingbare „Glasstatik" (Abbildung) und der Anschluss der Konstruktion an die Betondecke fehlten. Somit wäre aus technischer Sicht zwar ein Glasaustauch erforderlich gewesen, jedoch nicht aufgrund der zu geringen Foliendicke, sondern aufgrund der zu geringen Glasdicke.

**Schadensvermeidung und -beseitigung**

Konstruktionen des konstruktiven Glasbaus müssen geplant und statisch nachgewiesen werden. Aufgrund des spröden Verhaltens von Glas ist neben dem statischen Nachweis der intakten Konstruktion (Glas, Profile und Anschlüsse) auch der Nachweis der Resttragfähigkeit im gebrochenen Zustand (Horizontalverglasung) sowie bei Brüstungen der Nachweis der Stoßsicherheit (Pendelschlagversuch) zu führen.

**PRAXISTIPP:**
- Fangen Sie keinen Rechtsstreit auf Basis der Aussage eines Prüfingenieurs an. Nicht alle haben tiefe Kenntnisse im speziellen Bereich des konstruktiven Glasbaus.
- Besser vorher fachgerecht und umfassend planen und nicht hoffen, „der Prüfingenieur wird es schon nicht merken, eine Statik hat noch nie jemand gefordert". Diese Aussage hören wir Gutachter tatsächlich sehr oft. Die Verantwortung liegt bei der Bauherrschaft und wird von dieser meist auf die ausführende Firma oder (Fach-)Planung übertragen.

*Dr.-Ing. Barbara Siebert,*
*Univ.-Prof. Dr.-Ing. Geralt Siebert*

Produktkategorie: Geländer
Baujahr: diverse
Schadensjahr: diverse
Schlagworte: Bauaufsichtliche Zulassung, Bemessung, Brüstung, Glas/-bau, Standfestigkeit/-sicherheit, Statik

**GELTENDE REGELN:**

Die Beachtung folgender Normen, Richtlinien, Verordnungen und Regeln sind die Voraussetzung für die fachtechnisch einwandfreie Ausführung der Arbeit:

- Fachregelwerk Metallbauerhandwerk – Konstruktionstechnik: Kap. 1.4 Statik und Konstruktion, Kap. 1.10 Konstruktiver Glasbau.
- DIN 18008-1 Glas im Bauwesen; Bemessungs- und Konstruktionsregeln; Teil 1: Begriffe und allgemeine Grundlagen,
- DIN 18008-2 Glas im Bauwesen; Bemessungs- und Konstruktionsregeln; Teil 2: Linienförmig gelagerte Verglasungen,
- DIN 18008-4 Glas im Bauwesen; Bemessungs- und Konstruktionsregeln; Teil 4: Zusatzanforderungen an absturzsichernde Verglasungen,
- DIN EN 1990 Eurocode: Grundlagen der Tragwerksplanung,
- DIN EN 1990/NA Nationaler Anhang; National festgelegte Parameter; Eurocode: Grundlagen der Tragwerksplanung.

# Falsche Schwerlastanker

## Schadensbeschreibung

An einem Bestandsgebäude mit drei gleichen Balkonen wurden feuerverzinkte Geländer montiert. Das Projekt wurde privat beauftragt und ohne Bauleitung durchgeführt. Als Vertragsgrundlage lag lediglich eine Skizze des Handwerksbetriebs vor, nach der gefertigt und montiert wurde. Die Geländermontage fand „von unten" statt und wurde mit Schwerlastankern der Variante Spreizdübel realisiert. Die Regenrinnen und Bodenbeläge der Balkone verblieben im Originalzustand. Nach der Geländermontage wurden die Standsicherheit der Konstruktion und die unteren lichten Abstände wegen einer Durchtrittsgefahr angemahnt. In der Folge kam es zu einem gerichtlichen Beweissicherungsantrag und ein Sachverständiger wurde mit der Begutachtung der Balkongeländer beauftragt.

## Fehleranalyse und -bewertung

Der ausführende Betrieb ging davon aus, dass sowohl die Rinnen als auch die Bodenbeläge nach der Montage der Geländer erneuert werden sollten, da diese sich in einem stark gebrauchten Zustand befanden. Dies war allerdings nicht der Plan des Eigentümers. Stattdessen wurden die Regenrinnen nachträglich ersatzlos zurückgebaut, woraufhin unten am Geländer große Öffnungen entstanden.

Der Sachverständige nahm die Umstände in sein Gutachten mit auf und stellte weitere Mängel an den Geländern fest, die jedoch mit Nachbesserungen zu beheben gewesen wären. Aber hinsichtlich der Standsicherheit waren die Geländer nicht mehr zu retten. Als Befestigung waren galvanisch verzinkte Spreizanker verwendet worden, und diese sind im Außenbereich nicht zugelassen.

Bei der anschließenden Recherche stellte sich ein interessantes Kuriosum heraus.

**Falsch:** An drei Balkonen eines Mehrfamilienhauses wurden feuerverzinkte Geländer mit den falschen Dübeln montiert und die Abstände waren teilweise nicht normgerecht.

Der Eigentümer der Handwerksfirma hatte die Anker persönlich im Einzelhandel gekauft. Er ging davon aus, dass es sich um Edelstahlanker handeln würde, denn in der Typenbezeichnung der Dübel tauchte in einer Klammer tatsächlich „A2K" auf. Dieser Leichtsinnsfehler hatte dann fatale Auswirkungen auf die Standsicherheit der Konstruktion.

## Schadensvermeidung und -beseitigung

Neben der Klammer mit der zufälligen Bezeichnung „A2K" in der Typennummer hätte man immer noch auf der Umverpackung der Verankerungen „Stahl verzinkt" erkennen müssen. Ebenso sieht der erfahrene Handwerker den feinen optischen Unterschied zwischen „verzinkten" und „hochlegierten" Ankern. Aufgrund dieses Einbaufehlers war es nicht möglich, die Geländer ohne größeren Aufwand umzubauen.

## 2.1.9 Falsche Schwerlastanker (Fall 509)

**Falsch:** Die Standsicherheit der Geländer war nicht gegeben. Es wurden falsche Dübel eingesetzt.

Die Reparaturkosten hierfür hätten sich auf circa 20.000 Euro belaufen und außerdem zu einer optischen Beeinträchtigung geführt. Letzten Endes wurden die Geländer fachgerecht neu hergestellt.

*Achim Knapp*

Produktkategorie: Geländer
Baujahr: 2021
Schadensjahr: 2022
Schlagworte: Anker, Balkone, Balkongeländer, Befestigung, Dübel, Geländer/-bau, Montage, Statik, Verankerungen

### PRAXISTIPP:
- Vereinbaren Sie Ihren Auftrag auf Grundlage eines Werkvertrages.
- Schauen Sie sich die technischen Datenblätter der verwendeten Produkte an.
- Führen Sie eine lückenlose Dokumentation.

### GELTENDE REGELN:
Die Beachtung folgender Normen, Richtlinien, Verordnungen und Regeln sind die Voraussetzung für die fachtechnisch einwandfreie Ausführung der Arbeit:

- Fachregelwerk Metallbauerhandwerk – Konstruktionstechnik: Kap. 1.9.6.7.3 Befestigungstechnik – Korrosion und Kap. 2.38.6.1 Geländer und Umwehrungen, Brüstungen, Handläufe – Dübel,
- Geländerrichtlinie. Bundesverband Metall, Essen,
- Technische Datenblätter der Schwerlastanker.

## Geländer fahrlässig befestigt

**Schadensbeschreibung**

Im ersten Obergeschoss eines Reihenhauses wurden feuerverzinkte Balkongeländer installiert. Vom Kunden wurde bezweifelt, dass die Geländer entsprechend den Regeln der Technik gefertigt und montiert worden waren. Es ging speziell um die regelgerechte Befestigung. Letztlich endete der Fall vor Gericht. Zwischendurch waren schon Umbau- und Verstärkungsarbeiten durchgeführt worden, um die Befestigung zu verändern und die neue Variante statisch nachzuweisen. Zeichnungen für das Geländer und die Befestigung lagen nicht vor.

Beim Ortstermin fand der Sachverständige folgende ursprüngliche Befestigungssituation vor. Für die erste Befestigung waren nicht zugelassene Schrauben (anscheinend mit Holzgewinde) in Kunststoffdübeln verwendet worden. Die Senkungen in der Fußplatte zur Aufnahme der Befestigung passten nicht zur ausgewählten Befestigungsschraube. Die Fußplatten wurden auf einzelnen lose verlegten Betonplatten befestigt.

Seitlich wurden im Mauerwerk zwei zusätzliche Befestigungen mit einer Gewindestange mit einer Edelstahlhutmutter inklusive einer Unterlegscheibe ausgeführt. Als Abstandshalter wurde ein Edelstahlrohr zwischen dem Geländer und dem Mauerwerk geklemmt. Das Edelstahlrohr wurde an die feuerverzinkte senkrechte Geländerstütze angepasst. Die genaue Art der Befestigung im Verblender konnte nicht ermittelt werden.

**Fehleranalyse und -bewertung**

Die ursprünglich gewählte Befestigungsart mit den nicht zugelassenen Schrauben, in den vorhandenen losen Betonplatten, sowie die nicht überprüfbare seitliche Befestigung entsprachen nicht den allgemeinen anerkannten Regeln der Technik. Es lagen hierfür auch keine gerechneten Nachweise vor. Ein Absturz des ganzen Geländers wäre nicht auszuschließen gewesen.

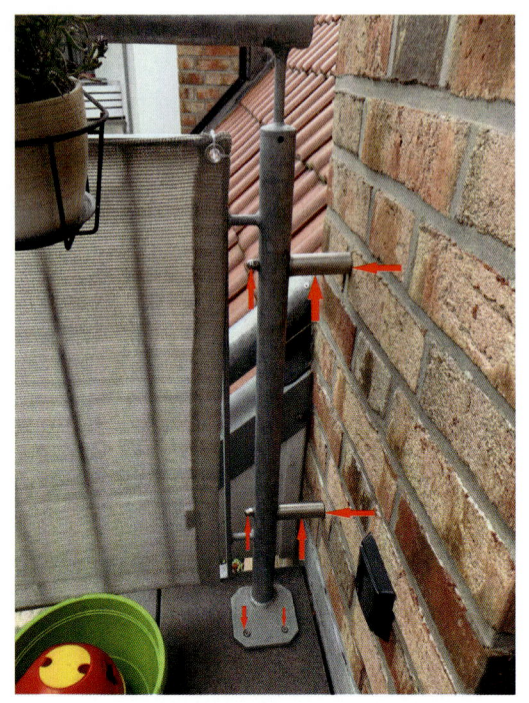

**Falsch:** Die Befestigung des Geländers war mehr als dilettantisch ausgeführt. Noch dazu wurde in lose verlegten Betonplatten befestigt.

**Falsch:** Die Fußplatte war mit zwei nicht zugelassenen Schrauben und Kunststoffdübeln befestigt.

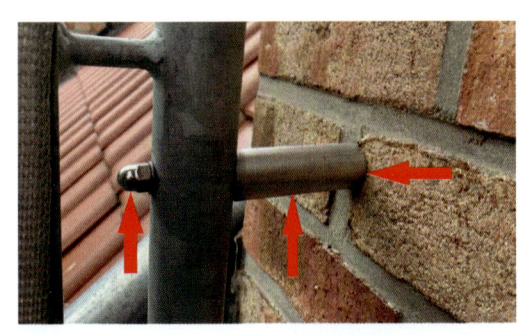

## 2.1.10 Geländer fahrlässig befestigt (Fall 510)

Produktkategorie: Geländer
Baujahr: 2018
Schadensjahr: 2021
Schlagworte: Bauaufsichtliche Zulassung, Befestigung, Balkone, Balkongeländer, Dübel, Statik

**Falsch:** Die Befestigung in der Wand war nicht näher identifizierbar und hier noch in die Fuge gesetzt.

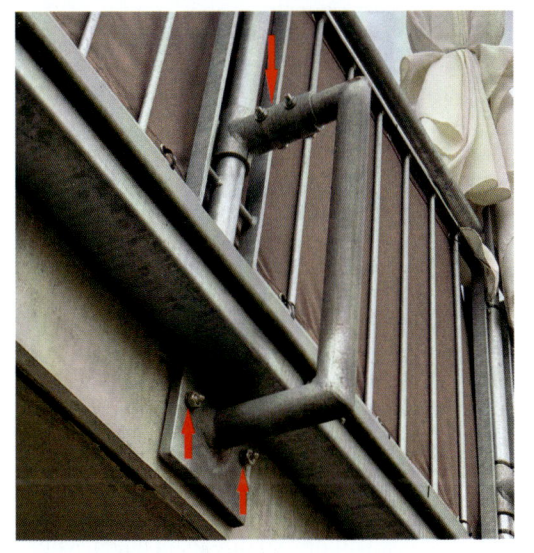

**Richtig:** Die nachträgliche, statisch nachgewiesene Befestigung erfolgte in der Betonplatte von vorn.

### PRAXISTIPP:
- Weisen Sie die Befestigung eines Geländers nach.
- Setzen Sie ausschließlich nachgewiesene und zugelassene Befestigungsmittel ein.

### GELTENDE REGELN:

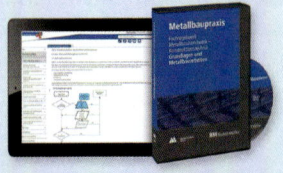

Die Beachtung folgender Normen, Richtlinien, Verordnungen und Regeln sind die Voraussetzung für die fachtechnisch einwandfreie Ausführung der Arbeit:

- Fachregelwerk Metallbauerhandwerk – Konstruktionstechnik: Kap. 1.4 Statik und Konstruktion, Kap. 1.9 Befestigungstechnik, Kap. 2.38.4 Montagearten,
- DIN 18065 Gebäudetreppen; Begriffe, Messregeln, Hauptmaße,
- DIN 18360 VOB Vergabe- und Vertragsordnung für Bauleistungen; Teil C: Allgemeine Technische Vertragsbedingungen für Bauleistungen (ATV); Metallbauarbeiten,
- DIN EN 1090-1 Ausführung von Stahltragwerken und Aluminiumtragwerken; Teil 1: Konformitätsnachweisverfahren für tragende Bauteile,
- DIN EN 1090-2 Ausführung von Stahltragwerken und Aluminiumtragwerken; Teil 2: Technische Regeln für die Ausführung von Stahltragwerken,
- DIN EN ISO 13920 Schweißen; Allgemeintoleranzen für Schweißkonstruktionen; Längen- und Winkelmaße, Form und Lage,
- Geländerrichtlinie. Bundesverband Metall, Essen,
- ETB Richtlinie: Bauteile, die gegen Absturz sichern.

### Schadensvermeidung und -beseitigung

Eine Änderung/Ergänzung der Befestigung wurde durch einen Statiker vorgeschlagen und nachgewiesen.

Die nachträgliche statische Berechnung durch den Statiker war durch den Sachverständigen nachvollziehbar. Jedoch musste die Befestigung noch nachgebessert werden, da die galvanisch verzinkten Bolzenanker im Außenbereich nicht zugelassen sind. Dafür wurden dann zugelassene Edelstahlanker eingesetzt.

Die gesamten Umbauarbeiten des Geländers kosteten etwa 7.100 Euro.

*Jens Belz*

# Falsche Befestigung im WDVS

### Schadensbeschreibung

An einem Einfamilienhaus war eine Terrassenüberdachung angebaut worden. Der Kunde bemängelte, dass diese nicht sach- und fachgerecht und nach den Vorgaben der Statik des Herstellers errichtet worden war. Vor allem ging es um die Befestigung am Haus, die durch ein Wärmedämmverbundsystem (WDVS) erfolgen musste.

Dem Sachverständigen lag beim Ortstermin die statische Berechnung für das Terrassendach und das Datenblatt für die Dübel vor. Auch ein Foto von der Montage, das heißt vom fertig montierten, aber noch nicht verblendeten Wandanschlussprofil, lag vor.

Die Tragkonstruktion aus Aluminiumprofilen hatte die Abmessungen von 5,15 Meter mal 3,84 Meter. Die Konstruktion ruhte an der langen Seite auf zwei Stützen und war auf der gegenüberliegenden Seite durch ein Wandanschlussprofil am Baukörper mit Schrauben befestigt. Zwischen den Sparren war das Wandanschlussprofil mit einem aufgeklebten Blendprofil abgedeckt. Zwischen dem ersten und zweiten Sparren fehlte diese Abdeckung und der Sachverständige konnte eine Schraube herausdrehen und untersuchen. Es handelte sich um eine 230 Millimeter lange verzinkte Stahl-Senkkopf-Schraube (Durchmesser zehn Millimeter) mit Kunststoffdübel. Insgesamt war das Wandanschlussprofil mit sieben dieser Schrauben befestigt.

### Fehleranalyse und -bewertung

Sofern ein Montagebetrieb ein fertig konfektioniertes Produkt von einem zertifizierten Hersteller bezieht und dieses Produkt auf der Baustelle nach den Montageanweisungen des Herstellers montiert, muss der reine Montagebetrieb nicht nach DIN EN 1090 zertifiziert sein. In dem Fall muss vom Hersteller des Pro-

Die fertige Terrassenüberdachung. Strittig war vor allem die Befestigung am Haus.

duktes eine präzise Montageanleitung bei der Montage vorliegen und von den Monteuren befolgt werden. Der Montagebetrieb leitet dann die CE-Kennzeichnung des Produktes mit der entsprechenden Leistungsbeschreibung des Herstellers an den Kunden weiter.

Hier lag vom Systemhersteller eine statische Berechnung für die montierte Aluminium-Tragkonstruktion vor. Eine Leistungserklärung (CE-Kennzeichnung) musste nachgereicht werden.

Bei der Berechnung des Dübelanschlusses in der statischen Berechnung wurde davon ausgegangen, dass das Wandprofil direkt auf einem Vollziegel befestigt war. Vorgeschlagen wurde ein System mit einem Zweikomponenten-Hybridmörtel, mit dem M8 Gewindestangen (nichtrostender Stahl) in Vollziegel eingeklebt werden. Es sollten 14 dieser Befestigungen in einem Abstand von 0,364 Meter sein.

Befestigt wurde aber auf einem etwa 120 Millimeter dickem Wärmedämmverbundsystem. Da das WDVS nicht druckfest ist, muss das Befestigungssystem nicht nur Scherkräfte, sondern auch Biegekräfte aufnehmen. Dadurch wird die Befestigung höher belastet. In der statischen Berechnung muss das berücksichtigt werden.

## 2.1.11 Falsche Befestigung im WDVS (Fall 511)

Ein Abdeckblech fehlte. Hier konnte sich der Sachverständige die Befestigung genauer ansehen.

**Falsch:** Das Montagefoto zeigte die zu geringe Anzahl der Befestigungen.

Die sieben verwendeten Kunststoff-Rahmendübel hatten eine Europäische Technische Zulassung (ETA-) für Mehrfachbefestigung von nicht tragenden Systemen. Für die Abstandsmontage in WDVS waren sie nicht zugelassen und erfüllten auch nicht die statisch notwendigen Werte. Außerdem sind im Außenbereich nur Schrauben aus nichtrostendem Stahl zugelassen.

In der statischen Berechnung wurden die angenommenen Lasten auf 14 Dübelsysteme verteilt. Es wurden aber nur sieben (falsche) Schrauben gesetzt.

**Schadensvermeidung und -beseitigung**

Ein geeignetes Befestigungssystem musste in einer ergänzenden statischen Berechnung nachgewiesen werden.

> **PRAXISTIPP:**
> - Richten Sie sich bei der Befestigung streng nach der statischen Berechnung.
> - Setzen Sie im Außenbereich nur dafür zugelassene Edelstahldübel ein.
> - Achten Sie bei einer Befestigung im WDVS auf die dafür zugelassenen Befestigungssysteme.

Die notwendigen Kosten für die Demontage der falschen Befestigung und die sachgerechte Montage der berechneten und zugelassenen neuen Befestigung schätzte der Sachverständige auf etwa 2.200 Euro.

*Ralf Patzer*

Produktkategorie: Überdachungen
Baujahr: 2021
Schadensjahr: 2022
Schlagworte: Befestigung, Montage, Statik, Terrasse, Überdachungen, Zulassung

> **GELTENDE REGELN:** 
>
> Die Beachtung folgender Normen, Richtlinien, Verordnungen und Regeln sind die Voraussetzung für die fachtechnisch einwandfreie Ausführung der Arbeit:
>
> - Fachregelwerk Metallbauerhandwerk – Konstruktionstechnik: Kap. 1.4 Statik und Konstruktion, Kap. 1.9 Befestigungstechnik, Kap. 2.20 Überdachungen,
> - Allgemeine bauaufsichtliche Zulassung,
> - Europäische Technische Zulassung.

# Dübel könnten doch korrodieren

## Schadensbeschreibung

An drei Neubauten wurden Balkongeländer als Außengeländer montiert. Schon bei der ersten Montage wurde deutlich, dass der Montagebetrieb statt Edelstahldübel verzinkte Dübel verwendet hatte. Die Geländerbefestigungen waren allerdings schon völlig in Bitumen und Dichtbahnen eingedichtet. Die Frage, die der Sachverständige nun beantworten sollte, war, ob die Geländer so abgenommen werden können? Der Sachverständige hatte dazu Unterlagen vom Statiker und vom Bauphysiker zur Verfügung.

Die Balkongeländer waren mit abgewinkelten Platten auf der Oberseite und an der Stirnseite der Balkonplatte befestigt. Der Pfostenabstand des Mehrpfosten-Systems betrug 938 Millimeter und die Höhe des Handlaufs ab Rohbeton 1.450 Millimeter.

Die Dübeldimensionierung wurde gemäß Statik eingehalten und war unbedenklich. Die Dübel befanden sich im Außenbereich und es war mit dem Einfluss von Feuchtigkeit zu rechnen.

Vorgegeben waren nach ETA zugelassene Dübel HSA-R Premium, Bolzenanker (A4-Edelstahl) für Standardanwendungen in ungerissenem Beton.

Die Anwendung bei ungerissenem Beton wurde in der Statik als Grundlage angegeben. Hammergebohrte Löcher sind in Bezug auf ungerissenen Beton strittig. Zugversuche sollten die Aufnahme der zulässigen Kräfte nachweisen.

Eingesetzt wurden aber HSA-Bolzenanker, also Stahlanker in verzinkter Ausführung.

## Fehleranalyse und -bewertung

Der Statiker ging in seiner Prüffreigabe des Geländers davon aus, dass die galvanisch verzinkten Dübel nach dem Eindichten nicht mehr mit Feuchte in Berührung kommen. Die Abdichtung musste danach dauerhaft dicht sein beziehungsweise Schäden müssten sofort repariert werden.

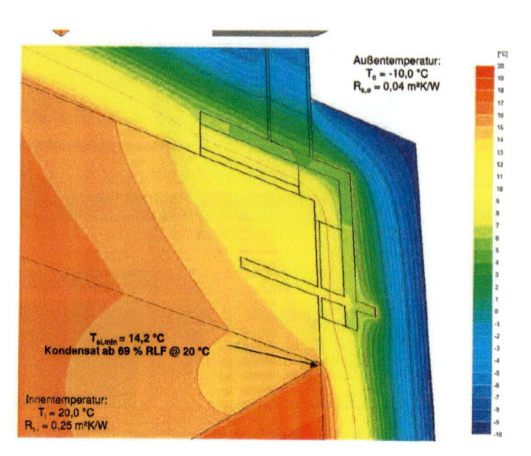

Der Isothermenverlauf brachte keinen eindeutigen Nachweis, dass keine Tauwasserbildung an den Befestigungen auftreten kann.

In seinem Prüfvermerk hieß es auch:

„Mit den Unterlagen wird nachgewiesen, dass bei dem Ausfall eines Befestigungspunktes des Geländers und damit des zugehörigen Geländerpfostens die Holmlasten für eine Büronutzung von $q_h = 0{,}5$ kN/m durch die beiden angrenzenden Geländerpfosten abgetragen werden können. Damit wäre der Fall einer lokalen Undichtigkeit der Terrassenabdichtung und einer daraus folgenden Korrosion der HSA-Anker, deren Verzinkung bei der Montage beschädigt werden kann, abgedeckt. Die fortschreitende Korrosion des beschädigten HSA-Ankers kann im Extremfall zum Versagen der Verbindung führen."

Die Anpralllast für die Geländer im Bürogebäude war hier korrekt angesetzt.

Der Statiker kam in seinem Prüfvermerk zu folgendem Ergebnis:

„Dem Verbleib der eingebauten galvanisch verzinkten HAS-Segmentanker wird in statischer Hinsicht zugestimmt. Vor dem Belegen der Terrassen ist die einwandfreie Ausführung der Terrassenabdichtung zu überprüfen. Die Abdichtung ist zu jedem Zeitpunkt gegen Beschädigungen zu schützen. Der Bauherr und die Nutzer sind in Kenntnis zu setzen, dass bei festgestellten Undichtigkeiten der Terrassenabdichtung und/oder übermäßiger Verformungen der Geländerpfosten entsprechende Maßnahmen zur Sanierung der Abdichtung und ggf. des Geländers zu ergreifen sind.

Der Bauherr und Nutzer müssen dieser Verfahrensweise schriftlich zustimmen."

In dieser Einschätzung waren immerhin eine Reihe von Unwägbarkeiten enthalten.

Die Ermittlung des Isothermenverlaufs durch einen Bauphysiker brachte allerdings keinen eindeutigen Nachweis, dass keine Tauwasserbildung an den Befestigungen auftreten kann.

Berücksichtigt man, dass die Eindichtung im trockenen Zustand erfolgt war, konnte der Feuchteanfall an den Dübelbefestigungen unter Umständen nur sehr gering sein.

Eine Korrosion, die zum Versagen des Dübels führen konnte, war jedoch aufgrund der zu erwartenden Lebensdauer der Geländer und bedingt durch die Möglichkeit von Beschädigungen und Feuchteanfall nicht auszuschließen.

### Schadensvermeidung und -beseitigung

Nach der vorliegenden Statik und den technischen Regeln sind Befestigungen im Außenbereich, die nicht ständig sichtbar sind und gewartet beziehungsweise ausgetauscht werden können, mit nicht rostenden Befestigungsmitteln auszuführen. Die Korrosionsgeschwindigkeit war durch den Sachverständigen schwer einzuschätzen. Nach der Zustimmung durch den Statiker zum Verbleib der verzinkten Dübel und der zu erwartenden geringen Korrosion

einigten sich die Vertragsparteien auf einen Preisnachlass und Verlängerung der Gewährleistung für diese Geländerbefestigung. Ein Dübelaustausch hätte die Bauzeit für den Bauherrn und die Kosten für den Metallbauer erheblich erhöht.

*Erwin Kostyra*

Produktkategorie: Geländer
Baujahr: 2019
Schadensjahr: 2019
Schlagworte: Anker, Balkone, Befestigung, Geländer/-bau, Korrosion, Nichtrostender Stahl, Statik, Zulassung

**PRAXISTIPP:**
- Setzen Sie im feuchtigkeitsbelasteten Außenbereich nur zugelassene Edelstahldübel ein.

**GELTENDE REGELN:**

Die Beachtung folgender Normen, Richtlinien, Verordnungen und Regeln sind die Voraussetzung für die fachtechnisch einwandfreie Ausführung der Arbeit:

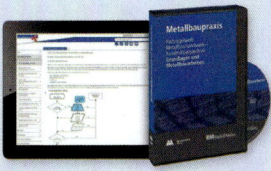

- Fachregelwerk Metallbauerhandwerk – Konstruktionstechnik: Kap. 1.9.6.7.3 Korrosion, Kap. 2.38.6.1 Dübel,
- DIN 50929-1 Korrosion der Metalle; Korrosionswahrscheinlichkeit metallener Werkstoffe bei äußerer Korrosionsbelastung; Teil 1: Allgemeines,
- DIN 50929-3 Korrosion der Metalle; Korrosionswahrscheinlichkeit metallener Werkstoffe bei äußerer Korrosionsbelastung; Teil 3: Rohrleitungen und Bauteile in Böden und Wässern,
- DIN 50929-3 Beiblatt 1 Korrosion der Metalle; Korrosionswahrscheinlichkeit metallischer Werkstoffe bei äußerer Korrosionsbelastung; Teil 3: Rohrleitungen und Bauteile in Böden und Wässern; Beiblatt 1: Korrosionsraten von Bauteilen in Gewässern,
- Zulassung des Dübelherstellers (ETA).

# Unterdimensionierte Befestigung eines Drehflügelantriebs

**Schadensbeschreibung**

An einer automatischen Drehflügeltoranlage bemängelte der Kunde, dass sich der Beschlag zur Befestigung des Antriebs am Tor (Motorantriebshalter) verbiegen würde, wenn mechanisch versucht wird, das Tor gegen eine Abschaltautomatik weiter zu öffnen.

Bei der Toranlage handelte sich um ein Zufahrtstor auf ein Freigelände mit einer Breite von 3.995 Millimeter und einer Höhe von 1.880 Millimeter.

Gesamtansicht der Toranlage mit den Antrieben und Befestigungen.

Die Torflügel waren symmetrisch aufgebaut und bestanden aus einer Rahmenkonstruktion aus Winkelstahl (sechzig Millimeter) mit zwei horizontalen Flachstählen (vierzig Millimeter mal sechs Millimeter) sowie einem diagonalen Zugstab aus Flachstahl (dreißig Millimeter mal sechs Millimeter). Beide Torflügel hatten einen Blechsockel von 400 Millimeter Höhe und Füllstäbe aus Flachstahl (zwanzig Millimeter mal zehn Millimeter) mit spitzem Auslauf. Die Torflügel waren mit zwei Torbändern und mit je einem Drehflügelantrieb ausgestattet.

Die Torantriebe waren am Torpfosten jeweils mit einer Halterung mit einer Grundplatte von 115 Millimeter mal hundert Millimeter (zehn Millimeter Dicke) und einem darauf angeschweißten Flachstahl (fünfzig Millimeter mal sechs Millimeter) befestigt. Auf den Torflügeln waren die Antriebe mit zwei verschraubten Flachstählen (dreißig Millimeter mal fünf Millimeter) befestigt. An dem inneren Flachstahl (dreißig Millimeter mal fünf Millimeter) war ein Flachstahl (sechzig Millimeter mal acht Millimeter) angeschweißt. Dieser nahm die Befestigung des Drehflügelantriebs am Torflügel auf.

Die beiden Flachstähle (dreißig Millimeter mal fünf Millimeter) zeigten an vier Stellen Korrosion. Diese waren an den Verschraubungen des äußeren Flachstahls und beim inneren Flachstahl (dreißig Millimeter mal fünf Millimeter) an den Stellen, an denen der angeschweißte Flachstahl (sechzig Millimeter mal acht Millimeter) zur Aufnahme der vorderen Befestigung des Drehflügelantriebs endete, erkennbar (siehe Bild).

Die Funktion der Drehflügelantriebe wurde beim Ortstermin überprüft. Beim Öffnen und Schließen blieben die Drehflügelantriebe nach Auftreffen auf einen Widerstand stehen. Der Versuch, den Torflügel dann manuell weiter zu bewegen, stieß auf den Widerstand des abgeschalteten Drehflügelantriebs.

Die Korrosionsstellen an den Knickstellen zeigten, dass versucht wurde, das Tor nach einem Stillstand durch Aufdrücken zu öffnen. Durch den Kraftaufwand hatten die Flachstähle, die die Halterung der vorderen Antriebsbefestigung mit dem Torflügel verbanden, als schwächste und zu gering dimensionierte Befestigung nachgegeben.

**Fehleranalyse und -bewertung**

Die Montage der Drehflügelantriebe entsprach hinsichtlich der Maße den Herstellervorgaben.

Die Drehflügelantriebe hatten eine Begrenzung der Bewegungskräfte, wodurch es bei einem Bewegungswiderstand zum Stillstand des Tores kam. Die Torantriebe waren bei Stromausfall oder Antriebsdefekt über einen Mechanismus entriegelbar und dann manuell bedienbar.

Der Sachverständige kam zu folgendem Schluss:

- Beide Drehflügelantriebe waren nach den maßlichen Vorgaben montiert. Die Torflügel ließen sich normal öffnen und schließen.

## 2.1.13 Unterdimensionierte Befestigung eines Drehflügelantriebs (Fall 513)

Detailansicht der Torflügelbänder und eines Antriebs.

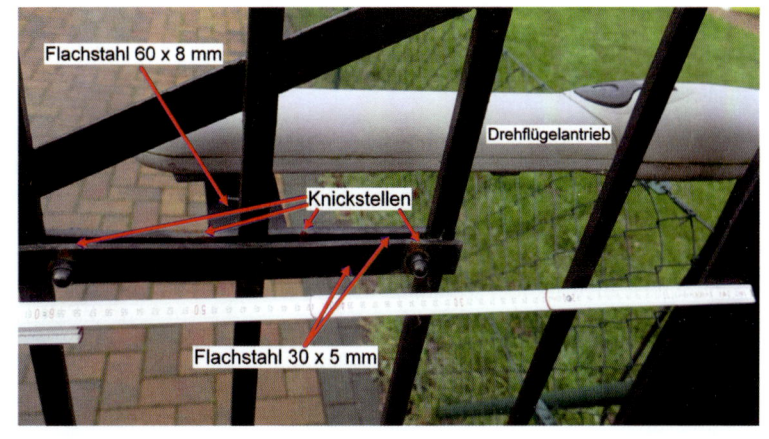

**Falsch:** Die vordere Befestigung des Drehflügelantriebs am Torflügel zeigte die Schwachstellen der unterdimensionierten Konstruktion.

- Die Drehflügelantriebe waren mit der Befestigung an den Torpfosten ausreichend dimensioniert ausgeführt.
- Die vordere Befestigung der Drehflügelantriebe an den Torflügeln war unterdimensioniert.
- Die Drehflügelantriebe verfügten über eine Abschaltautomatik (Kraftbegrenzung), wenn sie gegen einen Widerstand trafen.
- Der durch das Abschalten des Drehflügelantriebs zum Stehen gekommene Torflügel ließ sich manuell, ohne eine mechanische Entriegelung und somit stromlos geschaltetem Drehflügelantrieb, nicht weiterbewegen.
- Bei dem Versuch des Öffnens verformte sich die unterdimensionierte vordere Befestigung des Drehflügelantriebs am Torflügel.

**Schadensvermeidung und -beseitigung**

Die unterdimensionierte Befestigung musste durch eine statisch ausreichende Konstruktion ersetzt werden.

*Erwin Kostyra*

**PRAXISTIPP:**
- Übergeben Sie mit den Tordokumenten auch eine Bedienungsanleitung.
- Achten Sie auf die ausreichende statische Dimensionierung der Antriebsbefestigung an einem Automatiktor.

Produktkategorie: Tore
Baujahr: 2017
Schadensjahr: 2017
Schlagworte: Befestigung, Drehflügeltore, Korrosion, Tore/Torbau

**GELTENDE REGELN:**

Die Beachtung folgender Normen, Richtlinien, Verordnungen und Regeln sind die Voraussetzung für die fachtechnisch einwandfreie Ausführung der Arbeit:

- Fachregelwerk Metallbauerhandwerk – Konstruktionstechnik: Kap. 2.23 Drehflügeltore,
- DIN 18360 VOB Vergabe- und Vertragsordnung für Bauleistungen; Teil C: Allgemeine Technische Vertragsbedingungen für Bauleistungen (ATV); Metallbauarbeiten,
- DIN EN 12604 Tore; Mechanische Aspekte; Anforderungen und Prüfverfahren,
- DIN EN 13241 Tore; Produktnorm, Leistungseigenschaften.

# Fehlerhafte Verankerung von Tragkonsolen

## Schadensbeschreibung

Zur Verankerung der Tragkonsolen einer Vorhangfassade an einem Verwaltungsgebäude wurden bauaufsichtlich zugelassene Hinterschnittanker (FZA 18×100 M12 D20 A4) geplant und verwendet. Mit ihnen sind Verankerungen hoher Tragfähigkeit auch an dem schlanken Betonskelett der Primärkonstruktion möglich.

Beim Umbau eines Teilbereiches der Vorhangfassade des Gebäudes wurden die Konsolen und Verankerungen stichprobenartig kontrolliert. Dabei wurden an verschiedenen Ankern Anzeichen festgestellt, die Montagefehler vermuten ließen. Das stellte die Standsicherheit der gesamten Fassadenkonstruktion infrage.

**Falsch:** Bei der Stichprobe konnte kein einziger korrekt montierter Dübel ermittelt werden! Erkennbar an der fehlenden Verspreizung des Konus.

## Fehleranalyse und -bewertung

Deshalb wurden im Rahmen einer Stichprobe, verteilt über die Gesamtfassade, in jedem Geschoss und jeder Fassadenfläche mittels Kernbohrung Dübel freigelegt. Schon die augenscheinliche Untersuchung der Anker machte deutlich, dass sie in einem Bohrloch ohne Hinterschnitt gesetzt wurden.

Die untersuchten Anker wiesen einen unterschiedlichen Überstand über den Verankerungsgrund auf. Dadurch wurde eine von der Zulassung abweichende Verankerungstiefe deutlich. Der zu geringe Überstand der Ankerbolzen über die Ankerhülse wies auf einen fehlenden Hinterschnitt hin. Beide Sachverhalte ließen vermuten, dass der in der bauaufsichtlichen Zulassung vorgeschriebene Spezialbohrer bei der Ankermontage nicht verwendet wurde. Hinterschnitt und Verankerungstiefe wichen damit deutlich vom Montagesollzustand ab. Im Rahmen der Stichprobe konnte kein einziger korrekt montierter Dübel ermittelt werden!

Bei den anschließenden vertiefenden Untersuchungen konnte nachgewiesen werden, dass die Dübelmontage ohne die zwingend vorgeschriebene Bohrtechnik durchgeführt wurde. Durch das Fehlen der am Bohrlochgrund erforderlichen Durchmessererweiterung war die für das hohe und reproduzierbare Tragverhalten notwendige Verspreizung der Dübelhülsen nicht möglich.

In Vergleichsversuchen mit zulassungskonform montierten Dübeln konnten bei fehlerhafter Montage extreme Tragfähigkeitsverluste und ein unakzeptables Verformungsverhalten nachgewiesen werden. Der Tragwiderstand reduzierte sich auf etwa 35 Prozent gegenüber korrekt montierten Dübeln! Für den Tragwiderstand unter Zugbeanspruchung war damit die normativ geforderte Sicherheit gegen ein Versagen der Standsicherheit nicht nachweisbar!

Die ohnehin prekäre Standsicherheitssituation wurde durch eine falsche Anschlusskonstruktion noch verschärft. Um die Vorfertigung der Tragkonsolen und ihre Montage am Objekt zu erleichtern, wurden sie mit Langlöchern ausgeführt. Die Lastübertragung von der Tragkonsole auf die Dübel sollte durch angeschweißte Unterlegscheiben sichergestellt werden. Dabei wurden weder die beanspruchungserhöhenden Exzentrizitäten der „Abstandsmontage", noch die Dimensionierung der Schweißverbindungen gemäß den geltenden Vorschriften berücksichtigt!

Die Tragfähigkeit der Schweißverbindung zwischen Konsolkörper und der lastübertragenden Scheibe wurde quantitativ nicht detaillierter untersucht, da bereits beim Nachweis der Dübelbiegung der vorhandene Tragwiderstand deutlich überschritten wurde.

## 2.1.14 Fehlerhafte Verankerung von Tragkonsolen (Fall 514)

Gegenüberstellung eines korrekt verspreizten Dübels (Mitte) und zwei fehlmontierten Dübeln.

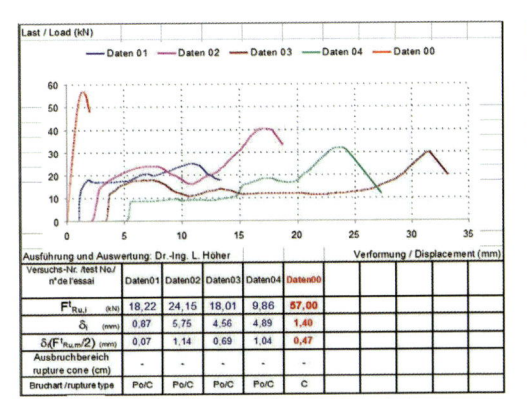

Die Last-Verformungs-Kurven (Daten 01 bis 04) verdeutlichen den extremen Leistungsverlust der fehlmontierten Dübel.

| Versuchs-Nr. /test No./ n° de l'essai | | Daten01 | Daten02 | Daten03 | Daten04 | Daten00 |
|---|---|---|---|---|---|---|
| $F^t_{R,u}$ | (kN) | 18,22 | 24,15 | 18,01 | 9,86 | 57,00 |
| $\delta_l$ | (mm) | 0,87 | 5,75 | 4,56 | 4,89 | 1,40 |
| $\delta(F^t_{R,u}/2)$ | (mm) | 0,07 | 1,14 | 0,69 | 1,04 | 0,47 |
| Ausbruchbereich rupture cone (cm) | | - | - | - | - | - |
| Bruchart / rupture type | | Po/C | Po/C | Po/C | Po/C | C |

Ausführung und Auswertung: Dr.-Ing. L. Höher

**Falsch:** Die Lastübertragung von der Tragkonsole auf die Dübel sollte durch angeschweißte Unterlegscheiben sichergestellt werden.

Auf einen genauen Biegenachweis darf nach ETAG 001 Metallanchors für Use in Concrete nur dann verzichtet werden, wenn:

1. Das Anbauteil (Konsole) aus Metall besteht.
2. Das Anbauteil direkt, ohne Zwischenlage am Verankerungsgrund anliegt.
3. Das Durchgangsloch im Anbauteil in voller Materialdicke den Angaben der Zulassung entspricht (20 mm nach Z-21.1-489 Anlage 6).

Die Bedingung 3 war im vorliegenden Fall nicht erfüllt.

Bei der rechnerisch anzusetzenden Lastexzentrizität ergab sich eine Überschreitung des Biegewiderstandes um den Faktor 1,6.

### PRAXISTIPP:
- Verwenden Sie nur für den Einsatzfall zugelassene Befestigungsmittel.
- Halten Sie sich unbedingt an die Montagehinweise der bauaufsichtlichen Zulassung und machen Sie auch Ihre Monteure darauf aufmerksam.

### Schadensvermeidung und -beseitigung

Die nicht nachweisbare Standsicherheit erforderte die Rückmontage der gesamten Fassade. Einer Einsparung von (geschätzten) 2.500 Euro Montageaufwand durch den Verzicht auf die erforderlichen Spezialbohrer standen hier (geschätzte) 2,5 Millionen Euro Gesamtschaden gegenüber.

*Dr.-Ing. Elena Alexandrakis,*
*Dr.-Ing. Lothar Höher*

Produktkategorie: Fassaden
Baujahr: 1998
Schadensjahr: 2007
Schlagworte: Befestigung, Beanspruchung, Fassaden/-bau, Montage, Standfestigkeit/-sicherheit, Zulassung

### GELTENDE REGELN:

Die Beachtung folgender Normen, Richtlinien, Verordnungen und Regeln sind die Voraussetzung für die fachtechnisch einwandfreie Ausführung der Arbeit:

- Fachregelwerk Metallbauerhandwerk – Konstruktionstechnik: Kap. 1.8 Befestigungstechnik, Kap. 2.9 Kaltfassaden,
- Zulassung Nr. Z-21.1-489 Fischer-Zykon-Anker FZA vom 08.10.1996, Deutsches Institut für Bautechnik, Berlin,
- ETAG 001 Metallanchors für Use in Concrete, Annex C: DESIGN METHODS FOR ANCHORAGES, Europäische Organisation für Technische Zulassungen, Brüssel 1997.

# Unerwünschte Verformungen von Fassadentafeln

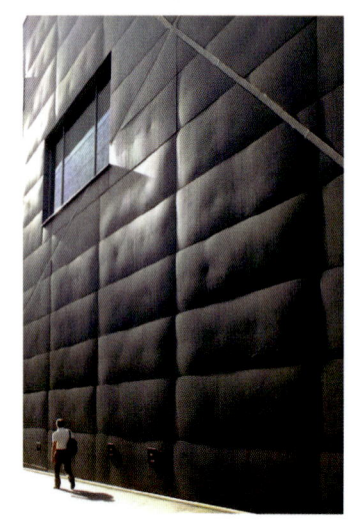

Nach drei bis vier Jahren wurden Verwölbungen der Fassadentafeln beobachtet. Die Fassade war durch diagonale Lichtbänder stark gegliedert.

Bei der Anlieferung wurden die Platten kontrolliert und als „eben" abgenommen und auf einer Aluminium-Unterkonstruktion montiert.

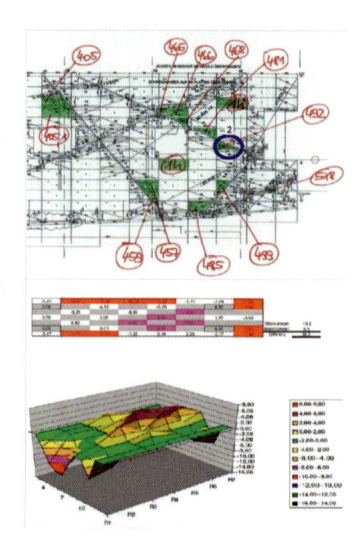

Zur Bewertung der Standsicherheit wurden die Verformungen mit 16 Messpunkten an ausgewählten Fassadentafeln vermessen und kartiert.

## Schadensbeschreibung

Die im Jahr 2007 errichtete Fassade besteht aus 13 Millimeter dicken Glasfaserbeton-Tafeln, die mit Hinterschnittankern auf der Aluminium-Unterkonstruktion befestigt wurden. Grundlage für die Anwendung bildeten die bautechnischen Regeln der vorliegenden Europäischen Technischen Zulassung für diese Fassadenelemente. Darin waren rechteckige Fassadentafeln mit einer maximalen Plattengröße bis zu 2,5 Quadratmeter mit Seitenverhältnissen von eins zu eins bis eins zu drei beschrieben, die mit vier bis 16 Hinterschnittankern an der Unterkonstruktion zu befestigen waren.

Da die Fassade nach den Vorgaben der planenden Architekten durch diagonale Lichtbänder stark gegliedert wurde, waren die Anwendungsbedingungen der vorliegenden Europäischen Technischen Zulassung nicht erfüllt. Das betraf folgende Abweichungen:

- Überschreitung der maximalen Elementlänge,
- Abweichung von der rechteckigen Elementgeometrie,
- Verwendung von anthrazitfarbenen anstatt unpigmentierten Elementen.

Im Rahmen einer Zustimmung im Einzelfall wurden umfangreiche experimentelle Untersuchungen zum Nachweis der Verwendbarkeit durchgeführt. Das umfasste insbesondere aufwendige Windsogversuche an den Elementen mit stark von der Zulassung abweichender Geometrie sowie Untersuchungen zur Dauerhaftigkeit unter klimatischen Einwirkungen hoher und tiefer Temperaturen und Frost-Tau-Wechselbeanspruchung.

Bei Anlieferung wurden die Platten vom Verleger und dem Bauüberwacher des Generalunternehmers kontrolliert und als „eben" abgenommen und auf einer Aluminium-Unterkonstruktion montiert.

Nach drei bis vier Jahren (2010/11) wurden Verwölbungen der Fassadentafeln beobachtet, die durch die ungünstige Lage der Verankerungspunkte am Plattenrand extrem deutlich wurden.

### Fehleranalyse und -bewertung

Zur Bewertung der Standsicherheit wurden die Verformungen mit 16 Messpunkten an ausgewählten Fassadentafeln vermessen und kartiert.

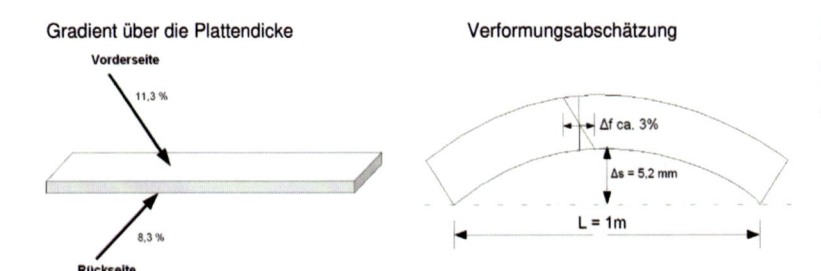

## 2.1.15 Unerwünschte Verformungen von Fassadentafeln (Fall 515)

**Gradient über die Plattendicke**
Vorderseite: 11,3 %
Rückseite: 8,3 %

**Verformungsabschätzung**
$\Delta f$ ca. 3%
$\Delta s = 5{,}2$ mm
$L = 1$ m

Die beobachteten Verwölbungen resultierten aus dem Dehnungsverhalten und der dickenabhängigen, unterschiedlichen Durchfeuchtung.

Die bei der Montage unvermeidbaren Zwängungen wurden in der Tragwerksplanung berücksichtigt und konnten als Verformungsursache ausgeschlossen werden. Die Dimensionierung und Montage der Unterkonstruktion, insbesondere der Gleitpunkte, wurden ordnungsgemäß ausgeführt. Für die thermische Längenänderung der Platten waren ausreichende Fugenbreiten vorhanden. Zwängungen infolge Montagetoleranzen konnten damit ausgeschlossen werden.

Ausgehend vom Schadensbild wurden experimentelle Untersuchungen der unterschiedlichen klimatischen Einflüsse auf die Formbeständigkeit der Faserbetonplatten und der Zusatzbeanspruchung für das Befestigungssystem durchgeführt. Der Glasfaserbeton bestand aus Sand (Durchmesser kleiner als ein Millimeter), zugelassenen AR-Glasfasern, Zement und pigmentierenden Zusätzen. Die Rezeptur war in der Zulassung geregelt. Durch die liegende Fertigung und objektspezifische Rezeptur war im Herstellungsprozess nicht auszuschließen, dass sich als Schadensursache über die Plattendicke eine unterschiedliche Materialschichtung mit unterschiedlichem Dehnungsverhalten ergab.

Eine weitere Schadensursache bei über die Querschnittsdicke isotropen Platten könnte ein unterschiedliches Feuchtigkeitsniveau auf der Vorder- und Rückseite der Platte sein.

**Schadensvermeidung und -beseitigung**

Die experimentellen Untersuchungen ergaben aber, dass die am Bauvorhaben beobachteten Verformungen vorwiegend durch das hygrische Verhalten des Plattenmaterials ausgelöst wurden. Die Verwendung einer einseitig sandgestrahlten, rauen Plattenoberfläche führte in Verbindung mit einer Hydrophobierung zu einem unsymmetrischen Aufbau über die Plattendicke und einer unterschiedlichen Wasseraufnahme.

Einzelne Fassadenelemente wurden punktuell durch Zusatzverankerungen gesichert. Die Standsicherheit der Fassadenkonstruktion wurde statisch nachgewiesen.

*Dr.-Ing. Elena Alexandrakis,*
*Dr.-Ing. Lothar Höher*

Produktkategorie: Fassaden
Baujahr: 2007
Schadensjahr: 2011
Schlagworte: Befestigung, Beanspruchung, Fassaden/-bau, Montage, Standfestigkeit/-sicherheit, Zulassung

**PRAXISTIPP:**
- Halten Sie die in der Zulassung aufgeführten Randbedingungen, zum Beispiel für die maximale Plattengröße und Montage, ein.

**GELTENDE REGELN:**

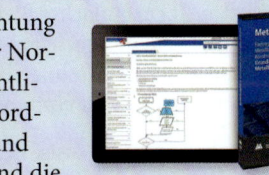

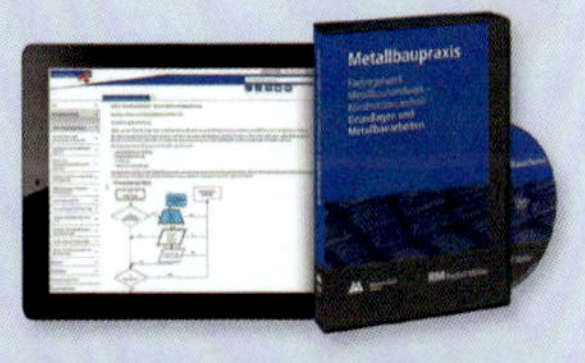

Die Beachtung folgender Normen, Richtlinien, Verordnungen und Regeln sind die Voraussetzung für die fachtechnisch einwandfreie Ausführung der Arbeit:

- Fachregelwerk Metallbauerhandwerk – Konstruktionstechnik: Kap. 1.8 Befestigungstechnik, Kap. 2.9 Kaltfassaden,
- Europäischen, Technische Zulassung,
- Hersteller- und Verarbeitungsrichtlinien.

# Schweißbolzen – unsichtbar und (un)sicher?

**Schadensbeschreibung**

Fassadenplatten können mit klassischen Schrauben, Bolzen oder Nieten durch die Bleche hindurch befestigt werden. Um dem architektonischen Anspruch einer perfekten Oberfläche ohne störende Elemente gerecht zu werden, können alternativ Schweißbolzen auf der Rückseite der Fassadenplatten zur Befestigung verwendet werden.

Für die konstruktive Gestaltung und statische Berechnung sind insbesondere der Ausgleich von Wärmebewegungen und Toleranzen wichtige Aspekte, die Befestigung von Fassadenelementen mit Festpunkt und Langlöchern ist Standard.

Weitere Kriterien für die Wahl der Befestigungsart sind Dauerhaftigkeit und Kosten – neben Herstellung und Montage auch Kosten während der weiteren Lebensdauer, zum Beispiel für Wartung (inklusive Reinigung), Reparatur oder Inspektion (wiederkehrende Bauwerksprüfung).

Die Bewertung der Beständigkeit von Schweißbolzenverbindungen erfolgt in der Regel durch Versuche. Das Bild zeigt für einen Zugversuch drei verschiedene Versagensarten: A (Versagen des Bolzens), B (Versagen der Schweißnaht) und C (Versagen des Blechs). Nach DIN EN ISO 14555 ist ein Versagen C nicht zulässig; und ein Versagen B ist nur dann zulässig, wenn die Versagenslast über der Zugfestigkeit des Gewindebolzens liegt.

Neben dem Zugversuch an geschweißten Bolzen auf Blechen wird auch ein einfacher Biegeversuch zur qualitativen (optischen) Beurteilung verwendet (Bild rechts) – eine einfache Prüfung, die auch Handwerker vor Ort schnell durchführen können.

Für ein Bauvorhaben wurden (historische) Daten von einachsigen Zugversuchen einschließlich Auswertungen für Schweißbolzen M6x20 aus EN AW-5754 vorgelegt. Tatsächlich wurde für das aktuelle Bauprojekt ein anderer Grundwerkstoff mit größerer Materialdicke und unbekannten Schweißparametern verwendet, das heißt, die historischen Daten konnten zum Nachweis der Verwendbarkeit nicht herangezogen werden. Probekörper waren nicht gefertigt worden, sodass für die nötigen Versuche ein bereits verbautes Fassadenelement herangezogen wurde (Tabelle).

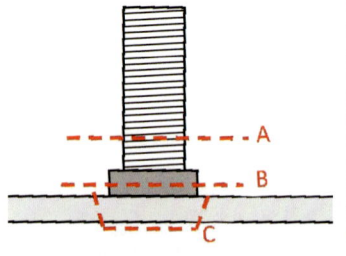

Versagensarten von Schweißbolzen im Zugversuch: schematischer Schnitt mit Bezeichnungen und Bildern; A: Bolzen versagt; B: Schweißnaht versagt; C: Versagen des Bleches.

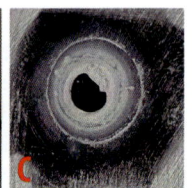

Für die statische Bemessung gibt es ebenfalls unterschiedliche Ansätze: In Anlehnung an die Fassadennorm DIN 18516 wird ein globaler Materialsicherheitsfaktor von 2 verwendet, während das Teilsicherheitskonzept in prEN 1999-1-1: Eurocode 9 einen Teilsicherheitsfaktor von 1,25 erlaubt.

Zur Vollständigkeit ist anzumerken, dass zusätzlich zur Bemessung für Zugkräfte (Wind) eine Bewertung für Querkräfte (Eigengewicht) und für Interaktion erforderlich ist.

**Fehleranalyse und -bewertung**

Versuchsergebnisse und Verwendbarkeitsnachweise für Schweißbolzen lassen sich nur bei unveränderten Randbedingungen übertragen beziehungsweise weiterverwenden. Insbesondere bei abweichenden Werkstoffen oder Geometriedaten sind neue Versuche unerlässlich.

**Schadensvermeidung und -beseitigung**

Die Versuche konnten an einem Original-Fassadenblech nachgeholt werden – und haben hier glücklicherweise keine ungünstigeren Ergebnisse geliefert. Das Fassadenelement musste nachproduziert werden – je nach Oberfläche kann das herausfordernd sein. Die Komplexität der statischen Berechnung wird häufig unterschätzt. Der überarbeitete Eurocode prEN 1999-1-1 wird die Situati-

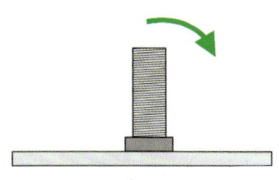

## 2.1.16 Schweißbolzen – unsichtbar und (un)sicher? (Fall 516)

Einfacher Biegeversuch: bei Verformung um dreißig Grad dürfen keine Risse auftreten.

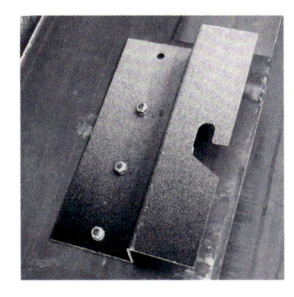

Unsichtbare Befestigung von Halteblechen mit Schweißbolzen auf der Rückseite von Blechen.

|  | historische Daten | aktuelle Daten |
|---|---|---|
| Basismaterial | 3 mm EN AW-5005-H14 | 4 mm EN AW-6060-T66 |
| Stichprobenumfang n | 15 | 11 |
| Mittelwert | 4,39 kN | 5,45 kN |
| Standardabweichung | 0,61 | 0,1 |
| 5% quantile | 3,3 kN | 5,2 kN (75 %) |

Ergebnisse verschiedener Versuchsreihen für M6x20 EN AW-5754.

on verbessern, verlässliche Werte für den Widerstand von geschweißten Bolzenverbindungen zu erhalten. Für andere Materialien wie zum Beispiel Messing fehlen entsprechende Regelungen.

Die Erfahrung mit Schweißbolzen an einem anderen Projekt: Mit anderem Material wurde eine größere Serie von Probekörpern mit verschiedenen Parametern wie Materialkombination von Blechen und Bolzen, Ausrüstung, Hersteller der Bolzen, Geometrie der Bolzen, Spalt, Höhe des Schweißstroms usw. verwendet. Es stellte sich heraus, dass der Prozess des Bolzenschweißens sehr empfindlich ist, insbesondere bei kleineren Bolzendurchmessern von fünf oder sechs Millimeter.

*Dr.-Ing. Barbara Siebert,*
*Univ.-Prof. Dr.-Ing. Geralt Siebert*

Produktkategorie: Fassaden
Baujahr: diverse
Schadensjahr: diverse
Schlagworte: Belastung, Bleche/Blechbearbeitung, Schweißen

### PRAXISTIPP:

- Vor der Fertigung sollten Sie unbedingt die nötigen Versuche und Berechnungen für den Nachweis der Verwendbarkeit erbringen.
- Prüfen Sie immer die Übereinstimmung aller Parameter von Versuchskörpern und Ausführung – insbesondere bei Änderungen zum Beispiel der Oberflächenbehandlung oder abweichenden Bolzendurchmessern (durch statische Nachweise) können neue Versuche erforderlich werden.
- Bolzenschweißen ermöglicht optisch ansprechende Befestigungen, für den sensiblen Schweißprozess sollten Sie konstante Rand- und Fertigungsbedingungen – einschließlich Personal – sicherstellen.

### GELTENDE REGELN:

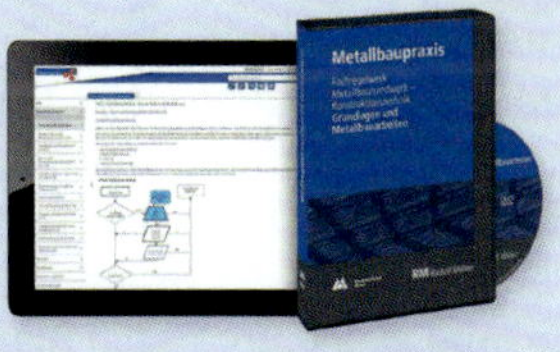

Die Beachtung folgender Normen, Richtlinien, Verordnungen und Regeln sind die Voraussetzung für die fachtechnisch einwandfreie Ausführung der Arbeit:

- Fachregelwerk Metallbauerhandwerk – Konstruktionstechnik: Kap. 1.7.2.5.6.3.2 Bolzenschweißen,
- DIN 18516 Bekleidungen für Außenwände, hinterlüftet; Teil 1: Anforderungen, Grundsätze der Prüfung,
- prEN 1999-1-1 Eurocode 9: Bemessung und Konstruktion von Aluminiumtragwerken; Teil 1-1: Allgemeine statische Regeln,
- DIN EN ISO 14555 Schweißen; Lichtbogenbolzenschweißen von metallischen Werkstoffen.

# Exzenterschrauben abgerissen

**Schadensbeschreibung**

An mehreren Exzenterschrauben kam es während der Montage zum Abriss der Köpfe, deutlich bevor das Nenndrehmoment erreicht wurde. Das Erscheinungsbild aller abgerissenen Schrauben war identisch.

Exzenterschrauben werden beispielsweise an der Hinterachse von Pkw verbaut und dienen zur Einstellung der Spur und des Sturzes. Da die Schäden an Neuteilen während des Einbaus auftraten, konnten Einflussfaktoren durch den Betrieb ausgeschlossen werden. Die Schrauben wurden aus Drahtmaterial hergestellt. Der Exzenterkragen wurde durch Kaltfließpressen erzeugt, wobei das Material quer zur Drahtachse fließen und ein entsprechendes Gesenk ausfüllen muss. Schematisch ist dies in der Abbildung skizziert. Anschließend wurde das Gewinde eingewalzt, die Zielfestigkeit durch Wärmebehandlung eingestellt und eine ZnNi-Korrosionsschutzschicht aufgebracht.

**Fehleranalyse und -bewertung**

Zur Ermittlung der Schadensursache wurden fraktographische Untersuchungen an den gebrochenen Schrauben durchgeführt. In der Abbildung ist die kopfseitige Bruchfläche einer abgerissenen Schraube makroskopisch dargestellt (links). Anhand von Bruchverlaufslinien ist zu erkennen, dass der Bruch im Zentrum gestartet war und sich dann radial nach außen ausgebreitet hatte. Der Bruchausgang ist rechts herausvergrößert. In dieser Ansicht ist der beschriebene Bruchverlauf noch deutlicher zu erkennen. Ebenfalls auffällig ist die terrassenartige Struktur der Bruchfläche.

In der letzten Abbildung wurde der Bruch in schräger Ansicht dokumentiert. Hierdurch wird die terrassenförmige Topographie noch deutlicher hervorgehoben (links). Der metallphysikalische Schadenshergang wird durch das vergrößerte rechte Bild deutlich. Die dunklen

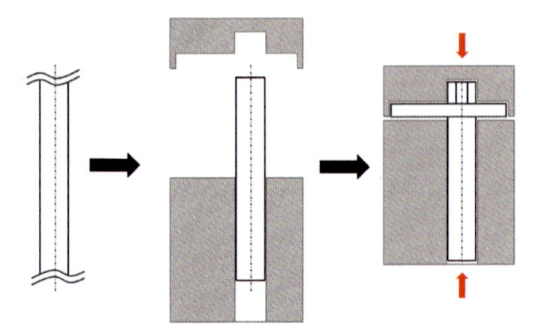

Schematische Darstellung des Kaltfließpressens zur Erzeugung des Exzenterkragens. Links: Drahtmaterial. Mitte: Einlegen in das Gesenk. Rechts: Kaltfließpressen.

Bereiche sind stark plastisch verformt, was durch Gleitlinien belegt wird (rote Pfeile). Die hellen Strukturen stellen einen duktilen Wabenbruch dar. Wie eingangs beschrieben, muss der Werkstoff quer zur Drahtachse verformt werden (fließen), um den Exzenter zu erzeugen. Im vorliegenden Fall war die dazu notwendige Umformung für den Werkstoff nicht ertragbar und es kam zu inneren Anrissen, bereits während des Kaltfließpressens. Der zugrunde liegende Mechanismus wird als planare Gleitung bezeichnet und ist in den dunklen Bruchflächenbereichen anhand der hohen lokalen plastischen Verformung in Querrichtung (senkrecht zur Schraubenachse) zu erkennen. Die hellen Wabenbrüche sind durch das Anziehen der Schrauben als finaler Abriss entstanden.

Weiterführende Prozessanalysen, metallographische Untersuchungen und Berechnungen mit der Finite Elemente Methode (FEM) haben zweifelsfrei belegt, dass im Bruchstart die höchste plastische Verformung (höchster Umformgrad) in der gesamten Schraube vorgelegen hat. Dies erklärt auch das stets identische Fehlerbild an allen betroffenen Schrauben.

**Schadensvermeidung und -beseitigung**

Vereinfacht gesagt wurde der Werkstoff im vorliegenden Fall überfordert. Das Fließvermögen war während des Kaltfließpressens überschritten worden, sodass es zur Vorschädigung durch planare Gleitung und zum finalen Abriss während des Anziehens der Schrauben kam.

## 2.1.17 Exzenterschrauben abgerissen (Fall 517)

Links: makroskopische Ansicht eines abgerissenen Schraubenkopfes mit Exzenter; Rechts: Detail des Bruchstarts mit Bruchverlaufslinien (rote Pfeile).

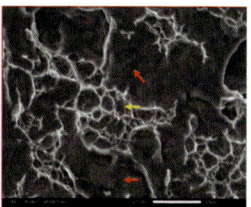

Links: Terrassenbruch in der Schrägansicht; Rechts: Planare Gleitung (rote Pfeile) und duktile Bruchwaben (gelber Pfeil).

Da der Hersteller der Exzenterschrauben das gleiche Produkt seit vielen Jahren ohne Ausfälle gefertigt hatte, wurden umfangreiche Prozessanalysen zur Ursachenfindung durchgeführt. Diese ergaben, dass die betroffenen Chargen mit einem anderen Stahl hergestellt worden waren als alle vorherigen. Statt des etablierten Stahls, der ähnlich zu einem 30CrMo4 (Werkstoff-Nr. 1.7216) war, wurde für die auffälligen Chargen ein mit Titan und Bor mikrolegierter Stahl verwendet. Die in diesem Werkstoff enthaltenen feinen Titan- und Borausscheidungen wirken zwar festigkeitssteigernd, verringern jedoch auch dessen Fließvermögen, sodass es zu den dokumentierten Schäden kam. Aus diesem Grund wurde der Prozess wieder auf den bekannten Werkstoff umgestellt, wodurch weitere Schäden ausblieben.

Als weitere Abhilfemaßnahme wurde der Mindestdurchmesser des Ausgangsdrahts erhöht.

Hierdurch musste der Werkstoff während des Kaltfließprozesses weniger verformt werden, sodass auch das Risiko der Überlastung sank.

*Dr.-Ing. Jens Jürgensen,*
*Prof. Dr.-Ing. Michael Pohl*

Produktkategorie: Weitere Metallkonstruktionen
Baujahr: 2021
Schadensjahr: 2021
Schlagworte: Spannungen, Stahl, Wärmebehandlung, Werkstoff

### PRAXISTIPP:

- Kaltfließpressen kann für metallische Werkstoffe zu hoher Belastung führen.
- Eine zu große Kaltumformung überfordert das Fließvermögen und es kann zu Anrissen kommen.
- Mikrolegierungselemente wie Titan, Bor oder Niob steigern durch feine Ausscheidungen die Werkstofffestigkeit, das Fließvermögen nimmt aber gleichzeitig ab.
- Derartige Werkstoffe eignen sich daher nur bedingt für eine Kaltumformung.

### GELTENDE REGELN:

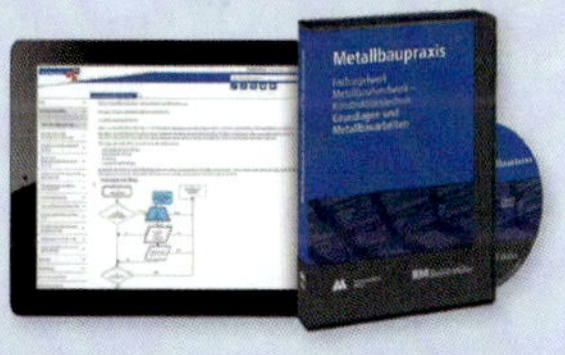

Die Beachtung folgender Normen, Richtlinien, Verordnungen und Regeln sind die Voraussetzung für die fachtechnisch einwandfreie Ausführung der Arbeit:

- Fachregelwerk Metallbauerhandwerk – Konstruktionstechnik: Kap. 1.6.1 Stahl,
- VDI-Richtlinie 3822: Schadensanalyse – Grundlagen und Durchführung einer Schadensanalyse,
- VDI-Richtlinie 3822 Blatt 2: Schadensanalyse – Schäden durch mechanische Beanspruchungen,
- VDI-Richtlinie 3138 Blatt 1: Kaltmassivumformen von Stählen und NE-Metallen – Grundlagen für das Kaltfließpressen (zurückgezogen).

# Kugelbolzen gebrochen

## Schadensbeschreibung

An mehreren Kugelbolzen, die im Traggelenk (Verbindung zwischen Federbein und Querlenker) von Kraftfahrzeugen verbaut waren, kam es nach kurzer Betriebsdauer zu Brüchen. Das Kugelgelenk ist ähnlich wie ein Schultergelenk aufgebaut und ermöglicht es, sowohl Dreh- als auch Kippmomente aufzunehmen. Um den betriebsbedingten Verschleiß gering zu halten, wurden die Kugelbolzen aus einem hochfesten Stahl geschmiedet und wiesen eine entsprechend hohe Härte auf. Die Kugel wurde abschließend fein poliert, sodass der Reibkoeffizient, in Kombination mit einer dauerhaften Schmierung, minimiert wurde.

## Fehleranalyse und -bewertung

Die gebrochenen Kugelbolzen sind in der Abbildung links zu sehen. Rechts ist die zugehörige schematische Zeichnung eines Kugelbolzens dargestellt. Die rote Linie symbolisiert die Lage der Brüche im Übergangsradius zwischen Kugelkopf und Schaft.

Die Detailuntersuchung der gebrochenen Kugelbolzen erfolgte im Rasterelektronenmikroskop. Die zugehörigen Befunde sind in der Abbildung zusammengestellt. Links sind der Bruchstart und die Bruchfortschrittsrichtung (rote Pfeile) erkennbar. Der Bruchstart liegt innerhalb des roten Kästchens. Auf der Oberfläche (Bereich unterhalb des roten Kästchens) sind gleichmäßige Drehriefen erkennbar, die aus der Fertigung der Kugelbolzen stammten. In der Mitte (roter Rahmen) wird der Bruchstart in schräger Ansicht und bei höherer Vergrößerung gezeigt. Auch hier sind die Drehriefen gut erkennbar. Darüber hinaus liegt ein leichter korrosiver Angriff im Bruchbereich vor (rote Pfeile). Rechts (grüner Rahmen) ist die Bruchstruktur im primären Bruchbereich zu sehen. Es sind Schwingstreifen und vereinzelt Nebenrisse vorhanden, die zweifelsfrei belegen, dass der Schaden durch einen Schwingbruch (veraltet auch Dauerbruch oder Ermüdungsbruch) hervorgerufen wurde.

Ursache für die Brüche war die kritische Überlagerung mehrerer Kerben im Bruchstartbereich. Durch die Kerben kam es zu einer lokalen Span-

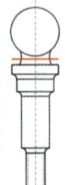

Gebrochene Kugelbolzen (rechts) und schematische Darstellung (links) mit eingezeichneter Bruchlage (rote Linie).

nungsüberhöhung am belasteten Bauteil, wobei dieser Betrag von der Geometrie der Kerben abhängt. Der erste Kerb ergab sich aus dem Übergangsradius zwischen Kugelkopf und Schaft, war also rein geometrisch bedingt. Werden derartige Übergänge mit entsprechend großen Radien ausgeführt, resultiert daraus nur eine geringe, in den meisten Fällen unkritische, Spannungsüberhöhung.

Der zweite Kerb wurde durch die deutlich erkennbaren Drehriefen hervorgerufen, die aus der zerspanenden Herstellung der Kugelbolzen stammen. Im Vergleich zum Übergangsradius ergaben sich durch hoch verformte Materialaufwölbungen schärfere Kerben, die eine stärkere Spannungsüberhöhung zur Folge hatten und entsprechend kritischer waren. Ein derartiger Fall ist in der Abbildung in der Mitte zu sehen. Zusätzlich wurde auch noch ein geringer Korrosionsangriff gefunden, der zur Ausbildung kleiner Löcher beziehungsweise Mulden innerhalb der Drehriefen geführt hatte.

Spannungstechnisch besonders problematisch ist, dass alle Kerben an derselben Stelle aufgetreten waren, was zu der ungünstigen Situation „Kerb in Kerb in Kerb" geführt hat. Verhängnisvoll an einer derartigen Konstellation ist, dass sich die individuellen Kerbfaktoren nicht addieren, sondern multiplizieren. Dies führt, insbesondere bei bereits scharfen Einzelkerben, zu einem enormen Anstieg der lokalen Spannung. Eine derartig kombinierte Kerbwirkung wird auch als Durchdringungskerb bezeichnet und ist exemplarisch in der Abbildung rechts gezeigt.

## Schadensvermeidung und -beseitigung

Der Schaden wurde durch einen Schwingbruch ausgelöst, der auf die Überlagerung mehrerer Kerben und einer damit verbundenen kritischen Spannungsüberhöhung zurückzuführen ist. Der geometrische Kerb des Übergangsradius war kon-

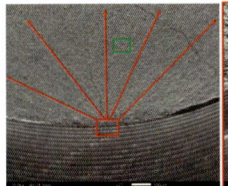

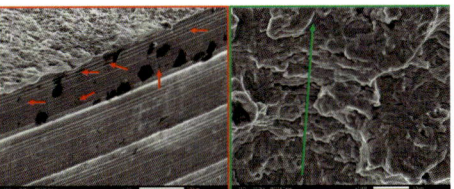

## 2.1.18 Kugelbolzen gebrochen (Fall 518)

Bruchfläche im Rasterelektronenmikroskop. Links: Bruchstart. Mitte: Detail der Oberfläche mit Drehriefen und leichten Korrosionsspuren (rote Pfeile). Rechts: Schwingbruch mit eingezeichneter Fortschrittsrichtung (grüner Pfeil).

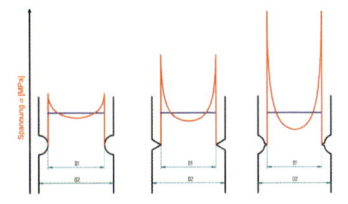

Einfluss verschiedener Kerbgeometrien auf die lokale Spannungsüberhöhung. Links: milder Rundkerb. Mitte: schärferer Spitzkerb. Rechts: „Kerb in Kerb" beziehungsweise Durchdringungskerb.

struktiv notwendig und für sich genommen unkritisch. Die beiden weiteren Kerben in Form der Drehriefen und Korrosionsspuren mussten hingegen entfernt beziehungsweise entschärft werden.

Da die Korrosionsspuren nicht sehr ausgeprägt vorlagen, wurde seitens des Herstellers lediglich mehr Fett verwendet, das neben der schmierenden Eigenschaft auch gleichzeitig als Korrosionsschutz wirkte.

Drehriefen als Ausgangspunkte von Schwingbrüchen kommen in der technischen Anwendung immer wieder vor. Sie können beispielsweise durch Schleifen entfernt werden, wobei hier vermieden werden muss, dass Schleifriefen zu einer analogen Problematik führen. Eine wirkungsvolle Nachbearbeitung stellt das Rollieren dar. Dabei wird die Oberfläche im Radius mit einer harten Kugel unter einem hohen Anpressdruck geglättet. Neben der Einebnung der Drehriefen (verringerter Kerbfaktor) bringt dieser Prozess Druckeigenspannungen ein, die sich positiv auf die Schwingfestigkeit auswirken.

*Dr.-Ing. Jens Jürgensen,*
*Prof. Dr.-Ing. Michael Pohl*

Produktkategorie: Weitere Metallkonstruktionen
Baujahr: 2018
Schadensjahr: 2019
Schlagworte: Belastung, Härte, Korrosion, Spannungen, Stahl

### PRAXISTIPP:

- Das Zusammentreffen mehrerer Kerben wird als „Kerb in Kerb in…" beziehungsweise Durchdringungskerb bezeichnet. Als Folge kann es zu einer signifikanten Erhöhung der lokalen Spannung kommen.
- Drehriefen in Übergangsradien sind ein bekanntes Beispiel derartiger Kerben und häufig Ausgangspunkt für Schwingbrüche.
- Hinzukommende Korrosion kann das Problem weiter verschärfen.
- Druckeigenspannungen in der Oberfläche verbessern die Schwingfestigkeit erheblich und können durch Prozesse wie Rollieren, Nitrieren oder Einsatzhärten eingebracht werden.

### GELTENDE REGELN:

Die Beachtung folgender Normen, Richtlinien, Verordnungen und Regeln sind die Voraussetzung für die fachtechnisch einwandfreie Ausführung der Arbeit:

- Fachregelwerk Metallbauerhandwerk – Konstruktionstechnik: Kap. 1.6.1 Stahl, Kap. 1.7.1 Umformen,
- DIN 743-1 Tragfähigkeitsberechnung von Wellen und Achsen; Teil 1: Grundlagen,
- DIN EN ISO 21920-1 Geometrische Produktspezifikation (GPS); Oberflächenbeschaffenheit: Profile; Teil 1: Angabe der Oberflächenbeschaffenheit,
- VDI-Richtlinie 3822: Schadensanalyse – Grundlagen und Durchführung einer Schadensanalyse,
- VDI-Richtlinie 3822 Blatt 2: Schadensanalyse – Schäden durch mechanische Beanspruchungen.

## Vermeintlicher Messfehler beim Türeneinbau

**Richtig:** Das Türelement in der Gesamtansicht.

### Schadensbeschreibung

In einem Zweifamilienhaus wurde eine Eingangstür aus Aluminium mit einem feststehenden Seitenteil und eine Briefkastenanlage eingebaut. Das Türelement ist 1.180 Millimeter breit und 2.250 Millimeter hoch. Das feste Element hat eine Breite von 1.600 Millimeter und ist in drei waagrechte, gleich große Felder unterteilt.

Im oberen und unteren Feld ist jeweils eine Glasscheibe als Füllung eingebaut, das mittlere Feld besteht außen aus einer Edelstahlplatte. In dieser Edelstahlplatte befinden sich links zwei Briefkastenschlitze und rechts eine Kamera sowie gelaserte Öffnungen für die Sprechanlage und die drei Drucktaster (Klingelknöpfe) mit Namensschildern.

Hinter der Edelstahlplatte ist eine vierzig Millimeter dicke Dämmplatte montiert. In den Bereichen der Einwurfschlitze und der Klingeltechnik ist die Dämmplatte ausgespart. Auf der Innenseite sind drei Entnahmetüren angebracht, zwei für die Briefkästen und eine für die Klingeltechnik. Die Türen selbst sind ebenfalls gedämmt. Am Türelement befinden sich drei verstellbare Bänder. Als Abdichtung ist umlaufend ein Dichtgummi eingebracht, an den die Tür von innen anschlägt. Im geschlossenen Zustand liegt der Dichtgummi vollflächig an der Tür an. Die Tür ist leichtgängig und dichtschließend.

Zwischen der ausführenden Firma und den Bauherren kam es schon während der Bauphase zu Unstimmigkeiten, da die Bauherren trotz einer Bemusterung eine andere Optik der Tür erwartet hatten. Es wurden verschiedene Anstrengungen unternommen, um das Element als fehlerhaft und nicht fachgerecht eingebaut zu deklarieren. Dabei wurden mehrere Personen vonseiten der

## 2.2.1 Vermeintlicher Messfehler beim Türeneinbau (Fall 519)

**Richtig:** Die Abweichung lag im Rahmen der zulässigen Toleranzen.

Bauherrschaft, wie zum Beispiel der Bauleiter, und ein Bauphysiker hinzugezogen.

### Fehleranalyse und -bewertung

Daraufhin kam es zu einem Rechtsstreit, bei dem ein Sachverständiger hinzugezogen wurde. Dieser baute ein Schnurgerüst vor der Tür auf und nahm an verschiedenen Punkten Kontrollmessungen vor. Dabei kam er zu dem Schluss, dass das Türelement um sechs Millimeter an der Oberseite nach innen geneigt sei.

Der Auftragnehmer selbst ermittelte eine Schräge von einem Millimeter auf die gesamte Höhe. Der Sachverständige wurde daraufhin vom Gericht aufgefordert, diese erhebliche Differenz zu erklären. Dazu kam es nicht mehr, da sich dieser inzwischen zur Ruhe gesetzt hatte. Die eine Partei beharrte allerdings auf diesem Gutachten. Daraufhin wurde vom Gericht ein Obergutachter bestellt. Dieser kam nach detaillierten Messungen zu dem Schluss, dass das Türelement um maximal zwei Millimeter schräg eingebaut worden war.

### Schadensvermeidung und -beseitigung

Die Gütesicherung Fenster, Haustüren und Fassaden hat in der RAL-GZ 695 Einbautoleranzen festgelegt. Daraus geht hervor, dass eine Abweichung in der Senkrechten von drei Millimeter zulässig ist. Somit war das Türelement fachgerecht eingebaut.

Bei dem zweiten Gutachten wurden zwei Messarten durchgeführt. Eine Messung mit einer kalibrierten digitalen Wasserwaage. Zusätzlich wurden mithilfe eines senkrechten Punktlasers Messwerte abgenommen.

Hätte der erste Gutachter eine Kontrollmessung vorgenommen, wäre das Verfahren erheblich kürzer und mit geringeren Kosten abgelaufen.

*Achim Knapp*

Produktkategorie: Türen
Baujahr: 2018
Schadensjahr: 2023
Schlagworte: Haustür, Hinzunehmende Unregelmäßigkeiten, Kalibrierung, Kontrollmessung, Toleranzen, Türelement

> **PRAXISTIPP:**
> - Kalibrieren Sie vor den Messungen die Messwerkzeuge.
> - Prüfen Sie vor Gebrauch die Messwerkzeuge und schaffen Sie gegebenenfalls neue an.

> **GELTENDE REGELN:** 
>
> Die Beachtung folgender Normen, Richtlinien, Verordnungen und Regeln sind die Voraussetzung für die fachtechnisch einwandfreie Ausführung der Arbeit:
>
> - Fachregelwerk Metallbauerhandwerk – Konstruktionstechnik: Kap. 2.3.1.7.1 Haustüren,
> - DIN 18360 VOB Vergabe- und Vertragsordnung für Bauleistungen; Teil C: Allgemeine Technische Vertragsbedingungen für Bauleistungen (ATV); Metallbauarbeiten,
> - DIN 1121 Türen; Verhalten zwischen zwei unterschiedlichen Klimaten; Prüfverfahren,
> - DIN 12219 Türen; Klimaeinflüsse; Anforderungen und Klassifizierung,
> - RAL-GZ 695: Fenster, Haustüren und Fassaden.

# Unebenheit einer Stahlblechbekleidung innerhalb der Toleranz

**Schadensbeschreibung**

Innerhalb eines Verwaltungsgebäudes wurden zwei Beton-Treppenläufe mit vollflächig geschlossenen Treppengeländern versehen. Die Treppenläufe verbanden die Etagen vom ersten Obergeschoss bis zum vierten Obergeschoss. Stahl-Rohrrahmen-Konstruktionen bildeten dabei das Gerüst für die vollflächige Beplankung mit drei Millimeter dicken Stahlblechen.

Dabei wurden die äußeren Verkleidungselemente durch Schweißen fest mit der Tragkonstruktion verbunden. Die zu den Treppenstufen ausgerichtete innere Bekleidungsseite wurde mit dem Rohrrahmen verschraubt.

Nach Abschluss der Metallbauarbeiten wurde die Stahlkonstruktion von einem Malerfachbetrieb zunächst gespachtelt und grundiert und dann endbeschichtet.

Nach Fertigstellung rügte der Bauherr sichtbare Unebenheiten innerhalb der Bekleidungsflächen zunächst gegenüber dem Maler. Er war von einer im Fertigzustand ebenen Fläche ohne deutlich sichtbare Unebenheiten ausgegangen.

Der Maler erklärte jedoch, dass sein Auftrag beinhaltete, in Qualitätsstufe Q 3 nach DIN 18363 vorbereitete Oberflächen zu beschichten, mit der Anforderung Qualitätsstufe Q 4 erzeugt zu haben. Die von ihm vorgefundenen Stahlflächen hätten tatsächlich lediglich Q 1 und Q 2 entsprochen. Es war nicht möglich, die vorhandenen Unregelmäßigkeiten durch Verspachteln zu beseitigen.

Von der Bauleitung wurde die Rüge daraufhin an den Metallbauer weitergegeben.

Der teilte die Rüge nicht und argumentierte, dass er entsprechend seinem Vertragswerk ein einwandfreies Gewerk erzeugt hätte.

Er beauftragte einen Sachverständigen mit der Klärung.

**Fehleranalyse und -bewertung**

Während der Ortsbesichtigung wurden vom Sachverständigen sichtbare Unebenheiten in

An den Blechbekleidungen dieser Geländer wurden Unebenheiten bemängelt. Der Maler versuchte die Schuld auf den Metallbauer zu schieben.

allen bereits endbeschichteten Geländer-Abschnitten festgestellt.

Eine Analyse des Werkvertrages (die VOB war vereinbart) ergab, dass keine besonderen Qualitätsansprüche an die Ebenheit der Blechbekleidung vereinbart waren. Hohe Qualitätsansprüche der Stufe Q 3 nach DIN 18363 konnten also nicht ohne besondere Vereinbarung erwartet werden. Die ATV DIN 18363 Maler und Lackierarbeiten; Beschichtungen ist ohne vorherige Vereinbarung nicht das einzuhaltende Regelwerk für den Metallbauer. Es bezieht sich auf das Gewerk Maler- und Lackierarbeiten. Die hohen Ansprüche an die Ebenheit in dieser ATV sind werkstoffbedingt in Verbindung mit Schweißprozessen bei Stahlblecharbeiten nur unter besonderen Verarbeitungstechniken herzustellen.

Bei Schweißprozessen kommt es zu Materialverwerfungen und Gefügeveränderungen, die sich in farbbeschichteten Oberflächen abbilden. Auch der thermische Einfluss spielt eine Rolle. Stahlbleche sind temperaturabhängigen Volumenveränderungen unterworfen. Zwischen den Schweißnähten kommt es zeitweise zu Ausbeulungen. Dabei spielt es eine Rolle, dass die Treppenläufe direkt hinter einer Glasfassade verliefen und zeitweise intensiv der Sonneneinstrahlung ausgesetzt waren.

In Bezug auf dieses Gewerk waren die Toleranznormen DIN 18202 und DIN EN ISO 13920 die Regeln, die zur Bewertung durch den Sachverständigen heranzuziehen waren.

## 2.2.2 Unebenheit einer Stahlblechbekleidung innerhalb der Toleranz (Fall 520)

**Richtig:** Die durch den Sachverständigen festgestellten Abweichungen innerhalb der Flächen der Treppenbekleidungen betrugen im Maximum vier Millimeter. Elf Millimeter waren ohne besondere Vereinbarungen laut Norm zulässig.

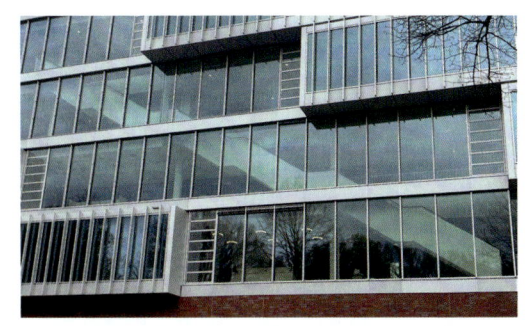

Die Treppenläufe verliefen direkt hinter einer Glasfassade. Durch die zeitweise intensive Sonneneinstrahlung konnten außerdem hohe Temperaturen und thermische Spannungen in der Blechbekleidung entstehen.

Diese Regelwerke lassen bei hier maßgeblichen Messpunktabständen von drei Metern Abweichungen von der Ebenheit von bis zu elf Millimetern zu.

Die vom Sachverständigen festgestellten Abweichungen innerhalb der Flächen der Treppenbekleidungen betrugen im Maximum vier Millimeter.

Das Gewerk Metallbau (Herstellung der vollflächig verkleideten Treppengeländer) wurde vom Metallbauer im Rahmen der für dieses Gewerk geltenden Toleranzen hergestellt.

### Schadensvermeidung und -beseitigung

Die Erwartungshaltung an das fertige Objekt in Bezug auf das Erscheinungsbild sollte vor Auftragsvergabe beziehungsweise Annahme eindeutig festgelegt sein. Die Machbarkeit muss unter Berücksichtigung der Verhältnismäßigkeit geprüft werden.

Im vorliegenden Fall ist mit einem temperaturabhängigen, sich stetig verändernden Erscheinungsbild zu rechnen. Der gewählte Werkstoff Stahl und dessen Eigenschaften und Fertigungsbedingungen, auch durch Schweißen, prägen den Charakter des visuellen Erscheinungsbildes der Bekleidungen.

*Norbert Finke*

Produktkategorie: Geländer
Baujahr: 2024
Schadensjahr: 2024
Schlagworte: Bleche/Blechbearbeitung, Gefüge, Geländer/-bau, Hinzunehmende Unregelmäßigkeiten, Schweißen, Toleranzen, Treppen/-bau

**GELTENDE REGELN:**

Die Beachtung folgender Normen, Richtlinien, Verordnungen und Regeln sind die Voraussetzung für die fachtechnisch einwandfreie Ausführung der Arbeit:

- Fachregelwerk Metallbauerhandwerk – Konstruktionstechnik: Kap. 1.19.4.1 Maßtoleranzen,
- DIN 18202 Toleranzen im Hochbau; Bauwerke,
- DIN 18363 VOB Vergabe- und Vertragsordnung für Bauleistungen; Teil C: Allgemeine Technische Vertragsbedingungen für Bauleistungen (ATV); Maler- und Lackierarbeiten; Beschichtungen,
- DIN EN ISO 13920 Schweißen; Allgemeintoleranzen für Schweißkonstruktionen; Längen- und Winkelmaße, Form und Lage.

**PRAXISTIPP:**

- Bei hohen Ansprüchen an das optische Erscheinungsbild Ihres Produktes müssen Sie die Erwartungen im Detail unter Überprüfung der Machbarkeit mit dem Kunden abstimmen.

# Fluchtendes Tor auch optisch ohne Mangel

**Schadensbeschreibung**

Bei einem einflügligen Schiebetor als Hofeinfahrt bemängelte der Kunde, dass das Tor „auf der gesamten Länge sowohl im geschlossenen als auch im offenen Zustand nicht in der Waage" sei. Außerdem wurden Blasenbildung und Risse in der Farbbeschichtung beanstandet, die nicht nur rein optische Mängel seien. Der Sachverständige sollte in seinem Gerichtsgutachten die vermeintlichen Mängel bewerten.

Bei dem Tor handelte es sich um ein einflügliges Schiebetor mit einer lichten Weite von fünf Meter und einer Höhe von 1,4 Meter. Das Tor war feuerverzinkt und in RAL-Farbe pulverbeschichtet (Duplexbeschichtung).

Der Torflügel wurde in den Stellungen geschlossenes und offenes Tor mit einer zwei Meter langen Wasserwaa

ge vermessen.

Bei den beiden Pfostenhöhen stellte der Sachverständige einen Höhenunterschied von vier Millimetern fest.

Lackschäden waren am vorderen senkrechten Torrahmenprofil aus dem vorgeschriebenen Betrachtungsabstand von fünf Metern nicht zu erkennen. Bei einer Betrachtung direkt am Torflügel waren dort zwei Einkerbungen in der Pulverbeschichtung von etwa fünf Millimeter Länge und drei Millimeter Höhe als Lackbeschädigung sowie eine punktförmige Lacköffnung von etwa 1,5 Millimeter Durchmesser zu erkennen.

An der Torstrebe waren etwa 27 punktförmige 0,5 bis 0,75 Millimeter große Lacköffnungen und zwei Oberflächenabschabungen von etwa zwei beziehungsweise drei Millimeter Durchmesser zu erkennen.

Unter diesen Lackschäden war die verzinkte Oberfläche der Stahlprofile zu sehen.

**Fehleranalyse und -bewertung**

Die horizontale beziehungsweise waagerechte Ausführung einer beweglichen Torkonstruktion

**Richtig:** Gesamtansicht des geschlossenen Torflügels mit aufgelegter Wasserwaage, die belegt, dass das Tor im Toleranzbereich lag.

ist nicht in einer separaten Norm geregelt. Vergleichsweise kann die DIN 18202, Tabelle 3 Grenzwerte für Ebenheitsabweichungen genutzt werden. Diese Norm ist jedoch im eigentlichen Sinne nicht auf die waagerechte Lage eines Bauelementes ohne Bezug zu einem Bauwerk oder Baukörper anzuwenden.

Die visuelle Bewertung von organisch beschichteten Oberflächen von Stahlteilen ist gemäß Fachregelwerk Metallbauerhandwerk – Konstruktionstechnik, Kapitel 1.19.5.2.1.2 bei Außenflächen in einem Abstand von fünf Metern vom Objekt durchzuführen. Die Tabelle im Kapitel 1.19.5.2.1.2 gibt für Flächen mit üblichen Anforderungen unter dem Punkt 3.1 vor, dass Krater und Blasen mit einem Durchmesser kleiner als 0,5 Millimeter zehn Stück pro Meter beziehungsweise Quadratmeter erlaubt sind. Bei Flächen mit geringen beziehungsweise keinen Anforderungen gibt es keine Größen- beziehungsweise Mengenangaben.

Die gleiche Tabelle gibt unter Punkt 3.10 vor, dass fertigungsbedingte mechanische Beschädigungen (zum Beispiel Dellen, Beulen, Kratzer) im Bereich von Flächen mit hohen und üblichen Anforderungen „zugelassen, wenn nicht auffällig wirkend" sind.

**Schadensvermeidung und -beseitigung**

Die Vermessung des Tores zeigte, dass die horizontale Ausrichtung im offenen und geschlos-

### 2.2.3 Fluchtendes Tor auch optisch ohne Mangel (Fall 521)

**Richtig:** Der Lackschaden am vorderen Torflügelprofil war aus fünf Metern Entfernung nicht zu erkennen. Auch bei näherem Betrachten lag er im Rahmen der optischen Toleranzgrenzen.

**Richtig:** Auch der Lackschaden an einer Torflügelsprosse lag im Rahmen der Toleranzen.

senem Zustand eine korrekte Montage des Torflügels belegte.

Aus dem für optische Mängel vorgegebenen Betrachtungsabstand von fünf Metern waren die Lackbeschädigungen nicht zu erkennen. Bei der Betrachtung aus der Nähe waren Beschädigungen der Lackoberfläche erkennbar. Diese Oberflächenschäden im Lack waren aber nicht als optische Mängel zu bewerten. Schäden im Korrosionsschutz waren nicht vorhanden.

*Erwin Kostyra*

Produktkategorie: Tore
Baujahr: 2020, Schadensjahr: 2020
Schlagworte: Beschichtung, Feuerverzinken, Hinzunehmende Unregelmäßigkeiten, Maßtoleranzen, Schiebetore, Toleranzen, Tore/Torbau

#### PRAXISTIPP:

- Kennen Sie die maßgeblichen Toleranzgrenzen für Ihre Produkte und weisen Sie Ihre Kunden bei Streitigkeiten darauf hin. Sie können in Ihrem Angebot die Toleranzklasse für Ihr Produkt gemäß Norm vereinbaren.
- Achten Sie bei vermeintlichen optischen Unregelmäßigkeiten auf die Betrachtungsabstände.

#### GELTENDE REGELN:

Die Beachtung folgender Normen, Richtlinien, Verordnungen und Regeln sind die Voraussetzung für die fachtechnisch einwandfreie Ausführung der Arbeit:

- Fachregelwerk Metallbauerhandwerk – Konstruktionstechnik: Kap. 1.19.4.1 Maßtoleranzen, Kap. 1.19.5.2.1.2 Visuelle Beurteilung auf Stahl,
- DIN 18360 VOB Vergabe- und Vertragsordnung für Bauleistungen; Teil C: Allgemeine Technische Vertragsbedingungen für Bauleistungen (ATV); Metallbauarbeiten,
- DIN EN 12453 Tore; Nutzungssicherheit kraftbetätigter Tore; Anforderungen und Prüfverfahren,
- DIN EN 12604 Tore; Mechanische Aspekte; Anforderungen und Prüfverfahren.

## Doppelstabmattenzaun ohne Mangel

### Schadensbeschreibung

An einer Doppelstabzaunmattenanlage bemängelte der Kunde diverse Montage- und Ausführungsfehler. Der Streit führte bis zum Gerichtsverfahren und der Sachverständige hatte nun die Aufgabe, die vermeintlichen Mängel zu begutachten.

Bei der Zaunanlage handelte es sich um Doppelstabzaunmatten acht/sechs/acht Millimeter und Zaunpfosten sechzig Millimeter mal vierzig Millimeter mit aufgeschraubten Halteleisten vierzig Millimeter mal fünf Millimeter sowie zwei einflügligen Toren mit Torpfosten achtzig Millimeter mal achtzig Millimeter. Die Doppelstabmattenfelder hatten eine Höhe von 1.830 Millimeter. Die Elemente waren feuerverzinkt und in Anthrazit pulverbeschichtet.

Die gesamte Anlage hatte im vorderen Bereich, beim Hauseingang, drei Fronten. Hinter dem Gartenhaus befand sich ein älteres Metallzaunfeld, das erhalten bleiben sollte.

Vom Kunden wurden unter anderem folgende Punkte bemängelt und dazu vom Sachverständigen beim Vor-Ort-Termin die entsprechenden Feststellungen gemacht:

- Die Zaunanlage entspräche optisch und technisch nicht dem älteren Metallzaunfeld.

Dieses war ein Stahlmattenzaun als Doppelstabmatten. Die Zaunfelder waren in Anthrazitfarbe und mit Sichtschutzstreifen abgedeckt. Im Angebot und im Auftrag gab es keinen Bezug zu dem älteren Metallzaunfeld.

- Die Pfosten würden teilweise nicht am Zaun-/Mattenende stehen, sondern einen deutlichen Versatz/Spalt zum Bestandgebäude aufweisen.

Der neue Zaun hatte zur Wand am Hauseingang einen Abstand von zwei bis 2,5 Zentimeter. Auch beim Bestandszaun wurde ein Abstand zum Gartenschuppen von etwa 2,5 bis drei Zentimeter gemessen.

- Auch bemängelte der Kunde, dass die eingezogenen Sichtschutzbänder nicht an den jeweiligen Feldenden befestigt wären, sondern „ausfransen".

Die Sichtschutzbänder waren in alle Zaun- und Türfelder eingezogen. Sie waren an den Enden lose und standen teilweise an den Zaunpfosten frei hervor.

- Der Beton zur Fixierung der Pfosten sei zu hoch eingebracht und die Pflasterung weise deutliche Betonanhaftungen auf.

Die Tür- und Zaunpfosten wurden mit Betonfundamenten im Erdreich ausreichend fixiert. Die Zaunfelder waren nicht in die Fundamente eingebunden. Betonanhaftungen auf der Pflasterung wurden nicht festgestellt.

- Die Türpfosten seien zu hoch und verdreht.

Die Türpfosten hatten die Höhe wie die Zaunelemente und waren fest einbetoniert und nicht verdreht.

- Auch wurde vom Kunden bemängelt, dass an sämtlichen Eckpfosten der Zaunanlage die Eckverkleidungen nur einseitig mit Eckschienen überdeckt und keine Eckpfosten angebracht waren.

Für Eckpfosten gibt es bei den verschiedenen Zaunanbietern unterschiedliche Lösungen. Die meisten Anbieter haben Eckpfosten für Neunzig-Grad-Ecken, die zwei separate Zaunmattenbefestigungen haben. Bei Ecken, die zum Beispiel sechzig Grad oder 135 Grad haben, werden Eckpfosten mit einer Zaunmattenbefestigung verwendet.

*Zwei Fronten der strittigen Zaunanlage am Hauseingang.*

- Bemängelt wurde auch der zu große Abstand zwischen den Müllboxen und der Zaunanlage (neun bis 13 Zentimeter).

Gemessen wurden vom Sachverständigen neun bis 13 Zentimeter. Im Angebot und im Auftrag gab es dazu keine Vorgaben.

**Fehleranalyse und -bewertung**

Die Doppelstabmatten des vorhandenen und des neuen Zaunes hatten systembedingt unterschiedliche horizontale Abstände der senkrechten Füllstäbe. Dadurch hatten die nicht nebeneinanderstehenden Zaunelemente ein optisch anderes Erscheinungsbild.

Die Zaunpfosten an der Hauseingangswand, dem Garagengebäude und am Gerätehaus (ebenso wie der ursprüngliche Metallzaun) standen mit einem Abstand zu den Wänden. Dies war die richtige Montageposition, da zum einen die Zaunpfostenfundamente den Zaunpfosten umschließen müssen und die Wände dieser Gebäude ohne Zaunpfostendemontage zugänglich sein müssen.

Die Sichtschutzbänder wurden (richtigerweise) lose eingeführt und lose hinter die Halteschienen geschoben. Durch manuelle oder stürmische Einwirkungen könnten sich Sichtschutzbänder verschieben und müssen dann manuell nachjustiert werden.

Die vorhandenen Abstände zwischen Türflügel und Türpfosten waren mit drei bis 3,5 Zentimeter konstruktiv notwendig.

Die Zaunpfosten und Türpfosten waren in gleicher Höhe und fest einbetoniert und fluchteten mit den Zaunmatten.

Die Eckpfostenlösung wurde mit einem Haltestabprofil ausgeführt. Dies entsprach einer möglichen Eckausführung bei Doppelstabzaunmatten.

Der Zaun war montagetechnisch bedingt mit Abstand zu den Müllboxen richtig montiert.

**Schadensvermeidung und -beseitigung**

Alle vermeintlichen Mängel wurden durch das Gutachten des Sachverständigen entkräftet. Die Zaunanlage entsprach dem Stand der Technik.

**Richtig:** Die Pfosten waren ausreichend fest einbetoniert.

Durch eine vorherige Bemusterung der Doppelstabmatten, Sichtschutzbänder und Türdetails hätte der Streit eventuell vermieden werden können.

*Erwin Kostyra*

Produktkategorie: Weitere Metallkonstruktionen
Baujahr: 2019
Schadensjahr: 2019
Schlagworte: Hinzunehmende Unregelmäßigkeiten, Montage, Zäune

**PRAXISTIPP:**
- Informieren Sie den Kunden vorher detailliert über systembedingte konstruktive Notwendigkeiten.

**GELTENDE REGELN:**

Die Beachtung folgender Normen, Richtlinien, Verordnungen und Regeln sind die Voraussetzung für die fachtechnisch einwandfreie Ausführung der Arbeit:

- Fachregelwerk Metallbauerhandwerk – Konstruktionstechnik: Kap. 2.34 Zaunanlagen,
- Verarbeitungsrichtlinie des Zaunherstellers.

# Balkon aus Stahl und Glas im Toleranzbereich

## Schadensbeschreibung

Beim Streitfall ging es um eine etwa acht Meter mal drei Meter große Balkonanlage aus Stahlbeton, Stahl und Glas mit einer vorgesetzten Spindeltreppe auf der Rückseite eines Wohnhauses.

Der Kunde bemängelte, dass der Boden der Balkonanlage aufgrund der zu großen Toleranzen nicht fachgerecht entsprechend den Regeln der Technik erstellt worden war.

Dem Gutachter lagen für das Gerichtsgutachten die angeforderte statische Berechnung auch des begehbaren Glases sowie Materialrechnungen der Glasscheiben und der Gummizuschnitte als Auflagerzwischenlagen vor. Die ausführende Firma war für die EXC 2 zertifiziert.

Die äußere Tragkonstruktion des Anbaubalkons bestand aus einem Rahmen und drei Stützen aus Stahlbeton. Die Unterkonstruktion für den Balkonboden aus Glas war aus feuerverzinkten Stahlprofilen gefertigt. Auf den flachen Gurten der T-Profile war ein etwa vierzig beziehungsweise achtzig Millimeter breites und fünf Millimeter dickes Auflagerprofil geklebt, auf dem die begehbaren Glasscheiben auflagen. Die etwa zehn Millimeter breiten Fugen zwischen den Glasscheiben zum Rand waren dauerelastisch schwarz versiegelt.

An den drei offenen Seiten des Balkons befand sich ein Ganzglasgeländer. Es bestand aus absturzsichernden Scheiben aus Verbundsicherheitsglas. Die Scheiben waren über die ganze Länge am Fuß in einem Sockelprofil eingespannt. Die obere Glaskante der Scheiben war in einem U-Profil aus nichtrostendem Stahl eingefasst.

## Fehleranalyse und -bewertung

Die statische Dimensionierung der hier verwendeten Glasscheiben für den Bodenbelag des Balkons lag vor.

Die Toleranzen für Bauwerke (Hochbau) sind in der DIN 18202 geregelt. In der DIN EN ISO 13920 sind die Allgemeintoleranzen für Schweißkonstruktionen festgelegt.

Die strittige Balkonanlage mit Stahltragkonstruktion und Glasboden und Glasgeländer.

Der ausführende Betrieb muss für die Herstellung und das Inverkehrbringen der Tragkonstruktion aus Stahl nach DIN EN 1090 eine zertifizierte Werkseigene Produktionskontrolle (WPK) vorweisen und geprüfte Schweißer haben.

Glas im Bauwesen ist in der DIN 18008 geregelt. Alle verwendeten Halbzeuge und Bauteile müssen eine allgemeine bauaufsichtliche Zulassung besitzen.

Für die Toleranzen der Tragkonstruktion des Glasbodens setzte der Gutachter die höchste Toleranzklasse E der DIN EN ISO 13920 für die Beurteilung an. Die T-Profile, auf denen das Glas auflag, waren etwa 2.700 Millimeter lang. Laut Norm war daher eine maximale Abweichung von drei Millimetern zulässig.

Beim Vor-Ort-Termin konnte der Sachverständige das Auflager nicht vermessen, sondern nur von oben durch den Glasboden und seitlich von unten in Augenschein nehmen. Einzelne Unebenheiten, an denen das Glas nicht auf den Auflagerprofilen auflag, waren durch dort eingedrungenes Wasser gut sichtbar. Der Sachverständige schätzte die vorhandene Toleranz in der Auflagerkonstruktion auf weniger als einen Millimeter.

Die Tragkonstruktion aus Stahl war somit regelkonform.

In der statischen Berechnung für den Glasboden und in der DIN 18008-5 sind Vorgaben für das

## 2.2.5 Balkon aus Stahl und Glas im Toleranzbereich (Fall 523)

**Richtig:** Die Stahltragkonstruktion war regelgerecht ausgeführt und hatte eine Durchbiegung im Toleranzbereich.

**Richtig:** Die Auflager zeichneten sich durch Feuchtigkeit ein wenig ab, lagen aber im Toleranzbereich. Bei Belastung verringern sich die dunklen Bereiche.

Auflager enthalten: „Die Auflagerzwischenlagen müssen aus Elastomeren (zum Beispiel Silikon, EPDM etc.) bestehen. Sie müssen dauerelastisch sein und eine Härte von sechzig bis achtzig Shore A aufweisen. Die Auflagerzwischenlagen müssen zwischen fünf und zehn Millimeter dick sein."

Die Auflagertiefe muss bei einer Scheibengröße von etwa 2.700 Millimeter mal 775 Millimeter mindesten 35 Millimeter betragen.

Die Auflagerzwischenlagen aus schwarzem EPDM waren hier vierzig Millimeter breit und fünf Millimeter dick und das verwendete Material hatte eine Härte von 65° Shore A. Die Auflagerzwischenlage entsprach somit den Vorgaben und den Regelwerken.

Glasaufbau und Dicke des begehbaren Glasbodens entsprachen den Vorgaben in der statischen Berechnung. Die Fugen zwischen den Glasscheiben beziehungsweise zwischen Glas und den angrenzenden Bauteilen war breit genug und dauerelastisch versiegelt. Der Glasboden wurde regelkonform ausgeführt.

### Schadensvermeidung und -beseitigung

Die Tragkonstruktion und der Glasboden des Balkons waren regelgerecht ausgeführt. Damit war eine Nacharbeit nicht erforderlich.

*Ralf Patzer*

Produktkategorie: Balkone
Baujahr: 2020
Schadensjahr: 2020
Schlagworte: Balkone, Bauaufsichtliche Zulassung, Glas/-bau, Hinzunehmende Unregelmäßigkeiten, Statik, Toleranzen

### PRAXISTIPP:
- Beachten Sie im konstruktiven Glasbau die Normenreihe 18008.
- Legen Sie für Balkonanlagen aus Glas auch immer eine statische Berechnung der Glaskonstruktion und eine Glasstatik vor.
- Berücksichtigen Sie die Toleranzen für die Durchbiegung.

### GELTENDE REGELN:

Die Beachtung folgender Normen, Richtlinien, Verordnungen und Regeln sind die Voraussetzung für die fachtechnisch einwandfreie Ausführung der Arbeit:

- Fachregelwerk Metallbauerhandwerk – Konstruktionstechnik: Kap. 1.4 Statik und Konstruktion, Kap. 1.10 Konstruktiver Glasbau,
- DIN 18008-2 Glas im Bauwesen; Bemessungs- und Konstruktionsregeln; Teil 2: Linienförmig gelagerte Verglasungen,
- DIN 18008-5 Glas im Bauwesen; Bemessungs- und Konstruktionsregeln; Teil 5: Zusatzanforderungen an begehbare Verglasungen,
- DIN 18202 Toleranzen im Hochbau; Bauwerke,
- DIN 18360 VOB Vergabe- und Vertragsordnung für Bauleistungen; Teil C: Allgemeine Technische Vertragsbedingungen für Bauleistungen (ATV); Metallbauarbeiten,
- DIN EN 1090 Ausführung von Stahltragwerken und Aluminiumtragwerken,
- DIN EN 1991 Eurocode 1: Einwirkungen auf Tragwerke,
- Landesbauordnung Nordrhein-Westfalen.

# Treppenanlage teilweise außerhalb der Toleranz

**Schadensbeschreibung**

Die regelgerechte Ausführung von drei Treppenanlagen, die jeweils zwei Geschosse in einem Einfamilienhaus miteinander verbanden, war Gegenstand eines Gerichtsverfahrens. Es ging vor allem um die richtige Treppensteigung und die Einhaltung der entsprechenden Toleranzen.

Die Trag- beziehungsweise Unterkonstruktion war bei allen drei Treppenanlagen gleich. Sie bestand aus zwei parallelen, abgewinkelten Holmen, die aus Stahl-Rechteckrohren hergestellt waren (Holmtreppe).

Vom Keller zum Erdgeschoss führte ein gerader Treppenlauf mit zwölf Steigungen. Die vom Sachverständigen gemessenen Steigungshöhen lagen zwischen 204 und 206 Millimeter. Lediglich die Austrittsstufe hatte eine Steigungshöhe von 211 Millimeter.

Auch die Treppe vom Erdgeschoss zum ersten Obergeschoss hatte einen geraden Treppenlauf. Seitlich war eine Absturzsicherung aus Glas montiert.

Bei dieser Treppe waren die beiden Treppenholme jeweils durch nach unten abgekantete Stahlbleche verbunden. Der Holzbelag in einer Dicke von 43 Millimeter wird bauseits ausgeführt und war noch nicht montiert.

Die Steigungshöhen der Stufen eins bis 15 lagen zwischen 190 und 192 Millimeter. Die 16. Stufe hatte eine Steigungshöhe von 186 Millimeter und die 17. und letzte Stufe von 229 Millimeter.

Die Treppe vom ersten Obergeschoss zum Dachgeschoss war eine Podesttreppe mit einem Zwischenpodest und zwei geraden Läufen. Die Steigungshöhen der Stufen zwei bis 16 lagen zwischen 177 und 179 Millimeter. Nur die Steigung der ersten Stufe betrug 168 Millimeter.

**Fehleranalyse und -bewertung**

Als allgemein anerkannte Regel der Technik und bauaufsichtlich eingeführt beschreibt DIN 18065 die Begriffe, Messregeln, Hauptmaße für Gebäudetreppen detailliert.

In dieser Norm werden auch die Grenzmaße für nutzbare Treppensteigungen für baurechtlich notwendige Treppen festgeschrieben. Sie betragen im Minimum 140 Millimeter und im Maximum 200 Millimeter.

In der Tabelle 2 „Toleranzen" dieser Norm wird unter Punkt 7 definiert: „Das Istmaß von Treppensteigung s (…) innerhalb eines (fertigen) Treppenlaufes darf gegenüber dem Nennmaß (Sollmaß) nicht mehr als 5 mm abweichen".

Unter Punkt 7.4 der Norm ist die Toleranz der Antrittsstufe wie folgt festgelegt: „Das Istmaß der Steigung der Antrittsstufe darf höchstens 15 mm vom Nennmaß (Sollmaß) abweichen."

*Treppe vom Keller zum Erdgeschoss*

Beim Treppenlauf vom Keller zum Erdgeschoss überschritten mit einer durchschnittlichen Steigung von 205 Millimeter und 211 Millimeter (bei der letzten Stufe) alle Steigungshöhen der Treppe das obere Grenzmaß der DIN 18065 von 200 Millimeter. Damit erfüllte dieser Treppenlauf nicht die Anforderungen der DIN 18065.

*Treppe vom Erdgeschoss zum ersten Obergeschoss*

Mit einer durchschnittlichen Steigung der Stufen eins bis 15 von 191 mm wurden hier die Vorgaben der DIN 18065 eingehalten.

Auch die Steigung 16, mit einer Abweichung vom Nennmaß von 191 Millimeter zu 186 Millimeter = fünf Millimeter, lag noch im Toleranzbereich der Norm.

Die Steigung 17 lag mit einer Abweichung von 217 Millimeter zu 191 Millimeter = 26 Millimeter deutlich außerhalb des Toleranzbereiches.

Die Treppenanlage vom Erdgeschoss zum ersten Obergeschoss erfüllte demnach nicht alle Anforderung der DIN 18065.

*Treppe vom ersten Obergeschoss zum Dachgeschoss*

Mit einer durchschnittlichen Steigung von 178 Millimeter wurden die Vorgaben der DIN 18065 eingehalten. Die Differenz der ersten Steigung zum Nennmaß betrug 178 Millimeter zu 168 Millimeter = zehn Millimeter. Zehn Millimeter lagen noch im Toleranzbereich der Norm.

## 2.2.6 Treppenanlage teilweise außerhalb der Toleranz (Fall 524)

**Falsch:** Die Treppe vom Keller zum Erdgeschoss lag hinsichtlich der Steigungshöhe außerhalb der Toleranzen.

**Falsch:** Die Treppe vom Erdgeschoss zum ersten Obergeschoss lag bei der Steigungshöhe der letzten Stufe deutlich außerhalb des Toleranzbereiches.

**Richtig:** Die Treppe vom ersten Obergeschoss zum Dachgeschoss entsprach den normativen Vorgaben der DIN 18065.

### Schadensvermeidung und -beseitigung

Obwohl die Treppe vom Keller zum Erdgeschoss hinsichtlich der Steigung nicht die normativen Anforderungen erfüllte, war vom Gericht ein Austausch der Treppenanlage aufgrund der geringeren Bedeutung dieser Treppe nicht vorgesehen. Um die vom Durchschnitt abweichende Steigung der zwölften Stufe anzupassen und die Begehbarkeit der Treppe zu verbessern, sollte allerdings der Holzbelag der Stufe zehn mit einer zwei Millimeter dicken Unterlage und die Stufe elf mit einer vier Millimeter dicken Unterlage angehoben werden.

Bei der Treppe vom Erdgeschoss zum ersten Geschoss musste aufgrund des großen Höhenunterschiedes von 38 Millimeter vom Austrittspodest zur Oberkante Fußboden des ersten Obergeschosses die Unterkonstruktion der Treppe komplett ausgetauscht werden.

Die Treppe vom ersten Obergeschoss zum Dachgeschoss war regelkonform.

Als Kosten für die Mängelbeseitigung (Unterlegen des Belages für die Kellertreppe und Rückbau, Neubau und Montage einer neuen Treppenkonstruktion für die Treppe vom Erdgeschoss zum ersten Obergeschoss) setzte der Sachverständige Kosten in Höhe von 6.200 Euro an.

*Ralf Patzer*

Produktkategorie: Treppen
Baujahr: 2022
Schadensjahr: 2022
Schlagworte: Steigung, Stufen, Toleranzen, Treppen/-bau

### PRAXISTIPP:

- Halten Sie die in der DIN 18065 vorgegebenen Toleranzen für die Treppenmaße unbedingt ein.

### GELTENDE REGELN:

Die Beachtung folgender Normen, Richtlinien, Verordnungen und Regeln sind die Voraussetzung für die fachtechnisch einwandfreie Ausführung der Arbeit:

- Fachregelwerk Metallbauerhandwerk – Konstruktionstechnik: Kap. 1.19.4.1.6 Toleranzmaße bei Treppen, Kap. 2.35.4.2 Maße, Toleranzen,
- DIN 18065 Gebäudetreppen; Begriffe, Messregeln, Hauptmaße,
- DIN 18202 Toleranzen im Hochbau; Bauwerke,
- DIN 18360 VOB Vergabe- und Vertragsordnung für Bauleistungen; Teil C: Allgemeine Technische Vertragsbedingungen für Bauleistungen (ATV); Metallbauarbeiten,
- Landesbauordnung Nordrhein-Westfalen.

## Treppenmaße nicht innerhalb der Toleranzen

**Falsch:** Das lichte Maß zwischen den Stufen darf höchstens 120 Millimeter betragen.

### Schadensbeschreibung

An einem mehrgeschossigen öffentlichen Gebäudekomplex wurden an den Außenseiten der Anbauten die Fluchttreppen hergestellt. Anschließend wurden einige Abweichungen beanstandet und ein Sachverständiger mit der Begutachtung beauftragt. Insbesondere waren die Fragen zu klären, ob die zwei beanstandeten Abweichungen innerhalb der Toleranzgrenzen lagen.

Zum einen hatten die feuerverzinkten Fluchttreppen durchgängig vierzig Millimeter hohe Gitterroste als Stufen- und Podestbeläge. Bei einer Treppensteigung von 180 Millimetern ergaben sich damit lichte Öffnungen zwischen den Stufen von 140 Millimetern.

Zweitens wurden immer an den Treppenaustritten, an der letzten Steigung zur Podestfläche, 265 Millimeter gemessen. Die übrigen Trittstufen im Treppenlauf hatten jeweils Auftrittsmaße von 280 Millimetern. Das ist eine Differenz von 15 Millimetern.

Die Frage war, entsprachen die lichten Öffnungen von 140 Millimetern und die Differenz von 15 Millimetern im Treppenauftritt den geltenden Regeln?

### Fehleranalyse und -bewertung

Für die Beantwortung der Fragen ist die DIN 18065 Gebäudetreppen maßgeblich. Dort steht in Punkt 6.8 Lichter Stufenabstand für Gebäude im Allgemeinen: „Das Maß der Öffnung zwischen den Stufen darf in einer Richtung nicht größer als 12 cm sein und muss den Vorgaben von Bild A.3 entsprechen."

Damit ist die Antwort eindeutig. Die lichten Öffnungen von 140 Millimetern entsprachen nicht den geltenden Regeln.

Weiter steht im Punkt 7.2 Toleranzen: „Das Istmaß von Treppensteigung s und Treppenauftritt a innerhalb eines (fertigen) Treppenlaufes darf gegenüber dem Nennmaß (Sollmaß) um nicht mehr als 5 mm abweichen. (siehe Bild A.19a)."

Auch in diesem Fall lautet die Antwort, dass die Differenz von 15 Millimetern am Treppenauftritt nicht den geltenden Regeln entsprach.

### Schadensvermeidung und -beseitigung

Die Schadensvermeidung ist in diesem Fall eine Sache der Projektplanung. Bei einer Treppensteigung von 180 Millimetern und einer maxi-

## 2.2.7 Treppenmaße nicht innerhalb der Toleranzen (Fall 525)

**Falsch:** Alle Treppenaustrittsstufen zu den Podesten waren mit 265 Millimetern zu kurz hergestellt.

**Richtig:** Das Trittstufenmaß an den übrigen Stufen betrug 280 Millimeter.

mal erlaubten lichten Öffnung von 120 Millimetern braucht es entweder Stufen mit einer ausreichenden Höhe von mindestens sechzig Millimetern oder es müssen weitere Maßnahmen getroffen werden. Diese Maßnahmen könnten darin bestehen, zusätzlich zur Gitterroststufe im Bereich der Unterschneidung eine Auf- oder Abkantung vorzunehmen, um die lichte Öffnung auf das regelkonforme Maß zu begrenzen. Auch die zu kurzen Treppenaustritte an den oberen Steigungen zu den Podesten waren ein Planungsfehler.

Die Treppen mussten aus diesem Grund aufwendig nachgearbeitet und ertüchtigt werden.

*Thomas Hammer*

**PRAXISTIPP:**
- Halten Sie unbedingt die baurechtlichen Vorschriften ein.
- Maßgeblich für die Toleranzen bei Treppen ist die DIN 18065.

Produktkategorie: Treppen
Baujahr: 2024
Schadensjahr: 2024
Schlagworte: Aufmaß, Bauvorschriften, Fluchtwege, Gitter/-roste, Maße, Maßtoleranzen, Toleranzen, Treppen/-bau

**GELTENDE REGELN:**

Die Beachtung folgender Normen, Richtlinien, Verordnungen und Regeln sind die Voraussetzung für die fachtechnisch einwandfreie Ausführung der Arbeit:

- Fachregelwerk Metallbauerhandwerk – Konstruktionstechnik: Kap. 2.35.4 Gebäudetreppen – Konstruktive Anforderungen,
- DIN 18065 Gebäudetreppen; Begriffe, Messregeln, Hauptmaße.

# Wendelstufen falsch ausgeführt

### Schadensbeschreibung

Beim Neubau eines Einfamilienhauses wurden über zwei Etagen je eine einläufig, zweimal viertelgewendelte Betontreppe als Basis für den späteren Fertigbelag eingebaut. Bei den Treppen handelte es sich um „baurechtlich notwendige Treppen". Die Wendelung des Treppenlaufs sollte der DIN 18065 Gebäudetreppen; Begriffe, Messregeln, Hauptmaße entsprechen. Jedoch hatte der Planer der Betontreppen die Norm falsch interpretiert und nicht richtig umgesetzt. Mit der Planung einer rechteckigen Stufe in der Mitte der beiden Viertelwendelungen ergaben sich in den Wendeln, an den Treppeninnenseiten, nicht normgerechte Auftrittsbreiten. Die Folge daraus waren extreme Steigungen im Treppenverlauf. Zusammen mit der geraden Stufe in der Mitte der Wendel ergab sich ein unruhiger Verlauf der Geländer beziehungsweise der Handläufe.

Weiterhin war geplant den Stufenbelag aus Marmor typischerweise einige Zentimeter nach innen in Richtung Treppenauge überstehen zu lassen. Geplant war ebenso ein Stufenüberstand von dreißig Millimetern sowie das Verkleben der Stellflächen mit einer 15 Millimeter Stellfliese. Dabei ergaben sich innerhalb der Wendelungen verkürzte Strecken der Geländerabschnitte. Die Auftrittsbreiten wurden dadurch weiter reduziert und damit wurde der Verlauf der Geländer in den betreffenden Bereichen noch steiler.

### Fehleranalyse und -bewertung

Mit dem Stufenbelag, der auf der Innenseite überstand, und durch den Überstand der Stufen ergab sich eine Verschiebung der Stufenvorderkante nach vorne und nach oben. Ein gleichmäßiger Verlauf des Geländers war unter diesen Umständen nicht zu realisieren. Die Ursache lag nicht in der Verantwortung des Metallbauers. Die Konstruktion einer rechteckigen Stufe in der Mitte des Wendels war falsch. Die Verziehung des Treppenlaufs müsste über die beiden Viertelwendelungen des Treppenabschnitts erfolgen. Die Mindestauftrittsbreiten von fünfzig Millimetern waren an der inneren Begrenzung der Wendel nicht gegeben. Mit dem überstehenden Stufenbelag trat eine weitere Verschlechterung der Situation ein.

Laut DIN 18065 müssen Wendelstufen an der schmalsten Stelle der inneren Begrenzung der nutzbaren Treppenlaufbreite einen Auftritt von mindestens fünfzig Millimetern haben.

**Richtig:** Mit einer regelkonformen und kreativen Lösung konnte die falsche Wendelung des Treppenlaufes gerettet werden.

### Schadensvermeidung und -beseitigung

Eine Nachbearbeitung an den Betonstufen war aufgrund der Lage der Armierung in der Betontreppe keine Option. Der hinzugezogene Metallbauer erkannte die falsche Verziehung des Treppenlaufs und machte dem Kunden den Vorschlag, den sehr unruhigen Verlauf der Treppe mit gerade verlaufenden Stahlblenden zu

## 2.2.8 Wendelstufen falsch ausgeführt (Fall 526)

**Falsch:** Die rechteckige Stufe zwischen den Viertelwendelungen war falsch.

kaschieren. Mithilfe eines 3D-Aufmaß-Messgerätes wurde der Bestand aufgenommen. In Absprache mit dem Stufenbauer und Verleger wurde die Treppe an einigen Stellen neu verzogen. Daraus ergaben sich die Größe und Lage der Stahlblenden. Als Füllung und somit auch als Absturzsicherung wurden Glasscheiben nach der DIN 18008-4 Kategorie B eingebaut. Zum Zeitpunkt der Aufnahme war der Kantenschutz noch nicht montiert.

Die absturzsichernde Verglasung hatte an allen Stellen immer eine Höhe, die deutlich über den geforderten neunhundert Millimetern lag. Dies fällt nicht auf, da der Durchblick stets gewahrt ist. Im vorliegenden Fall wurde die Absturzsicherung nicht mit dem Handlauf kombiniert. Aus optischen Gründen verlief der geforderte Handlauf an der Außenseite der Treppe. Auf Empfehlung des Metallbauers wurde die Unterseite der Treppe von einem Fachbetrieb nachgespachtelt. Die Kontur wurde an den Stahlwangen abgezogen. Somit war auch die Unteransicht harmonischer.

*Thomas Hammer*

**PRAXISTIPP:**
- Prüfen Sie die Leistungen der Vorgewerke auf Normenkonformität.
- Kreative Lösungen müssen ebenfalls nach den geltenden Regeln hergestellt sein.

**Falsch:** Ein harmonischer Verlauf des Geländers war unter diesen Umständen nicht möglich.

Produktkategorie: Treppen
Baujahr: 2017
Schadensjahr: 2017
Schlagworte: Aufmaß, Geländer/-bau, Normen/Normung, Steigung, Treppen/-bau

**GELTENDE REGELN:**

Die Beachtung folgender Normen, Richtlinien, Verordnungen und Regeln sind die Voraussetzung für die fachtechnisch einwandfreie Ausführung der Arbeit:

- Fachregelwerk Metallbauerhandwerk – Konstruktionstechnik: Kap. 2.35.2.1.5 Gebäudetreppen – Treppen mit geraden und gewendelten Laufteilen,
- DIN 18065 Gebäudetreppen; Begriffe, Messregeln, Hauptmaße,
- DIN 18008-4 Glas im Bauwesen; Bemessungs- und Konstruktionsregeln; Teil 4: Zusatzanforderungen an absturzsichernde Verglasungen.

# Tischgestell wacklig und instabil

### Schadensbeschreibung

Gegenstand des Streitfalls war ein Tischgestell aus Metall, das eine Kunstschmiede gefertigt hatte. Es ging um die Frage, die letztlich vor Gericht geklärt werden musste, ob das Gestell im Zusammenspiel mit der massiven Holzplatte als Auflage dem anerkannten Stand und den Regeln der Technik entsprach. Konnte das Tischgestell mit der Holzplatte überhaupt als Esstisch genutzt werden, oder war es zu instabil?

Die Auflage für die Tischplatte war aus einem umlaufenden Flachstahlrahmen vierzig Millimeter mal acht Millimeter inklusive der vorgegebenen Bohrungen zur Aufnahme der Holzplatte gefertigt. Die Außenmaße des Tischuntergestells waren 1.400 Millimeter (Länge) mal 700 Millimeter (Breite) mal 690 Millimeter (Höhe). Der Unterbau des Gestells (die Füße) war aus geschnörkelten Metallelementen aus Rundstahl (Durchmesser 16 Millimeter) angefertigt. Dazwischen waren Versteifungen aus Rundstahl (Durchmesser zwölf Millimeter) eingeschweißt.

Das Metalltischgestell stand an allen vier Fußpunkten auf dem Fußboden ohne zu kippeln. Es war ohne die Tischplatte biegesteif.

Die vom Kunden gelieferte Platte aus massivem Redwoodholz (1.600 Millimeter Länge mal 920 Millimeter Breite mal siebzig Millimeter Höhe; entspricht 0,103 Kubikmeter mal 420 Kilogramm pro Kubikmeter spezifischer Dichte = 43,26 Kilogramm Gesamtgewicht) sollte vom Metallbauer mitmontiert werden. Die massive Redwood-Tischplatte zeigte leichte Verdrehungen, was bei einer nicht furnierten Holzplatte aber normal ist. Eine Feuchtigkeitsmessung der Redwood-Tischplatte wurde nicht durchgeführt.

Beim Auflegen der massiven Redwood-Tischplatte wurde eine leichte Schwingung festgestellt. Nach dem Befestigen der Tischplatte mit Schraubzwingen wurden die Schwingungen stärker und das Tischgestell formte sich der Tischplatte an, sodass nicht mehr alle vier Fußpunkte auf dem Fußboden standen und der Tisch kippelte.

Das Metalltischgestell mit dem Auflagerahmen aus Flachstahl (roter Pfeil), den Füßen aus 16 Millimeter Rundstahl (blauer Pfeil) und den Versteifungen aus Zwölf-Millimeter Rundstahl (grüne Pfeile). Dahinter liegt die massive Redwood-Tischplatte mit einem Gewicht von etwa 43 Kilogramm.

### Fehleranalyse und -bewertung

Das Metalltischgestell wurde entsprechend den vorgegebenen Maßen gefertigt. Die gewünschte Oberflächenbehandlung mit Pulverlackierung war zum Zeitpunkt des Gutachtens noch nicht ausgeführt. Das Tischgestell sollte an allen vier Fußpunkten auf dem Boden gleichmäßig stehen – inklusive der gelieferten massiven Redwood-Tischplatte. Aufgrund dieser Informationen hätte die gesamte Metallkonstruktion stabiler ausgeführt werden müssen. Diese Ausführung wäre allerdings massiver geworden und hätte im Vorfeld mit dem Kunden besprochen werden müssen, da die gewünschte Leichtigkeit nicht mehr gegeben wäre.

Eine massive Holzplatte mit diesen Abmessungen kann sich immer verdrehen, da das massive Holz arbeitet. Dies hängt unter anderem von der Temperatur, der Holzfeuchtigkeit und der relativen Luftfeuchte im Raum ab.

### Schadensvermeidung und -beseitigung

Die gewünschte filigrane Leichtigkeit des Metalltischgestells wäre zum Beispiel bei einer verleimten verwindungsfreien Redwood-Tischplatte möglich gewesen.

## 2.2.9 Tischgestell wacklig und instabil (Fall 527)

Ohne die Fixierung der Platte stehen alle vier Füße gleichmäßig auf dem Boden. Zwischen der massiven Redwood-Tischplatte und dem Flachstahl ist stellenweise Luft. Der Tisch schwingt.

**Falsch:** Nachdem die massive Platte mit Schraubzwingen befestigt wurde, stehen die Füße nicht mehr gleichmäßig auf dem Boden und der Tisch schwingt und wirkt instabil.

Das vorhandene filigrane Tischgestell war im Verbund mit der massiven Platte nicht ausreichend stabil genug. Die gesamte Konstruktion war als Esstisch nicht nutzbar. Der Tisch war nicht gebrauchstauglich. Die Schwingungen, die Instabilität und das Kippeln entsprachen nicht dem Stand der Technik und waren deshalb nicht zu akzeptieren. Eine Sanierung war aus Sicht des Sachverständigen nicht möglich.

*Jens Belz*

Produktkategorie: Weitere Metallkonstruktionen
Baujahr: 2021
Schadensjahr: 2021
Schlagworte: Belastung, Bemessung, Gebrauchstauglichkeit, Metallkonstruktionen, Statik

### GELTENDE REGELN:

Die Beachtung folgender Normen, Richtlinien, Verordnungen und Regeln sind die Voraussetzung für die fachtechnisch einwandfreie Ausführung der Arbeit:

- Fachregelwerk Metallbauerhandwerk – Konstruktionstechnik: Kap. 1.4 Statik und Konstruktion,
- DIN 18360 VOB Vergabe- und Vertragsordnung für Bauleistungen; Teil C: Allgemeine Technische Vertragsbedingungen für Bauleistungen (ATV); Metallbauarbeiten.

### PRAXISTIPP:

- Achten Sie bei Bauteilen, die noch komplettiert werden müssen, auf die spätere Funktion.
- Sprechen Sie den Auftrag und die Möglichkeiten der Ausführung möglichst detailliert mit dem Kunden ab, um späteren Missverständnissen vorzubeugen.

## Thermische Formänderung führt zu Funktionsbeeinträchtigungen

Beispiel für Metall-Kunststoff-Verbundprofil mit thermischer Trennung.

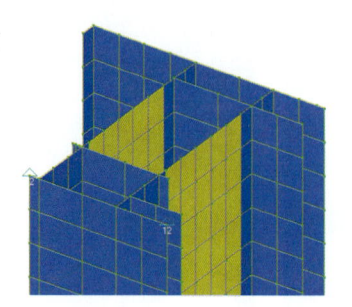

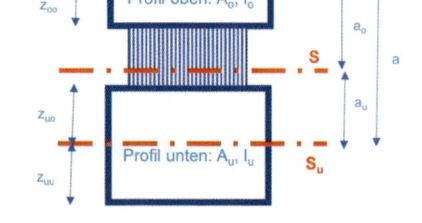

Beispiel für ein FEM-Modell eines Profils und Querschnittsgrößen von Verbundprofilen für Berechnungen nach dem vereinfachten Verfahren.

### Schadensbeschreibung

Außen liegende Sonnenschutzanlagen zeigten bei Sonneneinstrahlung Funktionsbeeinträchtigungen. Eine genauere Analyse ergab eine größere Durchbiegung der Fassadenprofile, die den (freien) Lauf der Sonnenschutzlamellen behinderten.

In einem anderen Gebäude zeigten sich im Inneren am Anschluss nichttragender Innentrennwände an Fassadenprofile fingerbreite Spalte mit maximalen Abmessungen in der Feldmitte. Die Bauherrschaft wollte dies insbesondere bei den nunmehr nicht mehr abgetrennten Sanitärräumen nicht akzeptieren.

Ein anderer Schadensfall hatte die gleiche Schadensursache:

Beidseitig mit drei Millimeter dicken Stahlblechen beplankte und mit Lichtausschnitt versehene Türelemente aus Verbundprofilen zeigten eine Vorwölbung von zwölf Millimeter, wodurch die Funktion der motorisierten Verriegelung der Türen gestört war. Die Öffnungsfunktion der nach außen öffnenden Fluchttüren war nicht mehr gegeben.

### Fehleranalyse und -bewertung

Um die heutigen Anforderungen von Fenstern und Fassaden an den Wärmeschutz erfüllen zu können, werden bei modernen Fenster- und Fassadenprofilen in der Regel ein inneres und ein äußeres Metallprofil mit dazwischen angeordneten Kunststoffelement(en) als thermische Trennung verbunden. Oberflächen von Fassaden und Fenstern – insbesondere mit höherem Absorptionsvermögen beispielsweise durch dunkle Farben – können bei Sonneneinstrahlung Temperaturen von achtzig Grad Celsius erreichen. Durch die zwischen den Schalen angeordnete thermische Trennung heizt sich primär die äußere Schale auf, die innere Schale behält die Innenraumtemperatur. Durch die Temperaturerhöhung kommt es zu einer Längenausdehnung. Die äußere Schale wird länger als die innere Schale. Da beide Schalen jedoch verbunden sind, verbiegt sich das Fassaden- beziehungsweise Fensterprofil bei Sonneneinstrahlung nach außen. Bei raumhohen Fensterelementen können sich für realistisch angesetzte sechzig Kelvin Temperaturdifferenz (außen achtzig Grad Celsius, innen zwanzig Grad Celsius) alleine aus dem Bimetall-Effekt Durchbiegungen in der Größenordnung von mindestens 15 Millimeter ergeben.

### Schadensvermeidung und -beseitigung

Das bereits im Jahr 1988 veröffentliche Rechenverfahren [1] basiert auf der Theorie des elastischen Verbundes und weist eine Vielzahl von Formeln auf, die sich mittels Tabellenkalkulation einfach programmieren lassen. Durch die zugrunde liegenden vereinfachenden linearen Ansätze des Verfahrens sind Grenzen der Anwendung gegeben. Dennoch erreicht man in der Regel sehr gute Übereinstimmungen mit aufwendigeren Berechnungen.

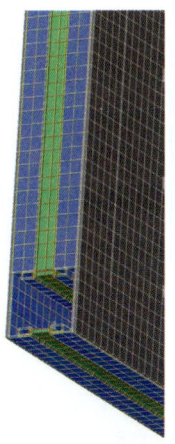

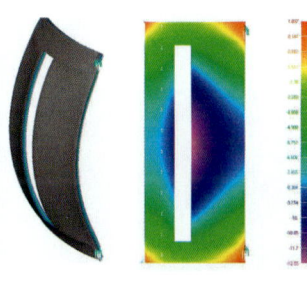

## 2.2.10 Thermische Formänderung führt zu Funktionsbeeinträchtigungen (Fall 528)

Modellierung einer Tür mit Metall-Kunststoff-Verbundprofilen (links), überhöhter Verformungsverlauf (Mitte) und Verformungsplot nach Verstärkungsmaßnahme (rechts).

Als Eingangsgrößen für den rechnerischen Nachweis des Bimetall-Effektes sind jedoch Prüfzeugnisse der einzelnen Profiltypen erforderlich. Auch ähnlich aussehende Profile unterschiedlicher Systemhersteller benötigen jeweils ein eigenes Prüfzeugnis. Diese Prüfzeugnisse sind nach der in [2] enthaltenen Prüfvorschrift zu erstellen, bei denen bei jeweils minus zwanzig Grad Celsius, plus 23 Grad Celsius und plus achtzig Grad Celsius unter anderem ermittelt werden: Schubtragfähigkeit, Querzugtragfähigkeit, Schubfedersteifigkeit.

Das vereinfachte Verfahren ist begrenzt auf einfache lineare Tragelemente. Die Ermittlung der Ursache der Vorwölbung der oben angesprochenen Türelemente aus Verbundprofilen konnte nur durch aufwendigere Modellierung erfolgen. Mittels einer Finite-Element Berechnung konnte der Effekt nachvollzogen werden. Durch die Anordnung eines Verstärkungsprofils achtzig Millimeter mal vierzig Millimeter mit drei Millimeter Wanddicke, angeschlossen mit Verschraubungen im Abstand von 250 Millimeter, reduzieren sich bei einem angenommenen Temperaturgradienten von sechzig Kelvin die Verformungen an der freien Kante der Türe auf etwa sechzig Prozent, das heißt auf nunmehr sieben Millimeter. Dabei ergeben sich auch geänderte Zwangsbeanspruchungen innerhalb der Tür. Eine Vergrößerung der Profildicke auf vier Millimeter würde die Verformungen weiter reduzieren, die Zwangsbeanspruchungen jedoch (zu deutlich) vergrößern. Die konstruktive Detailausbildung mit einem Festpunkt des Versteifungsprofils in der Mitte stellt sicher, dass eine Versteifung nur senkrecht zur Türfläche wirkt und keine unerwünschten Schubbeanspruchungen eingeleitet werden.

*Dr.-Ing. Barbara Siebert,*
*Univ.-Prof. Dr.-Ing. Geralt Siebert*

Produktkategorie: Fassaden, Fenster
Baujahr: diverse
Schadensjahr: diverse
Schlagworte: Fassaden/-bau, Fassadenkonstruktionen, Gebrauchstauglichkeit, Längenänderung, Pfosten--Riegel-Konstruktionen, Profilsysteme Aluminium, Statik, Temperaturausdehnung

### PRAXISTIPP:
- Bei Verbundprofilen mit potenzieller Gefahr von (erheblicher) Aufheizung der Deckschale sollten Sie die entsprechenden Prüfzeugnisse und statischen Nachweise einfordern.
- Bei Verbundprofilen mit dunklen Farben sollten Sie bei der Bauherrenschaft oder bei den in deren Auftrag Planenden nachfragen, ob und wie der Bimetall-Effekt berücksichtigt wurde.

### GELTENDE REGELN:
Die Beachtung folgender Normen, Richtlinien, Verordnungen und Regeln sind die Voraussetzung für die fachtechnisch einwandfreie Ausführung der Arbeit:

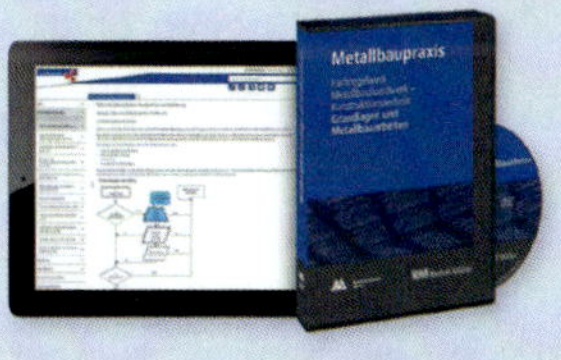

- Fachregelwerk Metallbauerhandwerk – Konstruktionstechnik: Kap. 1.4.9 Thermische Längenänderung von Elementen im Stahl- und Metallbau,
- F. Feldmeier, J. Schmid: Statische Nachweise bei Metall-Kunststoff-Verbundprofilen. ift Rosenheim, 1988 [1],
- Richtlinie für den Nachweis der Standsicherheit von Metall-Kunststoff-Verbundprofilen. Mitteilungen des Instituts für Bautechnik, Berlin, 17 (1986) Heft 6 [2].

# Sicherheitsbauteil mit zu großen Toleranzen

## Schadensbeschreibung

Im Rahmen von Wartungsarbeiten kam es beim Herausheben eines Sicherheitsventils aus einer Gasspeicherkaverne zu starken Oberflächenbeschädigungen und tiefen Kratzern auf den Rohren und Sitzflächen. Ursache dafür war ein Scherpin (Sicherungsstift mit vorgesehener Sollbruchstelle), der sich verkantet hatte, wodurch das Rohr blockiert wurde. Erst durch große Krafteinwirkung eines Krans konnte das Ventil aus dem Rohr gezogen werden. Der Scherpin sollte bei Überschreitung einer Grenzbelastung versagen und dabei den Arretierungsmechanismus des Sicherheitsventils freigeben.

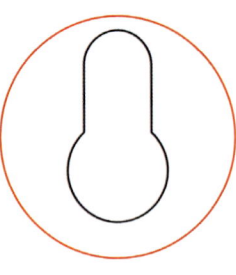

Links: Sicherheitsventil mit gebrochenem Scherpin (roter Kreis) und zahlreichen Oberflächenbeschädigungen. Rechts: Schematische Darstellung des „Schlüssellochs".

In der Abbildung ist der schlüssellochförmige Sitz des Sicherheitsventils mit dem noch darinsitzenden Scherpin zu sehen. Die Form ermöglicht es, den Scherpin in den größeren Durchmesser zu platzieren und durch Absenken des Sicherheitsventils in das Rohr einen formschlüssigen Sitz im oberen Teil des Schlüssellochs zu gewährleisten. Ebenfalls gut zu erkennen sind die zahlreichen Kratzer auf der Oberfläche des Sicherheitsventils, die durch das Gegenstück des abgescherten Pins verursacht wurden.

## Fehleranalyse und -bewertung

Die Ursache der beschriebenen Schäden lässt sich anhand des gebrochenen Scherpins nachvollziehen. Die Vermessung der Bruchfläche (links) zeigte, dass der Scherpin in einem Winkel von etwa 55 Grad versagt hatte. Rechts ist die Draufsicht auf die schräge Bruchfläche zu sehen. Die Pfeile indizieren erkennbare „Rattermarken", die belegen, dass das Abscheren in mehreren Schritten erfolgt war. Dies steht im Widerspruch zum geforderten Verhalten des unmittelbaren Brechens bei Überschreitung der Grenzbelastung.

In der Strichzeichnung ist schematisch dargestellt, wie der Scherpin bei korrekter Ausführung hätte versagen müssen. Durch die schlagartige Belastung sollte der Bruch unter neunzig Grad eintreten und nicht wie im vorliegenden Fall unter etwa 55 Grad. Daraus lässt sich schließen, dass der Scherpin nicht formschlüssig gesessen hatte. Die einfache Vermessung des Scherpins ergab, dass dieser einen Durchmesser von etwa 5,9 Millimeter aufwies. Laut der technischen Zeichnung des Sicherheitsventils betrug der Durchmesser des schlüssellochförmigen Sitzes 0,25 Zoll beziehungsweise 6,35 Millimeter. Hieraus ergibt sich, dass der Scherpin zu viel Spiel hatte, wodurch es beim Versuch des Abscherens zu einer Schiefstellung des Scherpins kam. Im Folgenden hatte sich der Scherpin entsprechend verformt. Teilweise kam es auch zu Materialaufwürfen am Sicherheitsventil, was an der oberen Kante des schlüsselförmigen Sitzes zu erkennen ist. Hier hatte sich der Scherpin also in das Sicherheitsventil eingedrückt und dieses plastisch verformt.

Neben den beschriebenen geometrischen Einflüssen auf den Schaden können auch werkstoffliche Unzulänglichkeiten verantwortlich sein. Aus Korrosionsschutzgründen wurde der Scherpin aus einer ausscheidungshärtenden Ni-Cu-Legierung gefertigt. Das skizzierte

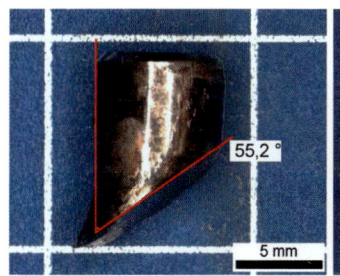

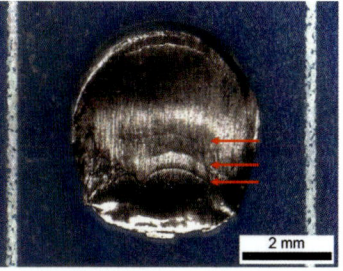

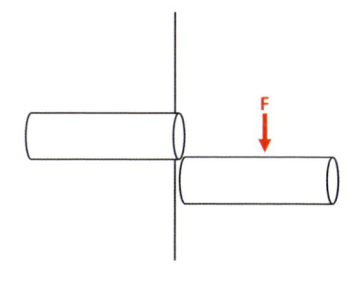

Bruchstück des Scherpins mit Vermessung des Bruchwinkels (links) und Blick auf die Bruchfläche mit „Rattermarken" (rechts).

Schematische Darstellung eines korrekt gebrochenen Scherpins.

Bruchverhalten lässt sich entweder durch einen sehr harten und damit spröden oder durch einen sehr weichen und damit niederfesten Werkstoff erklären. Da im vorliegenden Fall eine ausscheidungshärtende Legierung verwendet wurde, ist davon auszugehen, dass ein möglichst harter und damit spröder Werkstoffzustand erreicht werden sollte. Sowohl die Schadensbilder als auch weiterführende Härtemessungen am Scherpin belegen jedoch, dass eine zu hohe Duktilität vorlag, sodass sich der Scherpin stark verformen konnte, anstatt glatt zu brechen.

**Schadensvermeidung und -beseitigung**

Der beschriebene Schaden hätte durch einen formschlüssigen Sitz des Scherpins und einen korrekten Werkstoffzustand vermieden werden können. Dies wäre durch einen größeren Durchmesser des Scherpins und ein härteres Werkstoffgefüge (geringere Duktilität) gelungen. Auch das Einbringen von Sollbruchstellen in Form einer umlaufenden Kerbe fördert den spröden Bruch und damit das glatte Abscheren des Pins.

*Dr.-Ing. Jens Jürgensen,*
*Prof. Dr.-Ing. Michael Pohl*

Produktkategorie: Weitere Metallkonstruktionen
Baujahr: 2006
Schadensjahr: 2023
Schlagworte: Belastung, Härte, Maßtoleranzen, Toleranzen, Werkstoffe

**PRAXISTIPP:**
- Scherpins müssen mit engen Toleranzen gefertigt und verbaut werden, um eine Schiefstellung während des Abscherens zu verhindern.
- Ein zu duktiler Werkstoffzustand eignet sich nicht für Scherpins.
- Es empfiehlt sich, Werkstoffe mit einer sehr hohen Härte und damit geringen Duktilität oder sehr weiche, niederfeste Werkstoffe zu verwenden.
- Umlaufende Kerben können als Sollbruchstellen wirken und glattes Abscheren fördern.

**GELTENDE REGELN:**

Die Beachtung folgender Normen, Richtlinien, Verordnungen und Regeln sind die Voraussetzung für die fachtechnisch einwandfreie Ausführung der Arbeit:

- Fachregelwerk Metallbauerhandwerk – Konstruktionstechnik: Kap. 1.6.4 Kupfer, Bronze, Messing,
- VDI-Richtlinie 3822: Schadensanalyse – Grundlagen und Durchführung einer Schadensanalyse,
- VDI-Richtlinie 3822 Blatt 2: Schadensanalyse – Schäden durch mechanische Beanspruchungen.

# Muttern an Offshore-Windkraftanlagen gebrochen

## Schadensbeschreibung

Kurz vor der Inbetriebnahme eines Offshore-Windkraftparks wurden bei Inspektionsarbeiten an allen Masten abgebrochene Muttern entdeckt. Betroffen war die Flanschverbindung, die den im Meeresboden verankerten Monopile (Fundamentform) mit dem aus dem Wasser herausragenden Transition Piece (Verbindungsstück) verbindet. Wie links in der Abbildung zu erkennen ist, wird die Flanschverbindung rundum durch M64-Bolzen mit zugehörigen Muttern gesichert (Sonder-Schraubenverbindungen nach DASt-Richtlinie 021). Zur Vermeidung eines Meerwasserzutritts in die Flanschverbindung wurden Dichtsysteme installiert. Auf der Außenseite wurde eine umlaufende, aufblasbare Dichtung verwendet (rechts in der Abbildung, rot). Auf der Innenseite wurde das Eindringen von Kondenswasser und salzhaltigen Aerosolen durch vollständig mit wasserunlöslichem Fett gefüllte Kappen auf den Bolzenköpfen und Muttern verhindert (rechts in der Abbildung, blau). Als weitere Korrosionsschutzmaßnahme wurden sowohl die Bolzen als auch die Muttern feuerverzinkt.

Links: Offshore-Windkraftanlage mit Flanschverbindung am Übergang Monopile (gelb) zum Transition Piece (weiß). Rechts: Detail der Flanschverbindung mit aufblasbarer Dichtung (rot) und fettgefüllten Kappen auf den Schraubenköpfen und Muttern (blau).

## Fehleranalyse und -bewertung

In der anderen Abbildung ist rechts die Bruchfläche einer Mutter zu erkennen. Der rote Pfeil markiert den ersten tragenden Gewindegang. Dort lag die höchste mechanische Belastung vor, sodass Schäden an Schrauben und Muttern häufig an dieser Stelle initiiert werden. Die durch die blauen Pfeile hervorgehobenen Bruchverlaufslinien dokumentierten den Bruchstart an dieser Stelle. Die gestrichelte blaue Linie repräsentiert den Übergang des Primärbruchs zum Restgewaltbruch.

In der Abbildung rechts wird der Primärbruch mit einem sowohl inter- als auch transkristallin verlaufenden Mischbruch gezeigt. Auffällig sind hier ein grobes Korn und insbesondere die für Wasserstoffversprödung charakteristischen Bruchstrukturen: aufklaffende Korngrenzen (weißer Pfeil), Restduktilitäten auf den Spaltflächen (gelber Pfeil) und insbesondere „gefiederte Strukturen" (roter Pfeil).

Bei der Aufklärung von wasserstoffinduzierten Schäden müssen folgende Einflussfaktoren und deren Interaktion im Detail betrachtet werden (vergleiche hierzu auch Schadensfall „Antriebswellen von Pkw gebrochen").

- Wasserstoffgehalt im Bauteil,
- Werkstoff,
- Belastung.

Im vorliegenden Fall haben die umfangreichen Detailuntersuchungen mehrere schadensbegünstigende Faktoren ergeben. Die eingangs erläuterten Dichtmaßnahmen haben nicht gegriffen. In zahlreichen Abdeckkappen wurden mehrere Hundert Milliliter Meerwasser entdeckt. Somit war der Schaden eindeutig durch Wasserstoffversprödung infolge von korrosiv erzeugtem Wasserstoff eingetreten.

Neben dieser konstruktiv bedingten Problematik wurden zusätzliche Mängel am Mutternwerkstoff festgestellt. Besonders im Gewindebereich lag eine grobe Kornstruktur vor. Anhand mechanischer Prüfungen (Zugversuche, Kerbschlagbiegeprüfungen) wurde gezeigt, dass der Werkstoff in diesem Bereich nur eine geringe Bruchdehnung und Kerbschlagzähigkeit aufwies, was die Bruchinitiierung begünstigt hatte.

Die Feuerverzinkung der Muttern erfolgte am gewindelosen Halbzeug. Durch das Gewindeschneiden wurde also die Korrosionsschutzschicht entfernt. Dabei wurden die Gewindeflanken derart kaltverformt, dass sich

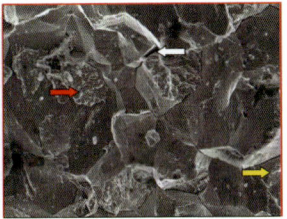

## 2.2.12 Muttern an Offshore-Windkraftanlagen gebrochen (Fall 530)

Untersuchung der gebrochenen Muttern. Links: makroskopische Übersicht. Rechts (roter Rahmen): primäre Bruchfläche mit charakteristischen Merkmalen der Wasserstoffversprödung.

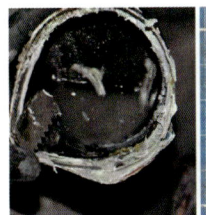

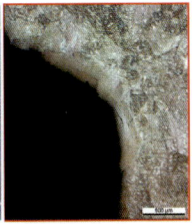

Links: Abdeckkappe mit gebrochenem Stück einer Mutter und mehreren Hundert Millilitern Meerwasser. Mitte: Schliff durch eine Mutter. Rechts: Detail des rot markierten Gewindegangs mit starker Verformungsmartensitbildung.

großflächige Bereiche mit Verformungsmartensit gebildet hatten. Die lokale Härte lag entsprechend um etwa einhundert HV höher als im Grundwerkstoff (420 HV zu 320 HV). Dieser Werkstoffzustand weist eine ausgeprägte Empfindlichkeit für Wasserstoffversprödung auf.

**Schadensvermeidung und -beseitigung**

Die Mutternbrüche sind durch eine Verkettung zahlreicher Einzelfaktoren aufgetreten. Hauptverantwortlich für die dokumentierte kathodische Spannungsrisskorrosion (Wasserstoffversprödung) war das eingetretene Meerwasser. Daher wurde das Dichtsystem überarbeitet, um die Quelle der Wasserstoffaufnahme zu entfernen.

Da identische Schäden an weiteren der mehrere Tausend eingebauten Muttern zu befürchten waren, mussten alle Komponenten ausgetauscht werden. Hierdurch konnten gleichzeitig auch die fertigungsbedingten Werkstoffprobleme beseitigt werden.

*Dr.-Ing. Jens Jürgensen,*
*Prof. Dr.-Ing. Michael Pohl*

Produktkategorie: Stahlkonstruktionen
Baujahr: 2014
Schadensjahr: 2016
Schlagworte: Belastung, Feuerverzinkung, Gefüge, Spannungen, Spannungsrisskorrosion, Wärmebehandlung, Werkstoffe

**PRAXISTIPP:**
- Wasserstoffinduzierte Brüche treten häufig durch eine Verkettung zahlreicher Einflussfaktoren auf.
- Wasserstoffversprödung infolge einer korrosiven Wasserstoffaufnahme wird als kathodische Spannungsrisskorrosion bezeichnet.
- Wenn Sie den Zutritt eines korrosiv wirkenden Mediums vollständig unterbinden, lässt sich das Auftreten von kathodischer Spannungsrisskorrosion verhindern.
- Verformungs- beziehungsweise Reibmartensit kann beispielsweise während der Zerspanung erzeugt werden und ist aufgrund der hohen Härte extrem empfindlich für Wasserstoffversprödung.

**GELTENDE REGELN:**

Die Beachtung folgender Normen, Richtlinien, Verordnungen und Regeln sind die Voraussetzung für die fachtechnisch einwandfreie Ausführung der Arbeit:

- Fachregelwerk Metallbauerhandwerk – Konstruktionstechnik: Kap. 1.6.1 Stahl,
- VDI-Richtlinie 3822: Schadensanalyse – Grundlagen und Durchführung einer Schadensanalyse,
- VDI-Richtlinie 3822 Blatt 1.2: Schadensanalyse – Schäden an Metallprodukten durch Korrosion in wässrigen Medien,
- DASt-Richtlinie 021: Schraubenverbindungen aus feuerverzinkten Garnituren M39 bis M72.

## Antriebswellen von Pkw gebrochen

### Schadensbeschreibung

An mehreren einsatzgehärteten Pkw-Antriebswellen kam es zu verzögerten Rissen. Die Besonderheit im vorliegenden Fall bestand darin, dass die Risse bereits im Lager auftraten, ohne dass die Antriebswellen in Fahrzeugen eingebaut wurden. Zur Erhöhung der Verschleißbeständigkeit erfolgte eine „Kurzzeit-Einsatzhärtung" der Oberfläche. Durch diese Wärmebehandlung kam es zum Verzug der Antriebswellen, welcher sich in Form von Rundlaufabweichungen am finalen Bauteil bemerkbar machte. Daher wurden die Antriebswellen abschließend gerichtet. Während der Vorbereitung zum Versand wurden schließlich mehrere angerissene Antriebswellen entdeckt.

### Fehleranalyse und -bewertung

Die Lage der Risse ist schematisch im Bild dargestellt. Durch den radialen Verlauf konnte ein Härteriss ausgeschlossen werden, da dieser in Axialrichtung verläuft.

Im Bild ist links ein aufgebrochenes Risssegment gezeigt. Der primäre Anriss lag oberhalb der roten Linie. Das rechte Teilbild zeigt den Anriss im Rasterelektronenmikroskop. Es sind die charakteristischen Merkmale von Wasserstoffversprödung erkennbar: aufklaffende Korngrenzen, Restduktilitäten auf den interkristallinen Spaltflächen und insbesondere „gefiederte Strukturen" in den transkristallinen Bereichen. Letztgenannte stellen das eindeutigste und damit wichtigste Erkennungsmerkmal der Wasserstoffversprödung dar.

Bei der Aufklärung von Wasserstoffversprödung müssen folgende Faktoren betrachtet werden:

- Wasserstoffgehalt im Bauteil,
- Werkstoff,
- Belastung.

Der im Bauteil befindliche Wasserstoffgehalt wird unterteilt in „diffusiblen" und „getrappten" Wasserstoff. Nur diffusibler Wasserstoff löst Wasserstoffversprödung aus. Getrappter Wasserstoff sitzt abgebunden an Gitterfehlstellen wie Korngrenzen und wirkt nur schädlich, wenn er aktiviert, also in die diffusible Konfiguration überführt wird. Dies kann durch erhöhte Temperatur oder plastische Verformung erfolgen.

Werkstoffe mit einer Zugfestigkeit über 800 Megapascal sind empfindlich für Wasserstoffversprödung. Dies umfasst auch lokale Bereiche, zum Beispiel gehärtete Randschichten. Zusätzlich hat das Werkstoffgefüge großen Einfluss. Ein martensitisch vergüteter Stahl ist zum Beispiel deutlich empfindlicher als ein normalisierter Stahl.

Die Belastung ergibt sich aus der Summe von Eigenspannungen sowie externen Betriebsspannungen. Spannungen führen zu einer Dehnung des Werkstoffgitters und einer damit verbundenen Anreicherung des diffusiblen, schädlichen Wasserstoffs [1, 2].

Bei der Kurzzeit-Einsatzhärtung der Antriebswellen wurde Methan ($CH_4$) als Aufkohlungsmedium verwendet. Während der gewollten Abspaltung des C-Atoms werden gleichzeitig jedoch auch 4 H-Atome freigesetzt, die ebenfalls – ungewollt – in das Bauteil eindiffundieren [1]. Aus diesem Grund erfolgte nach der Einsatzhärtung eine Anlassbehandlung bei etwa 190 Grad Celsius. Hierbei sollte in erster Linie der in das Bauteil aufgenommene diffusible Wasserstoff thermisch ausgetrieben werden. Daher wird dieser Schritt als Wasserstoffeffusionswärmebehandlung bezeichnet. Getrappter Wasserstoff verblieb jedoch im Werkstoff.

Entscheidend für den Schaden war das Richten der Antriebswellen. Hierbei wurde der Werkstoff zwangsläufig plastisch verformt, wodurch ausreichend Energie bereitgestellt wurde, um getrappten Wasserstoff zu reaktivieren. Dieser hat schließlich die wasserstoffinduzierten Risse durch überlagerte Eigenspannungen initiiert.

### Schadensvermeidung und -beseitigung

Weitere Risse der Antriebswellen wurden mithilfe einer zweiten Wasserstoffeffusionswärmebehandlung nach dem Richten vollständig beseitigt, da der durch das Richten reaktivierte Wasserstoff ausgetrieben werden konnte.

Die Rundlaufabweichungen aller gerissenen Antriebswellen lagen jeweils nahe der Maximalto-

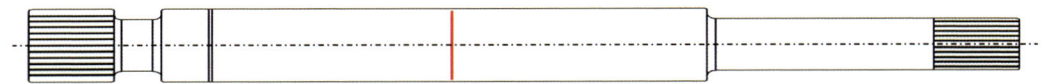

## 2.2.13 Antriebswellen von Pkw gebrochen (Fall 531)

Schematische Zeichnung einer Antriebswelle. Die rote Linie kennzeichnet die Lage der Risse.

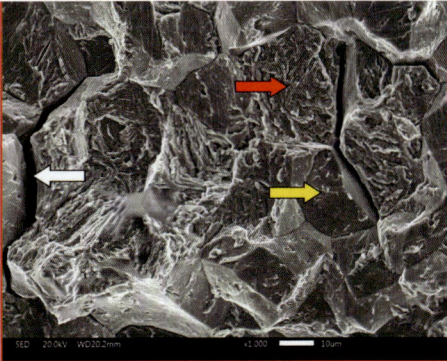

Links: Aufgebrochene Antriebswelle mit primärem Anriss oberhalb der roten Linie. Rechts: Wasserstoffinduzierter Bruch mit gefiederter Struktur (roter Pfeil), klaffenden Korngrenzen (weißer Pfeil) und Restduktilität (gelber Pfeil).

leranz. Dadurch wurden diese Antriebswellen besonders stark plastisch verformt, was zu einer größeren Menge an reaktiviertem Wasserstoff führte. Daher ist die Begrenzung der maximalen Rundlaufabweichung ebenfalls in Betracht zu ziehen.

*Dr.-Ing. Jens Jürgensen,*
*Prof. Dr.-Ing. Michael Pohl*

Produktkategorie: Weitere Metallkonstruktionen
Baujahr: 2017
Schadensjahr: 2017
Schlagworte: Belastung, Gefüge, Spannungen, Wärmebehandlung

**PRAXISTIPP:**
- Wasserstoffversprödung ist ein komplexer Schädigungsmechanismus, der sich anhand einer spezifischen Bruchmorphologie erkennen lässt.
- Wasserstoffversprödung tritt oft als kritischer Grenzfall an hochfesten und hoch belasteten Bauteilen auf.
- Ursache für den Schaden ist diffusibler Wasserstoff. Zunächst unschädlich getrappter Wasserstoff kann jedoch thermisch oder durch plastische Verformung reaktiviert werden.

**GELTENDE REGELN:**

Die Beachtung folgender Normen, Richtlinien, Verordnungen und Regeln sind die Voraussetzung für die fachtechnisch einwandfreie Ausführung der Arbeit:

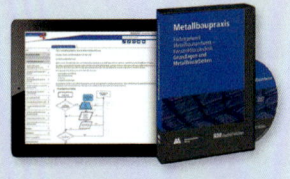

- Fachregelwerk Metallbauerhandwerk – Konstruktionstechnik: Kap. 1.6.1 Stahl,
- DIN 8580 Fertigungsverfahren; Begriffe, Einteilung,
- VDI-Richtlinie 3822: Schadensanalyse – Grundlagen und Durchführung einer Schadensanalyse,
- Jürgensen, J. et al.: Impact and Detection of Hydrogen in Metals. HTM Journal of Heat Treatment and Materials, vol. 78, no. 5, 2023 [1],
- Robertson et al.: Hydrogen Embrittlement Understood. Metall Mater Trans A 46, 2015 [2].

## Schilder komplett zerstört

Die beim Unfall abgerissene Quertraverse der Schildkonstruktion.

### Schadensbeschreibung

Um einen etwas kuriosen Schadensfall ging es in einem Gutachten, dass ein Sachverständiger für einen Gerichtsprozess anfertigen sollte. Es ging um drei bei einem Unfall stark beschädigte Firmenschilder und deren gemeinsame Haltekonstruktion, die dem Auto am Straßenrand im Weg gestanden hatten.

Das Gericht wollte die Frage beantwortet haben, ob „der Nettoschaden an den aufgrund des Unfalls etwa 15 Jahre alten beschädigten Hinweis- und Firmenschildern einschließlich deren Haltekonstruktion 1.820,00 Euro betrage". Dabei war der Wiederherstellungsaufwand unstrittig. Auch ein Abzug „neu für alt" ergebe sich nicht, da keine Abnutzung und keine Verwitterungsschäden sowie keine Alterungsprozesse erfolgt waren. Die Gegenpartei hielt dem entgegen, dass ein Abzug von achtzig Prozent gerechtfertigt sei. Sie ging also rechnerisch von einer Lebensdauer von etwa zwanzig Jahren für die Beschilderung und die Konstruktion aus.

Die Halterung für die Schilder bestand aus einer Aluminiumkonstruktion mit zwei Pfosten aus Aluminium-Quadratrohr achtzig Millimeter mal achtzig Millimeter und zwei Quertraversen aus Aluminium-Quadratrohr sechzig Millimeter mal sechzig Millimeter, die mit dem Pfosten verschweißt waren und durch den Unfall abgerissen wurden. Die Höhe der Konstruktion betrug drei Meter, die Breite 2,90 Meter.

Die Aluminiumpfosten waren mit einem Futterrohr ebenfalls aus Aluminium in dem Betonfundament verankert. Durch die auftretenden Kräfte wurde das Futterrohr oberhalb des Fundamentes abgeknickt. Bei dem Fundament waren keine Risse erkennbar.

Zwischen den Pfosten der Konstruktion waren drei Schilder aus Alu-Dibond mit einer Dicke von vier Millimetern angebracht. Alu-Dibond ist ein hochwertiges und metallisch wirkendes Verbundmaterial aus einem Polyethylen-Kern mit zwei umschließenden Schichten Aluminium. Die Schilder hatten die Maße 290 Zentimeter mal 145 Zentimeter und 290 Zentimeter mal fünfzig Zentimeter und sechzig Zentimeter mal neunzig Zentimeter. Schild eins und zwei waren

## 2.2.14 Schilder komplett zerstört (Fall 532)

Eins der zerstörten Schilder aus Alu-Dibond mit Bedruckung.

mit einer bedruckten Folie beklebt, an der Beschädigungen durch den Unfall zu sehen waren. Die Befestigungsbohrungen der Schilder waren ausgerissen. Ursache des starken Verwitterungszustandes der Folie könnte auch die Lage der Schilder nach dem Unfall, mehr als ein Jahr mit der Folienseite nach unten im Gebüsch, sein.

**Fehleranalyse und -bewertung**

Die gesamte Konstruktion bestand aus unterschiedlichen Komponenten, die eine unterschiedliche Lebensdauer hatten. Die DIN 276 macht dafür Vorgaben:

Betonfundament: einhundert Jahre (der Zeitraum einhundert Jahre bedeutet sinngemäß unverwüstlich, vorausgesetzt das Bauteil wird technisch korrekt verarbeitet beziehungsweise montiert).

Aluminiumkonstruktion, Aluminium Fassade hinterlüftet, Aluminium Verbundplatten: einhundert Jahre. Dieser Wert galt auch für die Schildkonstruktion, da die Voraussetzungen gleich einer Fassadenkonstruktion waren.

Bedruckte Folie: Die Folienbedruckung hat eine Lebensdauer von etwa zwanzig Jahren.

Die Aluminium-Dibond Schilder kosteten etwa 870 Euro netto, anteilig fielen für den Foliendruck etwa zweihundert Euro an.

**Schadensvermeidung und -beseitigung**

Ein Großteil der Schildkonstruktion hatte eine Lebensdauer von einhundert Jahren, war also unverwüstlich. Die Folie hatte eine Lebensdauer von etwa zwanzig Jahren mit einem anteiligen Neuwert von zweihundert Euro. Die angegebenen Kosten der Wiederherstellung der Schildkonstruktion von 1.820,00 Euro waren also realistisch und bewegten sich eher am unteren Ende.

*Peter Zimmermann*

Produktkategorie: Weitere Metallkonstruktionen
Baujahr: 2007
Schadensjahr: 2022
Schlagworte: Aluminium, Profilsysteme Aluminium

**PRAXISTIPP:**
- Achten Sie bei unterschiedlichen Bauteilen einer Gesamtkonstruktion auf die verschiedenen Lebensdauern der einzelnen Elemente.

**GELTENDE REGELN:**

Die Beachtung folgender Normen, Richtlinien, Verordnungen und Regeln sind die Voraussetzung für die fachtechnisch einwandfreie Ausführung der Arbeit:

- Fachregelwerk Metallbauerhandwerk – Konstruktionstechnik: Kap. 1.4 Statik und Konstruktion,
- DIN 276 Kosten im Bauwesen.

# Wasserdichtes Garagentor trotzdem undicht

## Schadensbeschreibung

An einem Garagentor bemängelte der Besitzer, dass Wasser in die Garage eintrat, obwohl das Tor als wasserdicht deklariert worden war.

Das automatisierte Sektionaltor von einem Systemhersteller war entsprechend den Vorgaben des Systemgebers mit Aluminiumprofilbekleidungen aufgedoppelt worden, um eine Flächenbündigkeit und einheitliche Ansicht innerhalb der Fassade zu erreichen.

Das Garagentor hatte die Abmaße 6.130 Millimeter (Breite) mal 2.320 Millimeter (Höhe). Es unterlag der Produktnorm DIN EN 13241. Die mandatierten Eigenschaften wurden entsprechend System 3 geprüft. Die Leistungserklärung nach der Bauproduktenverordnung (BauPVO) lag vor. Das Tor war CE-gekennzeichnet. Vom Montagebetrieb der Toranlage lag die Unternehmererklärung vor.

Die Wasserdichtigkeit des Tores war hier besonders wichtig. Die Dokumente zum Tor erklärten in diesem Punkt einen hohen Anspruch an den Widerstand gegen eindringendes Wasser und zwar der Klasse 3.

Die Außenhaut des Tores verfügte über eine vom Systemgeber freigegebene Beplankung, die in Geometrie und Optik der Fassade anpasst war.

Während des Ortstermins wurde eine künstliche Beregnung durch Besprühen mit Wasser aus einem Wasserschlauch erzeugt.

Geprüft wird die mandatierte Eigenschaft Wasserdichtheit (hier die hohe Klasse 3) bei einer Erstprüfung von einem akkreditierten Prüfinstitut.

Entscheidet sich ein Käufer für ein Tor mit dieser Eigenschaft, wird aus technischer Sicht erwartet, dass tatsächlich bei regnerischer Witterung kein Regenwasser in den Innenraum der Garage eindringt. Schäden an der Bausubstanz (Wandbekleidung, Anstrich, Fußbodenbelag,

Das Sektionaltor war durch eine zulässige Beplankung an die Fassade angeglichen worden. Zur Klärung der Ursache der Wasserundichtigkeit wurde ein Beregnungstest durchgeführt.

elektrische Anlagen) und an untergestellten Gegenständen können damit ausgeschlossen werden.

Beim Ortstermin stellte sich heraus, dass das geschlossene Tor tatsächlich wasserdicht war. Erst beim Öffnungsvorgang gelangte eine erhebliche Menge Wasser vom Tor ausgehend in den Innenraum, setzte sich auf eingestellten Gegenständen ab und bildete Wasserpfützen auf dem gefliesten Boden. Damit entsprach das Tor deutlich sichtbar nicht dem Anspruch Regenwasser vom Gebäudeinnern fernzuhalten.

## Fehleranalyse und -bewertung

Das Eindringen des Wassers hatte folgende Ursache: Die Torbeplankung bildete im geschlossenen Zustand vier horizontal, linienförmig verlaufende rechteckige Rinnen mit einer Höhe von zwanzig Millimetern und einer Tiefe von 46 Millimetern. Diese Nuten bildeten im Falle der Beregnung durch Adhäsionskräfte in der Flüssigkeit Wasserreservoirs. Auf der unteren Fläche der Beplankung als stehendes Wasser, an der oberen Fläche in Form von Regentropfenketten. Diese Reservoirs entleerten sich beim Öffnungsvorgang (Übergang der Sektionen aus der vertikalen in die horizontale Position) durch sich

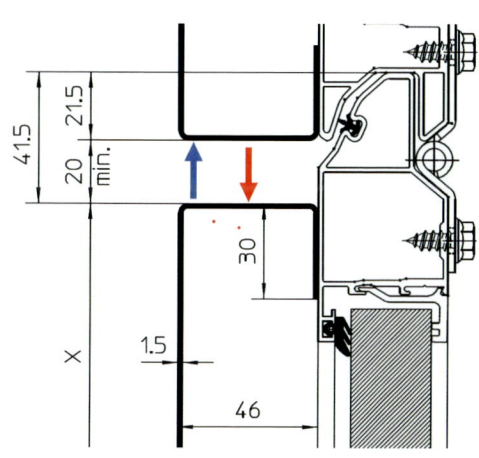

## 2.3.1 Wasserdichtes Garagentor trotzdem undicht (Fall 533)

Die Nuten der Beplankung bildeten bei Beregnung durch Adhäsionskräfte in der Flüssigkeit Wasserreservoirs. Auf der unteren Fläche (roter Pfeil) als stehendes Wasser, an der oberen Fläche (blauer Pfeil) in Form von Regentropfenketten.

bildende Öffnungen zwischen den Sektionen in das Innere der Garage.

Die Gesamtwassermenge, die ins Innere gelangte, betrug ja nach Intensität der Beregnung zwischen einem Liter und drei Liter pro Öffnungsvorgang.

Außerdem musste in den Wintermonaten bei Minustemperaturen mit dem Gefrieren des in den Nuten befindlichen Wassers gerechnet werden. Dadurch konnte die Gelenkfunktion zwischen den Sektionen beeinträchtigt oder sogar komplett blockiert werden.

Stehendem Wasser auf Flächen wird in der Konstruktionstechnik durch ein Gefälle von mindestens fünf Grad vorgebeugt. Tropfenbildung wird durch Vorsehen einer Tropfnase entgegengewirkt. Beides war beim Tor nicht vorhanden.

> **PRAXISTIPP:**
> - Halten Sie sich genau an die Montagehinweise des Systemgebers.
> - Wenn die mandatierten Eigenschaften damit trotzdem nicht erfüllt werden, nehmen Sie den Systemgeber in die Verantwortung.

Die beschriebenen physikalischen Vorgänge wurden bei der Konstruktion der Beplankung und den Verarbeitungshinweisen durch den Systemhersteller des Tores nicht berücksichtigt. Die Gebrauchstauglichkeit des Tores war eingeschränkt, bei Extremwetter konnte es sogar komplett ausfallen. Auch Schäden durch stehendes Wasser (Schmutzpartikel usw.) waren auf Dauer zu erwarten.

**Schadensvermeidung und -beseitigung**

Die nicht hinnehmbare Unregelmäßigkeit muss beseitigt werden. Ein Ansatz für die Beseitigung könnte eine transparente wasserabweisende Beschichtung der besagten Flächen sein.

Letztlich musste aber das verantwortliche Unternehmen den Fehler abstellen. Das Montageunternehmen hatte die Vorgaben des Systemgebers befolgt. Die freigegebene Beplankung war genau nach dessen Montagehinweisen montiert worden. Aus technischer Sicht lag damit die Verantwortung für die Abstellung des Fehlers beim Systemgeber.

*Norbert Finke*

Produktkategorie: Tore
Baujahr: 2022
Schadensjahr: 2024
Schlagworte: Aluminium, Bleche/Blechbearbeitung, CE-Kennzeichnung, Garagentor, Montage, Tore/Torbau

> **GELTENDE REGELN:** 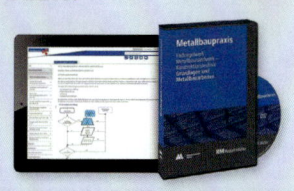
>
> Die Beachtung folgender Normen, Richtlinien, Verordnungen und Regeln sind die Voraussetzung für die fachtechnisch einwandfreie Ausführung der Arbeit:
>
> - Fachregelwerk Metallbauerhandwerk – Konstruktionstechnik: Kap. 2.29 Sektionaltore, Deckengliedertore,
> - DIN EN 13241 Tore; Produktnorm, Leistungseigenschaften,
> - Montageanweisungen des Systemgebers.

# Flachdachrichtlinie nicht für Terrassentür

**Schadensbeschreibung**

Die Frage des gerichtlichen Beweisbeschlusses lautete:

„Ist die Ausführung des Elementes zur Terrasse im Erdgeschoss ordnungsgemäß, insbesondere hätte der Kläger auch die Vorgaben zur Entwässerung der Terrasse nach der sog. Flachdachrichtlinie berücksichtigen müssen?"

Zur Beantwortung dieser Frage musste der Sachverständige auch weitere Regelwerke und technische Richtlinien anderer Gewerke zur Hilfe nehmen, um die Fragestellung insgesamt zu betrachten.

**Fehleranalyse und -bewertung**

Es gibt durchaus Regelwerke, die sich in ihren Aussagen auch widersprechen können, da die „regelerstellenden Gremien" aus verschiedenen Berufszweigen kommen und somit zum Gewerk selber kaum Berührungspunkte haben. Der vorliegende Fall war typisch dafür, da der Sachverständige auch auf die Richtlinien der Glaser und der Dachdecker zurückgreifen musste.

Die Flachdachrichtlinie der Dachdecker und die Technischen Richtlinien des Glaserhandwerks behandeln beide den Anschluss von bodentiefen Türen, jedoch mit unterschiedlichen Schwerpunkten und Anforderungen, da sie verschiedene bauliche Aspekte fokussieren. Die Hauptunterschiede liegen in den folgenden Bereichen:

**1. Anwendungsbereich und Fokus**

*Flachdachrichtlinie:* Diese Richtlinie konzentriert sich auf den Schutz von Dachabdichtungen und Anschlüssen im Bereich von Flachdächern. Sie ist relevant, wenn bodentiefe Türen an Flachdachflächen, Terrassen oder Loggien anschließen. Der Fokus liegt auf der Abdichtung gegen Wasser und Feuchtigkeit, um ein Eindringen in die darunterliegenden Gebäudeteile zu verhindern.

Die Frage war, ob für diesen Anschluss der Terrassentür die Flachdachrichtlinie hätte berücksichtigt werden müssen.

*Technische Richtlinien des Glaserhandwerks:* Diese Richtlinien befassen sich spezifisch mit der Montage, den Konstruktionsdetails und der Abdichtung von Verglasungselementen, also auch von bodentiefen Türen. Hier geht es hauptsächlich um die technische Ausführung und die Anforderungen an die Glas- und Rahmenkonstruktion.

**2. Abdichtung und Wasserableitung**

*Flachdachrichtlinie:* Sie fordert spezielle Abdichtungsmaßnahmen für Übergänge zwischen Flachdachabdichtungen und den bodentiefen Elementen (zum Beispiel Türen). Es wird oft eine Anschlusshöhe von mindestens 15 Zentimetern über der Oberfläche des wasserführenden Belags gefordert, um Staunässe und Wasserstau zu vermeiden. Zudem sind Sekundärentwässerungen vorgeschrieben, um sicherzustellen, dass eindringendes Wasser sicher abgeführt wird.

*Technische Richtlinien des Glaserhandwerks:* Diese gehen spezifisch auf die Abdichtung im Bereich der Rahmen- und Türanschlüsse ein, um zu verhindern, dass Wasser in die Konstruktion eindringt. Im Vordergrund stehen hier die korrekte Montage von Dichtungen im Rahmenbereich und die Sicherstellung der Wasserableitung aus dem Fenstersystem.

### 3. Höhe der Schwellen und Barrierefreiheit

*Flachdachrichtlinie:* Aufgrund der Anforderungen an die Abdichtung verlangt sie in der Regel eine gewisse Schwellenhöhe (zum Beispiel 15 Zentimeter), was jedoch im Widerspruch zu Anforderungen an die Barrierefreiheit stehen kann. In Sonderfällen müssen hier Kompromisslösungen gefunden werden, beispielsweise durch den Einsatz spezieller Drainagesysteme oder Absenkungen im Bodenbereich.

*Technische Richtlinien des Glaserhandwerks:* Hier wird die Möglichkeit barrierefreier Schwellenverbindungen detaillierter behandelt. Es gibt Lösungen für nahezu schwellenfreie Anschlüsse, die aber in der Regel spezielle Entwässerungs- oder Abdichtungstechniken erfordern.

### Schadensvermeidung und -beseitigung

Die Flachdachrichtlinie legt den Schwerpunkt auf die Abdichtung und den Feuchtigkeitsschutz im Bereich von Flachdächern und bodentiefen Türen, insbesondere bei Anschlusshöhen und der Wasserableitung.

Die Technischen Richtlinien des Glaserhandwerks fokussieren auf die korrekte Montage, Abdichtung und die konstruktiven Anforderungen an die Glas-/Rahmenkonstruktionen sowie die Integration barrierefreier Übergänge.

Die Beantwortung der Frage, ob die Vorgaben zur Entwässerung der Terrasse nach der Flachdachrichtlinie berücksichtigt hätten werden müssen, kann demnach eindeutig verneint werden. Die Flachdachrichtlinie war auch nicht zwischen den Vertragspartnern vereinbart.

In diesem Falle reicht ein wasserabführender Rost mit einer entsprechenden Entwässerung schon aus, zumal die gesamte Tür auch nicht barrierefrei ist. Zudem war die entsprechende Terrasse noch überdacht.

*Walter Heinrichs*

Produktkategorie: Türen
Baujahr: 2018
Schadensjahr: 2020
Schlagworte: Dichtstoffe/Dichtungen, Entwässerung, Terrasse, Türen/-bau

> **PRAXISTIPP:**
> - Halten Sie die technischen Regeln Ihres Metallbaugewerkes ein – sofern nichts anderes vereinbart wurde.

> **GELTENDE REGELN:**
>
> Die Beachtung folgender Normen, Richtlinien, Verordnungen und Regeln sind die Voraussetzung für die fachtechnisch einwandfreie Ausführung der Arbeit:
>
> - Fachregelwerk Metallbauerhandwerk – Konstruktionstechnik: Kap. 2.2.5 Baukörperanschluss, unten,
> - Flachdachrichtlinie – Die Fachregel für Abdichtungen. Zentralverband des Deutschen Dachdeckerhandwerks (ZVDH), Fachverband Dach-, Wand- und Abdichtungstechnik,
> - Technische Richtlinien des Glaserhandwerks. Bundesinnungsverband des Glaserhandwerks.

# Alte Fensterelemente genügen nicht den heutigen Ansprüchen

## Schadensbeschreibung

An einem in den Jahren 1963 bis 1965 errichteten und im Jahr 2000 mit neuen Elementen aus einem Aluminiumprofilsystem ausgestatteten Verwaltungsgebäude wurden in den Büroräumen im ersten und zweiten Obergeschoss deutliche Zugluferscheinungen bemängelt. Diese Undichtigkeiten in der Fassadenhülle wurden im Zuge eines Nutzerwechsels gerügt. Der Sachverständige sollte ermitteln, inwieweit die Elemente dem Stand der Technik entsprachen und heute entsprechen.

Im technischen Sinne bestand die Fassadenfüllung aus „in Reihe" montierten und miteinander verbundenen Fensterelementen.

Beim Ortstermin wurden die Elemente stichprobenartig begutachtet. Die Konstruktionen wirkten dabei stabil. Funktionsstörungen der beweglichen Elemente wurden nicht festgestellt. Verschleißerscheinungen oder Schäden an Dichtungen waren ebenfalls nicht erkennbar. Die Fensterfronten waren intakt. Es bestand augenscheinlich kein Wartungsstau.

Als Messgeräte wurden unter anderem eine Turbulenzgrad-Sonde und eine $CO_2$-Sonde eingesetzt.

Im zweiten Obergeschoss waren die Büroflächen zum Teil entkernt. Entfernte Zwischenwände gaben den Blick auf die Anschlussbereiche der Fensterelemente ans Gebäude und untereinander frei. Es war keine diffusionsoffene Außendichtung, die wirkungsvoll gegen Wind und Schlagregen schützt, vorhanden. Eine funktionierende Funktionsebene fehlte ebenfalls. Eine dauerelastische und luftdichte Klimatrennung im Innenbereich war auch nicht erkennbar.

Um die Dichtheit der Fensterfront inklusive der Anschlüsse zu prüfen, wurde ein Blower-Door-Test durchgeführt. Dabei wurde im ersten Obergeschoss eine Luftwechselrate des Raumvolumens von etwa 2,6 analysiert, die im Rahmen des normativ zulässigen Wertes (Maximalwert von drei) bei Gebäuden ohne Lüftungsanlage lag.

Im zweiten Obergeschoss (OG) betrug die Wechselrate etwa 4,5. Da für diesen Raum eine Lüftungsanlage vorgesehen war, betrug der maximal zulässige Wert 1,5. Damit lag die Luftwechselrate hier deutlich zu hoch. Da das zweite OG entkernt war, wurde der hohe Wert vermutlich teilweise durch die Abbrucharbeiten verursacht.

## Fehleranalyse und -bewertung

Im ersten und zweiten Obergeschoss waren Zugerscheinungen festzustellen. Die Fensterelemente verfügten grundsätzlich über eine relative Luftdurchlässigkeit in variabler Intensität, die nicht verlässlich gleichbleibend auftrat.

Zum Zeitpunkt der Herstellung der Elemente (vor 23 Jahren) war es nicht die Regel, solche Anlagen systematisch unter anderem auf Luftdichtigkeit zu prüfen und erst dann zur Herstellung und Montage freizugeben (Konformität mit der Produktnorm DIN EN 14351-1). Die Anlagen entsprachen dem Stand der Technik, der vor zwanzig Jahren Bestand hatte.

Durch die Erstausgabe der DIN EN 14351-1 im Jahr 2006 wurden Ansprüche, Prüfverfahren, Klassifizierungen etc. an solche Fensterelemente definiert. Mit den Technischen Regeln für Arbeitsstätten, Lüftung (ASR A3.6), veröffentlicht im Jahr 2012, und der DGUV 215-520, Klima im Büro, veröffentlicht im Jahr 2016, gab es in den Folgejahren weitere Regeln für das Klima in Büroräumen.

Die hier begutachteten Fensteranlagen könnten diesen Ansprüchen auch bei völlig intakten Büroräumen und eingerichteten Arbeitsplätzen wahrscheinlich nicht entsprechen. Aufgrund der ermittelten Werte würden die Elemente nach dem heutigen Standard der DIN EN 14351-1 auch die geringste Anforderungsklasse (Klasse 1) in Bezug auf die Luftdichtigkeit nicht erfüllen können.

Nach der heute gültigen Arbeitsstättenverordnung darf in Aufenthaltsbereichen keine unzumutbare Zugluft auftreten. Dabei sollte bei zwanzig Grad Celsius Raumtemperatur zum Beispiel in Büros die mittlere Luftgeschwindig-

### 2.3.3 Alte Fensterelemente genügen nicht den heutigen Ansprüchen (Fall 535)

In den Büroräumen dieses Verwaltungsgebäudes wurden ungewöhnliche Zuglufterscheinungen bemängelt.

Um die Dichtheit der Fensterfront inklusive der Anschlüsse zu prüfen, wurde ein Blower-Door-Test durchgeführt.

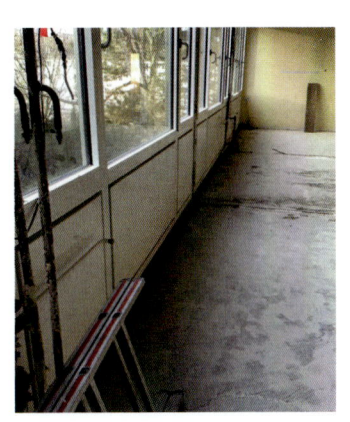

Das entkernte zweite Obergeschoss. Die Aluminiumelemente machten einen stabilen Eindruck und funktionierten einwandfrei.

keit unter 0,15 Meter pro Sekunde liegen. Die gemessenen Werte lagen bei 0,2 bis 0,35 Meter.

Durch die festgestellten Undichtigkeiten war auch mit Energieverlusten an der Fassade zu rechnen. Für eine Berechnung der Verluste fehlten die Gebäudedaten mit den physikalischen Kennwerten.

#### Schadensvermeidung und -beseitigung

Der Sachverständige ging davon aus, dass die Fensterelemente auch als Neuteile schon bei der Herstellung den Anspruch an Luftdichtigkeit, wie er nach heutigem Regelwerk besteht, nicht erfüllen konnten. Deshalb würde auch eine Nachrüstung den heutigen technischen Ansprüchen nicht genügen können.

Im günstigsten Fall könnten wirksamere Dichtungen für die Kassetten-Eindichtungen für Verbesserung sorgen, ebenso wie der Austausch der Flügeldichtungen gegen „neu". Der Erfolg solcher Maßnahmen könnte exemplarisch an ein oder zwei Elementkombinationen durchgeführt und dann geprüft werden.

**PRAXISTIPP:**
- Achten Sie darauf, dass Ihre Konstruktionen den aktuellen technischen und gesetzlichen Anforderungen genügen.

Die heute vorgeschriebenen Soll-Werte der Arbeitsstättenverordnung und der DGUV würden aber auch damit nicht erreicht werden können.

*Norbert Finke*

Produktkategorie: Fenster
Baujahr: 2000
Schadensjahr: 2023
Schlagworte: Aluminium, Energieeinsparverordnung (EnEV), Fassaden-/bau, Fenster-/bau, Profilsysteme Aluminium

**GELTENDE REGELN:**

Die Beachtung folgender Normen, Richtlinien, Verordnungen und Regeln sind die Voraussetzung für die fachtechnisch einwandfreie Ausführung der Arbeit:

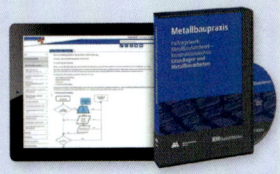

- Fachregelwerk Metallbauerhandwerk – Konstruktionstechnik: Kap. 1.5.2.4 Energiebilanz von Gebäuden, Kap. 2.1.13.1 Wärme- und Feuchteschutz,
- DIN EN 14351-1 Fenster und Türen; Produktnorm, Leistungseigenschaften; Teil 1: Fenster und Außentüren,
- Technische Regeln für Arbeitsstätten, Lüftung, ASR A3.6,
- DGUV Information 215-520, Klima im Büro.

# Fassade schlecht abgedichtet

## Schadensbeschreibung

An einem öffentlichen Gebäude waren an mehreren Stellen im oberen Bereich der Fassade Undichtigkeiten festgestellt worden. Es zeigten sich im Kopfbereich der Fassade eine Durchfeuchtung nach innen und auch eine deutliche Durchfeuchtung der Wärmedämmung. Der Sachverständige sollte nun die Ursachen ermitteln und Vorschläge für die Ertüchtigung machen.

Es handelte sich um eine hochwertige Pfosten-Riegelfassade eines Systemhauses. Das System war ausgereift und bei fachgerechter Montage auch dauerhaft dicht.

Die Undichtigkeiten traten hauptsächlich bei der Innenhofverglasung auf.

## Fehleranalyse und -bewertung

Der Sachverständige öffnete die Fassade im oberen Kopfanschluss und fand eine deutliche mangelhafte Ausführung der Fuge vor.

Beim oberen Anschluss war nicht, wie laut Werkplanung vorgesehen, die Folie etwa drei Zentimeter tiefer als die Oberkante Anschlussblech, endend innen am senkrechten Blech, geführt worden. Hingegen war die Folie ohne Haftung nach außen geführt worden. Auch war die Fuge zu klein und nicht fachgerecht ausgeführt.

## Schadensvermeidung und -beseitigung

Der Sachverständige machte einen Vorschlag für die richtige konstruktive Ausführung der oberen Abdichtung. Danach wird die Folie hinter dem Blech bis auf den Riegel nach unten gezogen. Der Anschluss zwischen verputzter Fläche und Blech wird so ausgeführt, dass eine fachgerechte Fuge möglich ist. Um eine dauerhafte Flankenhaftung herzustellen, ist bei einer Rechteckfuge eine Mindestfugentiefe ($t_D$) von fünf Millimetern einzuhalten. Der Sachverständige schlug hier eine Fugenbreite von acht Millimetern und eine Fugentiefe von ebenfalls acht Millimetern vor. Als Dichtstoff sollte PU (Polyurethan) (kein Acryl) eingesetzt werden. Es war eine saubere Zweiflankenhaftung herzustellen.

Oberer Anschluss im Innenhof. An den rot markierten Stellen trat Wasser ein.

**Falsch:** Hier war die Folie deutlich sichtbar zu erkennen, ohne Haftung mit Spalt. An diesen Stellen konnte problemlos Wasser in die Fassade eindringen.

**Falsch:** Die Fuge war nicht fachgerecht ausgeführt.

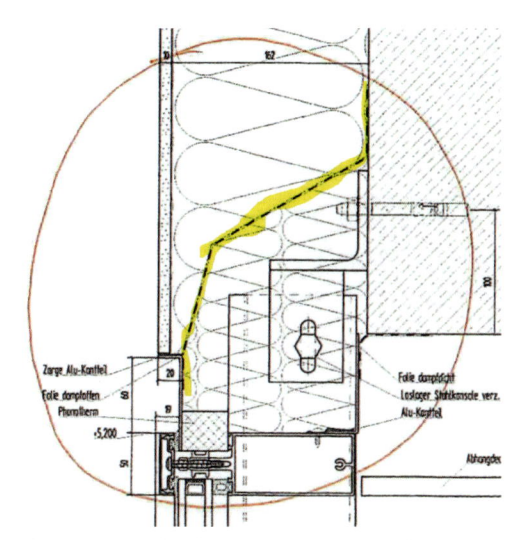

## 2.3.4 Fassade schlecht abgedichtet (Fall 536)

**Richtig:** Das war der obere Anschluss laut Werkplanung. Die gelb markierte Folie sollte laut Planung etwa drei Zentimeter tiefer als Oberkante Anschlussblech innen am senkrechten Blech enden.

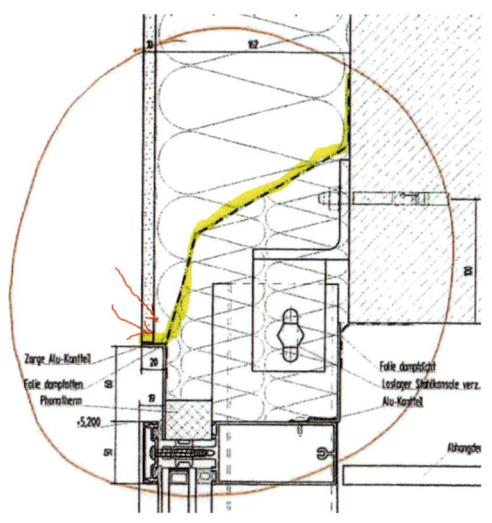

**Falsch:** Hier der durch den Sachverständigen vorgefundene Zustand. Die Folie wurde ohne Haftung nach außen geführt. Die Fuge wurde zu klein und auch nicht fachgerecht ausgeführt.

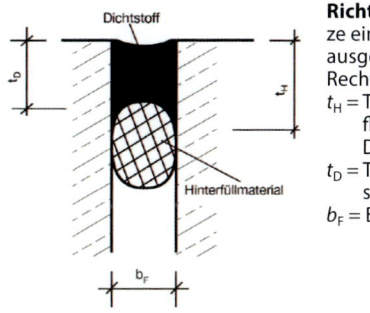

**Richtig:** Prinzipskizze einer korrekt ausgeführten Rechteckfuge.
$t_H$ = Tiefe der Haftfläche des Dichtstoffes
$t_D$ = Tiefe des Dichtstoffes
$b_F$ = Breite der Fuge

Alternativ könnte die vorhandene verputzte Fläche mit Blech verkleidet werden, sodass die schlecht ausgeführte Fuge überdeckt wird und dort kein Schlagregen eindringen kann.

*Andreas Konzept*

Produktkategorie: Fassaden
Baujahr: 2019
Schadensjahr: 2021
Schlagworte: Bauanschluss, Dichtstoffe/Dichtungen, Fassaden/-bau, Fassadenkonstruktionen, Montage, Profilsysteme Aluminium, Pfosten-Riegel-Konstruktionen

### PRAXISTIPP:

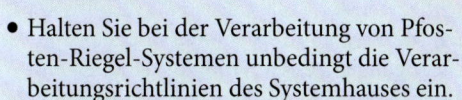

- Halten Sie bei der Verarbeitung von Pfosten-Riegel-Systemen unbedingt die Verarbeitungsrichtlinien des Systemhauses ein.
- Achten Sie bei kritischen Anschlusspunkten unbedingt auf eine bauphysikalisch einwandfreie Ausführung der Abdichtung.

### GELTENDE REGELN:

Die Beachtung folgender Normen, Richtlinien, Verordnungen und Regeln sind die Voraussetzung für die fachtechnisch einwandfreie Ausführung der Arbeit:

- Fachregelwerk Metallbauerhandwerk – Konstruktionstechnik: Kap. 1.5.3 Feuchte und Feuchteschutz und Kap. 1.8.2.5 Pfosten-Riegel-Konstruktionen,
- Hersteller- und Verarbeitungsrichtlinien.

# Undichter Sockelanschluss

## Schadensbeschreibung

An einer Elementfassade in Pfosten-Riegelbauweise aus thermisch getrennten Aluminiumprofilen kam es gegen Ende der Bauphase zu einigen Beanstandungen. Bemängelt wurden neben Farbunterschieden der Lisenen und Verformungen in den Blechbekleidungen, auf die hier nicht näher eingegangen werden soll, die fachgerechte Ausführung der Sockelanschlüsse und die Ausführung der Gehrungsecken.

Die Fassadenelemente wurden in der Werkstatt vorgefertigt und mit allen Ausfachungen (Gläser, Paneele und Fensterflügel) versehen. Auf der Baustelle wurden sie dann in den vorgerichteten Verankerungen montiert. Die Elementstöße und die Bauwerksanschlüsse der Elemente waren als einzige auf der Baustelle herzustellende Fassadenabdichtung besonders sorgfältig auszuführen. Die Elementstöße waren als vertikale und horizontale Koppelfugen ausgeführt. Die vertikalen Koppelfugen waren durch zwei hintereinanderliegende Dichtungsprofile abgedichtet, die links und rechts in Profilnuten der senkrechten Elementstiele eingesteckt waren. Die horizontalen Koppelfugen waren durch ein breites Dichtungsband (Sattelprofil) abgedichtet. Die Dichtungen der vertikalen Koppelfugen übergriffen die horizontalen Sattelprofile, sodass Schlagregenwasser nicht in die horizontale Koppelfuge eindringen konnte.

Die Abschlüsse der unteren Elementrahmenprofile am Sockel und zum anschließenden Dach waren ebenfalls als Satteldichtungen ausgeführt. Dabei waren die anschließenden Abdichtungen der Dächer/Umgänge frontal an den Fassadensockeln angeschlossen. Dadurch konnte das in das untere Sockelprofil eindringende Wasser nicht wieder nach außen abgeleitet werden, sondern lief hinter die Dachabdichtung/Abdichtung Umgang.

Über die Stöße des unteren Sockelprofils war tatsächlich Feuchtigkeit hinter die Dachabdichtungsebene gelangt.

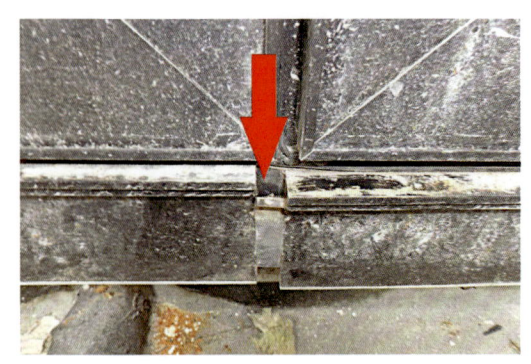

**Falsch:** An den Stößen des unteren Sockelprofils waren Durchfeuchtungen zu erkennen.

Die thermisch getrennten Profile der Fassadenelemente waren in den Rahmenecken auf Gehrung geschnitten und mit eingeklebten und abgedichteten Eckverbindern verbunden. Die Profilstöße in den Innen- und Außenecken der übereck geführten Fassadenelemente waren nicht hinterlegt.

Einige Gehrungsstöße wiesen Fugenbreiten über 0,3 Millimeter auf, und die Übereck-Profilstöße waren offen.

## Fehleranalyse und -bewertung

*Sockelanschluss:*

Die horizontale Elementkoppelfuge war nicht als Sockelabdichtung konzipiert. Unabhängig davon, dass die Fuge nicht gegen stehendes Oberflächenwasser an den Gebäudesockelanschlüssen abdichten konnte, waren die Fugenstöße falsch ausgeführt. Der Fassadenbauer machte zwei Vorschläge zur Ertüchtigung. Zum einen sollten die Stoßfugen der Sockelprofile an den Umgängen generell mit zusätzlichen einhundert Millimeter langen Blechen zum Abweisen des Wassers überdeckt werden.

Zum anderen sollte an der Westfassade ein zusätzlicher Wetterschenkel auf dem oberen Rahmenprofil zur Entlastung des Stoßes zwischen Satteldichtung und Profilwandung montiert werden. Grundsätzlich schätzte der Sachverständige diese Maßnahmen als zielführend ein, sie waren jedoch aufgrund des Elementversatzes in den Stoßfugen nicht überall umsetzbar.

## 2.3.5 Undichter Sockelanschluss (Fall 537)

**Falsch:** Einige Gehrungsstöße wiesen Fugenbreiten über 0,3 Millimeter auf und die Übereck-Profilstöße waren offen.

*Profilstöße:*

Der Systemgeber hatte für die Profilstöße keine Toleranzmaße vorgegeben. Der Sachverständige hielt eine Fugenbreite bis 0,3 Millimeter für Eck- und T-Verbindungen mit formschlüssigen Verbindern in den Hohlkammerprofilen als technisch unbedenklich. Bei größeren Fugenbreiten war allerdings mit einer zu großen Wasserbelastung der Fuge zu rechnen. Die Schnittkanten der Profile waren nicht korrosionsgefährdet, da die Oberflächen zum Schutz gegen Filiformkorrosion voranodisiert waren und eine seewassergeeignete Aluminium-Knetlegierung für die Profile verwendet worden war. Eventuelle weiß pulvrige Ausblühungen aus dem Gehrungsschnitt wären kein Mangel, sondern Folge der Ausbildung der Passivschicht auf den Schnittkanten.

Fugenbreiten von größer/gleich 0,3 Millimeter in den Gehrungsstößen waren hingegen ein Mangel.

### PRAXISTIPP:
- Halten Sie unbedingt die Verarbeitungsrichtlinien der Systemhersteller ein.
- Achten Sie auf einen bauphysikalisch einwandfreien Anschluss der Fassadenelemente an den Baukörper.

### Schadensvermeidung und -beseitigung

*Sockelanschluss:*

Der Sachverständige schlug für die Gebrauchstauglichkeit der Sockelanschlüsse ein durchlaufendes zusätzliches Z-förmiges EPDM Dichtungsprofil vor. Das Profil konnte den Ebenenversatz zwischen den Fassadenelementen verdecken. Eine Alternative wäre ein Aluminium-Z-Profil, dessen Schenkellängen jedoch das Eindrehen des Kantteils in die Dichtungsnuten der Profile gewährleisten müssen. Diese Ausführung hätte den Vorteil, dass auch der Stoß zwischen Satteldichtung und Profilwandung über die gesamte Länge geschützt wäre.

*Profilstöße:*

Profilschnitte mit Fugenbreiten von 0,3 Millimetern und mehr waren mit dem vom Systemgeber vorgesehenen Dichtstoff mit hoher Viskosität abzudichten. Sollte dies bei den Übereck-Profilstößen wegen fehlender Verbinder nicht möglich sein, sollten von außen Blechformstücke aufgeklebt werden.

*Frank Kammenhuber*

Produktkategorie: Fassaden
Baujahr: 2019
Schadensjahr: 2020
Schlagworte: Aluminium, Fassaden/-bau, Pfosten-Riegel-Konstruktionen, Profilsysteme

### GELTENDE REGELN:

Die Beachtung folgender Normen, Richtlinien, Verordnungen und Regeln sind die Voraussetzung für die fachtechnisch einwandfreie Ausführung der Arbeit:

- Fachregelwerk Metallbauerhandwerk – Konstruktionstechnik: Kap. 2.8 Warmfassaden,
- Hersteller- und Verarbeitungsrichtlinien.

# Aluminiumpfosten ohne Statik und Loslager

**Schadensbeschreibung**

Der Sachverständige wurde beauftragt, ein Gutachten über die Frage zu erarbeiten, ob die Erstellung und Montage von zwei Pfosten-Riegel-Konstruktionen aus Aluminium normgerecht und nach den anerkannten Regeln der Technik ausgeführt wurden. Es handelte sich dabei um eine Pfosten-Riegel-Konstruktion eines Systemherstellers in der Farbe Anthrazitgrau.

**Fehleranalyse und -bewertung**

Zur weiteren Überprüfung der Statik der beiden Fensterfronten wurde dem Sachverständigen von dem Metallbauer auf Nachfrage eine Statikberechnung aus einem Statikprogramm übersandt. Dieses Programm führte vor der Erstellung der Pfosten-Riegel-Konstruktionen folgende Berechnungen durch:

- Tragfähigkeit und Festigkeit,
- Durchbiegungen,
- Lastannahmen und deren Einwirkung,
- Profiloptimierung und Glasstatik.

In dieser vorliegenden statischen Vorbemessung war allerdings bereits aufgeführt, dass der gewählte Querschnitt des Pfostenprofiles des 4.320 Millimeter hohen Elements nicht ausreiche, um die Grenzwerte einzuhalten.

Die senkrechten Pfostenprofile der großen Pfosten-Riegel-Konstruktion waren damit statisch unterdimensioniert! Hier war es erforderlich, das Pfostenprofil mit einem zusätzlichen Profilrohr, welches mit dem vorhandenen Rohrprofil fest verschraubt wird, zu ertüchtigen.

Die Pfostenprofile des niedrigeren Elementes erfüllten hingegen alle statischen Erfordernisse.

Es existierte keine Werk- oder Detailplanung zu den oberen und unteren Befestigungen. Die Aluminiumprofile waren sowohl im oberen als auch in unteren Bereich fest mit dem Bauwerk verbunden. Durch unterschiedliche Längenausdehnungen zwischen Aluminium und Fundament war es zwingend erforderlich, hier „Lospunkte" zum Ausdehnungsausgleich einzubauen.

**Falsch:** Die gewählten Querschnitte des 4.320 Millimeter hohen Pfostenprofils reichten nicht aus, um die statischen Anforderungen zu erfüllen. Außerdem waren keine Loslager vorhanden.

Die Notwendigkeit, ein Loslager bei Aluminiumprofilen einzuplanen, hängt in erster Linie von der thermischen Längenausdehnung des Profils ab. Aluminium hat eine relativ hohe Ausdehnung bei Temperaturveränderungen, und es kann daher bei längeren Profilen oder großen Temperaturunterschieden zu erheblichen Längenänderungen kommen.

Als Faustregel gilt:

Aluminium hat einen Ausdehnungskoeffizienten von etwa 23 bis 24 mal $10^{-6}$ $K^{-1}$. Das bedeutet, dass sich ein ein Meter langes Aluminiumprofil bei einer Temperaturänderung von einem Grad um etwa 0,024 Millimeter verlängert oder verkürzt. Bei einer Profillänge von drei bis vier Metern und bei größeren Temperaturunterschieden (Farbe Anthrazit) sollte man über die Planung von Loslagern nachdenken, um Spannungen oder Verformungen zu vermeiden.

Die exakte Länge, ab der ein Loslager notwendig ist, hängt jedoch auch von den spezifischen Anforderungen des Bauprojekts, den örtlichen Bedingungen (Temperaturunterschiede) und den verwendeten Montagesystemen ab. Typische Längen, bei denen Loslager sinnvoll sind, liegen häufig zwischen 2,5 und drei Metern.

## 2.3.6 Aluminiumpfosten ohne Statik und Loslager (Fall 538)

**Richtig:** Die Pfostenprofile des niedrigeren Elements erfüllten hingegen alle statischen Erfordernisse.

**Falsch:** Die Befestigung erfolgte oben und unten über fest montierte „Stuhlwinkel". Dafür gab es keine statische Bemessung und die Spannungen aus der Längenänderung konnten nicht abgebaut werden.

Die Befestigung erfolgte im vorliegenden Fall über fest montierte „Stuhlwinkel". Zu dieser Befestigungsart gibt es im Übrigen keine statischen Bemessungsgrundlagen, die die Montage von so hohen Windlasten mit Zug und Druck nachweisen können.

**Schadensvermeidung und -beseitigung**

Die Statik der Befestigung der Pfosten-Riegel-Konstruktionen war nicht erbracht!

Die Anschlüsse mussten nun im Nachgang als „Loslager" und nach einer entsprechenden Statik ausgeführt werden.

Auch waren die senkrechten Pfostenprofile der großen Pfosten-Riegel-Konstruktion statisch unterdimensioniert! Hier war es erforderlich, das Pfostenprofil mit einem zusätzlichen Profilrohr, welches mit dem vorhandenen Rohrprofil fest verschraubt wird, zu ertüchtigen.

*Walter Heinrichs*

Produktkategorie: Fassaden
Baujahr: 2022
Schadensjahr: 2023
Schlagworte: Aluminium, Längenänderung, Pfosten-Riegel-Konstruktion, Profilsysteme Aluminium, Statik

### PRAXISTIPP:

- Halten Sie sich bei Pfosten-Riegel-Konstruktionen an die vorher berechnete Statik.
- Planen Sie die Befestigung der Konstruktion detailliert.
- Sehen Sie entsprechend der örtlichen Bausituation, den Temperaturdifferenzen und den Profillängen Loslager vor, um die thermischen Spannungen abbauen zu können.
- Stimmen Sie sich im Zweifelsfall mit dem Systemhaus ab.

### GELTENDE REGELN:

Die Beachtung folgender Normen, Richtlinien, Verordnungen und Regeln sind die Voraussetzung für die fachtechnisch einwandfreie Ausführung der Arbeit:

- Fachregelwerk Metallbauerhandwerk – Konstruktionstechnik: Kap. 1.4 Statik und Konstruktion, Kap. 1.4.9 Thermische Längenänderung von Elementen im Stahl- und Metallbau, Kap. 1.6.3 Aluminium, Kap. 2.8 Warmfassaden,
- Hersteller- und Verarbeitungsrichtlinien.

# Fassade mangelhaft abgedichtet

## Schadensbeschreibung

Der Sachverständige hatte eine Pfosten-Riegel-Konstruktion zu begutachten. Bemängelt wurde unter anderem die fehlerhafte beziehungsweise ganz fehlende Abdichtung.

Beim Ortstermin zeigte sich, dass bei dieser Pfosten-Riegel-Konstruktion eines Systemhauses eine regelkonforme Abdichtung gänzlich fehlte.

Es waren keine Fensterbank und auch keine äußere Abdichtung vorhanden.

Unter der Pfosten-Riegel-Konstruktion war ein Durchgreifen in den Innenraum möglich.

Es gab auch keine Montagedetails über den fachgerechten Einbau von den verwendeten Folienanschlüssen. Augenscheinlich fehlte hier eine fachgerechte Folienabdichtung für den äußeren Bereich komplett.

Des Weiteren fehlte zur Kältebrückenvermeidung eine durchgehende Isolierung durch ein ISO-Paneel.

Folien wurden auch im Innenbereich nicht durchgängig geschlossen angebracht, sondern hatten stellenweise Lücken.

Nach außen hin fehlte eine zusätzliche Oberflächenwasser-führende Folie über ein notwendiges ISO-Paneel.

Ebenfalls nicht erkennbar war, ob hier eine innere dampfdichte und eine äußere dampfoffene Folie verwendet worden waren. Um dies zu prüfen hätte der vorhandene Folienanschluss noch einmal freigelegt werden müssen.

Auch wurde die zulässige Fugenbreite mit achtzig Millimetern deutlich überschritten und die Wandanschlüsse wurden stellenweise falsch ausgeführt.

Hier wurde zum Beispiel in nicht zulässiger Weise ein Kompriband gleich doppelt benutzt. In der Produktinformation der Herstellerfirma finden sich beispielsweise Kompribänder nur für eine Fugenbreite bis maximal dreißig Millimeter.

**Falsch:** Bei dieser Pfosten-Riegel-Konstruktion fehlte eine regelkonforme Abdichtung gänzlich.

## Fehleranalyse und -bewertung

Zur regelgerechten Ausführung der Dichtung gehört eine dampfdichte Folie auf der Innenseite. Diese Folie wird auf der raumseitigen (inneren) Anschlussfuge zwischen Fenster und Mauerwerk angebracht. Sie verhindert, dass feuchtwarme Raumluft in die Fuge gelangt und dort kondensiert. Würde die Feuchtigkeit in die Fuge eindringen, könnte sie die Dämmung durchfeuchten und zu Schimmelbildung oder zu anderen Bauschäden führen.

Die Regel lautet also: Von innen dampfdicht, um die Feuchtigkeit aus den Innenräumen zurückzuhalten.

Die Außenseite der Anschlussfuge muss wasserdicht, aber dampfdiffusionsoffen sein. Das bedeutet, dass Wasser von außen (zum Beispiel Regen) nicht eindringen kann, aber gleichzeitig Feuchtigkeit, die sich in der Fuge oder dem Dämmmaterial befindet, nach außen entweichen kann. Diese Feuchtigkeit könnte durch kleine Undichtigkeiten oder Baufehler in die Fuge gelangen. Die dampfoffene Folie sorgt also dafür, dass die Fuge austrocknen kann, ohne dass Wasser von außen eindringt. Dies schützt das Bauwerk vor Feuchtigkeitsschäden und Schimmel.

Ein weiterer wichtiger Punkt ist das sogenannte Dampfdruckgefälle. Im Winter ist die Luftfeuchtigkeit im Innenraum oft höher als draußen. Warme Luft kann mehr Feuchtigkeit halten als kalte Luft. Wenn warme, feuchte Luft durch undichte Stellen in die Fensteranschlussfuge dringt und auf die kalte Außenluft trifft, kann Kondensation entstehen. Die dampfdichte Folie auf der Innenseite verhindert diesen Effekt. Gleichzeitig ermöglicht die dampfoffene Folie außen, dass eventuell eingedrungene Feuchtigkeit nach außen diffundieren kann.

## 2.3.7 Fassade mangelhaft abgedichtet (Fall 539)

**Falsch:** Eine Fensterbank und die äußere Abdichtung fehlten. Unter der Pfosten-Riegel-Konstruktion war ein Durchgreifen in den Innenraum möglich.

**Falsch:** Zur Vermeidung von Kältebrücken fehlte eine durchgehende Isolierung durch ein ISO-Paneel.

**Falsch:** Die Wandanschlüsse wurden stellenweise falsch ausgeführt. Die Fugenbreite ist mit achtzig Millimetern deutlich überschritten.

Das Prinzip „innen dichter als außen", sorgt dafür, dass die Feuchtigkeit aus dem Baukörper kontrolliert entweichen kann, ohne Schäden zu verursachen. Die dampfdichte Folie auf der Innenseite verhindert das Eindringen von Raumfeuchtigkeit, während die dampfoffene Folie auf der Außenseite die Entlüftung und Trocknung der Fuge ermöglicht. Diese Kombination ist entscheidend für eine dauerhafte und schadenfreie Abdichtung.

Die Folienanschlüsse sowie ein fehlendes ISO-Paneel mussten entsprechend nachgearbeitet werden. Folien mussten durchgehend angeklebt werden.

Der Nachweis der Dampfdichtigkeit der inneren Folie wurde erbracht.

Fugendichtungsbänder sind gleichzeitig für die innere und äußere Abdichtung und Dämmung von Fenster- und Türfugen entwickelt worden. Diese Bänder sind an der Außenseite schlagregendicht und diffusionsoffen, der mittlere Bereich sorgt für Wärmedämmung und der äußere Bereich ist luftdicht und dampfbremsend.

### Schadensvermeidung und -beseitigung

Zur fachgerechten Instandsetzung dieser Pfosten-Riegel-Konstruktionen war es unerlässlich durch ein entsprechendes Sanierungskonzept alle beanstandeten Punkte abzuarbeiten.

Eine genaue Planung und Dokumentation der Umsetzung des Sanierungskonzeptes war zwingend erforderlich.

*Walter Heinrichs*

Produktkategorie: Fassaden
Baujahr: 2022
Schadensjahr: 2023
Schlagworte: Aluminium, Dichtstoffe/Dichtungen, Pfosten-Riegel-Konstruktion, Profilsysteme Aluminium

### PRAXISTIPP:

- Halten Sie sich bei der Planung und Ausführung der Abdichtung der Fassadenkonstruktion unbedingt an die Richtlinien des Systemherstellers.
- Führen Sie die Abdichtung sorgfältig aus, da kleine Fehler hier sonst später zu großen Schäden führen können.
- Richten Sie sich immer nach dem Prinzip „innen dichter als außen".

### GELTENDE REGELN:

Die Beachtung folgender Normen, Richtlinien, Verordnungen und Regeln sind die Voraussetzung für die fachtechnisch einwandfreie Ausführung der Arbeit:

- Fachregelwerk Metallbauerhandwerk – Konstruktionstechnik: Kap. 1.5.3 Feuchte und Feuchteschutz, 1.6.3 Aluminium, Kap. 2.8 Warmfassaden,
- Hersteller- und Verarbeitungsrichtlinien.

# Falsche Schlossvariante ausgewählt

### Schadensbeschreibung

Auslöser der Streitigkeiten war ein Brandereignis in einem öffentlichen Gebäude (Rathaus), bei dem es zum Versagen der Panikschlösser an den einflügeligen Rauchschutztüren kam. Die Rauchschutztüren waren im Flur zwischen zwei Fluchtweg-Treppenhäusern installiert.

Die Rauchschutztüren waren mit elektromechanischen Feststellanlagen versehen, die Decke war abgehangen, der Türanschluss an der Decke war vorerst nicht zu erkennen. Für das Gutachten wurde die Decke geöffnet. Dort konnte man dann sehen, dass zwar eine abgehangene Decke vorhanden war, diese aber weder rauchdicht noch feuerfest ausgeführt worden war. Ein entsprechendes Schott war ebenfalls nicht vorhanden.

Der Sachverständige fand noch weitere grobe Mängel, die die Unbrauchbarkeit der Brandschutztüren bestätigten.

### Fehleranalyse und -bewertung

An den Rauchschutztüren wurden mehrere Mängel festgestellt:

- Falsche Wahl der Beschlagvariante (Panikbeschläge).
- Fehlender oder falsch ausgeführter Deckenanschluss.
- Die elektrische Zuleitung war nicht gemäß den Herstellerangaben ausgeführt.

Das Gebäude wurde in die Kategorie „Öffentliches Gebäude mit ortsfremden Personen" als Grundlage für das Sachverständigengutachten eingestuft. Das ist auch die Grundlage für die Bemessung und Verwendung von „Paniktüren und deren Beschlägen".

Die eingebauten Rauchschutztüren dienten als Personenschutz, um den rauchfreien Weg im Brandfall zu den Nottreppenhäusern zu gewährleisten.

Die an den Rauchschutztüren eingebauten Feststellanlagen funktionieren so, dass im Falle von Rauchentwicklung die Türen eigenständig zufallen.

Für die Beschlagauswahl sind zwei Normen zu beachten:

**Falsch:** Diese Rauchschutztür hatte die falschen Beschläge und war im Deckenanschluss mangelhaft.

- DIN EN 179: Regelt Notausgangsverschlüsse bei Gebäuden, in denen die Entstehung eines Panikgedränges unwahrscheinlich ist. Die Bedienung erfolgt über Drücker oder Stoßplatten.
- DIN EN 1125: Regelt Panikverschlüsse bei Gebäuden, in denen die Entstehung eines Panikgedränges wahrscheinlich ist. Die Bedienung erfolgt über horizontale Betätigungsstangen. Zum Beispiel Kinos, Konzertsäle, Behörden.

Hier hätten also Panikschlösser nach EN 1125 eingebaut werden müssen.

Tatsächlich verbaut waren aber sogenannte Drücker-Rosetten-Kombinationen.

Bei der Prüfung der Beschläge stellte der Sachverständige fest, dass diese sehr locker und wackelig erschienen. Die Messung der Drückerstiftgröße ergab, dass ein zu kleiner Vierkantstift eingebaut worden war. Der eingebaute Drückerstift maß acht Millimeter mal acht Millimeter, richtig bei Panikschlössern wären aber neun Millimeter mal neun Millimeter.

Bei Ausbau fiel dem Sachverständigen ein kleines Stück Pappe entgegen. Damit hatte der Monteur wohl versucht die Differenz von einem Millimeter auszugleichen.

Bei der Prüfung der elektromagnetischen Feststellanlage fiel auf, dass die Stromzuleitung von der Raumbeleuchtung abgezweigt war. Diese Anschlussvariante war gemäß den Herstellerangaben nicht zulässig. Die Feststellanlage hätte separat mit einer eigenen Zuleitung und Absicherung angeschlossen werden müssen.

Die genaue Prüfung des Deckenanschlusses der Tür ergab, dass, entgegen der bauaufsichtlichen Zulassung der Tür, keine Rauchabschottung an der Rohdecke angebracht war.

## 2.4.1 Falsche Schlossvariante ausgewählt (Fall 540)

Beschlagausstattung nach DIN EN 179.

Beschlagausstattung nach DIN EN 1125.

Somit war der Beweis erbracht, dass die Türen nicht gebrauchstauglich waren.

**Schadensvermeidung und -beseitigung**

Schon bei der Planung von Rauchschutztüren ist darauf zu achten, dass ausschließlich die vom Hersteller in der bauaufsichtlichen Zulassung geprüften Beschläge und Anbauteile zu verwenden sind.

Im vorliegenden Fall mussten die Türen alle im Bereich des Deckenanschlusses so umgebaut werden, dass sie den Vorgaben der bauaufsichtlichen Zulassung entsprachen.

Die eingebauten Beschläge im Bereich Drücker/Schloss mussten ebenfalls auf die EN 1125 umgebaut werden. Mit diesem Umbau wurde dann auch das manipulierte Panikschloss ausgetauscht.

Die Elektrozuleitung für die elektromechanische Feststellanlage wurde separiert und im jeweiligen Sicherungskasten durch einen eigenen Sicherungsschalter abgesichert.

*Pascal Tonneau*

Produktkategorie: Türen
Baujahr: 2021
Schadensjahr: 2021
Schlagworte: Beschläge, Brandschutz, Feststellanlagen, Rauchschutz, Türen/-bau, Zulassung

> **PRAXISTIPP:**
> - Prüfen Sie im Vorfeld, welche Beschlagvariante eingebaut werden muss.
> - Achten Sie darauf, dass nur Anbauteile eingebaut werden, die in der allgemeinen Zulassung geprüft worden sind.
> - Beim Einsatz von elektrischen Feststellanlagen weisen Sie auf die Wartungspflicht des Betreibers hin.
> - Prüfen Sie bei der Verwendung von elektromechanischen Feststellanlagen, ob eine separate Stromzuleitung zur Verfügung steht. Sollten keine geeigneten Stromleitungen zur Verfügung stehen, melden Sie beim Auftraggeber „Bedenken" an.

> **GELTENDE REGELN:** 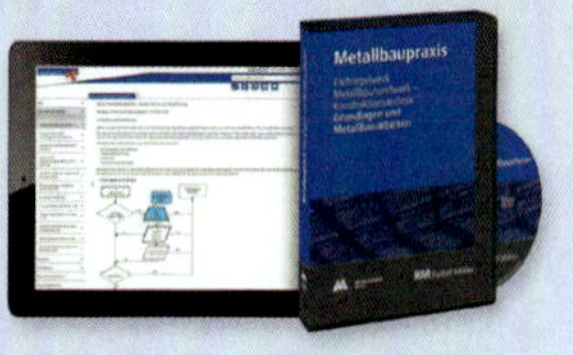
>
> Die Beachtung folgender Normen, Richtlinien, Verordnungen und Regeln sind die Voraussetzung für die fachtechnisch einwandfreie Ausführung der Arbeit:
>
> - Fachregelwerk Metallbauerhandwerk – Konstruktionstechnik: Kap. 1.13 Brandschutz, Kap. 2.13 Feuer- und Rauchschutzabschlüsse,
> - DIN 18095-1 Türen; Rauchschutztüren, Begriffe und Anforderungen,
> - DIN EN 179 Schlösser und Baubeschläge: Notausgangsverschlüsse mit Drücker oder Stoßplatte für Türen in Rettungswegen; Anforderungen und Prüfverfahren,
> - DIN EN 1125 Schlösser und Baubeschläge; Paniktürverschlüsse mit horizontaler Betätigungsstange für Türen in Rettungswegen; Anforderungen und Prüfverfahren,
> - DIN EN 16034 Türen, Tore, Fenster; Produktnorm, Leistungseigenschaften; Feuer- und/oder Rauchschutzeigenschaften,
> - Richtlinie Feuerschutzabschlüsse. Bundesverband Metall, Essen,
> - Hersteller- und Verarbeitungsrichtlinien.

## Falscher Schließzylinder in Brandschutztür

### Schadensbeschreibung

In einem Mehrfamilienhaus war eine Schließanlage mit elektronischen Schließzylindern eingebaut worden. Im Keller des Hauses befand sich als Abtrennung zum Hausflur eine Stahlbrandschutztür. Auch hier war ein elektronischer Schließzylinder eingebaut worden.

Bei einem Brand im Waschkeller konnte die Brandschutztür, die sich einige Meter weiter befand, nicht geöffnet werden, da der elektronische Zylinder sich nicht mehr bewegen ließ. Da es sich um eine sehr massive Brandschutztür (T90) handelte, war der Zugang für die Feuerwehr zum Waschkeller versperrt.

Die Feuerwehr musste sich den Zugang zum Waschkeller über das Außengelände verschaffen. Das kostete wertvolle Zeit und der Brand konnte sich zunächst ohne Behinderung ausbreiten.

### Fehleranalyse und -bewertung

Der Sachverständiger sollte klären, ob der elektronische Schließzylinder für das Versagen der Brandschutztür verantwortlich war.

Er stellte fest, dass es sich bei dem eingebauten elektronischen Schließzylinder um einen „normalen" Zylinder handelte, der keine Brandschutzanforderungen erfüllte. Die geschmolzene Batterie im Innern des Schließzylinders sorgte für einen Kurzschluss in der Elektronik und führte dazu, dass die Tür ständig verschlossen beziehungsweise abgeschlossen war. Somit konnte die Tür von keiner Seite mehr geöffnet werden.

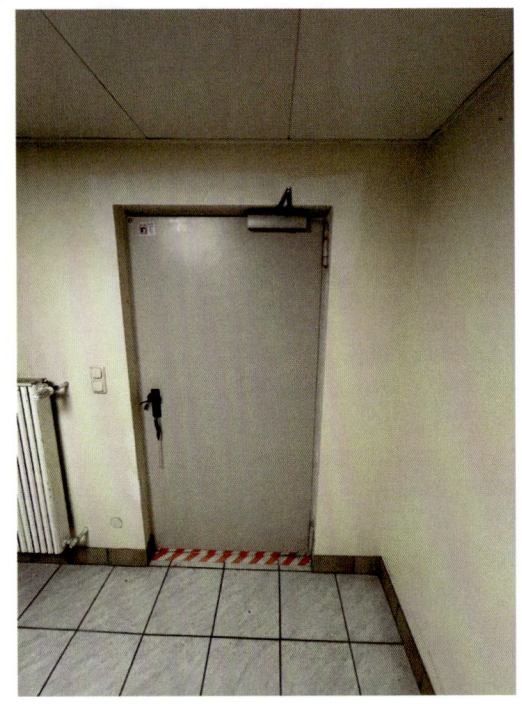

**Falsch:** Die entsprechende Kellertür ohne Brandspuren. Beim Brand wurde die Tür durch den falschen Schließzylinder verschlossen.

Der Montagebetrieb der Schließanlage hatte in diesem Fall grob fahrlässig gehandelt, indem er die Brandschutztür bei der Planung völlig außer Acht ließ.

Glücklicherweise war während des Brandes kein Mensch oder Tier im Keller, die versperrte Tür hätte den Fluchtweg unpassierbar gemacht.

### Schadensvermeidung und -beseitigung

Bei der Planung von Schließanlagen ist die Gebäudekategorie bei allen Türen komplett zu betrachten. Eine Begehung ist unerlässlich, um sich einen Überblick zu verschaffen.

## 2.4.2 Falscher Schließzylinder in Brandschutztür (Fall 541)

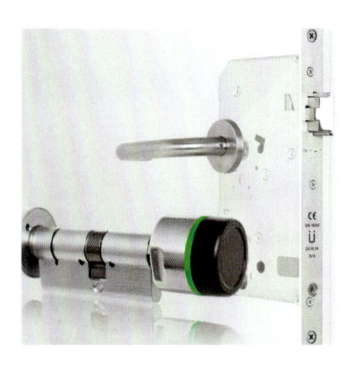

**Richtig:** Ein E-Zylinder mit Brandschutzzulassung.

Weiter ist es wichtig, auch Funktionstüren, wie Brandschutz- oder Rauchschutztüren, eindeutig vorab zu identifizieren und im Schließplan kenntlich zu machen.

Eine Überprüfung, ob die Türen in einem technisch korrekten Zustand sind, ist ebenfalls von Vorteil.

Hier hätte ein Zylinder in die Kellertür eingebaut werden müssen, der für eine Brandschutztür entsprechend zugelassen ist. Diese besonderen elektronischen Zylinder haben eine bauaufsichtliche Zulassung und einen Verwendbarkeitsnachweis.

Bei den Zylindern mit Brandschutzanforderung sind folgende spezielle Aufbauten gängig: ein Knaufunterteil aus speziellem Kunststoff – wird oft als Trennmittel verbaut. Das Knaufunterteil, in das die Elektronik und Batterie eingebaut sind, besteht aus einem speziellen Kunststoff und überträgt weniger Hitze auf die Batterie, was das Schmelzen der Batterie verhindert. Somit kann eine Brandgefahr minimiert werden.

In diesem Fall musste der defekte Zylinder ausgebaut werden und gegen einen geeigneten mit Brandschutzanforderungen ersetzt werden.

Der Brandsachverständige konnte keine Schäden am Türelement feststellen. Trotzdem reichte die Hitze aus, um die nicht geschützte Batterie zum Schmelzen zu bringen.

*Pascal Tonneau*

Produktkategorie: Feuerschutztüren
Baujahr: 2019
Schadensjahr: 2022
Schlagworte: Beschläge, Brandschutz, Feuerschutz, Feuerschutztüren, Türen/-bau, Zulassung

### PRAXISTIPP:

- Planen Sie eine elektronische Schließanlage sehr sorgfältig.
- Achten Sie bei Funktionstüren (Brand, Flucht oder Rauchschutz) auf den richtigen Verwendungszweck bei dem gewählten E-Zylinder.
- Prüfen Sie beim Aufmaß, ob die Türen in einem einwandfreien technischen Zustand sind.
- Melden Sie schriftlich Bedenken beim Auftraggeber an, wenn Sie die Türen in ihrer Funktion nicht eindeutig identifizieren können.

### GELTENDE REGELN:

Die Beachtung folgender Normen, Richtlinien, Verordnungen und Regeln sind die Voraussetzung für die fachtechnisch einwandfreie Ausführung der Arbeit:

- Fachregelwerk Metallbauerhandwerk – Konstruktionstechnik: Kap. 1.13 Brandschutz, Kap. 2.13 Feuer- und Rauchschutzabschlüsse,
- DIN EN 15684 Schlösser und Baubeschläge; Mechatronische Schließzylinder; Anforderungen und Prüfverfahren.

# Brandschutztür bei Bauabnahme verzogen

## Schadensbeschreibung

Ein Metallbauer hatte bei einem Privatkunden eine Brandschutztür in die Garage eingebaut. Die Vorgaben von der Baubehörde für diesen Neubau schrieben den Einbau einer T-30-Brandschutztür, die den Bereich Garage/Übergang zum Haus absichern sollte, vor.

Nachdem der Metallbauer die Tür nach den baurechtlichen Vorschriften eingebaut hatte, übergab er diese an den Hauseigentümer beziehungsweise den anwesenden Architekten. Beide waren mit den Arbeiten des Metallbauers einverstanden. Sie prüften die Funktion der Tür und unterschrieben dem Metallbauer einen Lieferschein.

Der Architekt kündigte noch ein Abnahmeprotokoll an, dass der Metallbauer unterzeichnen und zurückschicken solle.

Nach diesem Termin vergingen noch einige Monate bis alle Arbeiten an dem Neubau abgeschlossen waren. Dann erfolgte die Bauabnahme durch das zuständige Bauamt. Dabei stellte sich heraus, dass die Tür nicht selbstständig ins Türschloss fiel und sich das Türblatt aufgebeult hatte. Die Abnahme wurde verweigert.

In einem neuen Abnahmetermin sollte dann die korrekte Funktion der Brandschutztür festgestellt werden.

Der Hausherr forderte dann über seinen Architekten den Metallbauer auf, den Mangel im Rahmen seiner Gewährleistungspflicht zu beseitigen. Der Metallbauer verwies darauf, dass er ja einen unterschriebenen Lieferschein habe und die Tür nach seinem Einbau einwandfrei funktioniert hätte. Er verweigerte somit die kostenlose Reparatur.

## Fehleranalyse und -bewertung

Der Sachverständige stellte dann an der Brandschutztür mehrere Mängel fest, deren Ursachen beim Einbau lagen:

- Der Stahlrahmen war nicht richtig befestigt worden.
- Die Betonhinterfütterung war an der Zarge nicht fachgerecht ausgeführt worden.
- Die Tür wurde zu stark mit dem Bandzugeisen hochgezogen.
- Die Zarge hatte sich komplett vom Mauerwerk gelöst.

Die strittige Brandschutztür.

Dass die Tür zu hoch eingestellt war, konnte der Sachverständige beim ersten Hinschauen erkennen. Die Ecken des Türblattes müssen mit den Gehrungen der Zarge übereinstimmen. In diesem Fall war die Tür zu stramm hochgezogen worden, sodass die Bandzapfen so stramm saßen, dass die Tür nicht frei lief.

Weiter stellte der Sachverständige fest, dass die Befestigung der Stahlzarge mit zu kleinen Schrauben beziehungsweise falschen Dübeln ausgeführt worden war.

Dies erklärte, warum die Zarge sich soweit aus dem Zargenbett lösen konnte.

Entsprechend der allgemeinen Zulassung für Stahlbrandschutztüren müssen bei einigen Rohwand-Typen die Zargen noch vermörtelt werden. Bei der beanstandeten Tür gab die bauaufsichtliche Zulassung vor, dass die Außenseite der Eckzarge mit Betonmörtel zu hinterfüllen war. Dies hatte der Metallbauer nicht ausreichend ausgeführt.

Die Zarge hatte sich nach und nach gelöst, sodass ein selbstständiges Schließen der Tür über die Federbänder nicht mehr möglich war. Dadurch hatte sich auch im Türblatt durch das Eigengewicht eine Spannung aufgebaut. Die Tür „bauchte" aus.

## Schadensvermeidung und -beseitigung

Bei der Planung der Montage einer Stahlbrandschutztür müssen im Vorfeld einige Parameter vom Monteur abgeklärt werden. Besonders muss auf die Befestigung und die geeigneten Befestigungsmittel geachtet werden.

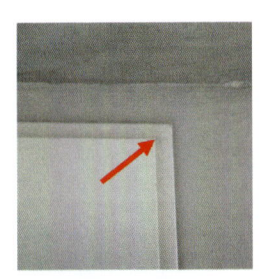

### 2.4.3 Brandschutztür bei Bauabnahme verzogen (Fall 542)

**Falsch:** Die Tür war zu hoch eingestellt. Die Ecken des Türblattes müssen mit den Gehrungen der Zarge übereinstimmen.

**Falsch:** Die Zarge hatte sich über die komplette Länge gelöst.

Im Brandfall müssen Feuerschutztüren erhebliche mechanische und thermische Belastungen ertragen. Deshalb ist der fachgerechte Einbau von entscheidender Bedeutung. Trotzdem gibt es weder in der allgemeinen bauaufsichtlichen Zulassung noch in der Einbauanleitung hinsichtlich der Qualifikation der Errichter Vorgaben. Alle „Sachkundigen" können somit Feuerschutztüren einbauen.

Nicht jede Türzarge ist für jede Wandbauform geeignet. Darauf muss unbedingt geachtet werden.

In diesem Fall musste die Brandschutztür noch einmal komplett ausgebaut werden. Die Zarge wurde mit den richtigen Schraubenlängen und geeigneten Dübeln lotrecht eingebaut.

Bevor das Türblatt eingehängt werden konnte, wurde die Außenseite der Zarge mit Beton vergossen. Nach dem Aushärten des Betons konnte das Türblatt gerade und lotrecht eingesetzt werden. Die Federbänder wurden neu gespannt und ein Funktionstest durchgeführt.

*Pascal Tonneau*

Produktkategorie: Feuerschutztüren
Baujahr: 2023
Schadensjahr: 2024
Schlagworte: Brandschutz, Feststellanlagen, Feuerschutztüren, Montage, Rauchschutz, Türen/-bau, Zulassung

**PRAXISTIPP:**
- Auch, wenn keine besonderen Ansprüche an die Qualifikation des Monteurs von Brandschutztüren gestellt werden, sollten Sie nur geschulte Monteure zur Montage einsetzen.
- Schon bei der Bestellung des Türelementes muss Klarheit über die Einbausituation bestehen.
- Verwenden Sie ausschließlich das geforderte Befestigungsmaterial des Türherstellers.
- Achten Sie auf die Montagehinweise des Herstellers und die Angaben der bauaufsichtlichen Zulassung.
- Denken Sie daran, dass Sie dokumentationspflichtig gegenüber Ihrem Auftraggeber sind (Zulassung, Prüf- und Einbauberichte, Einbauanleitung).
- Das Unternehmen, das den Feuerschutzabschluss eingebaut hat, muss eine Bestätigung der Übereinstimmung der Bauart mit der allgemeinen Bauartgenehmigung abgeben (Übereinstimmungserklärung).

**GELTENDE REGELN:**

Die Beachtung folgender Normen, Richtlinien, Verordnungen und Regeln sind die Voraussetzung für die fachtechnisch einwandfreie Ausführung der Arbeit:

- Fachregelwerk Metallbauerhandwerk – Konstruktionstechnik: Kap. 1.13 Brandschutz, Kap. 2.13 Feuer- und Rauchschutzabschlüsse,
- DIN 18095-1 Türen; Rauchschutztüren, Begriffe und Anforderungen,
- DIN EN 16034 Türen, Tore und Fenster: Produktnorm, Leistungseigenschaften; Feuer- und/oder Rauchschutzeigenschaften,
- Richtlinie Feuerschutzabschlüsse. Bundesverband Metall, Essen,
- allgemeine bauaufsichtliche Zulassung (abZ),
- Montageanleitung des Herstellers.

# Undichte und manipulierte Rauchschutztüren

## Schadensbeschreibung

Im Mittelpunkt des Schadensfalles standen mehrere Rauchschutztüren in einer Schule auf mehreren Etagen. Die Türen wiesen im Bereich der Türdichtungen am Boden und an den Auslösebeschlägen erhebliche Mängel auf.

Bei einer routinemäßigen Wartung war aufgefallen, dass die Türen am Boden nicht dicht schlossen. Weiterhin wurden bei der Wartung Manipulationen im Auslösebereich der Hebelbeschläge entdeckt.

Der Betreiber informierte den Hersteller und reklamierte die Bodenabschlüsse. Der Hersteller lehnte allerdings die Schadensbeseitigung ab.

**Falsch:** PVC-Noppenboden mit losem Einlauftrichter. Die Bodendichtung hatte keinen Kontakt zum Boden.

## Fehleranalyse und -bewertung

An den Rauchschutztüren wurden folgende Mängel festgestellt:

- Die Bodendichtung lag nicht vollflächig auf dem Fußboden aus.
- Die Beschläge der unteren Verriegelung waren defekt.
- Im Bereich der Raumübergänge waren unterschiedliche Bodenhöhen vorhanden.
- An den Beschlägen wurde vorsätzlich manipuliert.

Der Sachverständige stellte unter anderem eine Manipulation an den Hebelbeschlägen der unteren Verriegelung fest. Diese war mit Silikon zugespritzt worden, sodass eine Betätigung nicht mehr möglich war.

Die automatisch absenkbaren Bodendichtungen lagen nicht vollflächig am Boden auf. Damit war eine vertretbare Rauchabschottung nicht gegeben.

Durch unterschiedliche Bodenbeläge, die genau in der Türmitte verliefen, ergaben sich unterschiedliche Belagshöhen. Diese führten dazu, dass die Bodendichtung, wenn sie „normal" ausgefahren war, nicht optimal abdichten konnte.

Die Einlauftrichter für die Bodenverriegelungsstange des Bedarfsflügels waren nicht fest im Boden verankert. Das hatte zur Folge, dass die Tür nicht starr gehalten werden konnte und sich die Türspaltmaße ständig änderten, sodass die Anschlagdichtungen im Bereich der Hauptschließkante nicht stramm anliegen konnten.

An einer weiteren Rauchschutztür war Noppen-PVC-Belag verlegt worden. Dieser Belag ist für die Bodendichtung einer Rauchschutztür nicht geeignet.

Bei einer zweiflügeligen Rauchschutztür wurde der Hebelbeschlag so manipuliert, dass die Verschlussstange nicht mehr zu öffnen war.

Der Hebelbeschlag wurde mit Silikon ausgespritzt und die Funktion so lahmgelegt.

Der Sachverständige fand heraus, dass der Schulhausmeister dies gemacht hatte, um zu verhindern, dass Kinder die Tür öffnen.

## Schadenvermeidung und -beseitigung

Rauchschutztüren sind nach DIN 18095 selbstschließende Türen und dazu bestimmt, im eingebauten und geschlossenen Zustand den Durchtritt von Rauch zu verhindern.

Schon bei der Planung einer Rauchschutztür muss die genaue Einbausituation vorab geklärt werden. Das bedeutet, dass der Monteur alle baulichen Gegebenheiten vorher kennen muss, um Funktionsmängel auszuschließen.

## 2.4.4 Undichte und manipulierte Rauchschutztüren (Fall 543)

**Falsch:** Der Luftspalt am Boden war durch die defekte Dichtung zu groß.

**Falsch:** Der manipulierte Hebelbeschlag. Die Funktion wurde mit Silikon außer Kraft gesetzt.

In diesem Fall hätte sich der Montagebetrieb vorher die Bodensituation ansehen müssen und Bedenken beim Auftragnehmer anmelden müssen.

Im Bereich der Bodendichtung müssen die Beläge so angepasst werden, dass die Bodendichtung komplett aufliegt und somit Spalte oder Löcher ausgeschlossen werden.

Am besten haben sich glatte Bodenbeläge bewährt, die auch einen gewissen Widerstand gegen Feuer aufweisen.

Im vorliegenden Fall wurden im Bereich der Rauchschutztüren die alten Bodenbeläge entfernt und breite neue Beläge eingebracht.

Die außer Funktion gesetzten Beschläge mussten erneuert werden.

**Achtung:** Bei der Reparatur von Rauchschutztüren dürfen ausschließ nur Original-Ersatzteile verwendet werden, die in der allgemeinen Zulassung aufgeführt sind.

Die losen Einlauftrichter an den Bedarfsflügeln mussten bodeneben eingebaut und fest vermörtelt werden. Dabei war auch sicherzustellen, dass die Bodendichtung komplett aufliegt.

*Pascal Tonneau*

Produktkategorie: Türen
Baujahr: 2018
Schadensjahr: 2021
Schlagworte: Beschläge, Brandschutz, Feststellanlagen, Rauchschutz, Türen/-bau, Zulassung

### PRAXISTIPP:

- Planen Sie den Einbau von Rauchschutztüren sorgfältig.
- Stellen Sie sicher, dass nur geschultes Fachpersonal Rauchschutztüren montiert.
- Vermeiden Sie Höhenunterschiede bei den Bodenbelägen.
- Achten Sie darauf, dass nur Anbauteile (zum Beispiel Türschließer) eingebaut werden, die in der allgemeinen Zulassung geprüft worden sind.
- Klären Sie vorher, welche Beschläge bei der Rauchschutztür eingesetzt werden müssen.
- Beim Einsatz von elektrischen Feststellanlagen weisen Sie auf die Wartungspflicht des Betreibers hin.
- Beachten Sie eventuelle Kennzeichnungspflichten beim Einsatz von Türschließern.

### GELTENDE REGELN:

Die Beachtung folgender Normen, Richtlinien, Verordnungen und Regeln sind die Voraussetzung für die fachtechnisch einwandfreie Ausführung der Arbeit:

- Fachregelwerk Metallbauerhandwerk – Konstruktionstechnik: Kap. 1.13 Brandschutz, Kap. 2.13 Feuer- und Rauchschutzabschlüsse,
- DIN 18095-1 Türen; Rauchschutztüren, Begriffe und Anforderungen,
- DIN EN 16034 Türen, Tore, Fenster; Produktnorm, Leistungseigenschaften; Feuer- und/oder Rauchschutzeigenschaften,
- Richtlinie Feuerschutzabschlüsse. Bundesverband Metall, Essen.

# Feuerschutztüren nicht nach Zulassung eingebaut

## Schadensbeschreibung

Vom Kunden wurde der nicht fachgerechte Einbau von Rauch- und Feuerschutztüren bemängelt. Der Fall ging vor Gericht und der Sachverständige hatte folgende Fragen zu klären:

- Feststellung des ordnungsgemäßen Einbaus der Türen und deren Funktion.
- Können die Türen instand gesetzt werden, um den Vorgaben der Zulassungen, Einbauanleitungen und den Vorgaben aus dem Brandschutzkonzept zu entsprechen?

## Fehleranalyse und -bewertung

Der Sachverständige konnte die Türen nur äußerlich in Augenschein nehmen. Die Befestigungen waren nur an einigen Türen ersichtlich. Eine Tür wurde aber beim Ortstermin demontiert und der Sachverständige konnte die im eingebauten Zustand nicht zu erkennenden Gegebenheiten erfassen.

Er musste feststellen, dass die zweiflügeligen Türen horizontal nicht befestigt wurden. An den restlichen Befestigungspunkten waren Befestigungsschrauben verwendet worden, die nicht den Vorgaben des Herstellers und der abZ (allgemeine bauaufsichtliche Zulassung) entsprachen und somit nicht zugelassen waren. Die Schließfolgeregelung, die absenkbare Bodendichtung und das Schloss mussten bearbeitet werden. Der Profilzylinder fehlte. Die einzuhaltenden Spaltmaße stimmten nicht (zum Beispiel am Gehflügel zur Oberkante Fertigfußboden (OKFF)). Die Vermörtelung war unzureichend.

Rauch- und Brandschutztüren sind nach den vom Hersteller vorgegebenen Montage-, Bedienungs- und Wartungsanleitungen zu montieren, um den bestimmungsgemäßen Gebrauch im Sinne der geforderten Leistungseigenschaften sicherzustellen. Die Wandbauarten (Anschlussvarianten) müssen der bauaufsichtlichen Zulassung entsprechen. Dies ist vor dem Einbau zu prüfen.

Die Funktions- beziehungsweise Gebrauchstauglichkeit muss sichergestellt werden.

Die mangelhaft montierte Brandschutztür. Unter anderem mussten die Schließfolgeregelung, die absenkbare Bodendichtung und das Schloss überprüft, eingestellt oder ausgetauscht werden.

## Schadensvermeidung und -beseitigung

Zur Instandsetzung der Feuerschutztüren machte der Sachverständige folgende Vorschläge:

Die Schließfolgeregelung, die absenkbare Bodendichtung und das Schloss mussten überprüft, eingestellt oder gegebenenfalls ausgetauscht werden.

Der Profilzylinder musste montiert werden, um die Rauchschutzfunktion sicherzustellen.

Die Spaltmaße waren zu überprüfen und gegebenenfalls durch Einstellen der Bänder zu korrigieren.

Der Abstand am Gehflügel rechts betrug von der OKFF bis zur Unterkante (UK) Türflügel 13 Millimeter. Dies war nicht zulässig und musste geändert werden. Bei diesem Systemgeber waren drei bis zehn Millimeter zulässig.

Bei Rauchschutztüren muss die bodenseitige Oberfläche fest, glatt und eben sein. Der Boden darf keine tiefer oder höher liegenden Flächen oder Fugen haben, die nicht bündig ausgefüllt sind. Ein Teppichboden ist nicht zulässig. Gege-

## 2.4.5 Feuerschutztüren nicht nach Zulassung eingebaut (Fall 544)

Der Profilzylinder muss montiert werden, um die Rauchschutzfunktion sicherzustellen.

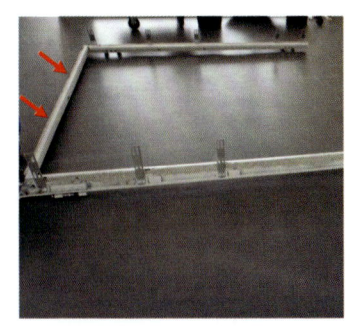

Die verwendeten Befestigungen ohne Zulassung für den Untergrund mussten gegen zugelassene Dübel ersetzt werden. Die horizontalen Befestigungen (Pfeile) waren zu ergänzen.

Die Vermörtelung musste an einigen Stellen ergänzt werden.

benenfalls kann auf den Bodenbelag eine Metallschiene aufgesetzt werden, die nach unten abgedichtet wird. Bei schiefen Böden kann der Bodenanpressdruck nicht gesichert werden!

Die Befestigungen horizontal waren zu ergänzen und alle Befestigungspunkte durch zugelassene Befestigungsmittel an den vorgegebenen Befestigungspunkten zu ersetzen.

Die Vermörtelung musste an einigen Stellen ergänzt werden.

*Andreas Friedel*

Produktkategorie: Feuerschutztüren
Baujahr: 2018
Schadensjahr: 2019
Schlagworte: Bauaufsichtliche Zulassung, Befestigung, Brandschutz, Feuerschutztüren, Instandsetzung, Montage, Rauchschutz, Türen/-bau

### PRAXISTIPP:

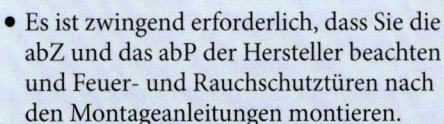

- Es ist zwingend erforderlich, dass Sie die abZ und das abP der Hersteller beachten und Feuer- und Rauchschutztüren nach den Montageanleitungen montieren.
- Der Auftragnehmer muss den fachgerechten Einbau durch die Fachunternehmererklärung bestätigen. Mit der Übereinstimmungserklärung muss er bestätigen, dass der Einbau des Feuerschutzabschlusses mit der abZ beziehungsweise dem abP übereinstimmt.
- Sollte sich nach einem Brandereignis herausstellen, dass der Feuerschutzabschluss durch mangelhafte Ausführung nicht seine Aufgabe erfüllen konnte, ist der Metallbauer in der Verantwortung.

### GELTENDE REGELN:

Die Beachtung folgender Normen, Richtlinien, Verordnungen und Regeln sind die Voraussetzung für die fachtechnisch einwandfreie Ausführung der Arbeit:

- Fachregelwerk Metallbauerhandwerk – Konstruktionstechnik: Kap. 1.13 Brandschutz, Kap. 2.13 Feuer- und Rauchschutzabschlüsse,
- allgemeine bauaufsichtliche Zulassungen (abZ),
- allgemeine bauaufsichtliche Prüfzeugnisse (abP),
- Montage-, Bedienungs- und Wartungsanleitung des Herstellers,
- RAL-GZ 695 Fenster, Haustüren und Fassaden.

# Brandschutzfenster mit falscher Verglasung

**Schadensbeschreibung**

In einem kleinen Büro wurde ein Brandschutzfenster zum angrenzenden Lkw-Abstellplatz eingebaut.

Der Kunde wurde durch einen Hinweis von seinem Schornsteinfeger stutzig, ob es sich bei dem eingebauten Glas tatsächlich um das geforderte T-30-Glas handeln würde.

Er forderte vom Glaser die entsprechenden Nachweise und Zeugnisse sowie eine Übereinstimmungserklärung für den Einbau des Feuerschutzabschlusses an. Der Glaser teilte per Mail mit, dass alles in Ordnung wäre und es keine Zeugnisse oder andere Nachweise für das gelieferte Brandschutzfenster geben würde, da er selber das Fenster gebaut hätte.

Der Auftraggeber wollte sich nicht mit dieser Antwort zufriedengeben und beauftragte einen Sachverständigen mit der Klärung.

**Fehleranalyse und -bewertung**

Der Sachverständige stellte folgende Mängel an der Brandschutzverglasung fest:

- Die vorgeschriebene Stempelung auf der Verglasung war nicht angebracht.
- Das Element hatte keine CE- oder sonstige Herstellerkennzeichnung.
- Der Hersteller (Glaser) war nicht qualifiziert, Brandschutzelemente zu fertigen.

Der Sachverständige stellte fest, dass es sich bei der Verglasung um eine gewöhnliche ISO-Verglasung (VSG aus ESG) handelte. Eine Stempelung in der Glasecke, wie bei Brandschutzverglasungen üblich, wurde nicht gefunden. Ein Prüfungszeugnis oder eine allgemeine bauaufsichtliche Zulassung (abZ) waren ebenfalls nicht vorhanden.

Die Prüfung der eingebauten Aluminiumprofile ergab, dass es sich zwar um Profile eines namhaften Profilherstellers für Brandschutzelemente handelte. Diese waren aber entgegen der Montageanleitung gebaut worden. Es wurde kein Spezialkleber verwendet. Die Eckverbinder wurden nur in der äußeren Schale geklebt und nicht zusätzlich genagelt. Die Versiegelung fand gar nicht statt, sodass die Profilecken innen alle offen waren. Die Glashalteleisten wurden nur geklipst. Die erforderlichen Passstücke innerhalb der Leistenaufnahmen waren gar nicht eingebaut worden.

Der Sachverständige empfahl den sofortigen Ausbau des Fensterelementes.

Für den Bereich Brandschutzverglasungen gilt:

Die europäische Prüfnorm für Brandschutzverglasungen ist die DIN EN 1361-1. Die nationalen Prüfnormen DIN 4102-5 und DIN 4102-13 bleiben für nationale Zulassungen weiter gültig.

Feuerwiderstandsfähige Verglasungen zählen zu den Wänden. Sie benötigen als Verwendbarkeitsnachweis ebenfalls eine abZ. Zulassungsnummern für Brandschutzverglasungen beginnen mit der Ziffernfolge Z-19.14-.

Die Prüfung des Sachverständigen direkt beim Profilhersteller, ob der Glaser überhaupt qualifiziert war, um ein Brandschutzelement zu fertigen, wurde negativ beschieden.

**Schadensvermeidung und -beseitigung**

Wo besondere Anforderungen an den Brandschutz gestellt werden, ist der Einbau von speziellen Brandschutzgläsern erforderlich.

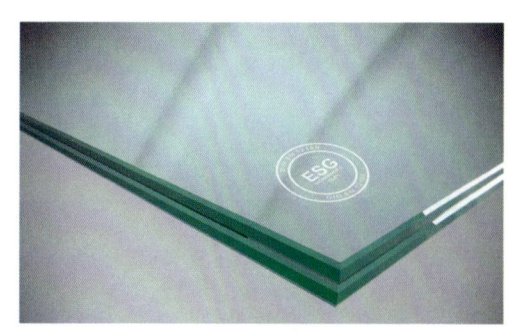

## 2.4.6 Brandschutzfenster mit falscher Verglasung (Fall 545)

So sieht eine korrekte Stempelung auf einem ESG-Glas aus.

Brandschutzverglasungen werden derzeit den Feuerwiderstandsklassen G oder F zugeordnet. Die Brandschutznormen werden jedoch harmonisiert. In der europäischen Normung werden zukünftig die Klassen E (anstelle G) oder EI (anstelle F) unterschieden.

Wesentlicher Unterschied zwischen G- und F-Gläsern ist, dass der Durchtritt der Hitzestrahlung in der Feuerwiderstandsklasse G nicht verhindert wird.

Im vorliegenden Fall durfte der Glaser das gefertigte Element gar nicht als Brandschutzelement „in den Verkehr bringen".

Das Brandschutzfenster musste komplett ausgebaut und erneuert werden. Da der Glaser hier vorsätzlich gehandelt hatte, musste er alle Kosten selbst tragen.

*Pascal Tonneau*

Produktkategorie: Feuerschutzabschlüsse
Baujahr: 2017
Schadensjahr: 2018
Schlagworte: Brandschutz, Fenster-/bau, Feuerschutz, Feuerschutzabschlüsse, Profilsysteme Aluminium, Zulassung

### PRAXISTIPP:

- Achten Sie darauf, dass im Angebot der Systemhersteller mit abZ-Nr. aufgelistet wurde.
- Nach Abschluss der Arbeiten müssen dem Kunden alle relevanten Dokumente wie abZ, Zeichnungen, Herstellererklärung ohne Aufforderung übergeben werden.
- Prüfen Sie bei „günstigen" Angeboten, ob es sich um echte Brandschutzelemente handelt. Schauen Sie im Internet, ob die Angaben im Angebot zu dem Herstellernamen passen.
- Achten Sie auf den richtigen Glasstempel auf der Brandschutzverglasung.

### GELTENDE REGELN:

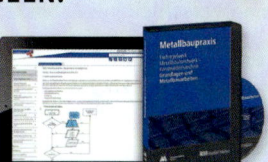

Die Beachtung folgender Normen, Richtlinien, Verordnungen und Regeln sind die Voraussetzung für die fachtechnisch einwandfreie Ausführung der Arbeit:

- Fachregelwerk Metallbauerhandwerk – Konstruktionstechnik: Kap. 1.13 Brandschutz, Kap. 2.13 Feuer- und Rauchschutzabschlüsse,
- DIN 4102-5 Brandverhalten von Baustoffen und Bauteilen; Feuerschutzabschlüsse, Abschlüsse in Fahrschachtwänden und gegen Feuer widerstandsfähige Verglasungen; Begriffe, Anforderungen und Prüfungen,
- DIN 4102-13 Brandverhalten von Baustoffen und Bauteilen; Brandschutzverglasungen; Begriffe, Anforderungen und Prüfungen,
- allgemeine bauaufsichtliche Zulassung (abZ).

## VSG ohne ausreichende Nachweise

### Schadensbeschreibung

Es wurden absturzsichernde Brüstungsverglasungen montiert, bei denen Photovoltaik in Gießharz eingebettet war. Bei einem zweiten Fall wurden bei Fassadenscheiben spezielle Beschichtungen zur Folie hin ausgeführt. Bei beiden Fällen wurden Nachweise für normales Verbundsicherheitsglas (VSG) mit PVB-Zwischenlage vorgelegt. Dies wurde von einem Gutachter (zu Recht) bemängelt.

Eine gebrochene Scheibe nach einem Pendelschlagversuch. Die Scheibe hat den Versuch bestanden.

### Fehleranalyse und -bewertung

Verschiedene Anwendungen wie Brüstungen oder Überkopfverglasungen erfordern ein sicheres Bruchverhalten der Glasscheibe und eine Restfestigkeit im Bruchzustand.

Glas ist ein sprödes Material. Aufgrund des plötzlichen Versagens ohne Vorankündigung sind im Hinblick auf die Sicherheit von Personen verschiedene Aspekte oder Folgeszenarien zu berücksichtigen:

- (direkte) Verletzung einer Person, die direkt mit dem Glaselement in Berührung kommt, zum Beispiel durch einen Sturz gegen das Element,
- (indirekte) Verletzung von Personen, die von herabfallenden Glasscherben getroffen werden,
- Restfestigkeit oder Tragfähigkeit des zerbrochenen Glaselements.

Zum Nachweis sind das Verhalten der Zwischenschicht selbst (Steifigkeit, Festigkeit) und ihre Wechselwirkung mit dem Glas (Haftung) von entscheidender Bedeutung. Letzteres kann durch Beschichtungen oder eingebettete Photovoltaik (PV) beeinflusst werden. Ähnliche Fragen stellen sich hinsichtlich des Verhaltens von versehentlich zerbrochenen Elementen, wenn Brandschutzverglasungen die Anforderungen an einen sicheren Bruch erfüllen müssen, wie zum Beispiel in Flughäfen oder Bahnhöfen. Da es keine „klassische" Zwischenschicht, sondern nur Brandschutzschichten gibt, ist eine Leistungserklärung (CE-Kennzeichnung) als Verbundsicherheitsglas nicht möglich.

Somit handelt es sich hier jeweils zunächst nur um ein VG (Verbundglas) und nicht um ein Verbundsicherheitsglas (VSG).

Um die ausreichende Sicherheit für die oben genannten Projekte nachzuweisen, werden hier Prüfungen im Labor nach europäischen Normen wie EN 356 und EN 12600 sowie Prüfungen mit modifiziertem Aufbau (DIN 18008) oder zusätzliche Prüfungen durchgeführt. Im Hinblick auf die in Deutschland erforderlichen vorhabenbezogenen Bauartgenehmigungen können auch Resttragfähigkeitsversuche von Glaselementen in Bauteilgröße in einer Klimakammer erforderlich werden.

Ein einfaches Beispiel: Die Prüfung und Klassifizierung von Glasaufbauten nach EN 12600 kann zum Vergleich verschiedener Glasaufbauten herangezogen werden, gibt aber nicht notwendigerweise ausreichende Informationen über die Eignung für eine bestimmte Anwendung: Prüfmuster für EN 12600 haben eine definierte Größe (876 Millimeter mal 1.938 Millimeter) mit definierter Lagerung (vierseitige, durchgehende lineare Klemmung), während eine geforderte Anwendung in den meisten Fällen eine andere Größe hat und alternative Lager (zum Beispiel punktförmig) mit einer anderen Spannungsverteilung bei (in den meisten Fällen auch unterschiedlicher) Belastung aufweisen kann. Und selbst wenn Größe und Lagerung nicht voneinander abweichen, kann ein Prüfergebnis nur eine begrenzte Aussagekraft haben:

Wenn kein Bruch aufgrund des Pendelschlags nach EN 12600 auftritt, kann sogar eine Zwischenschicht, die zum Beispiel aus Margarine oder Brotaufstrich besteht, eine „ausreichende" Klassifizierung aufweisen, wenn nur Glas mit ausreichender Dicke verwendet wird. Kein Bruch erfordert keine Haftung und keine Zugfestigkeit des Zwischenschichtmaterials, um zerbrochene Fragmente zusammenzuhalten.

Nach EN ISO 12543 ist für Verbundsicherheitsglas eine Mindestklassifizierung 3(B)3 nach EN 12600 erforderlich – ohne Definition der Glasdicke – während für Verbundglas keine Leistung nach EN 12600 erforderlich ist. Die nationale Vorschrift DIN 18008-1 verlangt zusätzlich zur Prüfung nach EN 14449 die folgenden Prüfleistungen an Proben von vier Millimeter Floatglas/0,76 Millimeter PVB/vier Millimeter Floatglas: 1(B)1 für die Pendelprüfung nach EN 12600 und P1A für die Kugelfallprüfung nach EN 356. Im Falle von Beschichtungen auf der Zwischenschicht müssen entsprechende Prüfungen durchgeführt werden.

**Schadensvermeidung und -beseitigung**

Konstruktionen des konstruktiven Glasbaus müssen geplant werden und statisch nachgewiesen werden.

CE-gekennzeichnete Produkte entsprechen den europäischen Vorschriften und weisen die Leistung der erklärten wesentlichen Merkmale auf. Es ist wichtig zu wissen, dass nicht für alle möglichen Merkmale eine Leistung erklärt werden muss, und dass das Leistungsniveau für „Sicherheit und Zugänglichkeit im Gebrauch" ein anderes (niedrigeres) Niveau hat als für „mechanische Festigkeit und Stabilität" – obwohl in beiden Fällen zum Beispiel auf ein Niveau der Windlast verwiesen wird.

Zusätzliche Anforderungen können sich aus der Verwendung (Anwendung oder Installation) des Produkts ergeben.

Und im Falle von Abweichungen der Materialeigenschaften sind die durchgeführten Prüfungen und Klassifizierungen möglicherweise nicht mehr gültig, und es müssen zusätzliche Prüfungen durchgeführt werden – manchmal auf einem niedrigeren Niveau hinsichtlich des Umfangs der Versuche.

*Dr.-Ing. Barbara Siebert,*
*Univ.-Prof. Dr.-Ing. Gerald Siebert*

Produktkategorie: Geländer
Baujahr: diverse
Schadensjahr: diverse
Schlagworte: Bemessung, CE-Kennzeichnung, Glas/-bau, Standfestigkeit/-sicherheit, Statik

**PRAXISTIPP:**
- Fordern Sie die Leistungserklärungen rechtzeitig an, lesen und hinterfragen Sie diese.
- Vorsicht bei allem, was im Glasverbund angeordnet wird (Photovoltaik, Beschichtung, Brandschutzgel usw.).

**GELTENDE REGELN:**

Die Beachtung folgender Normen, Richtlinien, Verordnungen und Regeln sind die Voraussetzung für die fachtechnisch einwandfreie Ausführung der Arbeit:

- Fachregelwerk Metallbauerhandwerk – Konstruktionstechnik: Kap. 1.6.6.6 Glasbruch,
- DIN 18008-1 Glas im Bauwesen; Bemessungs- und Konstruktionsregeln; Teil 1: Begriffe und allgemeine Grundlagen,
- DIN CEN/TS 19100-1 Bemessung und Konstruktion von Tragwerken aus Glas; Teil 1: Grundlagen der Bemessung und Materialien,
- Verordnung (EU) Nr. 305/2011 des Europäischen Parlamentes und des Rates vom 9. März 2011 zur Festlegung harmonisierter Bedingungen für die Vermarktung von Bauprodukten und zur Aufhebung der Richtlinie 89/106/EWG des Rates.

## Rollgitter mit zulässiger Sicherheit

An einem Pkw kam es bei der Benutzung einer Rolltoranlage an einer Garageneinfahrt zu einem Schaden. Der Sachverständige hatte die Aufgabe die Zulässigkeit der Sicherheitseinrichtungen der Toranlage zu prüfen. Die Einschätzung der Plausibilität des Schadensverlaufes an dem Pkw blieb dem Kfz-Sachverständigen vorbehalten.

### Schadensbeschreibung

Es handelte sich bei der Anlage um ein motorisch betriebenes Scherengitter mit den Maßen Breite mal Höhe: 4.800 Millimeter mal 4.700 Millimeter. Die Anlage war in den achtziger Jahren zusammen mit dem Gebäude erstellt worden. Der Wellenantrieb war als Elektromotor an der Scherengitterwelle direkt angesteckt.

Das Tor wurde über eine Zeitschaltuhr und einen innen direkt hinter dem Tor an der Wand angebrachten Schlüsseltaster angesteuert.

Folgende Sicherheitseinrichtungen waren vorhanden:

- Lichtschranke in vierzig Zentimeter Höhe über der Fahrbahn in einer Achse zehn Zentimeter innen hinter dem Behang,
- Lichtschranke am Sturz direkt unter dem aufgewickelten Behang, etwa acht Zentimeter innen hinter dem Behang,
- Kontaktleiste unter dem Sockelprofil des Behangs.

Die Lichtschranke über dem Boden war funktionsfähig. Die Funktionsfähigkeit der Lichtschranke am Sturz konnte nicht geprüft werden. Sie war aber zur Bewertung des Unfallherganges nicht maßgeblich.

Die Schließkraft des herunterfahrenden Behanges wurde mit einer Messkeule in fünfzig Zentimeter Höhe dreifach gemessen.

### Fehleranalyse und -bewertung

Die Betriebssicherheit solcher Toranlagen ist in der DIN EN 12453 geregelt. Aufgrund des Baujahres (achtziger Jahre) gab es für die Toranlage keinen Bestandschutz mehr, sodass diese Norm in der gültigen Fassung von 2021 maßgeblich war. Die dementsprechenden organisatorischen Vorkehrungen waren durch die dokumentierte Wartung getroffen.

In der DIN EN 12453 (5.5) wird in Tabelle 1 das Mindestschutzniveau auf Grundlage der Art der Torbetätigung und der Nutzungstypen bestimmt.

Hier lag ein Antrieb ohne Impulssteuerung und ohne Totmannschaltung mit Automatiksteuerung über den Schlüsselschalter vor. Da das Tor tagsüber für die Anlieferung daueroffen stand, und die Mieter das Tor in den übrigen Zeiten nur über Schlüsselschalter ansteuern konnten, war von der Kategorie Typ 2 (unterwiesenes Bedienpersonal – öffentlich) auszugehen. Die Zufahrt und das Tor waren gut einsehbar.

Normativ wird das Schutzniveau der Klassen C und D durch eine Begrenzung der Kräfte gemäß Anhang A entweder durch Kraftbegrenzungseinrichtungen oder durch Schutzeinrichtungen sowie eine Einrichtung zur Erkennung der Anwesenheit eines Gegenstandes oder einer Person, die sich auf dem Boden im Torbereich befindet, definiert.

Das Schutzniveau der Klasse E beinhaltet darüber hinaus eine Einrichtung, die so beschaffen und eingebaut ist, dass unter keinen Umständen eine Person oder ein Gegenstand vom bewegten Torflügel berührt werden kann.

Für das Rolltor hieß das:

*Klassen C und D:*

Die Hauptschließkante ist mit einer Kontaktleiste auszustatten, die bei Krafteinwirkung den Stillstand und das Wiederauffahren des Behanges bewirkt. Entsprechend der DIN EN 12453 ist eine dynamische Schließkraft von 400 Newton über einen Zeitraum von 0,75 Sekunden zulässig.

Außerdem ist eine Fußbodenerkennung notwendig. Hierzu sind Lichtschranken einzusetzen. Der Bereich der Toröffnung ist für Tore mit Vertikalbehängen nicht konkret definiert.

*Klasse E:*

Das Schutzziel kann durch zusätzliche an dem Basisprofil des Behanges anzubringende Sensorleisten erreicht werden. Die Montage erfolgt beidseitig, direkt auf dem Sockelprofil des Be-

## 2.5.1 Rollgitter mit zulässiger Sicherheit (Fall 547)

Das motorisch betriebene Scherengitter hatte die Maße: 4.800 Millimeter (Breite) mal 4.700 Millimeter (Höhe).

Der Wellenantrieb war als Elektromotor an der Scherengitterwelle direkt angesteckt.

**Richtig:** Die Lichtschranke war in einer Höhe von vierzig Zentimetern über der Fahrbahn in einer Achse zehn Zentimeter innen hinter dem Behang montiert.

hanges. Die Sicherheitssensorleisten erfassen über elektromagnetische Wellen im Infrarotbereich Personen und Objekte.

Der Nachteil ist jedoch, dass ein unter der Schließkante stehender kalter Pkw nicht erkannt wird. Daher ist hier von einer derartigen Sicherheitseinrichtung – obwohl normativ zulässig – abzuraten.

**Schadensvermeidung und -beseitigung**

Das Tor war mit Schutzeinrichtungen der Kategorie C und D ausgestattet. Damit entsprach es den normativen Anforderungen.

Die gemessenen dynamischen Schließkräfte lagen bis zu 19 Prozent über dem zulässigen Wert. Da die einwirkende Zeitspanne weniger als die Hälfte der Normvorgabe betrug, war diese Krafteinwirkung vorläufig hinnehmbar. Bei der nächsten Wartung war jedoch dementsprechend nachzubessern.

Die Krafteinwirkung des herabfahrenden Tores war allerdings für die Schadensbewertung nicht relevant. Beim Schadensbild am Pkw war davon auszugehen, dass eine Zugkraft die Ursache war. Eine Begrenzung der Öffnungskraft bei vertikal fahrenden Toranlagen ist jedoch normativ nicht definiert.

Ein Hauptpunkt war die durch die Lichtschranke gesicherte Fläche im Bereich der Toröffnung. Der Sachverständige stellte fest, dass die Ausführung mit zehn Zentimeter Abstand zur Torachse technisch durchaus üblich war.

Aus Sicht des Sachverständigen war die Schadensursache eine Verkettung von Ereignissen, die bautechnisch nicht auf normativ unzulässige Sicherheitseinrichtungen oder eine unübliche Ausführung zurückzuführen waren.

*Frank Kammenhuber*

Produktkategorie: Tore
Baujahr: 1985
Schadensjahr: 2021
Schlagworte: Hinzunehmende Unregelmäßigkeiten, Sensoren, Torautomation, Tore/Torbau

**PRAXISTIPP:**
- Achten Sie auf die normativ vorgeschriebenen Sicherheitseinrichtungen.
- Messen Sie die Schließkräfte und prüfen Sie deren Zulässigkeit.

**GELTENDE REGELN:**

Die Beachtung folgender Normen, Richtlinien, Verordnungen und Regeln sind die Voraussetzung für die fachtechnisch einwandfreie Ausführung der Arbeit:

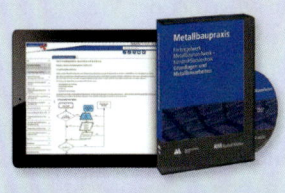

- Fachregelwerk Metallbauerhandwerk – Konstruktionstechnik: Kap. 2.30 Rolltore, Rollgitter,
- DIN EN 12453 Tore; Nutzungssicherheit kraftbetätigter Tore; Anforderungen und Prüfverfahren,
- Hersteller- und Verarbeitungsrichtlinien.

# Elektrochromes Glas falsch angeschlossen

**Schadensbeschreibung**

An einer in einem Privathaus eingebauten elektrochromen Verglasung kam es zu Funktionsbeeinträchtigungen. Die Gläser schalteten nicht oder nicht vollständig um. Der Sachverständige musste nun für das Gericht die Frage beantworten, welcher Art diese Funktionsbeeinträchtigungen waren, welchen Umfang sie hatten und worauf sie zurückzuführen waren. Auch war zu klären, wie die Mängel zu beheben waren und welche Kosten dafür entstünden.

Beim Ortstermin stellte der Sachverständige fest, dass die eingebauten Netzteile nicht mit einer Zeitschaltuhr verbunden waren. Der Schaltvorgang EIN/AUS wurde entgegen den Herstellervorgaben auf der Primärseite durchgeführt.

Das Netzteil besaß einen separaten Anschluss, dieser war für den Schaltvorgang und für die Zeitschaltuhr zwingend zu benutzen, da nur über diesen Anschluss eine schonende Einschaltung sichergestellt werden konnte (Schaltung erfolgte im Nulldurchgang).

Hier wurde das Netzteil auf der 230 Volt Eingangsseite geschaltet, was zwar funktionierte, jedoch das System durch mögliche Spannungsspitzen unnötig belastete.

Beim Ortstermin war durch den Sachverständigen an keiner der Verglasungen eine Funktionsbeeinträchtigung festzustellen. Der Besitzer der Immobilie teilte dem Gutachter mit, dass auch nach einem Tausch der Netzteile die Gläser nicht komplett undurchsichtig geschaltet werden konnten. Nach seiner Auskunft nutzte er die Funktion der elektrochromen Verglasung nicht mehr, da es sich bei den Räumen um Badezimmer und WC handele und die Privatsphäre bei Fehlfunktion gestört würde.

**Falsch:** Das braune Kabel zeigt die Brücke bei Remote Switch.

**Fehleranalyse und -bewertung**

Die vom Kunden beschriebenen Funktionsunfähigkeiten waren auf eine dauerhafte Bestromung zurückzuführen. Die elektrochromen Verglasungen müssen mindestens vier Stunden pro Tag ausgeschaltet sein (stromlos und somit undurchsichtig).

Auszug aus der Einbauanleitung:

„Die Verglasung muss zur Sicherstellung der Funktionsweise mehrfach am Tage geschaltet werden und mindestens vier Stunden pro Tag ausgeschaltet (OFF-Zustand) sein.

Die Sicherstellung der mehrfachen Schaltvorgänge und die Einhaltung der Ausschaltzeiten muss durch den Einbau einer Zeitschaltuhr erfolgen und ist Bestandteil der Gewährleistungsbedingungen."

Durch die fehlende Zeitschaltuhr wurden die Verglasungen über längere Zeit im eingeschalteten Zustand belassen, dadurch konnte die Funktionsweise des Glases stark beeinträchtigt werden.

Dem Kunden war nicht bekannt, dass eine Zeitschaltuhr zur Sicherstellung der Funktion vorhanden sein musste. Auch war ihm nicht mitgeteilt worden, dass die Verglasung mindestens vier Stunden pro Tag ausgeschaltet sein musste.

## 2.5.2 Elektrochromes Glas falsch angeschlossen (Fall 548)

Hier funktioniert die elektrochrome Verglasung: die Verglasung im Badezimmer im Erdgeschoss stromlos/undurchsichtig.

Die Verglasung im Badezimmer im Erdgeschoss unter Spannung/transparent.

### Schadensvermeidung und -beseitigung

Die Funktion der Verglasung hatte sich durch die sehr lange Ausschaltzeit wieder regeneriert. Um danach eine dauerhafte Funktionsfähigkeit sicherzustellen, musste durch eine Zeitschaltuhr sichergestellt werden, dass die Ausschaltzeiten nach Herstellervorgaben mit den mindestens vier Stunden pro Tag eingehalten werden.

Die Zeitschaltuhr sowie auch der manuelle Schaltvorgang mussten zwingend über den auf dem Netzteil vorgesehenen Eingang erfolgen (Remote Switch), die vorhandenen Brücken waren zu entfernen.

Wichtig: Die Zeitschaltuhr muss immer Vorrang haben! Die Handschaltung darf die Zeitschaltuhr nicht übergehen/übersteuern!

Da das Eigenheim über Bustechnik verfügte, konnten die vorgeschriebenen Aus-Zeiten hier als Zusatzfunktion für jede Fenstergruppe/Netzteil programmiert werden. Alle Netzteile mussten jedoch über den Remote Switch geschaltet und dazu umverdrahtet werden. Die Gesamtkosten dafür beliefen sich auf etwa 2.500 Euro plus Mehrwertsteuer.

*Andreas Konzept*

Produktkategorie: Fenster
Baujahr: 2009
Schadensjahr: 2010
Schlagworte: Fenster/-bau, Funktionsglas, Glas/-bau

### PRAXISTIPP:

- Richten Sie sich unbedingt nach der Einbauanleitung.
- Informieren Sie den Kunden unbedingt über wichtige Nutzungshinweise.
- Überlassen Sie elektrische Arbeiten einer Elektrofachkraft im Metallbauerhandwerk beziehungsweise beauftragen Sie einen Elektriker.

### GELTENDE REGELN:

Die Beachtung folgender Normen, Richtlinien, Verordnungen und Regeln sind die Voraussetzung für die fachtechnisch einwandfreie Ausführung der Arbeit:

- Fachregelwerk Metallbauerhandwerk – Konstruktionstechnik: Kap. 2.1 Fenster,
- Hersteller-, Verarbeitungsrichtlinien und Einbauanleitung.

## Glasbruch durch Hitzestau

### Schadensbeschreibung

An einem öffentlichen Gebäude mit großen Glasflächen war es an einer Reihe von Scheiben in einer Schrägverglasung zum Glasbruch gekommen.

In der um vier Grad nach außen geneigten Pfosten-Riegelfassade mit insgesamt fünf Feldern waren am Tage der Untersuchung durch den Sachverständigen vier Glasscheiben defekt. In dem Gutachten sollten die Ursache festgestellt und ein Lösungsvorschlag erarbeitet werden.

Die Tragkonstruktion wurde in Stahl ausgeführt. Die Entwässerung und Abdichtung wurde mit einer Aufsatzkonstruktion umgesetzt.

### Fehleranalyse und -bewertung

Der Sachverständige führte mit einem Spezialmessgerät eine Analyse des Glasaufbaus durch. Gemessen wurden dabei nur die Scheiben auf Brüstungshöhe.

Die Messung ergab folgenden Glasaufbau:

Von innen nach außen:

VSG 8 mm/Folie 0,76 mm Beschichtung auf Seite 2,

SZR 15,4 mm,

VSG 8 mm/Folie 0,76 mm keine Beschichtung.

Die Gesamtdicke der Verglasung betrug 32,8 Millimeter. Inklusive der Folien und der möglichen Toleranzen war das eine durchaus übliche Glasdicke.

Die Glasscheiben in den Feldern eins bis vier waren gleich groß, im Feld fünf waren die Maße von zwei Scheiben unterschiedlich.

In den Feldern eins, drei, vier und fünf war jeweils eine Scheibe gebrochen.

Von den Glasbrüchen war immer nur die raumseitige VSG-Scheibe betroffen.

Das Sprungbild in den defekten Isolierglasscheiben wies auf eine zu hohe thermische Belastung hin. Diese kann verschiedene Ursachen haben.

**Falsch:** An vier der fünf Fassadenfelder waren Glasbrüche entstanden.

Im vorliegende Fall waren eindeutig eine Teilbeschattung und ein Wärmestau und die dadurch entstehenden thermischen Spannungen die Ursache für die thermischen Glasbrüche.

Vom Sachverständigen wurde die Statik der verwendeten Isolierglasscheiben überprüft und auch verschiedene Glasaufbauten durchgerechnet.

Bei der Berechnung wurde angenommen, dass die Fassade und die Glasscheiben keine absturzsichernde Funktion erfüllen müssen.

Hinweis: Die Brüstungshöhe der Fensterbank betrug hier nur 790 Millimeter, die Fensterbanktiefe lag bei 430 Millimeter.

Das Ergebnis der Berechnungen zeigte, dass die vorhandenen Glasscheiben richtig dimensioniert waren. Der verwendete Glasaufbau mit zweimal VSG acht Millimeter konnte jedoch den thermischen Belastungen nicht standhalten.

### Schadensvermeidung und -beseitigung

Der Sachverständige machte folgenden Lösungsvorschlag:

Ersetzen der defekten Glasscheiben mit folgendem Glasaufbau:

Innen ESG-H 8 mm, außen 8 mm VSG 0,76 mm Folie.

Durch die Verwendung von ESG-H auf der Raumseite würde das Risiko minimiert, da die-

## 2.5.3 Glasbruch durch Hitzestau (Fall 549)

**Falsch:** Teilbeschattung durch Innenbeschattung und Hitzestau durch Rucksäcke und Gegenstände auf der Fensterbank.

| Feld | Glasbreite in mm | Glashöhe in mm | Risshöhe gemessen vom Riegel bei der Fensterbank in mm | Beginn des Risses |
|---|---|---|---|---|
| 1 | 990 | 3.182 | 355 | seitlich |
| 3 | 990 | 3.182 | 293 | seitlich |
| 4 | 1.970 | 3.182 | 310 | unten |
| 5 | 1.030 | 3.182 | 275 | seitlich |

Angaben zu den Schadensstellen.

**Falsch:** Der durch Teilbeschattung (Vorhang) und Gegenstände auf der Fensterbank entstehende Hitzestau war letztlich die Ursache für die thermischen Spannungen im Glas und die daraus entstehenden Glasbrüche.

ser Glastyp wesentlich toleranter gegenüber thermischen Belastungen ist.

Wichtig war, dass in Zukunft keine Gegenstände wie Rücksäcke, Tasche, Jacken und Ähnliches auf der Fensterbank gelagert werden. Die Innenbeschattung sollte bei Verwendung komplett geschlossen werden, um keine Teilbeschattung zu verursachen. Über diese Gebrauchshinweise sollten die Nutzer unbedingt informiert werden.

*Andreas Konzept*

### PRAXISTIPP:
- Achten Sie bei thermisch stark beanspruchten Glasscheiben auf einen dementsprechenden Glasaufbau.
- Geben Sie dem Nutzer entsprechende Hinweise mit auf den Weg, um thermische Belastungen der Scheiben zu minimieren.

Produktkategorie: Fassaden
Baujahr: 2019
Schadensjahr: 2019
Schlagworte: Fassaden/-bau, Fassadenkonstruktionen, Funktionsglas, Glas/-bau, Sonnenschutz/-anlagen

### GELTENDE REGELN:

Die Beachtung folgender Normen, Richtlinien, Verordnungen und Regeln sind die Voraussetzung für die fachtechnisch einwandfreie Ausführung der Arbeit:

- Fachregelwerk Metallbauerhandwerk – Konstruktionstechnik: Kap. 1.6.6.6 Glasbruch,
- Hersteller- und Verarbeitungsrichtlinien.

# Glasbruch durch lokale Temperaturerhöhung

**Schadensbeschreibung**

In der Baupraxis finden sich immer wieder Beispiele für temperaturinduzierte Brüche (auch als Thermobruch bezeichnet), die durch in der Fensterfläche lokal unterschiedlichen Energieeintrag (und damit unterschiedlichen Temperaturen) ausgelöst werden. Charakteristisch ist ein Bruchausgang von der Kante mit einer zu den Kanten senkrechten Bruchlinie, die sich gegebenenfalls in der Fläche verzweigt.

Die lokal höheren Temperaturen können einerseits durch eine teilweise Verschattung verursacht werden (zum Beispiel durch Dachüberstand, nur teilweise herabgelassenen Sonnenschutz oder auch Pflanzen). Andererseits kann ein lokal erhöhter Energieeintrag die Ursache sein, zum Beispiel durch aufgebrachte (dunkle) Papiere oder Fingermalfarbe oder auch durch die Positionierung von dunklen Gegenständen einschließlich Möbelstücken hinter der Glasscheibe.

**Fehleranalyse und -bewertung**

Die Zunahme der Temperatur (als Maßzahl für den Energieinhalt) eines Körpers hat eine Vergrößerung des Volumens zur Folge, wenn eine freie Dehnung möglich ist. Die Temperaturerhöhung erfolgt insbesondere bei beschichteten Gläsern durch Absorption von Sonnenstrahlung. Ist die Glasscheibe im Randbereich beispielsweise durch Deckleisten verschattet, findet dort kein oder ein stark reduzierter Energieeintrag statt, die Temperatur im Kantenbereich ist gegenüber der Fläche reduziert.

Erfolgt im verschatteten Bereich keine Temperaturzunahme, wird die Dehnung dort jedoch wegen der Kontinuität des Werkstoffes quasi erzwungen, so ergibt sich eine entsprechende Zugspannung im Kantenbereich. Diese kann unter Verwendung des Hook´schen Gesetzes für den linear-elastischen Werkstoff Glas einfach abgeschätzt werden zu $\sigma = E \varepsilon = E \alpha_T \Delta T$.

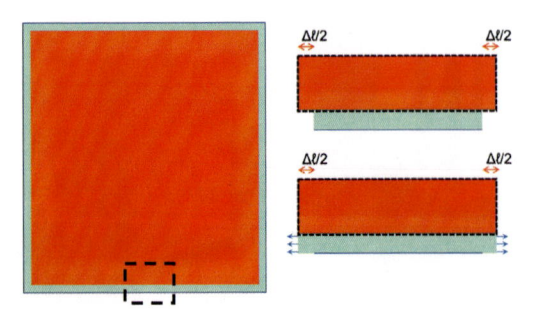

Erwärmte Glasscheibe mit lokal verschatteten, kühleren Bereichen im Randbereich. Übersicht (links) und Detailausschnitt (rechts) ohne Kontinuität (oben) beziehungsweise mit Kontinuität und Zugspannung (unten).

Mit Werten aus der DIN EN 572-1 für Kalk-Natronsilicatglas ($E = 70$ GPa, $\alpha_T = 9 \times 10^{-6}$ 1/K) ergibt sich für einen Temperaturunterschied von vierzig Kelvin eine Zugspannung von 25,2 Megapascal. Ein Wert, der bei länger anhaltender Beanspruchung abhängig von der Kantenqualität bruchauslösend sein kann. Dabei ist zu beachten, dass die Festigkeit nicht von der optischen Kantenqualität abhängen muss.

Als „Allgemein anerkannter Wert, der von der Kantenqualität und der Glasart beeinflusst wird" für die „Beständigkeit gegen Temperaturunterschiede und plötzliche Temperaturwechsel" findet sich in der DIN EN 572-1 die Zahl vierzig Kelvin. Eigene Messungen in begrenztem Zeitraum haben für den Standort Neubiberg in Bayern in Gläsern Oberflächentemperaturen von knapp achtzig Grad Celsius ergeben.

**Schadensvermeidung und -beseitigung**

Als Maßnahmen zur Vermeidung von Thermobrüchen empfiehlt sich die Verwendung von thermisch vorgespannten Gläsern, für die als Wert für die Temperaturwechselfestigkeit einhundert Kelvin (TVG nach DIN EN1863-1) beziehungsweise zweihundert Kelvin (ESG nach DIN EN 12150-1) angegeben wird. Eine höherwertige Kantenbearbeitung ist nicht unbedingt erfolgversprechend, da optische Qualität nicht notwendigerweise eine höhere Kantenfestigkeit bedeutet.

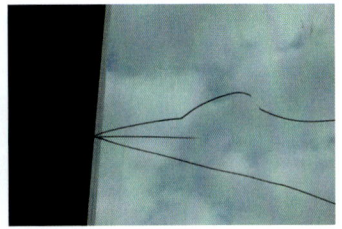

## 2.5.4 Glasbruch durch lokale Temperaturerhöhung (Fall 550)

Beispiele von Thermobrüchen

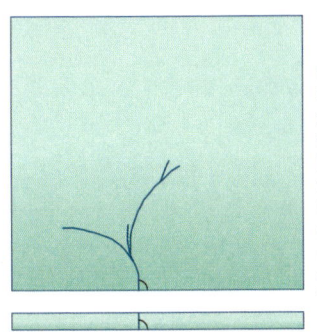

Charakteristische Bruchlinie von Thermobrüchen, schematisch in Ansicht auf Fläche (Mitte links) und Kante (unten links) sowie Abbildung mehrerer nebeneinander angeordneter Thermobrüche (oben).

Eine realitätsnahe Berechnung der Beanspruchungen beliebiger Temperatureinwirkungen unter Berücksichtigung der räumlichen Geometrie und der Temperaturleitung im Glas ist mithilfe von Finite-Elemente-Software durch Kopplung thermischer und mechanischer Analyse möglich. Es bleibt jedoch die Schwierigkeit, dass die für Bemessung anzusetzenden Temperaturen normativ nur unzureichend geregelt sind. Verschiedene vereinfachte Rechenmodelle zur Abschätzung eines thermisch induzierten Bruches basieren in der Regel auf empirisch ermittelten Gleichungen und Kennwerten. Sie können als erste Abschätzung hilfreich sein. Derzeit gibt es Anstrengungen für eine Normung der verbundenen Fragestellungen, das heißt einerseits Berechnungsverfahren und andererseits Klimadaten.

*Dr.-Ing. Barbara Siebert,*
*Univ.-Prof. Dr.-Ing. Geralt Siebert*

Produktkategorie: Fenster
Baujahr: diverse
Schadensjahr: diverse
Schlagworte: Glasbruch, Verschattung, Thermobruch

### PRAXISTIPP:

- Weisen Sie den Bauherren auf die Gefahr des thermischen Glasbruchs hin.
- Im Zweifelsfall lassen Sie eine Stress-Analyse durchführen oder verwenden gleich vorgespanntes Glas.

### GELTENDE REGELN:

Die Beachtung folgender Normen, Richtlinien, Verordnungen und Regeln sind die Voraussetzung für die fachtechnisch einwandfreie Ausführung der Arbeit:

- Fachregelwerk Metallbauerhandwerk – Konstruktionstechnik: Kap. 1.6.6 Glas,
- DIN 18008-1 Glas im Bauwesen; Bemessungs- und Konstruktionsregeln; Teil 1: Begriffe und allgemeine Grundlagen,
- DIN 18008-2 Glas im Bauwesen; Bemessungs- und Konstruktionsregeln; Teil 2: Linienförmig gelagerte Verglasungen,
- DIN EN 572-1 Glas im Bauwesen; Basiserzeugnisse aus Kalk-Natronsilicatglas; Teil 1: Definitionen und allgemeine physikalische und mechanische Eigenschaften,
- DIN EN 1863-1 Glas im Bauwesen; Teilvorgespanntes Kalknatronglas; Teil 1: Definition und Beschreibung,
- DIN EN 12150-1 Glas im Bauwesen; Thermisch vorgespanntes Kalknatron-Einscheiben-Sicherheitsglas; Teil 1: Definition und Beschreibung.

## Öffnungsbegrenzer als sicherheitsrelevante Bauteile

Dieses Beispiel eines abgestürzten Elementes belegt die Notwendigkeit des Funktionsnachweises von Öffnungsbegrenzern.

### Schadensbeschreibung

In der heutigen Architektur finden sich sehr oft raumhohe, zu Lüftungs- oder Entrauchungszwecken öffenbare Fenster ohne weitere Absturzsicherung. Um die Öffnungsbreite auf 120 Millimeter zu begrenzen und einen Absturz von Personen zu verhindern, müssen sogenannte „Öffnungsbegrenzer" eingesetzt werden.

Öffnungsbegrenzer werden zunächst als „Komfortbauteile" angeboten, sind aber in der Anwendung häufig mit einer Schutzfunktion verbunden. Die Schutzfunktion reicht dabei von der Begrenzung des Öffnungswegs zur Vermeidung eines Anstoßens an angrenzenden Bauteilen bis hin zur Sicherung des Absturzes von Personen.

Eine Forderung nach entsprechenden Nachweisen zum Erreichen dieser Schutzziele scheint aufgrund einiger Schadensfälle mit herabgefallenen Elementen sinnvoll.

Die heute problematischen Konstruktionen wurden oft ohne Nachweise eingebaut, sind nicht manipulationssicher und eine Vielzahl der Drehflügel wurden noch nie oder (zu) selten gewartet.

Absturzsichernde Konstruktionen mit Öffnungsbegrenzern sind meist ungeregelte Bauarten, sodass eine vorhabenbezogene Bauartgenehmigung (früher: Zustimmung im Einzelfall) bei der jeweiligen obersten Bauaufsichtsbehörde erwirkt werden muss.

Diese erforderlichen Verwendbarkeitsnachweise liegen nur in den seltensten Fällen vor.

### Fehleranalyse und -bewertung

Grundlage für Anforderungsstufen und deren Nachweis ist als Stand der Technik die „ift-Richtlinie FE-18/1 Fenster mit Öffnungsbegrenzung".

Die Richtlinie

- bezieht sich auf öffenbare Fenster nach Produktnorm DIN EN 14351-1 und umfasst Fenster, Fenstertüren und Dachflächenfenster mit Öffnungsbegrenzung, Beschlag, die Verglasung oder opake Füllung sowie sonstige für die Erfüllung des Schutzziels erforderliche Baugruppen in der konkreten Anwendung/Einbausituation.
- umfasst auch Nachrüstprodukte, die für das jeweilige Fenstersystem geeignet sind.
- deckt nur Öffnungsarten mit Rotationsbewegung ab (keine Schiebe-Funktion).

Es werden drei Stufen unterschieden: Komfortanwendung, erweiterte Anwendung und absturzsichernde Anwendung. Insbesondere für die absturzsichernde Anwendung sind umfangreiche, zum Teil versuchstechnische Nachweise erforderlich. Dabei müssen die Elemente sowohl in geöffnetem als auch geschlossenem Zustand gegen Absturz sichern – und das während des gesamten Lebenszyklus.

## 2.5.5 Öffnungsbegrenzer als sicherheitsrelevante Bauteile (Fall 551)

Der nicht gewartete Flügel zeigt einige Schäden. Die fehlende Wartung ist auch oft die Ursache für das Versagen von Öffnungsbegrenzern.

So sind neben Versuchen zur Stoßsicherheit auch Versuche zur Dauerhaftigkeit (Öffnungs-/Schließzyklen) durchzuführen.

Wichtig ist auch die Manipulationssicherheit. Durch geeignete Maßnahmen sind die Befestigung des Öffnungsbegrenzers und/oder der Verriegelungsmechanismus gegen unbefugtes Demontieren und Lösen der sicherheitsrelevanten Bauteile per Hand oder mittels Kleinwerkzeug zu sichern.

Bekanntermaßen bleiben derartige Konstruktionen nur langfristig funktionsfähig, wenn sie entsprechend gewartet werden. Die fachgerechte Wartung und Instandhaltung wird aber häufig vernachlässigt.

**Schadensvermeidung und -beseitigung**

Konstruktiver Glasbau muss geplant werden und statisch nachgewiesen werden. Hierzu zählen auch Fensterflügel mit Öffnungsbegrenzern.

Der Mangel ist hier meistens nicht offensichtlich und macht sich – wenn überhaupt – häufig erst nach mehreren Jahren bemerkbar, kann dann aber dramatische Folgen haben, bis hin zum Absturz von Elementen oder gar Personen.

*Dr.-Ing. Barbara Siebert,*
*Univ.-Prof. Dr.-Ing. Geralt Siebert*

Produktkategorie: Fenster
Baujahr: diverse
Schadensjahr: diverse
Schlagworte: Beschläge, Fenster/-bau, Glas/-bau, Standsicherheit, Statik, Wartung/-sverträge, Zustimmung im Einzelfall

**PRAXISTIPP:**
- Planen Sie rechtzeitig!
- Fordern Sie die Nachweise der Verwendbarkeit ein.
- Weisen Sie auf eine fachgerechte Wartung in den geforderten Zeitintervallen hin.

**GELTENDE REGELN:**

Die Beachtung folgender Normen, Richtlinien, Verordnungen und Regeln sind die Voraussetzung für die fachtechnisch einwandfreie Ausführung der Arbeit:

- Fachregelwerk Metallbauerhandwerk – Konstruktionstechnik: Kap. 2.1 Fenster,
- DIN 18008-1 Glas im Bauwesen; Bemessungs- und Konstruktionsregeln; Teil 1: Begriffe und allgemeine Grundlagen,
- DIN 18008-2 Glas im Bauwesen; Bemessungs- und Konstruktionsregeln; Teil 2: Linienförmig gelagerte Verglasungen,
- DIN 18008-4 Glas im Bauwesen; Bemessungs- und Konstruktionsregeln; Teil 4: Zusatzanforderungen an absturzsichernde Verglasungen,
- DIN EN 14351-1 + A2 Fenster und Türen; Produktnorm, Leistungseigenschaften; Teil 1: Fenster und Außentüren,
- ift-Richtlinie: FE-18/1 Fenster mit Öffnungsbegrenzung,
- VFF Merkblatt WP.02: Instandhaltung von Fenstern, Fassaden und Außentüren – Wartung/Pflege & Inspektion: Maßnahmen und Unterlagen. Verband Fenster + Fassade (VFF), Frankfurt am Main,
- VFF Merkblatt WP.03: Instandhaltung von Fenstern, Fassaden und Außentüren – Wartung/Pflege & Inspektion: Wartungsvertrag. Verband Fenster + Fassade (VFF), Frankfurt am Main.

# Ohne die richtigen Dokumente mangelhaft

## Schadensbeschreibung

Im vorliegenden Fall stellte die Bauherrenschaft bei der Sichtung der Leistungserklärungen für die eingebauten Bauprodukte fest, dass nicht alle geforderten Merkmale im gewünschten beziehungsweise geforderten Maße nachgewiesen wurden. Die Zahlungen an die montierende Firma sollten reduziert werden, wenn die Leistungserklärungen nicht nachgeliefert würden. Die reale Leistung war nicht beeinträchtigt.

## Fehleranalyse und -bewertung

Bauwerke werden aus **Bauprodukten** (Baustoffe, Produkte, Bausätze, Bauteile) erstellt. Das Zusammenfügen wird als **Bauart** bezeichnet.

In einer Leistungserklärung kann die „Leistung eines Bauprodukts" in Bezug auf relevante „wesentliche Merkmale" in Stufen, Klassen oder einer Beschreibung angegeben werden; wird für ein wesentliches Merkmal keine Leistung erklärt, ist „NPD" (No Performance Determined = keine Leistung festgestellt) anzugeben. Es ist mindestens für ein (beliebiges) wesentliches Merkmal eine Leistung zu erklären. Eine CE-Kennzeichnung darf nur auf Bauprodukten aufgebracht werden, für die eine Leistungserklärung existiert.

Bauprodukte mit CE-Kennzeichnung dürfen verwendet werden, wenn die erklärten Leistungen den Anforderungen für die jeweilige Verwendung entsprechen. Zusätzliche Produkteigenschaften, die in einer harmonisierten EN und/oder einer ETA nicht berücksichtigt sind, können „freiwillig" erklärt werden. Die von der Bauaufsicht in Deutschland eingeführte Bezeichnung „freiwillig" ist dabei etwas verwirrend: Die Freiwilligkeit betrifft nur den Handel und das Inverkehrbringen des Bauprodukts und nicht die Anwendung, das heißt den Einsatz in einer Bauart.

Zur Verdeutlichung der Problematik wird als Beispiel ein Fassadenelement betrachtet. EN 13830 (Produktnorm Vorhangfassaden) ist in der Liste der harmonisierten Normen enthal-

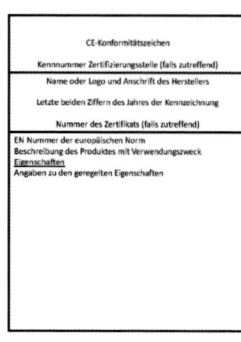

ESG ist nicht verwendbar im Sinne der Bauordnung: Bei Glas mit statisch tragender Funktion – das heißt im Fall einer Verwendung in Fenster, Fassade, Geländer, Boden, Dach, (Trenn-)Wand etc. – ist jeweils insbesondere das Merkmal „Widerstand gegen Schnee, Wind, Dauerlasten bzw. sonstige Lasten" von Bedeutung, ein NPD ist nicht ausreichend – auch wenn hier formal nur die Glasdicke anzugeben ist.

ten, die Absturzsicherheit beispielsweise ist nicht zufriedenstellend geregelt: Es wird in EN 13830 für das Merkmal Stoßsicherheit eine Klassifizierung nach EN 12600 gefordert; dabei wird der Glasaufbau mittels Pendelschlagversuch analog DIN 18008-4 getestet, jedoch in genormten Abmessungen (847 Millimeter mal 1.910 Millimeter) und in definiertem Testrahmen – die meist von Abmessungen und Lagerungen in realen Bauvorhaben abweichen. Das heißt, trotz CE-Zeichen – und selbst wenn für alle in hEN vorgesehenen Merkmale eine Leistung erklärt würde – ist eine Verwendbarkeit im Sinne der MBO nicht nachgewiesen. Hierzu ist DIN 18008-4 am Originalaufbau heranzuziehen; die Absturzsicherheit darf aber **nicht** mit der CE-Leistungserklärung erklärt werden, sondern mit sogenannter „freiwilliger" Erklärung.

Bei bodentiefen Fenstern betrifft dieser Aspekt beispielsweise die Sicherung gegen Absturz durch geeignete Gläser und Lagerung der Gläser oder eventuell verbaute Öffnungsbegrenzer.

**Bausatz** bezeichnet nicht die Tätigkeit des Zusammenfügens, sondern ein **Bauprodukt,** das **ein** Hersteller als Satz mindestens zweier getrennter Komponenten in Verkehr bringt, die dann zusammengefügt werden müssen, um in ein Bauwerk eingefügt zu werden. Das Zusammenfügen der Elemente des Bausatzes gestaltet lediglich das Bauprodukt um und fügt keine Bauprodukte zu (Teilen von) baulichen Anlagen zusammen und ist somit keine Bauart.

Das heißt, werden Glashalter und Glas von einem Hersteller gekauft, so ist dieser für alle Nachweise für den Bausatz verantwortlich, werden Glashalter und Glas von verschiedenen Lieferanten bezogen, ist die montierende Firma quasi der Hersteller.

Eine strikte Trennung fällt jedoch häufig schwer oder erscheint etwas künstlich. Sie folgt den hiermit verbundenen Fragen über die Kompetenzaufteilung zwischen einerseits der EU (für den europäischen Binnenmarkt und das Produktrecht) und andererseits den einzelnen Mitgliedstaaten (für die Bauwerkssicherheit). Technische Baubestimmungen für Bauarten werden sich meist nur auf die Anbindung des Bausatzes an ein anderes Bauprodukt, Bauteil oder das Bauwerk beziehen können, Regelungen betreffend das Zusammenfügen des Bausatzes selbst sind dagegen nur in Ausnahmefällen denkbar.

Da nicht für alle „wesentlichen Merkmale" auch Leistungen erklärt werden müssen, ist eine Kennzeichnung mit CE noch keine Gewähr für eine Verwendbarkeit im Sinne des Bauordnungsrechts beziehungsweise für den jeweiligen Anwendungsfall. Und da harmonisierte technische Spezifikationen im europäischen Konsens eher den kleinsten gemeinsamen Nenner abbilden, kann es durchaus vorkommen, dass national im Hinblick auf eine Verwendung im Bauwerk weitere Merkmale als wesentlich eingeschätzt werden – die dann aber nicht mit CE bestätigt werden können.

**Schadensvermeidung und -beseitigung**

Der montierende Betrieb muss die Nachweise für Bauprodukte und deren Verwendbarkeit als Bauart (einschließlich statischer Nachweise) fordern und zur Übergabe an Auftraggeber bereithalten.

*Dr.-Ing. Barbara Siebert,*
*Univ.-Prof. Dr.-Ing. Geralt Siebert*

Produktkategorie: Fassaden
Baujahr: diverse
Schadensjahr: diverse
Schlagworte: Bauabnahme, Bauordnung, Baurecht, CE-Kennzeichnung

**PRAXISTIPP:**
- Bereits bei der Bestellung von Bauprodukten sollten Sie darauf achten, dass Nachweise für alle erforderlichen Erklärungen gefordert werden – nachträglich lassen sich die Papiere nicht immer beschaffen.
- Prüfen Sie die Leistungserklärungen auf Vollständigkeit und Übereinstimmung mit den eigenen Produkten – pauschale Erklärungen decken den eigenen Fall nicht immer ab.
- Nach der Bauproduktenverordnung (BauPVO) dürfen CE-Kennzeichnungen in jeder Sprache (der EU) gemacht werden. Die Leistungserklärung jedoch muss nach Bauproduktengesetz (BauPG) in Deutschland in deutscher Sprache erfolgen – ein weiterer Ansatzpunkt für formale Mängel, die an der realen Qualität einer Bauleistung nichts ändern.

**GELTENDE REGELN:**

Die Beachtung folgender Normen, Richtlinien, Verordnungen und Regeln sind die Voraussetzung für die fachtechnisch einwandfreie Ausführung der Arbeit:

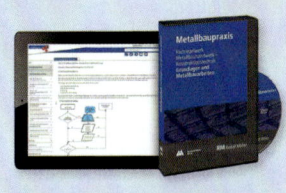

- Fachregelwerk Metallbauerhandwerk – Konstruktionstechnik: Kap. 1.3.1.2 Anforderungen an Bauleistungen, Bauprodukte,
- EU-Bauproduktenverordnung (EU-BauPVO),
- Musterbauordnung (MBO),
- Landesbauordnungen LBO.

# Schiebetor mit geringer Nachbesserung regelgerecht

**Schadensbeschreibung**

Bei einem kraftbetätigten Schiebetor bezweifelte der Kunde, dass die Sicherheitseinrichtungen funktionierten und ausreichend seien. Der Gutachter sollte für das Gericht unter anderem die Frage klären, ob der Einklemmschutz inklusive der verbauten Lichtschranke korrekt ausgeführt sei.

Das kraftbetätigte Schiebetor aus Aluminium mit geschlossener Füllung lief auf vier Rollen auf einer verzinkten Bodenschiene. Oben wurde das Torblatt zwischen zwei justierbaren Rollenpaaren (mit Abdeckung) geführt.

An den Torpfosten war in etwa einhundert Millimeter Höhe eine Lichtschranke montiert.

Die lichte Durchfahrtsbreite des Tores betrug 2.846 Millimeter, das Torblatt war 1.843 Millimeter hoch. Zwischen dem beweglichen Torblatt und dem festen Torpfosten betrug der lichte Abstand 53 Millimeter.

Der Sachverständige testete die auf „Impulsbetrieb" eingestellte Steuerung mit dem Handsender. Sie funktionierte einwandfrei.

Wurde beim Schließvorgang des Tores die Lichtschranke durch ein Hindernis unterbrochen, stoppte der Antrieb und reversierte.

Der Torantrieb war mit einer integrierten kraftbegrenzenden Schutzeinrichtung ausgestattet. Die Kraftmessung des Sachverständigen nach DIN EN 12353 an der Hauptschließkante ergab einen Durchschnittswert in der dynamischen Spitzenkraft von $F_{dyn}$ = 385 Newton.

Die dynamische Zeit bis die Kraftabschaltung des Antriebes die Kraft reduzierte, betrug bei allen Messungen $t_{dyn}$ größer 0,75 Sekunden.

Im statischen Bereich lagen die Kräfte im gerundeten Mittel bei $F_{stat}$ = 310 Newton.

Sowohl auf dem Motor und als auch auf dem Schiebetor war die erforderliche CE-Kennzeichnung vorhanden.

*Bei dem kraftbetätigten Schiebetor wurde die Funktionsfähigkeit der Sicherheitsreinrichtungen in Zweifel gezogen.*

**Fehleranalyse und -bewertung**

Die CE-Kennzeichnung von Toren erfolgt nach der DIN EN 13241. Die Nutzungssicherheit wird in der DIN EN 12453 geregelt. Kraftbetätigte Toranlagen unterliegen weiterhin der Maschinenrichtlinie 2006/42/EG. Die Grundlagen der geforderten Risikobeurteilung sind in der DIN EN 12604, DIN EN 12453 und der ASR A1.7 enthalten.

Für das öffentlich zugängliche Tor in diesem Streitfall, das von unterwiesenen Personen mit Sicht zum Tor durch Impulse gesteuert wird, fordert die DIN EN 12453:

- entweder eine Kraftbegrenzung des Antriebes oder eine Schutzkontaktleiste an den gefährdeten Stellen,
- oder eine Einrichtung zur Erkennung der Anwesenheit, die so beschaffen und eingebaut ist, dass unter keinen Umständen eine Person vom bewegten Torflügel berührt werden kann.

Um ein Eingreifen in den Fahrweg des öffnenden Tores zu verhindern, sind zwischen dem beweglichen Torblatt und festen Teilen bestimmte Sicherheitsabstände einzuhalten. So darf dieser Abstand acht Millimeter nicht übersteigen.

Der Einklemmschutz wurde bei der kraftbetätigten Schiebetoranlage hauptsächlich durch die in der Motorsteuerung integrierten Kraftbegrenzung gewährleistet. Sie funktionierte grundsätzlich bei allen durchgeführten Versuchen. Jedoch wurden die vorgegebenen Zeiten und maximalen Kräfte nicht eingehalten.

## 2.5.7 Schiebetor mit geringer Nachbesserung regelgerecht (Fall 553)

**Falsch:** Der Abstand zwischen dem beweglichen Torblatt und dem festen Torpfosten war mit 53 Millimeter zu groß. Hier musste mit einem Abdeckblech nachgearbeitet werden.

Im dynamischen Bereich lagen die ermittelten Kräfte im Durchschnitt bei $F_{dyn}$ = 385 Newton und somit im zugelassenen Bereich. Jedoch lag die Zeit, bis die Steuerung die Kraft reduzierte, bei allen Messungen $t_{dyn}$ über 0,75 Sekunden.

Im statischen Bereich lagen die gemessenen Kräfte im Mittel bei $F_{stat}$ = 310 Newton, das heißt deutlich über den maximal zulässigen 150 Newton.

Der Antrieb reversierte die Torfahrt nach Erkennen des Hindernisses innerhalb der vorgegebenen fünf Sekunden, wodurch die Endkraft größer/gleich 25 Newton betrug und somit regelkonform war.

Somit waren lediglich die Werte der dynamischen Zeit und der statischen Kraft zu hoch. Da es sich um einen zertifizierten Antrieb handelte, war davon auszugehen, dass die Steuerung nicht richtig programmiert und die Lernfahrt unzureichend durchgeführt worden war.

Die Einzugsstelle an der Nebenschließkante war mit 53 Millimeter zu breit.

Dieser Abstand durfte maximal acht Millimeter betragen.

Die montierte Lichtschranke arbeitete einwandfrei, war aber für diesen Einsatz nicht gefordert.

**PRAXISTIPP:**
- Achten Sie bei kraftbetätigten Toren auf die CE-Kennzeichnung.
- Erstellen Sie eine Risikobeurteilung und achten Sie auf die normativ vorgeschriebenen Sicherheitseinrichtungen.

### Schadensvermeidung und -beseitigung

Abgesehen von den Unregelmäßigkeiten bei der dynamischen Zeit und der statischen Kraft, die durch die Neuprogrammierung der Steuerung beseitigt werden konnten, war nur der Abstand an der Nebenschließkante zu groß. Hier musste mit einem Abdeckblech der Abstand verringert werden.

Für die Beseitigung der Unregelmäßigkeiten setzte der Sachverständige Kosten von etwa 700 Euro an.

*Ralf Patzer*

Produktkategorie: Tore
Baujahr: 2020
Schadensjahr: 2021
Schlagworte: Antriebstechnik, Schiebetore, Toranlage, Torautomation, Tore/Torbau

**GELTENDE REGELN:**

Die Beachtung folgender Normen, Richtlinien, Verordnungen und Regeln sind die Voraussetzung für die fachtechnisch einwandfreie Ausführung der Arbeit:

- Fachregelwerk Metallbauerhandwerk – Konstruktionstechnik: Kap. 2.23.0 Torauswahl und CE-Kennzeichnung, Kap. 2.27.1 Schiebetore,
- DIN 18360 VOB Vergabe- und Vertragsordnung für Bauleistungen; Teil C: Allgemeine Technische Vertragsbedingungen für Bauleistungen (ATV); Metallbauarbeiten,
- DIN EN 12453 Tore; Nutzungssicherheit kraftbetätigter Tore; Anforderungen und Prüfverfahren,
- DIN EN 12604 Tore; Mechanische Aspekte, Anforderungen und Prüfverfahren,
- DIN EN 12978 Türen und Tore; Schutzeinrichtungen für kraftbetätigte Türen und Tore, Anforderungen und Prüfverfahren,
- DIN EN 13241 Tore; Produktnorm, Leistungseigenschaften,
- ASR A 1.7 Türen und Tore,
- DGUV 208-022 Türen und Tore,
- Maschinenrichtlinie 2006/42/EG.

# Türen mit vergleichbarem Einbruchschutz

### Schadensbeschreibung

Bei der Erneuerung der Eingangssituation in einem Geschäftshaus sollten auch eine Reihe von Schiebetüren ersetzt werden.

Der Sachverständige hatte die Aufgabe die in Deutschland nicht zugelassenen RC 3 Schiebetüren hinsichtlich der RC 3 Zulassung nach DIN EN 1627 zu vergleichen und zu bewerten.

Dabei ging es auch um die Bewertungen von Größenüberschreitungen, zur Verglasung, zur Alarmspinne, zur Verriegelungsausführung und zu den Montagebedingungen der Verankerung.

Die Bewertung erfolgte anhand von Zeichnungen. Auf Basis der technischen Unterlagen wurden die Planungszeichnungen mit deren Spezifika bewertet. Abweichungen vom Prüfzeugnis und ergänzende Ausführungen wurden ohne Prüfung gemäß DIN EN 1627 bewertet. Basis waren die DIN EN 356 und VdS-Anerkennungen.

Die Schiebtüren hatten eine Einbruchhemmung gemäß der niederländischen Norm NEN 5096 (EN 1627). Die belgische Zulassung bezog sich auf das verwendete Profilsystem mit den angegebenen Spezifika.

Vier Außentüren waren einflüglige Schiebetüren mit einen Festfeld. Die Schiebetüren waren aus dem Profilsystem mit belgischer RC 3 Zulassung.

Für einflüglige Schiebetürflügel sind in der Zulassung folgende Maße enthalten: Höhe maximal 3.000 Millimeter, Breite maximal 1.500 Millimeter. Diese Maße sind die Glasmaße der Schiebetürflügel. Für die Festverglasung wird an der gleichen Stelle der Zulassung kein maßliches Limit angegeben.

Fertigungstechnisch kann P6B Glas gemäß dem Prüfaufbau als Float 6/3.04 Folie/Float 6 bis maximal 4.500 Millimeter mal 2.600 Millimeter gefertigt werden.

Die Verglasung dieser Außentüren war mit Monoglas P6B mit integrierter Alarmspinne nach Prüfzeugnis gemäß DIN EN 356 ausgestattet.

Die Außentüren waren mit einem Bodenschloss PZ Ausnehmung und mit einer vollautomatischen Mehrfachverriegelung für den Tagbetrieb ausgestattet.

### Fehleranalyse und -bewertung

Die Außentüren waren gemäß der Zulassung als RC 3 Türen gemäß NEN 5096 (EN 1627) klassifiziert.

Die geringe Größenüberschreitung der Breiten der Verglasung im Schiebetürflügel um 59 Millimeter hatte nach der Bewertung durch den Sachverständigen keinen nachteiligen Einfluss auf die RC 3 Qualität. Grundlage dafür war die einseitige Maßüberschreitung und diese lag unter zehn Prozent der zugelassenen Größe.

Die Außenschiebetüren hatten im abgeschlossenen Zustand mit dem Bodenschloss eine zusätzliche Absicherung gegen Aufhebeln. Gemäß den Angaben des Herstellers hatte dieses Bodenschloss die RC 3 Qualität.

Im Tagbetrieb wurde durch das zusätzliche Schloss der Schiebetürflügel elektrisch mit Rückmeldung verriegelt. Dieses Schloss verriegelt elektronisch beim Schließen mit zwei Zirkelriegelschlössern und ist für RC 3 Türen geeignet. Mit dieser Ausstattung erfüllten die Schiebetüren die Anforderungen der DIN EN 1627 RC 3.

Die mittleren Türen wurden im Profilsystem mit P6B Glas ausgeführt. Die Türflügel hatten eine Verglasung mit einer Breite von 1.216 Millimeter und einer Höhe von 2.977 Millimeter.

Der Verschluss der Schiebetürflügel erfolgte ebenfalls mit einer vollautomatischen Mehrfachverriegelung für den Tagbetrieb und war für RC 3 Türen geeignet.

Durch den Wegfall des Bodenschlosses und die Verwendung einer vollautomatischen Mehrfachverriegelung für den Tagbetrieb erfüllten diese Türen die Klassifizierung RC 2 nach der DIN EN 1627.

Die Festverglasungen beziehungsweise die Paneelflächen waren in RC 3 Qualität ausgeführt.

Die inneren Türen waren nach der Zulassung als RC 3 Türen gemäß NEN 5096 (EN 1627) klassifiziert. Durch den Wegfall des Bodenschlosses und die Verwendung einer vollautomatischen Mehrfachverriegelung für den Tagbetrieb erfüllten diese Türen ebenfalls die Klassifizierung RC 2 nach der DIN EN 1627.

Die Verglasung erfolgte mit P6B Glas gemäß Zulassung und gültigem Prüfzeugnis.

**Schadensvermeidung und -beseitigung**

Die gemäß den erhaltenen Unterlagen geplanten Schiebetüranlagen erfüllten folgende Anforderungen:

> **PRAXISTIPP:**
> - Achten Sie beim Einbruchschutz auf die Zulassungen der Bauelemente und Bauteile.
> - Liegen keine deutschen Zulassungen vor, sind unter Umständen auch ausländische Zulassungen vergleichbar.

- die Außentüren die Kriterien der DIN EN 1627 RC 3,
- die mittleren Türen die Kriterien der DIN EN 1627 RC 2,
- die inneren Türen die Kriterien der DIN EN 1627 RC 2.

Diese Türen konnten in Anlehnung an die ausländische Zulassung gefertigt und montiert werden.

*Erwin Kostyra*

Produktkategorie: Türen
Baujahr: 2023
Schadensjahr: 2023
Schlagworte: Einbruchschutz, Elektrische Türverriegelung, Türen/-bau, Zulassung

> **GELTENDE REGELN:**
>
> Die Beachtung folgender Normen, Richtlinien, Verordnungen und Regeln sind die Voraussetzung für die fachtechnisch einwandfreie Ausführung der Arbeit:
>
> - Fachregelwerk Metallbauerhandwerk – Konstruktionstechnik: Kap. 1.14 Einbruchschutz, Kap. 2.3.1 Metalltüren,
> - DIN EN 356 Glas im Bauwesen; Sicherheitssonderverglasung; Prüfverfahren und Klasseneinteilung des Widerstandes gegen manuellen Angriff,
> - DIN EN 1627 Türen, Fenster, Vorhangfassaden, Gitterelemente und Abschlüsse; Einbruchhemmung; Anforderungen und Klassifizierung,
> - Zulassungen zur Einbruchhemmung.

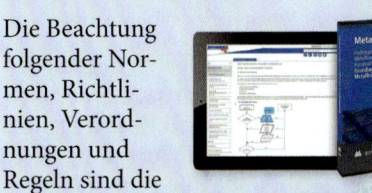

## Haustüren mit erheblichen Mängeln

### Schadensbeschreibung

An einem Mehrfamilienhaus waren zwei Hauseingangstüren und eine Festverglasung eingebaut worden. Die Elemente sollten „vandalismussicher, einbruchshemmend und in einer konstruktiv und optisch hohen Qualität ausgeführt und montiert werden".

Nach der Montage kam es zu Mängelanzeigen und die Abnahme wurde verweigert. Das Gutachten sollte die fach- und normgerechte Ausführung der Leistungen beurteilen.

Die Türelemente und die Festverglasung wurden aus Quadrat- und Rechteckrohrprofilen gefertigt. An einer Türanlage wurde ein festes Seitenteil montiert. Die Türen und das Seitenteil hatten eine Einfachverglasung aus Verbundsicherheitsglas und ein Blechpaneel unter der Quersprosse.

Beide Türflügel hatten ein selbstverriegelndes Fallen-Riegel-Schloss und einen äußeren Stoßgriff und innere Türdrücker aus Edelstahl. Ein Stoßgriff war beim Ortstermin locker. Beide Türen waren mit einem Bodentürschließer und einem Schwellenprofil aus Rechteckrohr ausgestattet. Beim Öffnen der Türflügel wurden durch den Sachverständigen die Bedienkräfte der Türdrücker und das Öffnungsmoment ermittelt. Diese waren unkritisch. Unterlagen für die Bedienung, Wartung und Pflege der Türelemente waren nicht vorhanden, da sie erst bei einer geplanten Abnahme (die nicht erfolgte) übergeben werden sollten.

### Fehleranalyse und -bewertung

Hauseingangstüren unterliegen der DIN EN 14351-1. In dieser Norm werden die Hauptparameter der mandatierten Eigenschaften für Haustüren festgelegt, wie:

- Widerstandsfähigkeit gegen Windlast,
- Schlagregendichtheit,
- Wärmedurchgangskoeffizient (U-Wert),
- Luftdurchlässigkeit.

Zusätzliche Eigenschaften (zum Beispiel Einbruchschutz) können darüber hinaus vereinbart werden.

**Falsch:** Von weitem sahen die Türen noch ganz ordentlich aus. Bei näherem Betrachten offenbarten sich jedoch eine ganze Reihe von Mängeln.

Der Hersteller beziehungsweise Inverkehrbringer (zum Beispiel Montagebetrieb) bestätigt in seiner Leistungserklärung die fach- und normgerechte Ausführung des Bauprodukts.

Die vereinbarten Eigenschaften der Haustüren wurden hier in den verschiedenen Auftragsunterlagen unterschiedlich beschrieben.

So zum Beispiel im Angebot:

- Haustüreingangstür,
- stabile Stahltüranlagen,
- Sandwichpaneel und obere Isolierverglasung.

Im Bauvertrag war unter „zusätzliche Vereinbarungen" zu lesen:

- Ausführung in verzinkten Stahlprofilen im RAL Farbton 3004,
- Rahmenkonstruktion ohne sichtbare Herstellungsmerkmale (oberflächliche Schweißnähte),
- leichte Gang- und Schließbarkeit (integrierter Obentürschließer),
- Dreifach-Verriegelung.

Die beiden Fertigungszeichnungen zeigten, dass für die Verglasung keine ISO Verglasung vorgesehen war und dass die Türschwellenprofile bei den Haustüren zehn Millimeter und zwanzig Millimeter Bodenausstand haben sollten.

### Schadensvermeidung und -beseitigung

Die nach den anerkannten Regeln der Technik zu erwartende Ausführung basiert bei Hauseingangstüren (Außentüren) auf der Klassifizierung der mandatierten Eigenschaften. Diese la-

## 2.5.9 Haustüren mit erheblichen Mängeln (Fall 555)

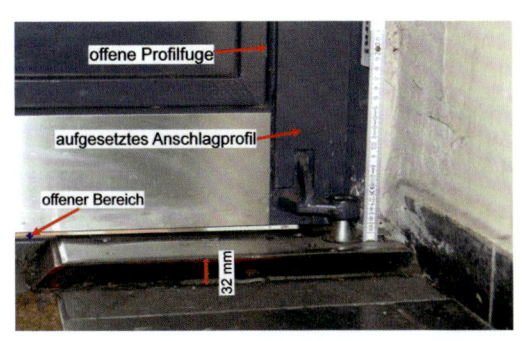

**Falsch:** Unter anderem stand der Bodentürschließer 32 Millimeter über dem Boden auf.

gen bei den ausgeführten Türen nicht vor. Auch die erwartete zusätzlich vereinbarte Eigenschaft der Einbruchhemmung wurde nicht ausgeführt.

Damit entsprachen die Haustüranlagen nicht den anerkannten technischen Regeln. Es wurden Türelemente ohne System- beziehungsweise Einzelzulassung nach DIN EN 14351-1 eingebaut.

Neben den fehlenden mandatierten Eigenschaften wiesen die Hautüranlagen weitere Fertigungs- und Montagemängel auf, zum Beispiel:

- Einbau eines Fallen-Riegel-Schlosses statt Dreifach-Verriegelung,
- keine dauerhafte Anschlagabdichtung,
- Profilstöße, Rahmengrundprofil, Quadratrohr mit aufgesetztem Flachstahl als Türanschlagprofil mit Dichtmasse verschlossen,
- keine erhöhte Oberflächenoptik (im Sockel Montagestöße und Schweißnähte deutlich sichtbar),
- Anschlag und damit der Türflügel war zum Rahmenprofil um vier Millimeter verzogen,

### PRAXISTIPP:

- Achten Sie auf die Einhaltung der mandatierten Eigenschaften eines geregelten Bauelementes.
- Treffen Sie eindeutige Vereinbarungen über die zu erwartetenden Eigenschaften, am besten unter Verwendung der entsprechenden technischen Regeln.

- Türschwellen sind 22 Millimeter beziehungsweise 26 Millimeter hoch, Bodentürschließer stehen teilweise bis zu dreißig Millimeter über dem Fußboden.

Dazu kamen einige weitere Mängel.

Eine Nachbesserung der Türen war nicht möglich, da die mandatierten Eigenschaften der Türen durch den Hersteller nicht nachgewiesen werden konnten.

*Erwin Kostyra*

Produktkategorie: Türen
Baujahr: 2016
Schadensjahr: 2017
Schlagworte: Beschichtung, Dichtstoffe/Dichtungen, Dokumentation, Einbruchschutz, Montage, Schweißen, Toleranzen, Türen/-bau

### GELTENDE REGELN:

Die Beachtung folgender Normen, Richtlinien, Verordnungen und Regeln sind die Voraussetzung für die fachtechnisch einwandfreie Ausführung der Arbeit:

- Fachregelwerk Metallbauerhandwerk – Konstruktionstechnik: Kap. 1.19 Hinzunehmende Unregelmäßigkeiten, Kap. 2.3 Metalltüren und -zargen,
- DIN 18360 VOB Vergabe- und Vertragsordnung für Bauleistungen; Teil C: Allgemeine Technische Vertragsbedingungen für Bauleistungen (ATV); Metallbauarbeiten,
- DIN EN 1627 Türen, Fenster, Vorhangfassaden, Gitterelemente und Abschlüsse; Einbruchhemmung; Anforderungen und Klassifizierung,
- DIN EN 14351-1 Fenster und Türen; Produktnorm, Leistungseigenschaften; Teil 1: Fenster und Außentüren,
- DIN EN ISO 13920 Schweißen; Allgemeintoleranzen für Schweißkonstruktionen; Längen- und Winkelmaße; Form und Lage.

# Anstoßsicherung nicht auf gleicher Höhe

### Schadensbeschreibung

Für den Neubau einer Mehrzweckhalle wurde bereits während der Projektierungsphase eine Portalkrananlage vorgesehen. Aus diesem Grund erfolgte während ihrer Errichtung der Einbau von speziellen Betonelementen als Stützen für die auf beiden Seiten der Halle geplanten Kranbahnträger. In die Konsolen wurden Einbauteile aus Stahlblech zur Auflagerung der Kranbahnträger mit einbetoniert. Wie in der Abbildung zu erkennen ist, weist die Halle an der Stirnseite eine bauliche Besonderheit auf. Die rechte Hälfte wurde als massive Stahlbetonwand ausgeführt, wogegen die linke Hälfte eine Öffnung hat, die mit einer Metallwand in Sandwichbauweise geschlossen wurde. In der Mitte der Stirnwand befindet sich eine Stahlbetonstütze. Durch diese konstruktive Gestaltung wurde gewährleistet, dass die linke Hälfte der Stirnwand für spätere Montage- und Demontageprozesse bei Bedarf geöffnet werden kann.

Die Kranbahnstützen auf beiden Hallenseiten, das heißt im Bereich der Fensterfront und im Bereich der gegenüberliegenden geschlossenen Seite, befanden sich durch die beschriebene bauliche Besonderheit horizontal nicht auf gleicher Höhe. Sie wichen um etwa einen halben Meter voneinander ab. Dieser „Versatz" war im Projekt der Mehrzweckhalle vorgesehen und stellte keinen Mangel dar.

### Fehleranalyse und -bewertung

Zum Mangel kam es allerdings beim Einbau der Kranbahnträger durch einen Metallbaufachbetrieb. Dieser fertigte die Kranbahnen aus warmgewalzten Doppel-T-Trägern an und schweißte am Ende jedes Trägers eine Anstoßsicherung an. An deren fachlicher Ausführung war zunächst nichts zu bemängeln.

Da es sich bei Kranen um eine überwachungs- und abnahmepflichtige Konstruktion handelt, muss diese vor der Inbetriebnahme durch eine dafür zugelassene technische Überwachungsorganisation (Inspektionsstelle) abgenommen werden.

Die beiden Kranbahnträger (rotbraun) in der Mehrzweckhalle.

Im konkreten Fall verweigerte der damit beauftragte Sachverständige die Abnahme, da er feststellte, dass sich die beiden Anstoßsicherungen nicht auf gleicher Höhe gegenüber befanden. Sie waren durch den Stahlbaubetrieb einerseits im gleichen Abstand vom Ende des jeweiligen Kranbahnträgers angefügt, lagen dadurch aber aufgrund der beschriebenen besonderen baulichen Situation nicht genau gegenüber. Dadurch war eine der beiden Anstoßsicherungen vollkommen wirkungslos, da sich zwischen ihr und dem vom Endanschlag auf der „kürzeren" Seite gestoppten Kranportal noch ein Abstand von genau 250 Millimetern befand. Das Kranportal wurde somit bei Erreichen der Hallenstirnseite nur durch eine der beiden Endanschläge angehalten, sodass bei ausreichend hoher Geschwindigkeit die Gefahr eines Verkantens und damit eines Absturzes des gesamten Portals bestand.

Eine nachträgliche Überprüfung der Maßketten der beiden Kranbahnträger anhand der technischen Dokumentation ergab, dass sich beide genau um diese Länge (250 Millimeter) unterschieden. Diese Differenz war weder dem Konstrukteur noch dem technischen Prüfer beim Stahlbauer aufgefallen.

Für eine positive Abnahme forderte der Sachverständige einen sicheren und gleichzeitigen Stopp des Kranportals an beiden Enden beider Kranbahnträger.

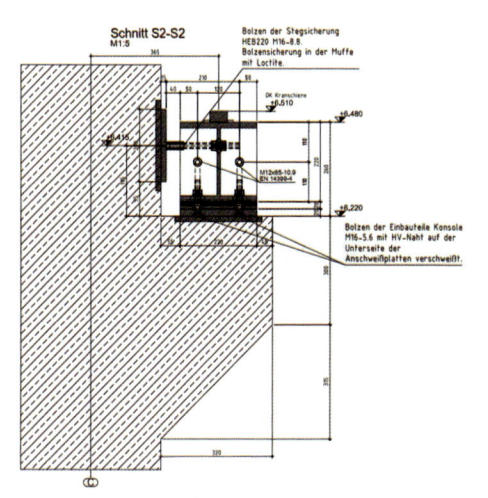

Bautechnische Vorgabe (Ausschnitt) zur Befestigung eines der Kranbahnträger auf einer der Stahlbetonkonsolen.

Auflager der Kranschiene im Bereich der Fensterfront mit Endanschlag.

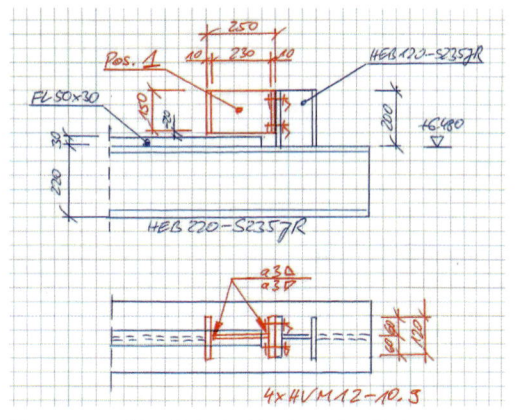

Lösungsvorschlag (Prinzipskizze) zur Gewährleistung eines gleichzeitigen Anschlags.

## Schadensvermeidung und -beseitigung

Im konkreten Fall war eine Demontage eines der „längeren" der beiden Kranbahnträger nicht möglich und auch wirtschaftlich nicht sinnvoll, da dafür kein geeigneter Kran zur Verfügung stand.

Der in der Zeichnung dargestellte Lösungsvorschlag wurde durch den Bauherrn zum Ausgleich des Abstandes von 250 Millimetern zwischen beiden Kranbahnträgerenden dem Sachverständigen noch während der technischen Überwachung vorgelegt, durch diesen akzeptiert und innerhalb einer Woche realisiert.

Die gesamte Krananlage konnte erfolgreich abgenommen werden.

*Steffen Wagner*

Produktkategorie: Stahlkonstruktionen
Baujahr: 2021
Schadensjahr: 2021
Schlagworte: Konstruktionstechnik, Krane, Stahl/-bau, Statik

### PRAXISTIPP:

- Zur Vermeidung von vergleichbaren Abweichungen zwischen konstruktiven Vorgaben und der tatsächlichen baulichen Situation sollten Sie folgendes beachten:
  - Genaue Prüfung der Zeichnungsunterlagen auf ihre Plausibilität durch mehrere Personen.
  - Angabe von wichtigen Kontrollmaßen, wie zum Beispiel Oberkante Schiene, Oberkante Träger, Spurmaß der Kranbahnschiene, lichter Abstand der Endanschläge, Kontrollmaß zu einer definierten Achse usw.

### GELTENDE REGELN:

Die Beachtung folgender Normen, Richtlinien, Verordnungen und Regeln sind die Voraussetzung für die fachtechnisch einwandfreie Ausführung der Arbeit:

- Fachregelwerk Metallbauerhandwerk – Konstruktionstechnik: Kap. 2.42 Kranbahnträger.

## Unwesentliche Fläche

**Richtig:** Ein Brüstungswinkel mit Kopfplatten (Pfeil), angeschraubt an feuerverzinkte Stahlstützen.

### Schadensbeschreibung

An einem im Jahr 2018 errichteten Wohngebäudekomplex wurden auch circa 1.000 Brüstungswinkel montiert. Vor Ablauf der Gewährleistungsfrist sollten die Schichtdicken der Feuerverzinkung an den Kopfplatten der Brüstungswinkel kontrolliert werden. Der Auftrag an den Sachverständigen bestand darin, als Referenz sechs zufällig ausgewählte Brüstungswinkel ausbauen zu lassen. An den beiden Anschlussflächen der zehn Millimeter dicken Kopfplatten, die an die seitlichen feuerverzinkten Stützen geschraubt waren, sollten die Schichtdicken gemessen werden. Es war die Frage zu beantworten, ob die Feuerverzinkung ausreichend dick war oder ob weitere Untersuchungen und gegebenenfalls Nachverzinkungen notwendig wären.

### Fehleranalyse und -bewertung

Beim Ortstermin wurden die sechs ausgewählten Brüstungswinkel demontiert und die Schichtdicken der Anschlussflächen an den beiden Kopfplatten gemessen. An jeder Messfläche wurden fünf Einzelmessungen vorgenommen. Das gemittelte Ergebnis war die örtliche Schichtdicke, die bei den zwölf Referenzflächen zwischen 56 und 144 Mikrometer lag (siehe Tabelle).

Die Messwerte und die daraus errechneten örtlichen Schichtdicken waren das Ergebnis aus dem Ortstermin und spiegelten nicht die vor fünf Jahren geschuldete Schichtdicke wider. Zink unterliegt an der Atmosphäre über die Zeit einem natürlichen Oberflächenabtrag. Dieser Umstand wird in der DIN EN ISO 14713-1 Zinküberzüge durch die verschiedenen Korrosivitätskategorien berücksichtigt. Demnach unterlag der Standort der Korrosivitätskategorie C 3, mittlere Korrosionsbelastung (städtischer Bereich). In der Kategorie C 3 wird ein durchschnittlicher Zinkabtrag von 0,7 Mikrometer pro Jahr bis zu zwei Mikrometer pro Jahr erwartet. Die Brüstungen waren zum Zeitpunkt der Messungen knapp fünf Jahre alt. In der Auswertung der Zinkschichtdicken musste das Alter mit berücksichtigt werden, um einen Vergleich mit den normativen Vorgaben (Mindestschichtdicken) vornehmen zu können. Der Sachverständige rechnete dazu mit dem Mittelwert 1,35 Mikrometer pro Jahr als jährliche Abtragsrate.

Für die Bewertung der gemessenen Zinkschichtdicken wurden die Mindestwerte der örtlichen Schichtdicken aus der Tabelle 3 der DIN EN ISO 1461 Durch Feuerverzinken auf Stahl aufgebrachte Zinküberzüge herangezogen. Danach war eine örtliche Mindestschichtdicke von siebzig Mikrometer nach dem Feuerverzinken gefordert. Die Auswertung ergab einen errechne-

## 2.6.1 Unwesentliche Fläche (Fall 557)

| Referenzfläche | Mittelwert zum Ortstermin in µm | errechneter Mittelwert vor fünf Jahren in µm | Mindestschichtdicke nach Norm in µm |
|---|---|---|---|
| 1 | 144 | 151 | 70 |
| 2 | 56 | **62** | 70 |
| 3 | 74 | 80 | 70 |
| 4 | 71 | 78 | 70 |
| 5 | 68 | 75 | 70 |
| 6 | 82 | 89 | 70 |
| 7 | 73 | 80 | 70 |
| 8 | 69 | 75 | 70 |
| 9 | 101 | 108 | 70 |
| 10 | 95 | 102 | 70 |
| 11 | 84 | 91 | 70 |
| 12 | 77 | 83 | 70 |

Errechnete Zinkschichtdicken von vor fünf Jahren.

ten Minderwert von 62 Mikrometer an einer der zwölf gemessenen Referenzflächen. Das heißt, dass die eine Referenzfläche mit dem Minderwert vor fünf Jahren nicht ausreichend dick mit Zink beschichtet war.

Trotzdem stellte der Sachverständige die völlige Fehlerfreiheit mit folgender Begründung fest. Die DIN EN ISO 1461 spricht im Punkt 6.2.3 Referenzflächen bei der Auswahl der Referenzflächen von „wesentlichen Flächen". Im Punkt 3.5 der Norm wird die wesentliche Fläche definiert als: „Oberflächenbereich eines Stahlteils, bei dem der aufgebrachte Zinküberzug von er-

heblicher Bedeutung für die Verwendungsfähigkeit ist." Die gemessenen Flächen an den Kopfplatten der Brüstungswinkel sah der Sachverständige nicht als wesentliche Flächen im Sinne der Norm an. Im eingebauten Zustand haben die Referenzflächen stetigen Kontakt zu den ebenfalls feuerverzinkten Stützen und profitieren somit vom verfahrenstypischen kathodischen Schutz der Feuerverzinkung.

**Schadensvermeidung und -beseitigung**

Die Kopfplatten der Brüstungswinkel haben an den Anschlussflächen, hin zu den feuerverzinkten Stützen, einen ausreichenden kathodischen Korrosionsschutz. Es waren somit keine weiteren Maßnahmen erforderlich.

*German Sternberger*

Produktkategorie: Geländer
Baujahr: 2018
Schadensjahr: 2023
Schlagworte: Brüstung, Feuerverzinken, Geländer, Hinzunehmende Unregelmäßigkeiten, Korrosionsschutz, Verzinken

**PRAXISTIPP:**
- Identifizieren Sie an Ihren zu feuerverzinkenden Produkten die wesentlichen Flächen nach DIN EN ISO 1461,
- Beachten Sie den Unterschied von örtlichen Schichtdicken zu durchschnittlichen Schichtdicken nach DIN EN ISO 1461.

**GELTENDE REGELN:**

Die Beachtung folgender Normen, Richtlinien, Verordnungen und Regeln ist die Voraussetzung für die fachtechnisch einwandfreie Ausführung der Arbeit:

- Fachregelwerk Metallbauerhandwerk – Konstruktionstechnik: Kap. 1.8.2.1.3.2 Feuerverzinken und Kap. 2.35 Geländer und Umwehrungen, Handläufe,
- DIN EN ISO 1461 Durch Feuerverzinken auf Stahl aufgebrachte Zinküberzüge,
- DIN EN ISO 14713-1 Zinküberzüge; Leitfäden und Empfehlungen zum Schutz von Eisen- und Stahlkonstruktionen vor Korrosion; Teil 1: Allgemeine Konstruktionsgrundsätze und Korrosionsbeständigkeit.

## Ausreichende Grundbeschichtung

### Schadensbeschreibung

Bei diesem Streitfall ging es um den ausreichenden Korrosionsschutz einer Toranlage. Der Kunde behauptete, dass es nicht den anerkannten Regeln der Technik entspräche, wenn eine Toranlage ohne eine, gegen Witterung schützende, Endbeschichtung ausgeführt wurde.

Der Metallbauer war davon ausgegangen, dass es durchaus auch üblich sei, eine End- oder Deckbeschichtung durch den Kunden auch nachträglich auf die montierten Tore aufzubringen. Letztlich musste der Fall vor Gericht entschieden werden.

Im Leistungsverzeichnis zum Auftrag war zu lesen: „Rahmen aus nicht rostendem Stahl, einschließlich Flügelrahmen außen flächenbündig, mit Stulp. Oberfläche mit Grundbeschichtung aus Epoxidharz".

### Fehleranalyse und -bewertung

Die Beschichtung von Stahlelementen, Bauelementen und Stahlbauteilen wird hinsichtlich ihres Korrosionsschutzes nach der Normenreihe DIN EN ISO 12944 unter folgenden Kriterien betrachtet:

- Teil 2: Umgebungsbedingungen,
- Teil 3: Grundregeln der Gestaltung,
- Teil 4: Oberflächenarten und Oberflächenvorbereitung.

Daraus werden dann die Beschichtungssysteme im Teil 5 abgeleitet.

Teil 6 und 7 befassen sich mit Laborprüfungen und der Ausführung von Beschichtungsarbeiten.

In der DIN 18335 (im Abschnitt 3.4.1) ist für Stahlbauleistungen des konstruktiven Ingenieurbaus, im Hoch- und Tiefbau, einschließlich des Stahlverbundbaues für Korrosionsschutzarbeiten geregelt:

„Die Stahlbauleistungen umfassen auch die Oberflächenvorbereitung und das Aufbringen einer Grundbeschichtung."

Das wird im Punkt 3.4.2. präzisiert:

„Der Auftragnehmer hat die im Endzustand nicht von Beton berührten Oberflächen nach DIN EN ISO 12944-4 Beschichtungsstoffe: Korrosionsschutz von Stahlbauten durch Beschichtungssysteme (siehe Teile 4, 5 und 7) aufzubringen."

In der DIN 18360 ist im Punkt 3.1.5 Oberflächenschutz formuliert:

„3.1.5.1 Die Metallbauleistungen umfassen auch die Oberflächenvorbereitung und das Aufbringen einer Grundbeschichtung gemäß ATV DIN 18363. Oberflächenvorbereitung und Grundbeschichtung auf Metallbauteilen aus Stahl und Aluminium, die einer Festigkeitsberechnung oder baulichen Zulassung bedürfen, sind nach ATV DIN 18364 auszuführen."

### Schadensvermeidung und -beseitigung

Die vom Auftragnehmer geschuldete Leistung wurde im Leistungsverzeichnis in Bezug auf die Oberfläche in der Qualität „mit Grundbeschichtung aus Epoxidharz" gefordert. Mit dieser Aussage war die Qualität der Beschichtung und das mögliche Beschichtungssystem bestimmt worden.

Die Qualität Grundbeschichtung steht im Einklang mit der Anforderung aus der DIN 18335 und der DIN 18360, dass Bauteile beziehungsweise Bauelemente aus Stahl in ihrer Oberfläche vorbereitet und als Korrosionsschutz eine Grundierung erhalten müssen.

Die Oberflächenqualität der Torelemente wurde folgendermaßen im Leistungsverzeichnis bewertet: „Feuerverzinktes Material und die haftfeste Grundbeschichtung schützen dauerhaft vor Witterungseinflüssen." Diese Qualität wird durch die Beschreibung der Oberfläche „Torflügel, Zarge und Laufschienen aus feuerverzinktem Material, nasslackiert grundbeschichtet …" bestätigt.

In Deutschland herrscht im Allgemeinen bei offener Bewitterung nur eine geringe bis mittlere Korrosionsbelastung, gemäß DIN EN ISO 12944 demnach eine Korrosionskategorie C1, C 2 beziehungsweise maximal C 3, vor. Der flächenbezogene Massenverlust beziehungsweise die Dickenabnahme von Zinkschichten beträgt nach dem ersten Jahr nach der Auslagerung fünf bis 15 Gramm pro Quadratmeter beziehungsweise 0,7 bis 2,1 Mikrometer (nach DIN EN ISO 12944-2, Tabelle 1). Bei der praxisüblichen Schichtdicke durch Feuerverzinken bedeutet dies, dass eine ungeschützte Feuerverzinkung (ohne Beschichtung) zwischen vierzig und 120 Jahren den Korrosionsschutz aufrechterhält.

Wenn höhere Forderungen an den Korrosionsschutz durch den Auftraggeber bestehen, dann muss dieser nach DIN EN ISO 12944-2 möglichst die Umgebungsbedingungen, aber zumindest das gewünschte Beschichtungssystem nach Teil 5 angeben.

Das Gutachten zeigte, dass, wenn es keine erweiterten Forderungen hinsichtlich der Korrosionsschutzbeschichtung durch den Auftraggeber gibt, der Auftragnehmer davon ausgehen kann, dass die Stahlelemente nach der Montage durch eine Fachfirma mit dem geeigneten Korrosionsschutzsystem ergänzt werden.

*Erwin Kostyra*

Produktkategorie: Tore
Baujahr: 2013
Schadensjahr: 2018
Schlagworte: Beschichtung, Feuerverzinken, Korrosionsschutz, Tore/Torbau

**PRAXISTIPP:**
- Beachten Sie genau die geforderte Oberflächenqualität im Leistungsverzeichnis.
- Wenn die geforderte Qualität höherwertig als eine Grundbeschichtung sein soll, ist diese als besondere Leistung gesondert zu vergüten.

**GELTENDE REGELN:**

Die Beachtung folgender Normen, Richtlinien, Verordnungen und Regeln sind die Voraussetzung für die fachtechnisch einwandfreie Ausführung der Arbeit:

- Fachregelwerk Metallbauerhandwerk – Konstruktionstechnik: Kap. 1.8.2.1 Oberflächenbehandlung von Stahl,
- DIN 18335 VOB Vergabe- und Vertragsordnung für Bauleistungen; Teil C: Allgemeine Technische Vertragsbedingungen für Bauleistungen (ATV); Stahlbauarbeiten,
- DIN 18360 VOB Vergabe- und Vertragsordnung für Bauleistungen; Teil C: Allgemeine Technische Vertragsbedingungen für Bauleistungen (ATV); Metallbauarbeiten,
- DIN 18363 VOB Vergabe- und Vertragsordnung für Bauleistungen; Teil C: Allgemeine Technische Vertragsbedingungen für Bauleistungen (ATV); Maler- und Lackierarbeiten, Beschichtungen,
- DIN EN ISO 12944-1 Beschichtungsstoffe; Korrosionsschutz von Stahlbauten durch Beschichtungssysteme; Teil 1: Allgemeine Einleitung,
- DIN EN ISO 12944-2 Beschichtungsstoffe; Korrosionsschutz von Stahlbauten durch Beschichtungssysteme; Teil 2: Einteilung der Umgebungsbedingungen,
- DIN EN ISO 12944-3 Beschichtungsstoffe; Korrosionsschutz von Stahlbauten durch Beschichtungssysteme; Teil 3: Grundregeln zur Gestaltung,
- DIN EN ISO 12944-4 Beschichtungsstoffe; Korrosionsschutz von Stahlbauten durch Beschichtungssysteme; Teil 4: Arten von Oberflächen und Oberflächenvorbereitung,
- DIN EN ISO 12944-5 Beschichtungsstoffe; Korrosionsschutz von Stahlbauten durch Beschichtungssysteme; Teil 5: Beschichtungssysteme,
- DIN EN ISO 12944-6 Beschichtungsstoffe; Korrosionsschutz von Stahlbauten durch Beschichtungssysteme; Teil 6: Laborprüfung zur Bewertung von Beschichtungssystemen,
- DIN EN ISO 12944-7 Beschichtungsstoffe; Korrosionsschutz von Stahlbauten durch Beschichtungssysteme; Teil 7: Ausführung und Überwachung der Beschichtungsarbeiten.

## Unscheinbare Kratzer sind kein Schaden

### Schadensbeschreibung

Bei diesem Fall, den der Gutachter für das Gericht begutachten sollte, ging es zuerst um die Frage, ob eine Haustür sach- und fachgerecht eingebaut worden war.

Es handelte sich dabei um eine Aluminium-Haustür, DIN rechts, mit einem Glasausschnitt und einer Glasscheibe.

Die Tür hatte drei Bänder und einen Briefeinwurfschlitz. Die umlaufenden Spaltmaße zwischen Tür und Rahmen waren überall identisch. Die Tür ließ sich problemlos öffnen und schließen. Der Einbau war augenscheinlich einwandfrei erfolgt.

Beim Ortstermin konnte der Sachverständige an der Tür keine Schäden feststellen, die behoben werden müssten. Der Einbau der Tür war augenscheinlich nicht zu beanstanden und der Fall konnte „zu den Akten gelegt" werden.

Nach etwa sechs Monaten hatte der Sachverständige den Fall wieder auf dem Tisch. Jetzt war die Fragestellung des Beweisbeschlusses nicht mehr der Einbau, sondern Kratzer und Mängel in der Lackierung. Die Tür war immer noch die gleiche.

Bei erneut angesetztem Ortstermin war eine „neutrale unvoreingenommene Inaugenscheinnahme" aber nicht mehr möglich, da die Schäden allesamt mit einer „Hinweis-Beklebung" versehen waren. Bei sehr genauem Hinsehen war dann tatsächlich an den markierten Stellen die Andeutung eines Kratzers oder eine minimale Beschädigung zu erkennen.

Allerdings waren diese Punkte ohne eine entsprechende Markierung erst durch intensives, längeres Suchen zu erkennen, teilweise erst nachdem man sich hingekniet hatte. Diese Beanstandungen waren aus dem normalen Sichtfeld heraus gar nicht wahrzunehmen.

Diese Haustür (Außenansicht) war über mehrere Monate Gegenstand eines Streitfalles.

### Fehleranalyse und -bewertung

Zur Beantwortung solcher Fragen der visuellen Beurteilung von organisch beschichteten (lackierten) Aluminium-Oberflächen gibt es Beurteilungskriterien. Beurteilt werden insbesondere die Quantität und Qualität von Kratern, Blasen, Einschlüssen, Abplatzungen, Farbabläufern, Orangenhaut, Glanzunterschieden, Farbabweichungen, Schleiffriefen, Dellen, Schweißnähten, halbzeugbedingten Unebenheiten und fertigungsbedingten mechanischen Beschädigungen.

Die Betrachtungsabstände betragen fünf Meter bei Außenbauteilen und drei Meter bei Innenbauteilen. Die Prüfung der Außenbauteile soll bei diffusem Tageslicht erfolgen. Innenbauteile werden bei normaler (diffuser) Beleuchtung senkrecht zur Oberfläche betrachtet.

Die „Hinzunehmenden Unregelmäßigkeiten" sind Merkblättern beziehungsweise dem Fachregelwerk zu entnehmen. Nicht erfasst sind bandbeschichtete Oberflächen (Coil-Coating), chemische Beschädigungen durch äußere Einwirkung nach dem Einbau, handwerklich ausgeführte Beschichtungen nach dem Einbau und Ausbesserungsanstriche.

**Richtig:** Selbst bei sehr genauem Hinsehen waren kaum Fehler zu erkennen, wie hier an der Klemmleiste. An der Sägekante war keine Farbbeschichtung vorhanden. Aus drei Metern Betrachtungsabstand war das gar nicht zu erkennen.

### Schadensvermeidung und -beseitigung

Bei einer Betrachtung der Haustür-Innenseite aus drei Meter Entfernung und der Außenseite aus fünf Meter Entfernung konnte keinerlei Beeinträchtigung, die außerhalb des Norm-Bereiches liegt, erkannt werden. Die Tür war auch hinsichtlich der angeblichen Beschädigungen der Oberfläche nicht zu beanstanden.

Damit konnte der Sachverständige den Fall ein zweites Mal zum Gericht zurückschicken und wieder „zu den Akten legen".

Nach wiederum sechs Monaten bekam der Sachverständige den Fall zum dritten Mal vom Gericht auf den Tisch. Jetzt sollte er sich mit den Fragen des unterlegenen Anwalts auseinandersetzen. Dieser warf ihm nun vor parteiisch und damit befangen zu sein.

Die Antwort des Sachverständigen war, dass es für die visuelle Begutachtung von Fehlstellen eindeutige Richtlinien gibt. Für eine Bewertung nach diesen Richtlinien ist es absolut erforderlich, mit einem unvoreingenommenen „Auge" die Oberfläche inspizieren zu können. Das war

leider durch die Anbringung sehr großer Markierungen nicht mehr möglich. Seine Wortwahl einer „neutralen Inaugenscheinnahme" war daher auch weiterhin nicht als Verstoß gegen eine Parteivorteilnahme zu werten, sondern lediglich als Feststellung, dass seine Urteilskraft bei der Begutachtung der beanstandeten Kratzer als neutraler Gutachter negativ beeinflusst war.

Dann kam vom Anwalt der Vorwurf, dass der Gutachter darauf hinweisen muss, dass an dem streitgegenständlich zu begutachtenden Bauteil keine Veränderungen, sei es durch Anbringen von Klebepfeilen oder sonstigem, von einer Partei vorzunehmen wären.

Allerdings dürfte in der Rechtsprechung klar sein, dass bei einem selbstständigen Beweisverfahren keine Veränderungen oder Hervorhebungen von möglichen Schadstellen eine objektive Begutachtung zu Gunsten einer Partei beeinflussen dürfen. Selbstverständlich dürfte klar sein, dass das strittige Objekt in seinem Ursprungszustand belassen wird.

Zuletzt wollte der Anwalt noch einen Befangenheitsantrag stellen, weil der Sachverständige dem Gericht mitgeteilt hatte, dass er keine „neutrale" Begutachtung mehr durchführen könne.

*Walter Heinrichs*

Produktkategorie: Türen
Baujahr: 2020
Schadensjahr: 2021
Schlagworte: Beschichtung, Oberflächen/-technik, Hinzunehmende Unregelmäßigkeiten, Türen/-bau

### PRAXISTIPP:

- Beachten Sie bei der Einschätzung von Oberflächenbeschädigungen unbedingt die in Richtlinien vorgegebenen Betrachtungsabstände und Betrachtungsbedingungen.
- Weisen Sie Ihren Kunden darauf hin.

### GELTENDE REGELN:

Die Beachtung folgender Normen, Richtlinien, Verordnungen und Regeln sind die Voraussetzung für die fachtechnisch einwandfreie Ausführung der Arbeit:

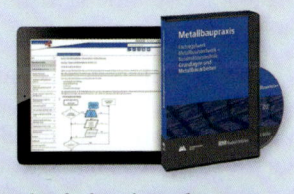

- Fachregelwerk Metallbauerhandwerk – Konstruktionstechnik: Kap. 1.19.5.2.1 Visuelle Beurteilung von organisch beschichteten (lackierten) Oberflächen.

# Zulässige Farbunterschiede an eloxierten Fensterelementen

### Schadensbeschreibung

An einem mehrgeschossigen Bürohaus bemängelte der Generalunternehmer (GU) die Farbtonunterschiede zwischen den einzelnen Fensterelementen, insbesondere zwischen den Pfosten und den Fensterrahmen.

Es handelte sich um Holz-Aluminium-Fensterelemente, bei denen die bewitterten Außenschalen aus farbanodisierten Aluminiumprofilen bestanden. Bestellt wurde das Oberflächenaussehen gemäß der DIN EN ISO 7599 im Oberflächenzustand E4 und dem Farbton C 31 (geschliffene und gebürstete Oberfläche, die danach im Farbton C 31/VOA-Farbton hellbronze anodisch oxidiert wurde). Zur Bewertung der Farbtonunterschiede gab es norm- und vertragsgemäß ein helles und ein dunkles Farbgrenzmuster, das zwischen den Vertragspartnern vereinbart war.

Beim Vor-Ort-Termin wurden stichprobenartig vergleichende visuelle Bewertungen der bemängelten Bauteile vorgenommen.

Üblicherweise sollte die Bewertung der Farbtonunterschiede gemäß der Norm bei einem Betrachtungsabstand von drei beziehungsweise fünf Metern stattfinden. Bei Verwendung von Grenzmustern ist maximal ein Meter vorgegeben. Die visuelle Bewertung bei diffuser Beleuchtung ergab, dass alle geprüften Bauteile innerhalb der vereinbarten Grenzmuster lagen.

### Fehleranalyse und -bewertung

Farbtonunterschiede werden von folgenden Größen beeinflusst:

- Zusammensetzung des Aluminiumgrundmaterials,
- Oberflächenstruktur, zum Beispiel matt gebeizt, geschliffen, gebürstet usw.,
- Verfahrenstechnik (Zusammensetzung und Temperatur des Eloxalbades),
- Dicke der anodisch erzeugten Oxidschicht,
- weitere Badparameter wie die Verweilzeit im Färbebad (mit Zinn eingefärbt).

Daraus ergibt sich, dass bei anodisierten Oberflächen generell mit Farbtonunterschieden zu rechnen ist. Diese lassen sich minimieren, wenn die Materialzusammensetzung des Halbzeugs begrenzt wird (zum Beispiel über die Vorgabe Lieferung in Eloxalqualität – EQ).

Der Eloxalbetrieb kann durch Einhaltung der Badparameter die Streuung der Farbnuancen reduzieren. Einen maßgeblichen Einfluss haben die Dicke der Eloxalschicht und die Oberflächenstruktur. Vor Ort lässt sich messtechnisch nur die Dicke der Eloxalschicht bestimmen, die im vorliegenden Fall im Mittel bei 23 Mikrometer lag. Für bewitterte Außenbauteile sind normativ Mindestschichtdicken von zwanzig Mikrometer vorgeschrieben.

Als besonders kritisch gilt die Herstellung heller Bronzetöne, da sie eine sehr kurze Verweilzeit im Färbebad haben. Für dunkle Bronzetöne sind 15 bis zwanzig Minuten, für helle Bronzetöne drei Minuten erforderlich. Die Teile müssen zeitnah aus dem Färbebad entfernt werden, da es sonst zu einem „Aufhellen" kommen kann.

Ein Mangel durch unüblich große Farbtonunterschiede war an den begutachteten Bauteilen nicht zu erkennen. Der GU hatte die festgestellten Schwankungen zu akzeptieren, da diese innerhalb der vertraglich festgelegten Grenzmuster lagen.

Zur Ursachenfeststellung, ob es ein material- oder eloxalbedingter Farbtonunterschied ist, können zwei farblich abweichende Proben verschweißt und anschließend nochmal neu eloxiert werden.

### Schadensvermeidung und -beseitigung

Bei der Materialbestellung von Aluminiumblechen und -profilen ist bereits das Halbzeug in Eloxalqualität zu bestellen. Besonders bei großflächigen Fassadenbekleidungen sollten die Bleche aus einer Herstellungscharge stammen. Für notwendige Passteile sind ebenfalls weitere Halbzeugmengen zu berücksichtigen.

Sollte es trotzdem zu Farbtonunterschieden kommen, kann man eine Farbsortierung vornehmen, damit nicht zu helle neben dunklen Teilen eingebaut werden.

## 2.6.4 Zulässige Farbunterschiede an eloxierten Fensterelementen (Fall 560)

Teilansicht der Fassade mit den beanstandeten Eloxaloberflächen.

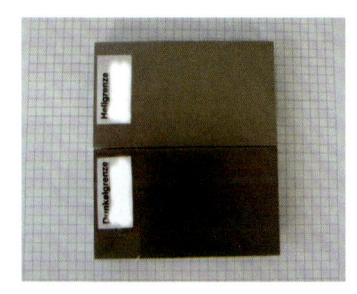

Vereinbarte helle und dunkle Grenzmuster zur Bewertung der Farbtonunterschiede.

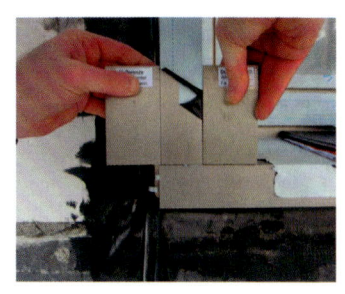

**Richtig:** Vergleich des Farbtons mit den vereinbarten Grenzmustern. Die Unterschiede lagen im Rahmen der Grenzmuster.

Durch ein Abbeizen der Eloxalschicht mit anschließender Neueloxierung kann der Unterschied minimiert werden. Sind die Farbtonunterschiede auf einen Materialeinfluss zurückzuführen, kann bei Gebäuden mit hohen optischen Anforderungen auch eine Neuherstellung der Fassadenelemente notwendig werden. Für derartige kostenintensive Entscheidungen empfiehlt es sich die „Nutzwertanalyse" nach Oswald und Abel anzuwenden.

*Hans Pfeifer*

Produktkategorie: Fenster
Baujahr: 2017
Schadensjahr: 2017
Schlagworte: Aluminium, Beschichtung, Hinzunehmende Unregelmäßigkeiten, Oberflächen/-technik, Profilsysteme Aluminium

### PRAXISTIPP:

- Bei der Herstellung von Bauteilen aus Aluminium mit anodisierten Oberflächen ist das Halbzeug immer in Eloxalqualität zu bestellen.
- Werden Blechbekleidungen aus Aluminium eingeplant, sind diese aus einer Materialcharge zu bestellen.
- Von beiden Bauteilarten (Fenster und Fassade) sind immer Grenzmuster (Hellgrenze/Dunkelgrenze) herzustellen und vom Auftraggeber abzeichnen zu lassen.
- Bei Streitfällen ist es hilfreich, von farblich abweichenden Teilen Proben durch Zusammenschweißen und Neueloxieren zu bewerten.

### GELTENDE REGELN:

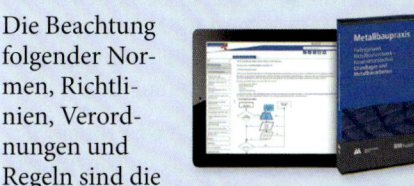

Die Beachtung folgender Normen, Richtlinien, Verordnungen und Regeln sind die Voraussetzung für die fachtechnisch einwandfreie Ausführung der Arbeit:

- Fachregelwerk Metallbauerhandwerk – Konstruktionstechnik: Kap. 1.8.2.3 Oberflächenbehandlung von Aluminium, Kap. 1.19.5.1 anodisch oxidierte Bauteile,
- DIN EN ISO 7599 Anodisieren von Aluminium und Aluminiumlegierungen; Verfahren zur Spezifizierung dekorativer und schützender anodisch erzeugter Oxidschichten auf Aluminium;
- DIN 17611 Anodisch oxidierte Erzeugnisse aus Aluminium und Aluminium-Knetlegierungen; Technische Lieferbedingungen,
- VFF Merkblatt AL.03: Visuelle Beurteilung von anodisch oxidierten (eloxierten) Oberflächen auf Aluminium. Verband Fenster + Fassade (VFF), Frankfurt am Main,
- VOA Merkblatt 05: Farbtoleranzen bei der dekorativen Anodisation. Verband für die Oberflächenveredelung von Aluminium e.V., München,
- Rainer Oswald, Ruth Abel: Hinzunehmende Unregelmäßigkeiten bei Gebäuden. 3. Auflage, Vieweg Verlag, Wiesbaden.

# Fehlerhafte Reinigung von nichtrostendem Stahl kein Mangel

### Schadensbeschreibung

In einem Geschäftshaus wurde der Aufzug erneuert und dabei auch die Blechbekleidungen der Aufzugtüren und der Wandflächen ausgetauscht. Der Gebäudebesitzer hatte, um den hohen Anspruch an die sanierten Gebäudebereiche zu vervollständigen, die Bekleidungen mit im Farbton Gold eingefärbten Edelstahlblechen ausgewählt. Zusätzlich wurde als Struktur eine gestrahlte Oberfläche vorgegeben. Da das sechsgeschossige Gebäude von Unternehmen mit Publikumsverkehr gemietet war, kam es im Laufe der Zeit durch die Besucher, insbesondere im Bereich der Aufzugtüren und der Wähltastaturen, zu kleinen mechanischen Beschädigungen (Kratzer), Griffspuren (Fingerprint) und Flecken.

Die Gebäudereinigungsfirma, die zweimal wöchentlich das Treppenhaus und den Aufzug reinigte, lehnte eine zusätzliche Behandlung der Bleche mit dem Hinweis ab, dass diese die Oberfläche optisch verändern würde. Eine leicht abrasive Reinigung der beanstandeten Flächen mit einem poliermittelhaltigen Produkt würde punktuell optisch störende, dauerhaft sichtbare Veränderungen hervorrufen.

Der Hausbesitzer reklamierte nun beim Metallbaubetrieb die eingebauten Blechteile. Begründet wurde dies damit, dass die Nutzung der Edelstahlteile bei der Bestellung bekannt gewesen wäre.

Ein Hinweis auf zusätzliche Reinigungsmaßnahmen oder auf die Empfindlichkeit der Oberfläche wurde offensichtlich nicht thematisiert. Letztendlich kam es zu einem Rechtsstreit, bei dem der Sachverständige klären musste, ob die Materialbeschaffenheit von der „Normbeschaffenheit" derart extrem abweicht, dass die Bauteile aus Edelstahl Rostfrei nicht gebrauchstauglich waren.

### Fehleranalyse und -bewertung

Beim Ortstermin zeigten sich an den Aufzugstüren und der Bedientastatur in allen Stockwerken die dunklen Griffspuren, Flecken und auch

Der beanstandete Aufzug mit den Blechbekleidungen aus eingefärbtem nichtrostendem Stahl.

von der Unterhaltsreinigung herrührende Wischspuren. Ursache für die Beanstandungen waren die Besucher und Nutzer des Gebäudes. Leider konnte nicht ermittelt werden, welche Reinigungsschritte und Produkte für die Unterhaltsreinigung verwendet wurden.

### Schadensvermeidung und -beseitigung

Aus der Literatur ist bekannt, dass durch das chemische Einfärben der Edelstahloberfläche, bei dem die geforderte Interferenzschicht (farbtonabhängig) entsteht, diese zeitlich begrenzt Hautfett und Ähnliches absorbiert. Dabei können die beanstandeten Flecken entstehen. Dieser Effekt war bei der Bestellung der Blechbekleidungen bekannt, da das in den Verkaufs- und Lieferbedingungen erwähnt war. Leider gab es keine weiteren Reinigungsempfehlungen vom Hersteller.

Die Informationsstelle Edelstahl Rostfrei hat in ihrem Merkblatt 976 sowohl die Eigenschaften der gefärbten Oberflächen als auch die verschiedenen Arten der Reinigung (Übergabereinigung, Unterhaltsreinigung, Wiederherstellungsreinigung und Reparatur) beschrieben. Darin wird auch erwähnt, dass Empfehlungen des Herstellers oder auch erfahrene Reinigungsfirmen einzubeziehen sind.

Der Sachverständige gab in seinem Gutachten Empfehlungen zur zukünftigen Reinigung. Beispielhaft zeigte er anhand von mehreren Reini-

## 2.6.5 Fehlerhafte Reinigung von nichtrostendem Stahl kein Mangel (Fall 561)

Insbesondere im Bereich der Aufzugstüren waren Fingerabdrücke und Flecken zu sehen.

Produktkategorie: Weitere Metallkonstruktionen
Baujahr: 2021
Schadensjahr: 2021
Schlagworte: Bekleidung, Bleche/Blechbearbeitung, Hinzunehmende Unregelmäßigkeiten, Nichtrostender Stahl, Oberflächen/-technik, Reinigung

gungs- und Konservierungsmittelproben, wie die beanstandeten Flecken zu beseitigen sind. Mechanische Beschädigungen (Kratzer) konnten nicht oder nur bedingt beseitigt werden.

Es wurde dem Lieferanten empfohlen, zukünftig Reinigungs- und Wartungsempfehlungen für Bauteile aus Edelstahl Rostfrei mit gefärbten Oberflächen bereits beim Vertragsabschluss zu übergeben.

Dazu zählt folgendes:

- Einsatz eines geeigneten Fettschmutz-Lösers (möglicherweise wurde ein falsches Produkt eingesetzt).
- Verwendung von Mikrofasertüchern zur Verbesserung der mechanischen Reinigungswirkung.
- Auftragen einer „Finish-Schicht" nach erfolgter Reinigung (Edelstahlkonservierer).
- Reinigungshäufigkeit erhöhen. Statt zweimal wöchentlich (je nach Besucherfrequenz) häufiger, mindestens aber einmal täglich reinigen.

*Hans Pfeifer*

### PRAXISTIPP:

- Weisen Sie bei der Beratung über das ausgewählte Metall und die Oberfläche auf die Wartung und Pflegemaßnahmen hin.
- Spätestens bei der Abnahme der Leistung sollte dem Eigentümer/Nutzer eine entsprechende schriftliche Unterlage übergeben werden.
- Hilfreich ist auch die Auflistung von geeigneten Reinigungs- und Konservierungsmitteln (siehe auch www.grm-online.de).

### GELTENDE REGELN:

Die Beachtung folgender Normen, Richtlinien, Verordnungen und Regeln sind die Voraussetzung für die fachtechnisch einwandfreie Ausführung der Arbeit:

- Fachregelwerk Metallbauerhandwerk – Konstruktionstechnik: Kap. 1.6.2 Nichtrostender Stahl, 1.8.4.2 Reinigung von nichtrostendem Stahl, Kap. 1.19.5.4 Oberflächen von nichtrostendem Stahl,
- DIN EN 10088-2 Nichtrostende Stähle; Teil 2: Technische Lieferbedingungen für Blech und Band aus korrosionsbeständigen Stählen für allgemeine Verwendung,
- VFF-Merkblatt ST03: Visuelle Beurteilung von Oberflächen aus Edelstahl Rostfrei. Verband Fenster + Fassade (VFF), Frankfurt am Main,
- Merkblatt 824: Reinigung von Edelstahl Rostfrei. ISER, Düsseldorf,
- Dokumentation 960: Edelstahl Rostfrei – Oberflächen im Bauwesen. ISER, Düsseldorf,
- Merkblatt 965: Reinigung nichtrostender Stähle im Bauwesen. ISER, Düsseldorf,
- Merkblatt 976: Farbiger nichtrostender Stahl, ISER, Düsseldorf,
- GGGR Merkblatt ER.02: Ergebnisorientierte Reinigung – ein Vorteil? Gütegemeinschaft Gebäudereinigung e.V., Berlin,
- GRM Merkblatt 3: Die GRM Reinigungsmittelliste. Gütegemeinschaft Reinigung Fassaden und Metallfassadensanierung e.V., Schwäbisch-Gmünd.

# Farbveränderungen an Sektionaltoren

## Schadensbeschreibung

An mehreren Sektionaltoren an unterschiedlichen Orten, die als Garagentore genutzt werden, zeigten sich zunehmend nach mehreren Jahren Farbveränderungen der aufgebrachten Folienbeschichtung. Die Besitzer meldeten dies dem Hersteller, der aufgrund der verschiedenen nicht erklärbaren Erscheinungsformen einen Sachverständigen einschaltete.

Zuerst begann sich die bewitterte Oberfläche, insbesondere an den südwestlich ausgerichteten Garagentoren, mit einer feinen Fleckenbildung zu verändern.

Zu einem späteren Zeitpunkt erfasste die Fleckenbildung fast die gesamte Fläche der Sektionalelemente.

Nicht ohne weiteres erklärbar war, dass sich die Farbveränderungen nicht vollständig bis zum Rand der Elemente erstreckten, sondern immer mit einem unterschiedlichen Abstand sowohl zur Führungsschiene als auch zum nächsten Element endeten.

In einem weiteren Fall kam es bei einem Garagentor zu einer großflächigen Ablösung der Folienbeschichtung.

Darunter zeigte sich die bandverzinkte Oberfläche des verwendeten Stahlblechs mit beginnender Weißrostbildung. Dabei ergab sich schon ein erster Hinweis auf die mögliche Ursache. An einer parallellaufenden Vertiefung (Sicke) eines Sektionalbleches kam es im Bereich der Sicke zu einer Rissbildung, die dann im Laufe der Zeit durch eine Unterwanderung der Folie zu einer flächigen Abhebung vom Stahlblech führte.

## Fehleranalyse und -bewertung

Da zum Zeitpunkt der Besichtigung noch nicht erkennbar war, ob die Schadensursache auf die Verwendung ungeeigneter Reinigungsmittel zurückzuführen war, erfolgte an verschiedenen entnommenen Proben eine rasterelektronenmikroskopische Untersuchung. Die zusätzlich durchgeführte energiedispersive Röntgenmikroanalyse (EDX) ergab keinen Hinweis auf eine

Beginnende Fleckenbildung auf einem Sektionaltor.

Großflächige Verfärbungen auf einem Sektionaltor, die örtlich meist in der Mitte besonders auffällig waren.

Fremdeinwirkung. Dagegen konnte auf der Oberfläche, wie aus dem REM-Bild (Rasterelektronenmikroskop) ersichtlich, eine ausgeprägte Verwitterung (Kreidung) und Rissbildung festgestellt werden.

Typische Wischspuren, die auf eine reinigungsbedingte Veränderung der Folie hindeuten würden, ließen sich, bis auf ein untersuchtes Sektionaltor, nicht feststellen.

Folgende Fakten lagen dazu vor:

- Alle besichtigten Tore stammen aus den Jahren 2013 und 2014.
- Sie besaßen eine PVC-Folie mit dem Farbton grau metallic.
- Die Veränderungen und Ablösungen der Folie wurden ausschließlich durch die Aufheizung bei Sonnenbestrahlung ausgelöst und beschleunigt. Da es sich bei den einzelnen Sektionalteilen um Sandwichelemente mit innen befindlichem Isolierschaum handelt, konnte auch die Ausbildung der Flecken mit der Auf-

## 2.6.6 Farbveränderungen an Sektionaltoren (Fall 562)

Großflächige Ablösungen der Folie an einem Sektionaltor.

REM-Aufnahme von einem verfärbten Bereich mit Rissbildung.

heizung der Folie in der Mitte des Elements erklärt werden.
- Es war bekannt, dass bei dieser Art der Folie ab einer Objekttemperatur über 66 Grad Celsius und Einwirkung von UV-Strahlung eine Veränderung/Zersetzung und Versprödung auftritt.
- Dieser „Alterungseffekt" lässt sich durch Modifizierung der Folie zum Beispiel mittels spezieller Kunststoffe (zum Beispiel PMMA oder PVDF) verhindern.

**Schadensvermeidung und -beseitigung**

Zum Zeitpunkt der Herstellung der Sektionaltore war dem Hersteller offensichtlich nicht bekannt, dass witterungsstabile Folien mit speziellen Trägerschichten notwendig sind, um derartige Alterungserscheinungen zu vermeiden. Soweit zu erfahren war, handelte es sich nur um eine erste Serie der Folienbeschichtung, die danach auf witterungsbeständige Folien umgestellt wurde.

Aufgrund der Untersuchungsergebnisse erklärte sich der Hersteller bereit aus Kulanzgründen alle Sektionaltore kostenlos auszutauschen.

*Hans Pfeifer*

Produktkategorie: Tore
Baujahr: 2013
Schadensjahr: 2021
Schlagworte: Beschichtung, Garagentor, Oberflächentechnik, Tore/Torbau

**PRAXISTIPP:**
- Inzwischen ist den folienverarbeitenden Betrieben die Problematik der unterschiedlichen Folienqualitäten bekannt.
- Die RAL-Gütegemeinschaft Kunststoff-Fensterprofilsysteme e. V. stellt dieselben Anforderungen an ihre Folienbeschichtungen. Im technischen Anhang der Güte- und Prüfbestimmungen für Komponenten und Verfahren (RAL-GZ 716) sind dazu die Mindestanforderungen für folienbeschichtete Kunststoff-Fensterprofile, die man auch auf Sektionaltore übertragen kann, beschrieben.

**GELTENDE REGELN:**

Die Beachtung folgender Normen, Richtlinien, Verordnungen und Regeln sind die Voraussetzung für die fachtechnisch einwandfreie Ausführung der Arbeit:

- Fachregelwerk Metallbauerhandwerk – Konstruktionstechnik: Kap. 1.8.2 Oberflächenbehandlung,
- Güte- und Prüfbestimmungen für Komponenten und -verfahren (Technischer Anhang zur RAL GZ 716 Kunststoff-Fensterprofilsysteme).

# Lackierung mit schlechter Haftfestigkeit

**Schadensbeschreibung**

Bei einer zweiflügligen Drehflügeltür, die von einem Kellerraum in den Garten führte, bemängelte der Auftraggeber eine Reihe von Farbabplatzungen. Der Hersteller und Montagebetrieb der Tür behauptete hingegen, die Abplatzungen seien bei Anstricharbeiten der anliegenden Wand entstanden. Der Kunde hätte dabei zum Abkleben falsches Klebeband verwendet, das die Farbe mit abgezogen hätte.

Die Tür hatte die Maße 200 Zentimeter (Höhe) mal 160 Zentimeter (Breite). Beide Flügel verfügten über einen Fensterausschnitt mit transparentem Kunststoffeinsatz. Der Türrahmen (Zarge) und die Türflügelrahmen bestanden aus Aluminiumprofilen. Die Flügelfüllung bestand aus wärmedämmenden Paneelen, deren Schaumstoffkern mit Stahlblech ummantelt war. Sämtliche Rahmenelemente waren im Farbton „Anthrazit" farbbeschichtet. Die Paneele, das heißt die Flügelfüllungen, waren augenscheinlich ursprünglich im Farbton „Weiß" beschichtet. Für die Verarbeitung in der Tür waren die Außenflächen der Paneele zusätzlich im Farbton „Anthrazit" beschichtet worden. Der vorhandene Farbauftrag war etwa 120 bis 150 Mikrometer dick.

Der Sachverständige fand beim Ortstermin keine Reste von Klebebändern und auch keine Kleber-Rückstände auf den Oberflächen vor.

Er fand dagegen sechs Fehlstellen in der Farbbeschichtung in unterschiedlicher Größe von etwa 0,5 Zentimeter mal 0,3 Zentimeter bis etwa neun Zentimeter mal 1,5 Zentimeter. Die Fehlstellen befanden sich teilweise in Bereichen, die nicht zum Schutz bei Malerarbeiten mit Klebeband abgeklebt sein konnten.

**Fehleranalyse und -bewertung**

Durch die Art der Fehlstellen war der Sachverständige angehalten, die Haftfestigkeit des Beschichtungsstoffes auf den Sandwichoberflächen zu prüfen. Dazu wurde an vier Fehlstellen die Gitterschnittprüfung nach DIN EN ISO 2409 durchgeführt.

**Falsch:** Die Fehlstellen in der Lackierung waren teilweise schon von weitem zu erkennen.

Mit dem Gitterschnitt wird eine erste Aussage über die Haftfestigkeit einer Beschichtung getroffen. Er ist zwar nicht zur zahlenmäßigen Erfassung der Haftfestigkeit geeignet, lässt aber sehr wohl eine Einschätzung der spezifischen Haftfestigkeit zu. In der Praxis wird für den Fall, dass die Gitterschnittprüfung kein eindeutiges Ergebnis zeigt, anschließend eine labortechnische Untersuchung mit präziser Messung der Haftfestigkeit durchgeführt.

Nach DIN EN ISO 2409 ist die Spezifikation der Haftfähigkeit in Kennwerte GT 0 bis GT 5 eingeteilt. Wobei GT 0 den besten Wert und GT 5 den schlechtesten Wert darstellt.

Bauelemente, wie diese Nebeneingangstür, müssen Widerstände gegen Witterung und leichten mechanischen Angriff standhalten. Um das zu gewährleisten, müssen Farbbeschichtungen solcher Elemente den Qualitätsstufen GT 0 oder mindestens GT 1 genügen.

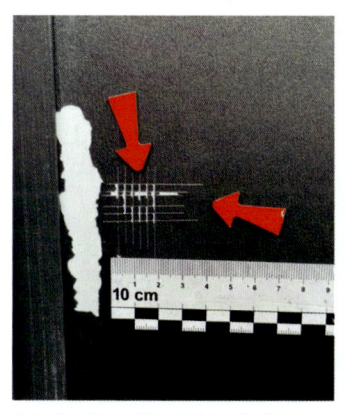

## 2.6.7 Lackierung mit schlechter Haftfestigkeit (Fall 563)

**Falsch:** Die größte Fehlstelle konnte nicht vom Abkleben mit Klebeband entstanden sein.

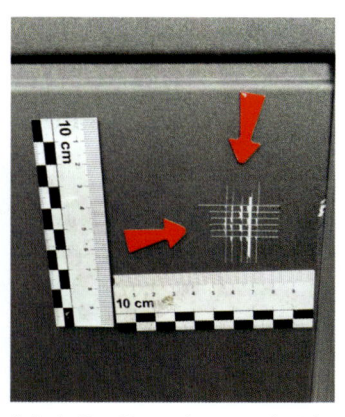

**Falsch:** Der Gitterschnitt ergab Haftfestigkeiten von nur GT 3 und GT 4.

**Falsch:** An insgesamt vier Stellen wurde der Gitterschnitttest durchgeführt. Es war damit zu rechnen, dass weitere Farbabplatzungen folgen würden.

Der Sachverständige ermittelte an den vier Prüfstellen Werte der Kategorie GT 3 und GT 4. Das hieß, dass die Deckbeschichtung der Sandwichoberfläche nicht über die erforderliche Haftfestigkeit verfügte. Das Ergebnis war eindeutig und machte eine labortechnische präzise Messung der Haftfähigkeit überflüssig. Es war davon auszugehen, dass in nächster Zukunft bereits bei üblicher Nutzung des Türelements weitere Fehlstellen entstehen würden.

### Schadensvermeidung und -beseitigung

Für die Beseitigung der Unregelmäßigkeit schlug der Sachverständige vor, lediglich die Sandwichfüllungen gegen „neu" auszutauschen. Dazu müssten die Türflügel ausgehängt und in der Werkstatt demontiert werden, um dann die Paneele entnehmen zu können. Nach Einsetzen neuer Paneele, die dann über eine dauerhafte Beschichtung verfügten, könnten die Flügelrahmen wieder geschlossen werden und in den Rahmen eingehängt werden.

Die Kosten dafür schätzte der Sachverständige auf etwa 1.300 Euro netto.

*Norbert Finke*

Produktkategorie: Türen
Baujahr: 2021
Schadensjahr: 2024
Schlagworte: Beschichtung, Oberflächen/-technik, Paneele, Türen/-bau

**PRAXISTIPP:**
- Verwenden Sie zum Nachlackieren von Sandwichpaneelen nur geeignete Beschichtungssysteme mit der erforderlichen Haftfestigkeit.

**GELTENDE REGELN:**

Die Beachtung folgender Normen, Richtlinien, Verordnungen und Regeln sind die Voraussetzung für die fachtechnisch einwandfreie Ausführung der Arbeit:

- Fachregelwerk Metallbauerhandwerk – Konstruktionstechnik: Kap. 1.8.2.1.1 Beschichten von Stahl mit Beschichtungssystemen, Kap. 1.19.5.2 Stückbeschichtung von Bauteilen, Kap. 2.3.1 Metalltüren,
- DIN EN ISO 2409 Beschichtungsstoffe; Gitterschnittprüfung.

## Ziemlich zerkratzt und zerbeult

### Schadensbeschreibung

Bei einer Stahl-Lagerhalle mit Vordach in wärmegedämmter Ausführung aus Sandwichpaneelen wurden diverse Schäden bemängelt. Dazu gehörten unter anderem viele Kratzer und Dellen, plastische Verformungen, Undichtigkeiten zwischen Vordach und Außenfassade, fehlender Korrosionsschutz der Stahlstützen, fehlende Verblendungen und mangelhaft ausgeführte Ecken.

Die Dacheindeckung des Flachdaches bestand aus Trapezblechen mit Hartschaumdämmung und einer Kunststofffolie als Abdichtung. In die Dachfläche war ein Lichtband integriert.

Die Lagerhalle hatte die Abmaße: 40,82 Meter (Länge) mal 23,13 Meter (Breite) mal 7,25 Meter (Traufhöhe) beziehungsweise 8,76 Meter (Attikahöhe). Der Sachverständige stellte beim Ortstermin noch zwei Besonderheiten fest. Auf den Tropfblechen, eingebaut zwischen Sandwichpaneel-Unterkante und Betonsockel, befand sich noch die werkseitige Schutzfolie (verwittert). Die Fassaden der Lagerhalle wurden nicht (auch nicht im Verladebereich und dem Parkbereich mit Ladestationen für E-Autos) durch Anfahrschutzeinrichtungen gegen Anfahren geschützt.

Der Sachverständige fand beim Ortstermin diverse Kratzer, Dellen und plastische Verformungen an den Sandwichpaneelen an allen vier Hallenseiten vor. Eine Reihe der Beschädigungen war aber, wie sich beim Gespräch mit dem Auftraggeber herausstellte, bei der Benutzung der Halle bei Rangierarbeiten entstanden. Trotzdem blieben noch eine Reihe von Schadstellen in der Verantwortung des Auftragnehmers.

### Fehleranalyse und -bewertung

Das Regelwerk für Stahlhallen-Wandbekleidungen aus industriell gefertigten Produkten des Metallleichtbaus sind vor allem die Fachregeln vom IFBS (Internationaler Verband für den Metallleichtbau). In diesem Regelwerk ist festgelegt, dass trotz aller Sorgfalt bei Herstellung, Lagerung, Transport und Montage die Bauelemente sichtbare Unregelmäßigkeiten aufweisen können. Das wird mit den bauartbedingten Eigenheiten einer Wandbekleidung aus dünnwandigen kaltgeformten Bauelementen begründet.

Eine der vier Fassaden der Stahl-Lagerhalle mit Sandwichpaneelen.

Weiterhin wird im Regelwerk darauf verwiesen, dass der Verwendungszweck des Bauwerks bei der visuellen Betrachtung und Bewertung berücksichtigt werden soll.

Es gilt der Grundsatz, dass geringfügige Unregelmäßigkeiten, zum Beispiel Druckstellen, Kratzer, Farbtonabweichungen, Verschmutzungen und allgemeine Beschädigungen, als üblich anzusehen sind, da derartige Unregelmäßigkeiten aufgrund der technisierten Produktionsabläufe und der Montagebedingungen am Verwendungsort nicht gänzlich vermeidbar sind.

Auch spielen die Betrachtungsbedingungen bei der Bewertung eine Rolle. Wenn die Betrachtungsweise nicht definiert ist, gilt allgemein ein Betrachtungsabstand von zehn Metern bei horizontalen und vertikalen Blickwinkeln bis zu 45 Grad.

Die während des Ortstermins vorgefundenen Unregelmäßigkeiten waren vom Charakter her, unter der oben beschriebenen Betrachtungsweise, teilweise als nicht relevant, teilweise als optisch auffallend wirkend und auch teilweise als technisch kritisch anzusehen.

Undichtigkeiten zwischen Hallenfassade und Vordachkonstruktion konnten durch den Sach-

## 2.6.8 Ziemlich zerkratzt und zerbeult (Fall 564)

**Falsch:** Solche Beschädigungen waren in großer Vielzahl auf allen vier Seiten der Halle zu finden.

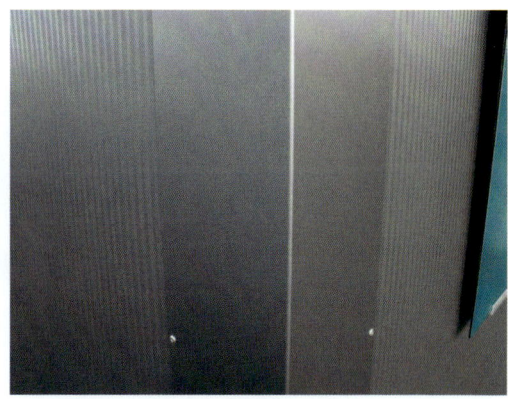

**Richtig:** Die Eckausbildung mit einem Eckprofil mit Neunzig-Grad-Kantung war regelkonform.

**Richtig:** Undichtigkeiten zwischen Hallenfassade und Vordachkonstruktion konnten nicht festgestellt werden.

verständigen nicht festgestellt werden. Die durch den Bauherrn bemängelten Ablaufspuren waren durch eine physikalisch bedingte Kondensatbildung zu erklären.

Die gerügte Geometrie der Eckausbildung erwies sich als regelkonform. Die vertikal verlaufenden Eckprofile wurden unter anderem aus einer Neunzig-Grad-Kantung und 180 Grad umgelegten Schnittkanten gebildet. Diese Form war eine mögliche Variante für solche Bauteile und die Verwendung in technischer Hinsicht regelkonform und üblich.

### Schadensvermeidung und -beseitigung

Um die Schäden an den Wandbekleidungen zu beseitigen, empfahl der Sachverständige eine darauf spezialisierte Fachfirma mit der Sanierung zu beauftragen. Dabei war es bei einigen Paneelen erforderlich, diese teilweise zu erneuern. Seine Kostenschätzung für diese Arbeiten belief sich auf etwa 16.000 Euro netto.

*Norbert Finke*

Produktkategorie: Stahlhallen
Baujahr: 2018
Schadensjahr: 2022
Schlagworte: Bekleidung, Montage; Oberflächen/-technik, Paneele, Sanierung

### PRAXISTIPP:

- Richten Sie sich beim Bau von Leichtbauhallen nach dem Regelwerk des IFBS.

### GELTENDE REGELN:

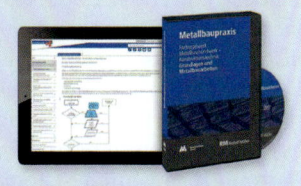

Die Beachtung folgender Normen, Richtlinien, Verordnungen und Regeln sind die Voraussetzung für die fachtechnisch einwandfreie Ausführung der Arbeit:

- Fachregelwerk Metallbauerhandwerk – Konstruktionstechnik: Kap. 2.10.1.1 Sandwichelemente,
- Deutsches Dachdeckerhandwerk Regelwerk,
- IFBS-Fachregeln des Metallleichtbaus. Internationaler Verband für den Metallleichtbau (IFBS), Krefeld.

# Hallendach durch Korrosion geringfügig gemindert

Auf diesem Hallendach aus Trapezblechen fanden sich überall Korrosionsspuren in Form von Rotrost.

### Schadensbeschreibung

Auf der Trapezblecheindeckung einer allseitig offenen Stahlhalle fanden sich diverse Korrosionsspuren (Rotrost). Der Sachverständige hatte die Ursache der Korrosion zu klären und zu ermitteln, ob mit fortschreitender Korrosion an den Stahlblechen zu rechnen sei und ob eine Wertminderung infrage käme.

Die Halle hatte die Abmaße 43.840 Millimeter (Länge), 43.000 Millimeter (Breite) und 8.640 Millimeter (Höhe) und diente der Lagerung von Brennholz. Die verzinkten Trapezbleche waren im Farbton RAL 9002 (grauweiß) beschichtet.

Der Sachverständige fand bei seinem Ortstermin Korrosionsspuren in Form von Rotrost auf der gesamten Dachfläche vor. Korrodierte Partikelnester waren zentriert unmittelbar an den Bohrlöchern der Blechbefestigung vorhanden. Augenscheinlich waren die Unregelmäßigkeiten bei der Befestigung der Trapezbleche beziehungsweise beim Bohren der Befestigungslöcher oder dem Eindrehen der Befestigungsschrauben entstanden. Nach Aussage des ausführenden Betriebes war die gesamte Dachfläche nach abgeschlossener Montage der Trapezbleche abgefegt worden, um unter anderem Bohrspäne von der Dachfläche zu entfernen. Aber vermutlich nicht gründlich genug. Das erklärte die Verteilung der Späne über Teile der gesamten Fläche. Teilweise konnten während des Ortstermins korrodierte Partikel von der Oberfläche abgewischt werden, andere Teile waren jedoch eingebrannt.

## 2.6.9 Hallendach durch Korrosion geringfügig gemindert (Fall 565)

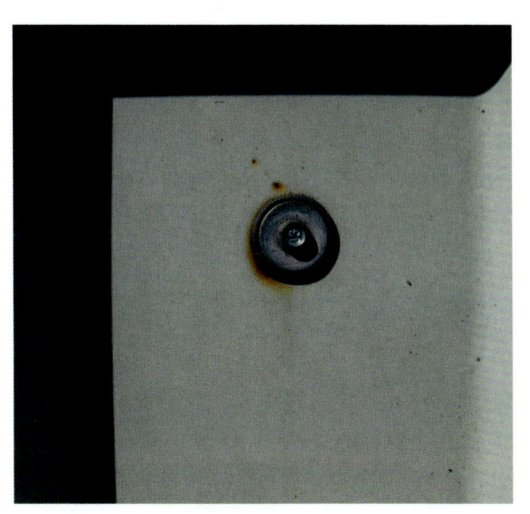

Die Rostspuren waren augenscheinlich durch Bohrspäne entstanden. Grundmetallkorrosion lag nicht vor.

**Fehleranalyse und -bewertung**

Zur detaillierten Untersuchung wurde eine Blechtafel entfernt und im Labor unter dem Mikroskop näher untersucht. Die Untersuchung ergab, dass die sichtbaren Korrosionserscheinungen von aufliegenden Stahlspänen ausgingen. Außerdem wurden Kratzer und Lackabplatzungen in der Nähe der Bohrlöcher sichtbar. Wobei diese mechanisch verursachten Fehler als kritischer angesehen werden mussten. Diese Beschädigungen hatten örtlich zu Lackabtragungen und in Teilbereichen zu Beschädigungen der Zinkschicht geführt. Die Lücken in der Korrosionsschutzschicht wurden allerdings durch kathodischen Schutz auf natürliche Art und Weise wieder geschlossen. Grundmetallkorrosion wurde nicht festgestellt.

Damit handelte es sich bei den Korrosionserscheinungen um keine relevanten technischen Unregelmäßigkeiten. Es waren ausschließlich optische Beeinträchtigungen.

**PRAXISTIPP:**
- Entfernen Sie Bohrspäne und Bearbeitungsspuren bei Korrosionsgefahr besonders sorgfältig.

**Schadensvermeidung und -beseitigung**

Die Wertminderung durch die optischen Unregelmäßigkeiten ermittelte der Sachverständige auf der Basis der Matrix nach Professor Oswald (siehe auch Kapitel 3.5). Stuft man die Gewichtung des optischen Erscheinungsbildes beim Stahlhallendach als „eher unbedeutend" ein, und den Grad der optischen Beeinträchtigung mit „sichtbar", ergibt sich aus der Matrix die Empfehlung zur Wertminderung. Die Höhe der Wertminderung wurde auf Basis einer Nutzwertanalyse in Form der sogenannten „Zielbaummethode" nach Professor Auernhammer vorgenommen.

Bei dem Hallendach wurde der Gebrauchswert mit neunzig Prozent angesetzt und der optische Eindruck mit zehn Prozent. Der optische Eindruck wurde geprägt von der Ebenheit der Fläche, der Maßhaltigkeit, der Verarbeitung und der Ausstrahlung der Oberfläche. In den Punkten Oberflächenbeschaffenheit und Verarbeitung wies das Gewerk Defizite auf. Der Sachverständige setzte dafür insgesamt einen Minderwert von zwei Prozent an. Bei einem Gesamtwert des Gewerks „Hallendacheindeckung" von 38.000 Euro ergab sich ein empfohlener Minderwert von 760 Euro (zwei Prozent).

*Norbert Finke*

Produktkategorie: Stahlhallen
Baujahr: 2021
Schadensjahr: 2021
Schlagworte: Beschichtung, Bleche/Blechbearbeitung, Feuerverzinken, Korrosion, Korrosionsschutz, Trapezprofile

**GELTENDE REGELN:**

Die Beachtung folgender Normen, Richtlinien, Verordnungen und Regeln sind die Voraussetzung für die fachtechnisch einwandfreie Ausführung der Arbeit:

- Fachregelwerk Metallbauerhandwerk – Konstruktionstechnik: Kap. 1.8.2.1 Oberflächenbehandlung von Stahl.

# Unzulässige Zinkabplatzungen an Stahlprofilen

### Schadensbeschreibung

An einem 17-geschossigen im Bau befindlichen Gebäude, das nach Fertigstellung ein Hotel, Gastronomie, Büros und Wohnungen beinhalten sollte, war rundherum zur Aufnahme der Fassadenbekleidung eine dafür feuerverzinkte tragende Stahlkonstruktion aus Vierkantrohren montiert worden.

Nach den Vorgaben aus dem Leistungsverzeichnis sollte die Anbindung der Fassaden-Unterkonstruktion an die tragende Stahlkonstruktion durch mit dem Bolzensetzgerät gesetzte Edelstahlnägel erfolgen. Das Montageverfahren war an benachbarten Gebäudeteilen bereits erfolgreich praktiziert worden.

Bei der Ausführung am betroffenen Gebäude traten Unregelmäßigkeiten in Form von Zinkabplatzungen auf, die ihre Entstehung augenscheinlich am Anschlusspunkt der gesetzten Bolzen hatten.

Das wurde von der Bauherrschaft gegenüber dem Metallbaubetrieb, der den Auftrag zur Montage der Fassadenbekleidung hatte, gerügt.

Der Metallbauer hingegen vermutete die Ursache der tatsächlich in erheblichem Umfang vorhandenen Abplatzungen innerhalb der Stahlkonstruktion. Schließlich trat der Fehler bei Nachbarobjekten, bei denen ebenso montiert worden war, nicht auf. Er beauftragte einen Sachverständigen damit, die Fehlerquelle zu identifizieren.

### Fehleranalyse und -bewertung

Im Rahmen der Ortsbesichtigung stellte der Sachverständige auch Abplatzungen fest, deren Entstehung nicht im Zusammenhang mit der Bolzenbefestigung zu begründen waren. Außerdem stellte er bei der Schichtdickenmessung ungewöhnlich hohe Zinkschichtdicken von über 300 Mikrometern fest.

Für die Ursachenforschung forderte der Sachverständige folgende Unterlagen an:

- Leistungserklärung nach DIN EN 1090-1/2 für die tragende feuerverzinkte Stahlkonstruktion,

An dieser tragenden Stahlkonstruktion sollte die Fassaden-Unterkonstruktion durch mit dem Bolzensetzgerät gesetzte Edelstahlnägel befestigt werden.

- DIBt-Zulassung des Befestigungssystems,
- Ü-Kennzeichnung, vergeben durch die Verzinkerei mit Prüfprotokoll,
- Materialzeugnisse nach DIN EN 10204, APZ 3.1,
- Materialprobe zur labortechnischen Bestimmung der chemischen Zusammensetzung.

Die Auswertung der übergebenen Unterlagen und die vorgenommene Werkstoffanalyse ergaben ein schlüssiges Bild der Schadensursache.

Hier hatten sich die Gehalte von Silizium und Phosphor des Grundwerkstoffs in ihrer Wirkung auf den Verzinkungsprozess addiert. Sie hatten die Eisen-Zink-Reaktion im Zinkbad derart beschleunigt, dass solche dicken Zinküberzüge entstehen konnten. Eventuell hatten auch die Schmelztemperatur und die Tauchdauer zusätzlichen Einfluss gehabt. Die Schutzdauer der Zinkschicht gegen Korrosion war aufgrund der höheren Schichtdicke größer.

Allerdings sind solche dicken Zinkschichten sehr spröde und damit empfindlich gegen Beschädigungen. Bereits beim Transport und Handling können Beschädigungen durch leichte Beanspruchung in Form von Abplatzungen auftreten.

Das Einbringen der Setzbolzen bei der Montage der Fassaden-Unterkonstruktion brachte eine erhebliche Belastung für die dicke spröde Zinkschicht. Abplatzungen der Zinkschicht waren damit vorprogrammiert.

## 2.6.10 Unzulässige Zinkabplatzungen an Stahlprofilen (Fall 566)

**Falsch:** Beim Bolzensetzen platzten relativ große Bereich der Zinkschicht ab.

Bei der Schichtdickenmessung wurden ungewöhnlich dicke Zinkschichten gemessen; hier 341 Mikrometer.

Auch außerhalb des Setzbereiches wurden Zinkabplatzungen (vermutlich durch den Transport) festgestellt.

Das war jedoch nicht dem Metallbauer anzulasten. Er hatte vertragsgemäß die Unterkonstruktion der Fassadenbekleidung ans Vorgewerk angeschlossen. Dafür war wiederum die ordnungsgemäße Herstellung nach DIN EN 1090-2 erklärt.

**Schadensvermeidung und -beseitigung**

In diesem Fall hätte bereits beim Einkauf der Stahlhohlprofile besonderes Augenmerk auf die chemische Zusammensetzung des Grundwerkstoffs im Hinblick auf die Feuerverzinkung gelegt werden müssen. Gerade bei den großen Materialmengen, die hier eingesetzt wurden.

Zur Schadensbehebung mussten sämtliche losen Bestandteile der feuerverzinkten Stahlkonstruktion entfernt werden. Es wurden „weiche" Übergänge geschaffen. Anschließend wurde der Korrosionsschutz aufwendig und kostenintensiv durch eine Farbbeschichtung nach DIN EN ISO 12944-1 vervollständigt.

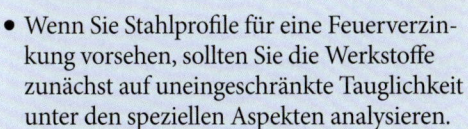

*Norbert Finke*

Produktkategorie: Stahlkonstruktionen
Baujahr: 2024
Schadensjahr: 2024
Schlagworte: Baustahl, Befestigung, Fassaden/-bau, Feuerverzinken, Korrosionsschutz, Stahl/-bau

**PRAXISTIPP:**
- Wenn Sie Stahlprofile für eine Feuerverzinkung vorsehen, sollten Sie die Werkstoffe zunächst auf uneingeschränkte Tauglichkeit unter den speziellen Aspekten analysieren.
- Bei größeren Mengen empfiehlt sich eine Probeverzinkung an einem identischen Muster.

**GELTENDE REGELN:**

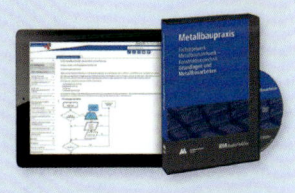

Die Beachtung folgender Normen, Richtlinien, Verordnungen und Regeln sind die Voraussetzung für die fachtechnisch einwandfreie Ausführung der Arbeit:

- Fachregelwerk Metallbauerhandwerk – Konstruktionstechnik: Kap. 1.8.2.1.3.2 Feuerverzinken,
- DIN EN ISO 1461 Durch Feuerverzinken auf Stahl aufgebrachte Zinküberzüge (Stückverzinken); Anforderungen und Prüfungen,
- DIN EN ISO 14713-2 Zinküberzüge; Leitfäden und Empfehlungen zum Schutz von Eisen- und Stahlkonstruktionen vor Korrosion; Teil 2: Feuerverzinken.

# Pflanzkübel aus nichtrostendem Stahl durchgerostet

**Schadensbeschreibung**

Eine Metallbaufirma hatte den Auftrag für die Herstellung und Lieferung von drei Pflanzkübeln aus nichtrostendem Stahl erhalten.

Die Pflanzkübel wurden von einer Gärtnerei vor Ort bepflanzt. Nach einem Jahr wiesen die Pflanzkübel Rost auf, nach einem weiteren Jahr war der Rostbefall großflächig. Die Kübel rosteten von innen nach außen. An einigen Stellen war der Stahl bereits komplett durchgerostet.

Der Kunde beanstandete Materialfehler, der Metallbauer widersprach. Der Fall ging vor Gericht. Das Gericht beauftragte einen Sachverständigen mit der Klärung der Ursache. Dabei war die Frage zu beantworten, ob der Rostbefall durch eine unsachgemäße Handhabung der Pflanzkübel (zum Beispiel durch die Verwendung von Styropor oder Dünger) oder durch einen Materialfehler verursacht worden war.

**Fehleranalyse und -bewertung**

Vom Sachverständigen wurde beim Ortstermin eine Materialprobe entnommen und zur Spektralanalyse ins Labor gegeben. Dabei wurde festgestellt, dass die chemische Zusammensetzung den Vorgaben für den Werkstoff X5CrNi18-10 (1.4301) entsprach, der vom Metallbauer angeboten worden war. Daher war die Frage des Gerichts, ob das Material nicht dem Angebot entsprach, zu verneinen. Der Werkstoff entsprach dem Angebotenen.

Ob sich dieser Werkstoff für die vertragsgemäß vereinbarte oder vorausgesetzte Verwendung eignete, war nicht Gegenstand des Beweisbeschlusses.

Zu der Frage, ob die Korrosion durch Styropor beziehungsweise Dünger begünstigt worden sei, stellte der Sachverständige Folgendes fest:

Bei temperaturempfindlichen Pflanzen ist es durchaus üblich, dass zur Isolierung dämmende Materialien (zum Beispiel Styropor) verwendet werden. Es wäre nicht verwunderlich gewesen, wenn es zwischen dem Styropor und der Innenfläche des Kübels zu Spaltkorrosion und Lochfraß gekommen wäre.

Im vorliegenden Fall hatte allerdings gerade das Styropor verhindert, dass es im Bereich der gesamten Fläche zu Korrosionsschäden gekommen war. Die Korrosionsschäden an allen drei Pflanzkübeln waren immer an den Stellen zu beobachten, wo Lücken zwischen den Styroporplatten waren. Hier konnte der nichtrostende Stahl direkt mit der Erde und Wasser und eventuellen Aufkonzentrationen im Wasser in Berührung kommen. Es ist durchaus möglich, dass es durch die Verwendung von Dünger alleine oder auch in der Kombination mit der Bepflanzung zu verschiedenen chemischen Reaktionen beziehungsweise Aufkonzentrationen gekommen war, die zu den Korrosionsschäden führten.

Der Rostbefall war nicht auf die Verwendung von Styropor zurückzuführen, konnte aber durch die Verwendung von Dünger entstanden sein.

**Schadensvermeidung und -beseitigung**

Bei hohen Konzentrationen durch Chlor oder Chloride und/oder Schwefeldioxide und hoher Luftfeuchtigkeit sowie bei Aufkonzentrationen von Schadstoffen im Erdreich, zum Beispiel durch Dünger, müssen die Korrosivitätskategorien für die Werkstoffauswahl beachtet werden. Die entsprechenden Umgebungsbedingungen sind aber unter Umständen schwer einzuschätzen.

Der nichtrostende Stahl mit der Werkstoffnummer 1.4301 ist nicht so beständig gegen Korrosion wie ein höher legierter Werkstoff, der für den Einsatz im Erdreich empfohlen wird. In schwach sauren Medien kann der Werkstoff 1.4301 allerdings sogar eine beschädigte Passivschicht in Gegenwart von Luft oder Wasser wieder heilen.

Die Korrosivitätskategorie bei der Verwendung von nichtrostendem Stahl im Erdreich ist die Im3. Für diese Gruppe werden zum Beispiel

## 2.6.11 Pflanzkübel aus nichtrostendem Stahl durchgerostet (Fall 567)

An diesem Pflanzkübel aus nichtrostendem Stahl kam es zur Korrosion. Die Frage des Gerichts, ob das Material dem Angebot entsprach, wurde allerdings bejaht.

Der Korrosionsangriff war nur zwischen den dämmenden Styroporplatten zu beobachten (Lücke zwischen dem Styropor).

Ursache können Aufkonzentrationen im Erdreich durch die Düngung/Bepflanzung sein.

Edelstahlsorten mit der Werkstoffnummer 1.4565, 1.4529 oder 1.4547 empfohlen.

Aus wirtschaftlichen Gründen ist es aber durchaus üblich, dass für Pflanzkübel aus nichtrostendem Stahl auch der Werkstoff 1.4301 verwendet wird. Hierbei ist allerdings zu beachten, dass es keine Sicherheit dafür gibt, dass es bei eventuellen Belastungen und Aufkonzentrationen nicht zu Korrosionsschäden kommt.

*Andreas Friedel*

Produktkategorie: Weitere Metallkonstruktionen
Baujahr: 2014
Schadensjahr: 2015
Schlagworte: Korrosion, Korrosionsschutz, Nichtrostender Stahl

### GELTENDE REGELN:

Die Beachtung folgender Normen, Richtlinien, Verordnungen und Regeln sind die Voraussetzung für die fachtechnisch einwandfreie Ausführung der Arbeit:

- Fachregelwerk Metallbauerhandwerk – Konstruktionstechnik: Kap. 1.6.2 Nichtrostender Stahl, Kap. 1.8.2.2 Oberflächenbehandlung von nichtrostendem Stahl,
- Tabellenbuch Metall. Verlag Europa-Lehrmittel, Haan-Gruiten,
- Tabellenbuch für Metallbautechnik. Verlag Europa-Lehrmittel, Haan-Gruiten,
- Merkblatt 833: Edelstahl Rostfrei in Erdböden. Informationsstelle Edelstahl Rostfrei (ISER), Düsseldorf.

### PRAXISTIPP:

- Hier hatte der Sachverständige nur die Fragen aus dem Beweisbeschluss zu beantworten. Über rechtliche Gegebenheiten zum Vertragsschluss zwischen der Metallbaufirma und dem Kunden sowie vertraglich festgehaltene Vereinbarungen lagen dem Sachverständigen keine Informationen vor.
- Weisen Sie den Auftraggeber auf den Einsatzbereich und die möglichen Einschränkungen des angebotenen Materials hin. Aus wirtschaftlichen Gründen ist es durchaus üblich, dass Pflanzkübel aus dem Werkstoff 1.4301 hergestellt werden.
- Weisen Sie Ihren Kunden auf die Korrosionsgefahr durch Dünger und Bepflanzung hin.
- Eine konstruktive Möglichkeit, um das zu verhindern, sind zum Beispiel innen liegende Pflanzgefäße mit kontrollierter Entwässerung nach außen, ohne unmittelbaren Kontakt zum nichtrostenden Stahl.
- Der Einsatz eines höher legierten Werkstoffes, der für den Einsatz im Erdreich empfohlen wird, gibt aus der Sicht des Sachverständigen auch keine endgültige Sicherheit dafür, dass es unter den gegebenen Einsatzbedingungen nicht zur Korrosion kommen kann.

# Antriebszapfen einer Dampflok gebrochen

Der Radsatz der Dampflok mit dem Zapfenbruch.

## Schadensbeschreibung

An einer Dampflok kam es nach einer Reparatur bereits nach kurzer Betriebszeit zum Ausfall eines vorher ausgetauschten Antriebszapfens. Es wurde vermutet, dass eine fehlerhafte induktive Randschichthärtung am Zapfen in direktem Zusammenhang mit dem Schaden stand.

## Fehleranalyse und -bewertung

Das angelieferte Muster zeigte eine typische Wechselbiege-Schwingbruchfläche mit einem vergleichsweise geringen Anteil Restgewaltbruch. Die Rissausbreitung verlief entsprechend der tatsächlichen Beanspruchung leicht asymmetrisch. Am Radius lag eine auffällig raue Oberflächengüte vor. Im Radiusbereich waren noch leichte Anlassverfärbungen aus der Wärme vom induktiven Randschichthärten zu erkennen.

Hinweise auf einen Einfluss aus der induktiven Randschichthärtung wurden am Bruchausgang nicht festgestellt. Es lag ein Wechselbiege-Ermüdungsbruch als Folge einer nicht ausreichend bearbeiteten Oberfläche im Radiusbereich (Rissausgang) vor. Durch eine Veränderung der Rauheit von etwa null bis ein Mikrometer (poliert) auf etwa zwanzig bis fünfzig Mikrometer (geschruppt) ist eine Minderung der Biegewechselfestigkeit zu erwarten. Diese beträgt in Abhängigkeit von der Bauteilfestigkeit bei 800 Newton pro Quadratmillimeter (normalgeglüht) etwa zwanzig Prozent und bei 1.400 Newton pro Quadratmillimeter (vergütet) etwa dreißig Prozent.

## Schadensvermeidung und -beseitigung

Die Wellenzapfen mussten komplett erneuert werden.

*Martin Hofmann*

## 2.6.12 Antriebszapfen einer Dampflok gebrochen (Fall 568)

**Falsch:** Der gebrochene Antriebszapfen mit der Lage der Bruchfläche.

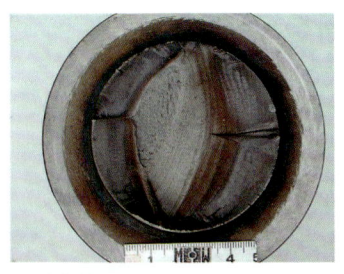

Bruchbild mit zwei um 180 Grad versetzen Rissausgängen zum Schwingbruch und dem Restgewaltbruch.

Deutlich sind die Anlassverfärbung und eine raue Oberfläche im Radiusbereich zu erkennen.

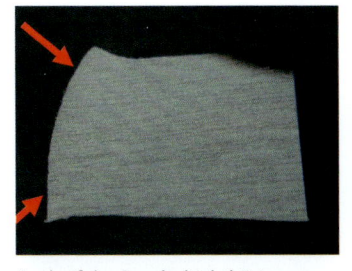

Auslauf der Randschichthärtung vor der Bruchfläche (Bruchfläche linke Bildseite).

Gefüge am Bruch.

Ferritisch-perlitisches Normalglühgefüge ohne thermische Beeinflussung durch die Randschichthärtung.

Produktkategorie: Weitere Metallkonstruktionen
Baujahr: 2004
Schadensjahr: 2004
Schlagworte: Beanspruchung, Härten, Maschinenbau, Wärmebehandlung

### PRAXISTIPP:

- Unterschätzen Sie nicht den Einfluss der Oberflächengüte auf die Lebensdauer, insbesondere in stark beanspruchten Bereichen von Baugruppen.

### GELTENDE REGELN:

Die Beachtung folgender Normen, Richtlinien, Verordnungen und Regeln sind die Voraussetzung für die fachtechnisch einwandfreie Ausführung der Arbeit:

- Fachregelwerk Metallbauerhandwerk – Konstruktionstechnik: Kap. 1.6.1.8 Wärmebehandlung der Eisen- und Stahlwerkstoffe.

# Oberflächlicher Riss an einem Gusskörper

## Schadensbeschreibung

An einem Gusskörper aus ADI-Guss (ausferritisches Gusseisen) war örtlich ein etwa 200 Millimeter langer Riss aufgetreten. Der Schadensbereich wurde freigelegt und der Riss aufgebrochen.

## Fehleranalyse und -bewertung

Eine Mikroschliffuntersuchung im Schadensbereich ergab, dass es sich hier um eine herstellungsbedingte Oxidfalte an der Oberfläche, bis in eine Tiefe von maximal 0,6 Millimeter handelte. In der Umgebung dieser Oberflächenunregelmäßigkeit war der Graphit auch als Lamellengraphit ausgebildet und nicht – wie bei einem Guss dieser Art üblich – als Kugelgraphit. Es ist anzunehmen, dass es beim Vergießen zu einer unregelmäßigen Verteilung der kugelgraphitbildenden Elemente Magnesium beziehungsweise Cer gekommen ist, beziehungsweise dass diese Elemente zu wenig vorhanden sind.

Das Gefüge außerhalb des Schadensbereiches bestand – wie üblich – aus Bainit und Kugelgraphit.

Für die Klärung der Schadensursache war es in diesem Fall entscheidend, die Proben aus dem Schadensbereich zu entnehmen, weil die Gefügeausbildung unmittelbar daneben möglicherweise vollkommen unauffällig sein könnte.

## Schadensvermeidung und -beseitigung

Da es sich bei dem schadhaften Gusskörper um einen massiven Querschnitt handelte und die Oxidfalte eine relativ geringe Tiefe von maximal 0,6 Millimeter aufwies, bestünde hier die Möglichkeit, diese auszuschleifen, ohne die Tragfähigkeit nennenswert zu schädigen.

**Falsch:** Das Gussteil mit dem etwa 200 Millimeter langen oberflächlichen Riss.

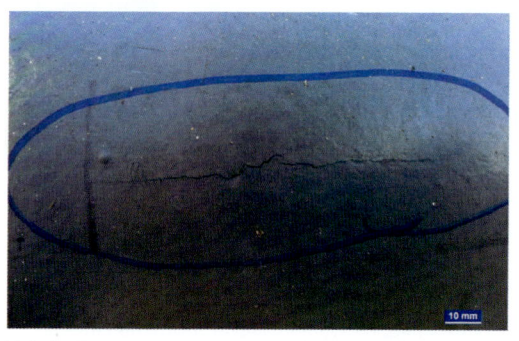

**Falsch:** Der Riss ging nur maximal 0,6 Millimeter tief.

Es ist allerdings anzuraten, die gesamte Oberfläche einer Rissprüfung mit dem Farbeindringverfahren oder besser noch mit dem Magnetpulverprüfverfahren zu unterziehen, um auszuschließen, dass nicht auch noch an anderer Stelle ähnliche Oberflächenfehler vorhanden sind.

Um Unregelmäßigkeiten dieser Art von vornherein zu vermeiden, ist bei der Bestellung bereits darauf zu bestehen, dass rissartige Oberflächenunregelmäßigkeiten auf keinen Fall zulässig sind und dass eine Prüfung auf solche Fehler hin bereits bei der Herstellung zu erfolgen hat. Dies ist auch zu dokumentieren und die Dokumentation ist als Vertragsbestandteil mitzuliefern.

*Gabriele Weilnhammer*

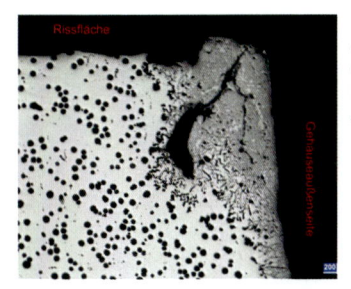

## 2.6.13 Oberflächlicher Riss an einem Gusskörper (Fall 569)

In der Umgebung des Risses war der Graphit auch als Lamellengraphit ausgebildet.

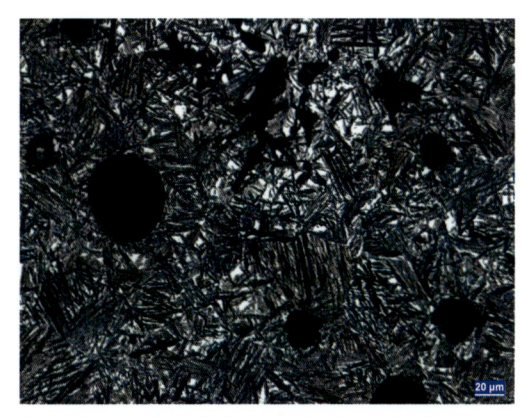

Produktkategorie: Weitere Metallkonstruktionen
Baujahr: 1995
Schadensjahr: 1995
Schlagworte: Gefüge, Gusseisen, Gusskonstruktionen, Werkstoffe

Das Gefüge außerhalb des Schadensbereiches bestand – wie üblich – aus Bainit und Kugelgraphit.

### PRAXISTIPP:

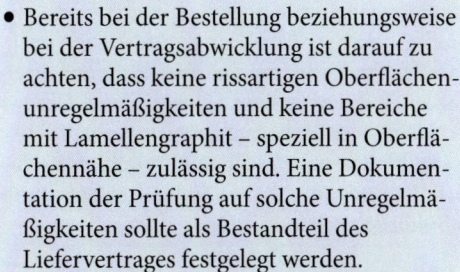

- Bereits bei der Bestellung beziehungsweise bei der Vertragsabwicklung ist darauf zu achten, dass keine rissartigen Oberflächenunregelmäßigkeiten und keine Bereiche mit Lamellengraphit – speziell in Oberflächennähe – zulässig sind. Eine Dokumentation der Prüfung auf solche Unregelmäßigkeiten sollte als Bestandteil des Liefervertrages festgelegt werden.
- Eine Wareneingangskontrolle in Form einer (wenigstens stichprobenartigen) Oberflächenrissprüfung ist zu empfehlen.
- Eine Rissprüfung mit dem Magnetpulverprüfverfahren ist dabei einer Rissprüfung mit dem Farbeindringverfahren vorzuziehen, weil dabei auch Unregelmäßigkeiten unter einer Oberflächenfarbschicht festgestellt werden können.
- Es ist außerdem zu empfehlen, ein Materialzeugnis mit anzufordern, in dem auch die chemische Analyse aufgeführt ist, und dabei hauptsächlich auf die Elemente Magnesium und/oder Cer zu achten, die für die Ausbildung des Graphits in Kugelform maßgeblich sind.

### GELTENDE REGELN:

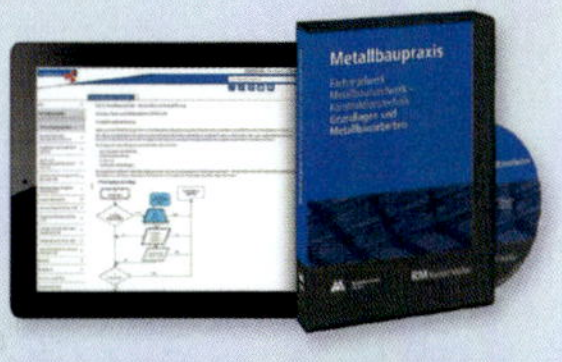

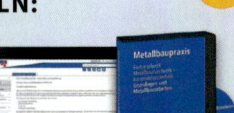

Die Beachtung folgender Normen, Richtlinien, Verordnungen und Regeln sind die Voraussetzung für die fachtechnisch einwandfreie Ausführung der Arbeit:

- Fachregelwerk Metallbauerhandwerk – Konstruktionstechnik: Kap. 1.6.1 Stahl,
- DIN EN 1370 Gießereiwesen; Bewertung des Oberflächenzustandes,
- DIN EN 1563 Gießereiwesen; Gusseisen mit Kugelgraphit,
- DIN EN 1564 Gießereiwesen; Ausferritisches Gusseisen mit Kugelgraphit,
- DIN EN ISO 3059 Zerstörungsfreie Prüfung; Eindringprüfung und Magnetpulverprüfung; Betrachtungsbedingungen,
- DIN EN ISO 9934-1 Zerstörungsfreie Prüfung; Magnetpulverprüfung; Teil 1: Allgemeine Grundlagen.

## Feder glatt gebrochen

### Schadensbeschreibung

Eine Zugfeder aus rostfreiem Federstahldraht war im Betrieb (dynamische Beanspruchung) glatt durch den Querschnitt gebrochen.

Im Bereich der Bruchausgangsstelle war – ausgehend von Oberflächenriefen – eine zungenartige Oberflächenunregelmäßigkeit zu beobachten.

Eine Schliffuntersuchung durch die Bruchausgangsstelle bestätigte, dass es sich dabei um eine fertigungsbedingte „Überwalzung" handelte, also um Material, das während des Drahtwalzens über die Oberfläche „geschmiert" wurde.

Das Gefüge des Federwerkstoffes bestand nahezu durchgehend aus sogenanntem „Verformungsmartensit", was zu erwarten war und auch völlig in Ordnung ist.

Die Untersuchung der Bruchfläche am Rasterelektronenmikroskop (REM) zeigte, dass fast über den gesamten Querschnitt ein Dauerschwingbruch – ausgehend von der beobachteten Überwalzung – vorlag. Lediglich ein geringer Anteil von etwa dreißig Prozent der Gesamtbruchfläche war als zäher Gewaltbruch ausgebildet.

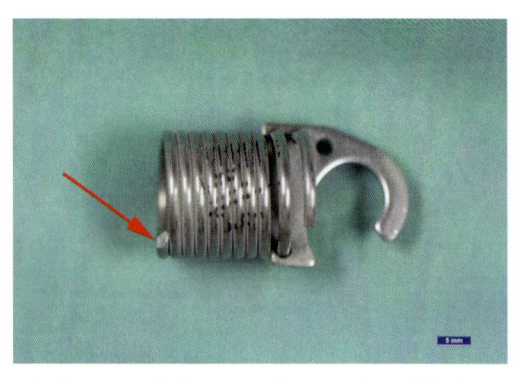

**Falsch:** Eine Zugfeder aus rostfreiem Federstahldraht war im Betrieb gebrochen.

### Fehleranalyse und -bewertung

Bei dem beobachteten Schaden handelte es sich um einen Dauerschwingbruch durch dynamische Überbeanspruchung, ausgehend von einer fertigungsbedingten Oberflächenunregelmäßigkeit in Form einer Überwalzung. Der Werkstoff wies in diesem Bereich ausgeprägte Quetschfalten auf, die zu einer erhöhten Kerbwirkung und damit bei dynamischer Belastung zu Sollbruchstellen führten.

### Schadensvermeidung und -beseitigung

Um solche Schäden sicher zu vermeiden, ist bei der Herstellung der Feder darauf zu achten, dass möglichst keine ausgeprägten Oberflächenriefen und auf jeden Fall keine Überwalzungen vorhanden sind, da diese zu einem vorzeitigen Bauteilversagen – besonders bei dynamischer Beanspruchung – führen können.

## 2.6.14 Feder glatt gebrochen (Fall 570)

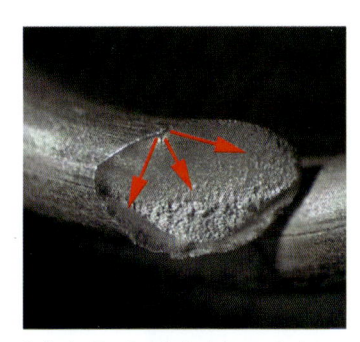

**Falsch:** Der Bruch bei dynamischer Beanspruchung ging glatt durch den Querschnitt.

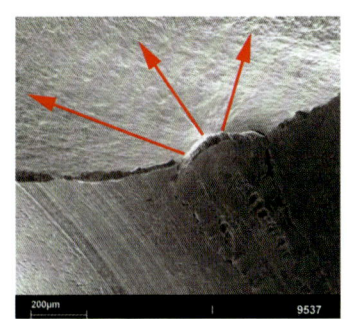

Im Bereich der Bruchausgangsstelle war – ausgehend von Oberflächenriefen – eine zungenartige Oberflächenunregelmäßigkeit zu beobachten.

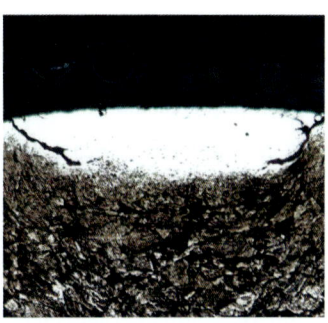

Eine Schliffuntersuchung durch die Bruchausgangsstelle bestätigte, dass es sich dabei um eine fertigungsbedingte „Überwalzung" handelte.

Eine Beseitigung der Oberflächenunregelmäßigkeit ist nachträglich – da diese fertigungsbedingt ist – nicht mehr möglich, ohne den Querschnitt weiter zu vermindern.

Gegebenenfalls kann darüber nachgedacht werden, eine Feder mit größerem Querschnitt zu verwenden. Allerdings ist auch dann darauf zu achten, dass möglichst keine fertigungsbedingten Oberflächenfehler vorhanden sind, da es sonst ebenfalls zu vorzeitigem Bauteilversagen kommen kann.

*Gabriele Weilnhammer*

Produktkategorie: Weitere Metallkonstruktionen
Baujahr: 2002
Schadensjahr: 2003
Schlagworte: Dauerfestigkeit, Gefüge, Werkstoffe

### PRAXISTIPP:

- Bereits bei der Wareneingangskontrolle sollten Sie Federn auf überwalzungsartige Oberflächenfehler und ausgeprägte Riefen überprüfen. Dazu reicht in der Regel eine Sichtkontrolle – gegebenenfalls mittels Lupe oder Stereomikroskop – völlig aus.
- Wenn solche Unregelmäßigkeiten häufiger auftreten, kann durch eine metallographische Schliffuntersuchung der eindeutige Nachweis geführt und dokumentiert werden.

### GELTENDE REGELN:

Die Beachtung folgender Normen, Richtlinien, Verordnungen und Regeln sind die Voraussetzung für die fachtechnisch einwandfreie Ausführung der Arbeit:

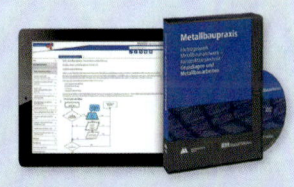

- Fachregelwerk Metallbauerhandwerk – Konstruktionstechnik: Kap. 1.6.1 Stahl,
- DIN 2097 Zylindrische Schraubenfedern aus runden Drähten; Gütevorschriften für kaltgeformte Zugfedern.

# Sechskantstangen aus CrNi-Stahl gebrochen

## Schadensbeschreibung

Bei einer Reihe von Sechskantstangen waren etwa in der Mitte Brüche quer durch den Querschnitt aufgetreten. Diese gingen von Rissen an der Oberfläche aus, die über die gesamte Länge der Stangen auftraten.

Beim Werkstoff der Stangen handelt es sich um einen Automaten-CrNi-Stahl der Güte 1.4305 (X8CrNiS 18-10).

Die Brüche verliefen gerade durch den Querschnitt und zeigen eine gleichmäßige, fein strukturierte Bruchausbildung.

Im Längsschliff waren zahlreiche Sulfidzeilen zu beobachten, wie sie typisch sind für Automatenstähle, und teilweise gingen die rissartigen Oberflächenfehler von solchen Sulfidzeilen aus.

Allerdings waren Oberflächenfehler der beschriebenen Art auch in den Querschliffen zu beobachten.

## Fehleranalyse und -bewertung

An zwei der Stangen wurden aus dem Bruchbereich Längs- und Querschliffe zur metallographischen Untersuchung entnommen. Es waren an allen Proben überwalzungsartige Oberflächenfehler bis in eine Tiefe von etwa 0,5 Millimeter zu erkennen, von denen aus die Brüche gerade durch den Querschnitt verliefen.

Fehler dieser Art sind herstellungsbedingt und entstehen, wenn beim Walzen Material an der Oberfläche zungenartig über die eigentliche Oberfläche geschoben wird. Die Risse werden noch durch die zahlreichen Sulfidzeilen verstärkt, die typisch für einen Automatenstahl sind.

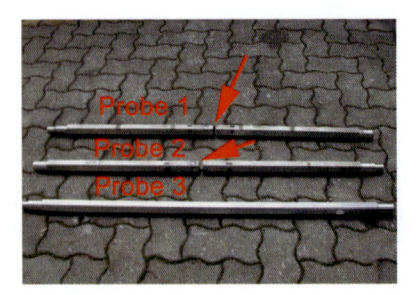

**Falsch:** Bei einer Reihe von Sechskantstangen waren etwa in der Mitte Brüche quer durch den Querschnitt aufgetreten.

## Schadensvermeidung und -beseitigung

Um solche Brüche sicher zu vermeiden, empfiehlt es sich, eine hundertprozentige Wareneingangskontrolle in Form einer Sichtprüfung und einer Oberflächenrissprüfung mittels Farbeindringverfahren durchzuführen und bei festgestellten Unregelmäßigkeiten bis in eine Tiefe von etwa ein Millimeter auszuschleifen. Danach müsste über eine erneute Rissprüfung festgestellt werden, ob die Oberflächenfehler wirklich vollständig beseitigt werden konnten.

Alternativ besteht natürlich auch die Möglichkeit, bereits bei der Bestellung festzulegen, dass die Teile frei von überwalzungsartigen Oberflächen geliefert werden müssen, was allerdings mit höheren Kosten verbunden sein dürfte.

Es wäre außerdem zu überlegen, ob hier unbedingt ein Automatenstahl der Güte 1.4305 eingesetzt werden muss. Als Alternative wäre eventuell auch ein 1.4301 (X5CrNi18-10) möglich, der zwar etwas teurer ist, bei dem solche Oberflächenunregelmäßigkeiten aber eher nicht zu erwarten sind.

*Gabriele Weilnhammer*

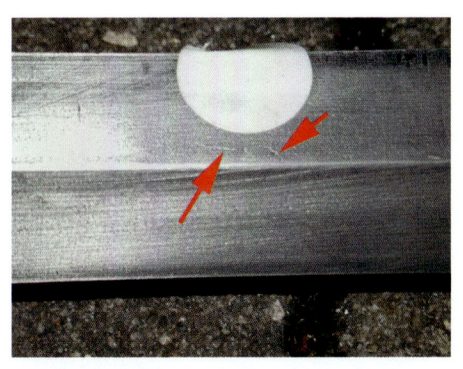

## 2.6.15 Sechskantstangen aus CrNi-Stahl gebrochen (Fall 571)

**Falsch:** Die Brüche gingen von rissartigen Oberflächenunregelmäßigkeiten aus, die über die gesamte Länge der Stangen auftraten.

Produktkategorie: Weitere Metallkonstruktionen
Baujahr: 1995
Schadensjahr: 1998
Schlagworte: Gefüge, Nichtrostender Stahl, Oberflächen/-technik, Werkstoffe

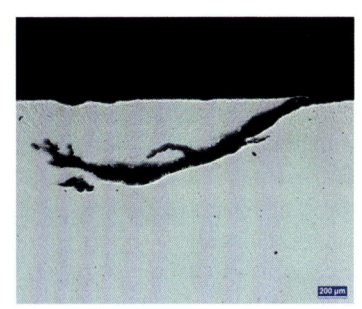

Die Oberflächenfehler waren auch in den Querschliffen zu beobachten.

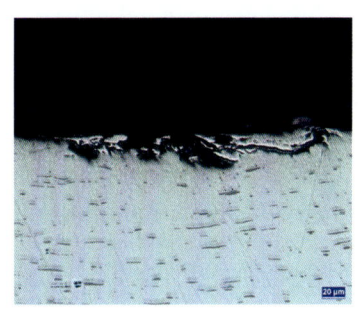

Im Längsschliff waren zahlreiche Sulfidzeilen zu beobachten, wie sie typisch für Automatenstähle sind. Teilweise gingen die Risse von solchen Sulfidzeilen aus.

### PRAXISTIPP:

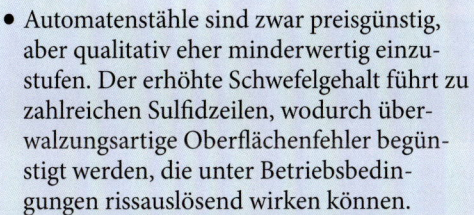

- Automatenstähle sind zwar preisgünstig, aber qualitativ eher minderwertig einzustufen. Der erhöhte Schwefelgehalt führt zu zahlreichen Sulfidzeilen, wodurch überwalzungsartige Oberflächenfehler begünstigt werden, die unter Betriebsbedingungen rissauslösend wirken können.
- Sie sollten daher bereits bei der Bestellung vereinbaren, dass überwalzungsartige Oberflächenfehler nicht zulässig sind, und dies durch eine Oberflächenrissprüfung überprüfen und dokumentieren.
- Da eine Prüfung dieser Art den Werkstoff allerdings verteuern dürfte, sollten Sie überlegen, gleich einen höherwertigen Cr-Ni-Stahl, etwa der Güte 1.4301 (X5Cr-Ni18-10) einzusetzen. Dieser ist zwar auch etwas teurer als ein 1.4305 (X8Cr-NiS18-10), aber in der Regel frei von überwalzungsartigen Oberflächenfehlern, sodass der Prüfaufwand entfällt.

### GELTENDE REGELN:

Die Beachtung folgender Normen, Richtlinien, Verordnungen und Regeln sind die Voraussetzung für die fachtechnisch einwandfreie Ausführung der Arbeit:

- Fachregelwerk Metallbauerhandwerk – Konstruktionstechnik: Kap. 1.6.2 Nichtrostender Stahl,
- DIN EN 1370 Gießereiwesen; Bewertung des Oberflächenzustandes,
- DIN EN 10088-1 Nichtrostende Stähle; Verzeichnis der nichtrostenden Stähle,
- DIN EN ISO 3452-1 Zerstörungsfreie Prüfung; Eindringprüfung; Teil 1: Allgemeine Grundlagen.

## Hydraulikstempel durch Stromfluss beschädigt

**Schadensbeschreibung**

Das geschädigte Teil zeigte eine halbseitige, scharf abgesetzte Vertiefung mit einem Umlauf auf dem halben Durchmesser. Auf einer Seite war ein flächiger Bereich mit lokaler Schädigung zu erkennen, der bei lupenmikroskopischer Vergrößerung eine kraterförmige Vertiefung mit einer wulstartigen Erhöhung am Rand aufwies. Die dunklere Seite zeigte teilweise rotbraune Rückstände. Es wurde zunächst eine Korrosions- oder Verschleißschädigung vermutet.

**Fehleranalyse und -bewertung**

In Bereich der Schädigung wurden detaillierte mikrofraktographische, metallographische und analytische Untersuchungen durchgeführt.

Die mikrofraktographische Untersuchung im REM zeigte Merkmale von Anschmelzungen der Oberfläche. Zur Überprüfung wurde ein metallographischer Schliff durch den Schadensbereich angefertigt.

Die Gefügeausbildung an der Schadensstelle bestätigte eine lokale Anschmelzung als Ursache für die Schädigung der Oberfläche. Ursprung war ein unkontrollierter Stromfluss.

Die ungeschädigte Oberfläche zeigte eine gleichmäßige Chromschicht mit einer Dicke von etwa 25 Mikrometer. Die Ursache der rotbraunen Verfärbung war auch aufgrund des Fehlens einer Unterkupferung unter der Chromschicht unklar.

Die Analyse in der muldenförmigen Vertiefung zeigte Anteile von Kupfer (Cu) und Zinn (Sn). Vermutlich handelte es sich bei den rotbraunen Rückständen um Reste eines in diesem Bereich sitzenden Bronzelagers oder einer Führung.

**Falsch:** Das Schadensbild zeigte sich in einer umlaufenden kerbförmigen Vertiefung und einer lokalen Ausbreitung der Effekte in Längsrichtung.

Zunächst wurde eine Korrosions- oder Verschleißschädigung vermutet.

**Schadensvermeidung und -beseitigung**

Vermeiden lassen sich solche Schäden durch die regelmäßige Kontrolle der Anlagentechnik.

*Martin Hofmann*

Produktkategorie: Weitere Metallkonstruktionen
Baujahr: 2022
Schadensjahr: 2022
Schlagworte: Gefüge, Maschinenbau, Werkstoffe

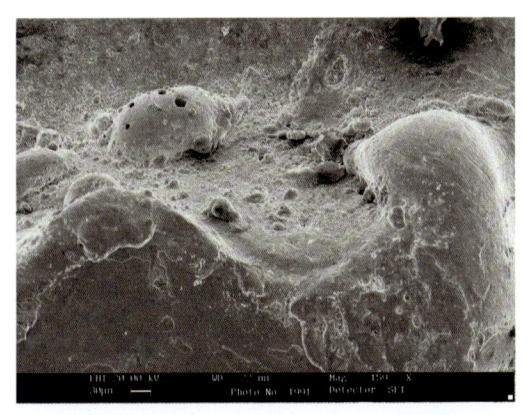

## 2.6.16 Hydraulikstempel durch Stromfluss beschädigt (Fall 572)

Die mikrofraktographische Untersuchung im REM zeigte Merkmale von Anschmelzungen der Oberfläche.

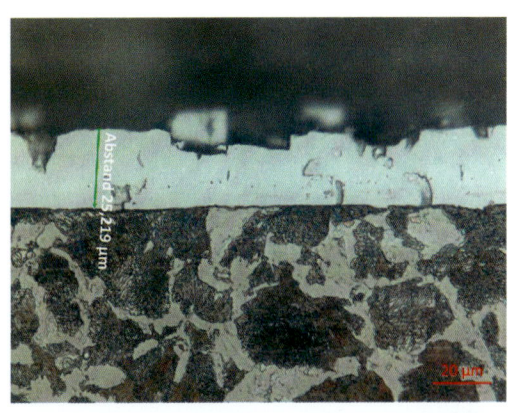

Die ungeschädigte Oberfläche zeigte eine gleichmäßige Chromschicht mit einer Dicke von etwa 25 Mikrometern.

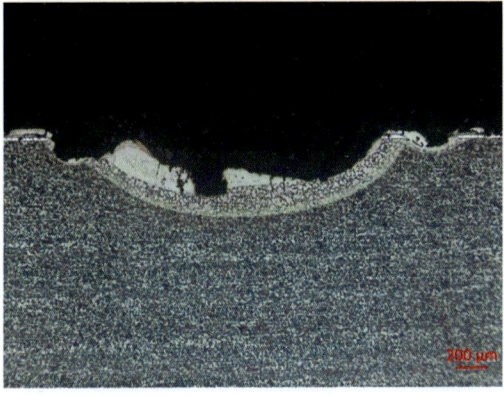

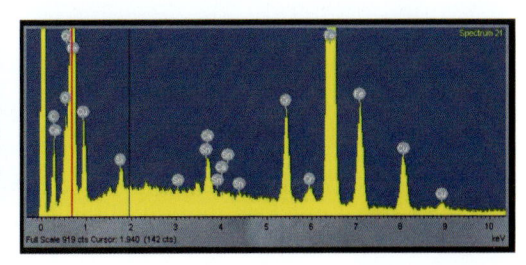

Die Analyse in der muldenförmigen Vertiefung zeigte Anteile von Cu und Sn. Vermutlich handelte es sich bei den rotbraunen Rückständen um Reste eines in diesem Bereich sitzenden Bronzelagers oder einer Führung.

Die Gefügeausbildung an der Schadensstelle bestätigte eine lokale Anschmelzung als Ursache für die Schädigung der Oberfläche.

**PRAXISTIPP:**

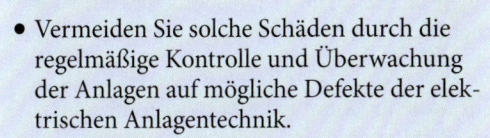

- Vermeiden Sie solche Schäden durch die regelmäßige Kontrolle und Überwachung der Anlagen auf mögliche Defekte der elektrischen Anlagentechnik.

**GELTENDE REGELN:**

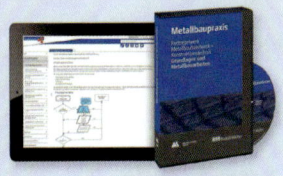

Die Beachtung folgender Normen, Richtlinien, Verordnungen und Regeln sind die Voraussetzung für die fachtechnisch einwandfreie Ausführung der Arbeit:

- Fachregelwerk Metallbauerhandwerk – Konstruktionstechnik: Kap. 1.6.1 Stahl.

# Edelstahlgewebe durch falsche Wärmebehandlung gerissen

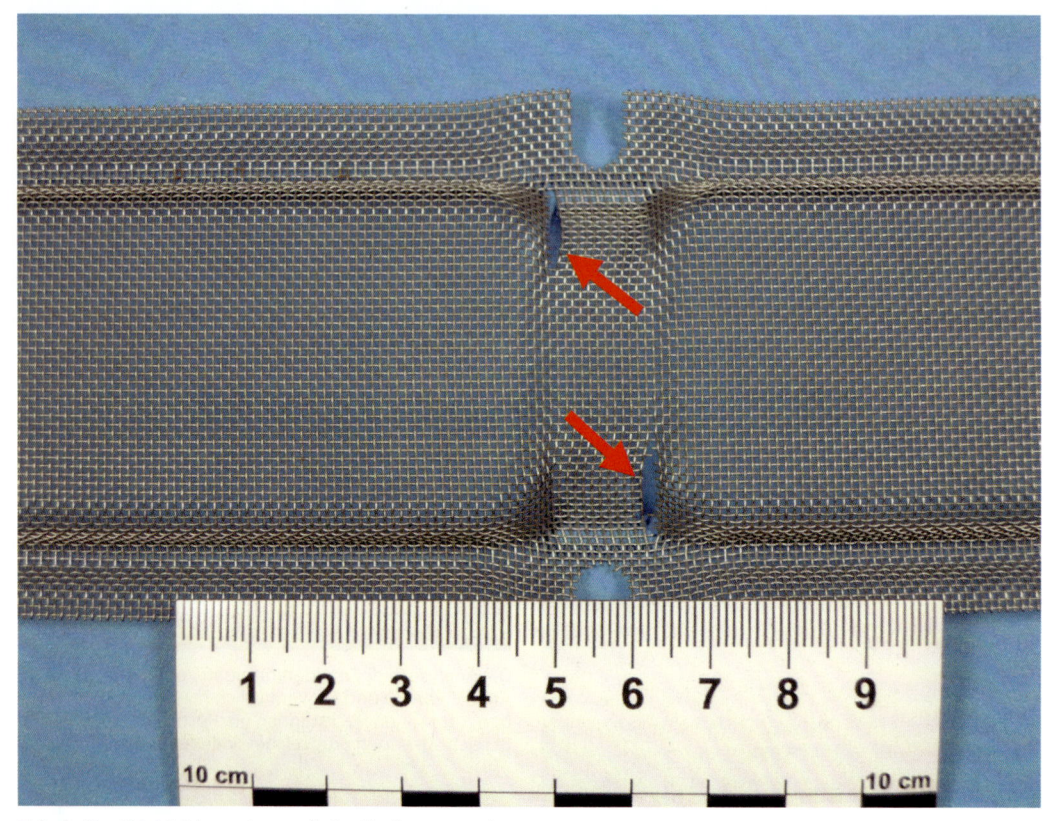

**Falsch:** Das Edelstahlgewebe war beim Umformen gerissen.

### Schadensbeschreibung

Nach dem Glühen von Geweben aus nichtrostendem Stahl (Wst.-Nr. 1.4404 und 1.4301) wurde eine stark geminderte Umformbarkeit beim Prägen von Konturen festgestellt. Der austenitische Werkstoff war außerdem deutlich ferromagnetisch und hatte bei der Aufnahme von Stromdichte-Potentialkurven auch eine geminderte Korrosionsbeständigkeit.

### Fehleranalyse und -bewertung

Die Muster wurden zur Reduzierung von herstellungsbedingten Verfestigungen im Vakuum lösungsgeglüht und abgeschreckt. Üblicherweise erhält man nach dieser Behandlung einen gut umformbaren austenitischen Werkstoff.

Bei einigen Chargen wurde nach dem Glühen eine unzureichende Umformfähigkeit mit einer lokalen Rissbildung festgestellt. Eine Überprüfung zeigte neben diesem unerwarteten schlechten Umformvermögen auch ferromagnetische Eigenschaften. Dieser Umstand wies auf eine chemisch-thermisch bedingte Veränderung beim Glühprozess hin.

Für diese Erscheinung gibt es verschiedene Möglichkeiten. Eine Aufkohlung war im vorliegenden Fall bei einer Glühung unter Vakuum eher unwahrscheinlich (resultiert üblicherweise aus nicht ausreichend gereinigten Oberflächen).

Die Untersuchung des Gefüges zeigte im Austenit eine lamellare Struktur. Dabei handelte es sich um ein typisches Gefüge, das durch die ver-

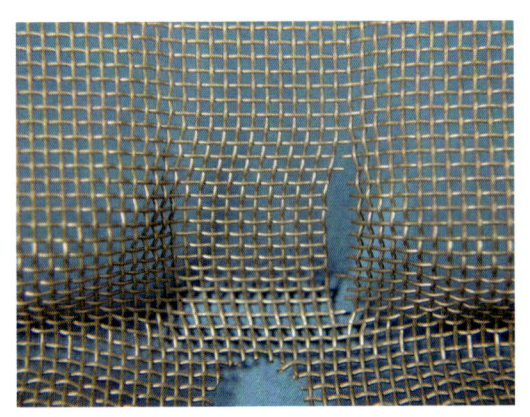

## 2.6.17 Edelstahlgewebe durch falsche Wärmebehandlung gerissen (Fall 573)

**Falsch:** Deutlich ist der Riss im Gewebe zu erkennen.

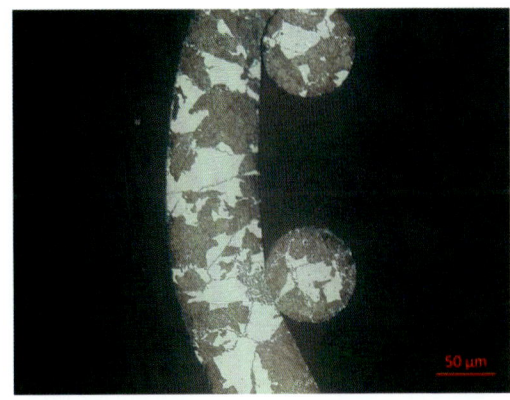

Die Untersuchung des Gefüges zeigte im Austenit eine lamellare Struktur.

gleichbare Morphologie auch als „Stickstoffperlit" bezeichnet wird. Ursache für diese Gefügeausbildung war die Aufnahme von Stickstoff beim Abschrecken von hohen Temperaturen in Kombination mit einer zu langsamen Abschreckgeschwindigkeit. Die Effekte treten vorzugsweise innerhalb dicht gepackter Chargen auf. Die Schädigung war irreversibel.

### Schadensvermeidung und -beseitigung

Eine Vermeidung derartiger Schädigungen ist zum Beispiel durch die Minderung der Verweildauer der Gewebe im stickstoffgeführten Prozessabschnitt (zum Beispiel geringere Chargengrößen) oder durch ein anderes Schutzgas möglich.

*Martin Hofmann*

Produktkategorie: Weitere Metallkonstruktionen
Baujahr: 2016
Schadensjahr: 2016
Schlagworte: Glühen, Gefüge, Nichtrostender Stahl, Wärmebehandlung

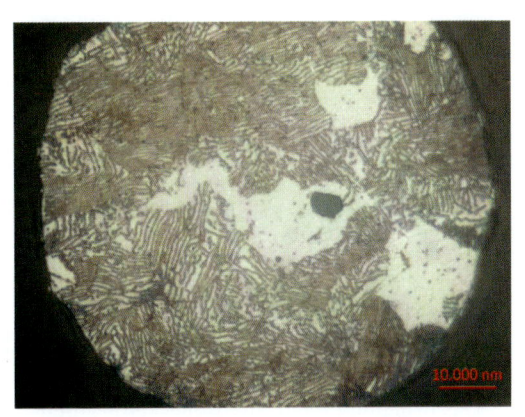

Ursache für diese Gefügeausbildung war die Aufnahme von Stickstoff beim falschen Stickstoffabschrecken.

### PRAXISTIPP:

- Achten Sie darauf, dass die Chargengröße und die Packung der Teile der Ofenleistung beziehungsweise der Abschreckgeschwindigkeit angepasst sind.

### GELTENDE REGELN:

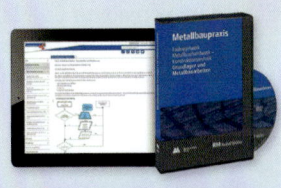

Die Beachtung folgender Normen, Richtlinien, Verordnungen und Regeln sind die Voraussetzung für die fachtechnisch einwandfreie Ausführung der Arbeit:

- Fachregelwerk Metallbauerhandwerk – Konstruktionstechnik: Kap. 1.6.2 Nichtrostender Stahl

# Kanüle durch Bearbeitungsfehler gebrochen

## Schadensbeschreibung

Zu einer medizinischen Fettabsaugung (Liposuktion) werden chirurgische Instrumente aus hochwertigem medizinischen Stahl nach DIN ISO EN 13485 in CE-Qualität eingesetzt. Um ein blendfreies Arbeiten zu gewährleisten, ist die Oberflächenausführung wie bei vielen anderen medizinischen Instrumenten üblicherweise matt.

Es werden je nach Anwendungsfall unterschiedliche Ausführungen (Längen und Geometrie) ausgewählt. Über versetzt angeordnete Bohrungen in der Kanüle wird ein Fett-Wasser Gemisch abgesaugt.

Bei der Behandlung brach die Spitze der Kanüle ab. Der Bruch verlief durch die Mitte einer Wandungslochung. Das im Körper verbliebene Reststück musste operativ entfernt werden. Dieses abgetrennte Bruchstück lag zur Bewertung nicht vor.

Es wurde zunächst vermutet, dass ein fehlerhaftes Verhalten des Behandlers (zum Beispiel unzulässige Verformung zur Anpassung der Kanülenspitze) zu diesem Schaden geführt hatte. Das Bruchbild zeigte allerdings keine auffälligen plastischen Deformationen in diesem Bereich.

## Fehleranalyse und -bewertung

Eine makrofraktographische Untersuchung der Bruchflächen ergab im Bereich des Bruchbildes eine Bruchstelle mit einer bearbeitungsbedingten Schädigung der Innenwandung. Auf der

Typische Ausführung eine Absaugkanüle mit den eingebrachten Bohrungen.

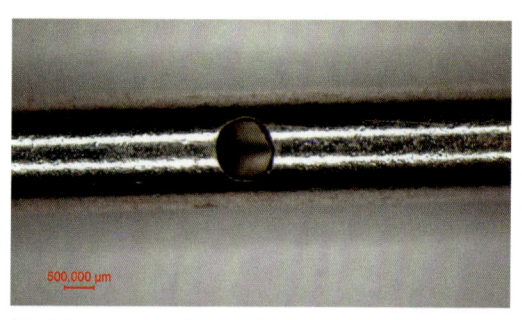

Die Bohrungen werden mit dem Laser eingebracht.

**Falsch:** Der Bruchbereich mit der Schädigung der Innenwandung. Deutlich ist die umlaufende Vertiefung in der Wandung zu erkennen.

## 2.6.18 Kanüle durch Bearbeitungsfehler gebrochen (Fall 574)

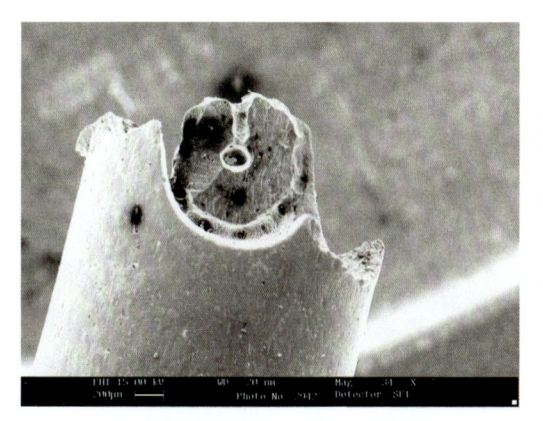

Bei der makrofraktographischen Untersuchung war auf der Gegenseite des Loches eine Schädigung des Wandungsquerschnittes in Form einer kreisrunden Kerbe zu erkennen.

Durch die mikrofraktographische Untersuchung im Rasterelektronenmikroskop (REM) wurden Aufschmelzungen des Werkstoffes im Schadensbereich nachgewiesen.

Gegenseite des Loches war eine Schädigung des Wandungsquerschnittes in Form einer kreisrunden Kerbe zu erkennen. Durch die mikrofraktographische Untersuchung im Rasterelektronenmikroskop (REM) wurden Aufschmelzungen des Werkstoffes im Schadensbereich nachgewiesen. Am dadurch stark reduzierten Wandungsquerschnitt an dieser Position kam es in Verbindung mit der lokalen Kerbwirkung durch die Biegewechselbeanspruchung bei der Behandlung zum Bruch.

### Schadensvermeidung und -beseitigung

Die Löcher wurden mit einem Laser eingebracht. Der Schutz der gegenüberliegenden Seite gegen eine unerwünschte thermische Beschädigung erfolgt üblicherweise durch einen Wolframdraht in der Kanüle. Offensichtlich wurde versäumt, diesen Draht einzubringen.

*Martin Hofmann*

Produktkategorie: Weitere Metallkonstruktionen
Baujahr: 2003
Schadensjahr: 2003
Schlagworte: Nichtrostender Stahl

**PRAXISTIPP:**
- Schützen Sie die nicht zu bearbeitenden Oberflächen vor dem Laser.

**GELTENDE REGELN:**

Die Beachtung folgender Normen, Richtlinien, Verordnungen und Regeln sind die Voraussetzung für die fachtechnisch einwandfreie Ausführung der Arbeit:

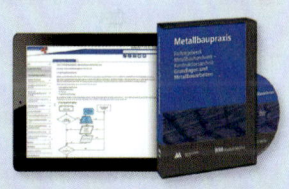

- Fachregelwerk Metallbauerhandwerk – Konstruktionstechnik: Kap. 1.6.2 Nichtrostender Stahl,
- DIN EN ISO 13485 Medizinprodukte; Qualitätsmanagementsysteme; Anforderungen für regulatorische Zwecke.

# Untypischer Schraubenbruch durch Fehler bei der Massivumformung

## Schadensbeschreibung

An einer verzinken und vergüteten Spannschraube für Federpakete traten während des Verspannens Risse bei geringen Drehmomenten auf. Die Brüche verliefen alle in Querrichtung und wiesen auf einen Anriss im Kern hin. Teilweise wurde das Auftreten der Risse auch mit einer Verzögerung im verspannten Zustand beobachtet. Die Bruchflächen waren durchgängig metallisch blank. Hinweise auf einen fertigungsbedingten Einfluss, zum Beispiel eine Überhitzung beim Härten, oder innere Fehler ergaben sich bei der makroskopischen Betrachtung der Bruchflächen nicht. Aufgrund der Kombination von teilweise verzögert auftretenden Brüchen, der Verzinkung des Werkstoffes und einer hohen Festigkeit von etwa 950 Newton pro Quadratmillimeter wurde eine Wasserstoffversprödung angenommen.

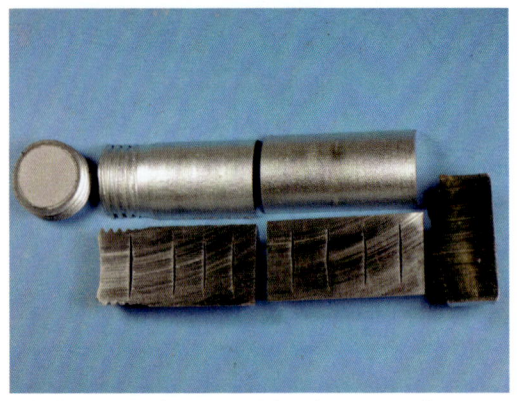

**Falsch:** Längs aufgetrennte Schraube mit Anordnung der Risse. Die Querrisse traten in annähernd regelmäßigen Abständen auf.

## Fehleranalyse und -bewertung

Bei der Probenherstellung zur Überprüfung der mechanischen Eigenschaften der schadhaften Muster im Zug- und Kerbschlagbiegeversuch wurde ein Muster in Längsrichtung aufgetrennt. Dabei zeigte sich, dass über die gesamte Länge der Schraube Querrisse in annähernd regelmäßigen Abständen vorhanden waren. Die aufklaffenden Risse verliefen bis in die Nähe der Oberfläche. Der geringe Restquerschnitt war die Ursache für den beobachteten Bruch bei einem sehr geringen Drehmoment.

Aus einem ungeschädigten Abschnitt konnten Kerbschlagproben gewonnen werden. Im Gegensatz zum Bruchgefüge der Schraube zeigten die Kerbschlagproben einen zähen Wabenbruch (95 Joule bei minus zwanzig Grad Celsius). Dies entsprach auch dem vorliegenden homogenen Vergütungsgefüge.

Zur Klärung dieses widersprüchlichen Materialverhaltens und der Schadensursache für das ungewöhnliche Bruchbild wurden weitere Untersuchungen durchgeführt.

Die Bruchflächen waren durchgängig metallisch blank.

Am polierten Schliff waren im Kernbereich feine querliegende Materialtrennungen, ebenfalls in annähernd regelmäßigen Abständen mit einer gezackten Form zu erkennen.

Die fischgrätenförmigen Risse im Kernbereich gaben schließlich eine Erklärung für den komplexen Schadensverlauf. Bei diesen sogenannten Chevron-Rissen handelt es sich um eine spezielle Schädigungsform aus der Massivumformung. Beim Fließpressen des Stabmaterials für die Schrauben entstanden in der Mittelphase durch nicht optimale Umformbedingungen Materialtrennungen. Unter Einwirkung der Verformungsrichtung sind diese häufig auch als typische Fischgrätenmuster ausgebildet.

## 2.6.19 Untypischer Schraubenbruch durch Fehler bei der Massivumformung (Fall 575)

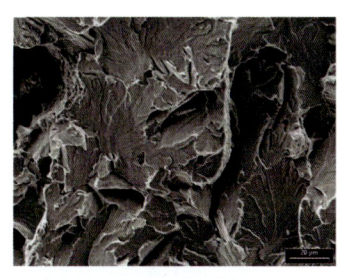

Verformungsarmer Spaltbruch mit Spaltfacetten auf der Bruchfläche.

Am polierten Schliff waren im Kernbereich feine querliegende Materialtrennungen in annähernd regelmäßigen Abständen mit einer gezackten Form zu erkennen.

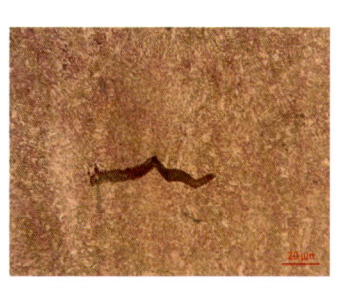

Vorschädigungen im Kerngefüge durch sogenannte Chevron-Risse.

Das makroskopische Schadensbild und die Unterschiede zwischen dem verformungsarmen Spaltbruch bei der Verschraubung und dem zähen Wabenbruch an den Kerbschlagproben aus dem gleichen Bauteil konnten allein durch die Umformfehler noch nicht erklärt werden.

Die makroskopischen Querrisse am Bauteil entstanden erst bei der Wärmebehandlung. Ausgehend von den etwa zwanzig bis fünfzig Mikrometer langen Vorschädigungen kam es beim Härten zu einer kerbspannungsbedingten Rissausweitung als Härteriss. Das erklärte auch das spröde Bruchbild der Bruchflächen. Erst das Vergüten führte wieder zu einem zähen Gefüge, und damit auch zum zähen Wabenbruch an der Kerbschlagprobe. Primäre Schadensursache war ein fehlerhafter Umformprozess am Vormaterial.

### Schadensvermeidung und -beseitigung

Der zerstörungsfreie Nachweis der hohen Anzahl der inneren querliegenden Risse wird zum Beispiel bei einer Ultraschallprüfung durch den ersten Riss behindert und kann nur durch eine beidseitige Prüfung zumindest teilweise erkannt werden. Beim Kaltfließpressen können innere Materialtrennungen auftreten, die aufgrund ihrer geringen Größe nicht immer sicher nachweisbar sind, sich aber bei einer weiteren Verarbeitung, zum Beispiel durch das Härten, deutlich ausweiten können. Nicht alle verzögerten Brüche resultieren aus einer Wasserstoffschädigung.

*Martin Hofmann*

Produktkategorie: Weitere Metallkonstruktionen
Baujahr: 2018
Schadensjahr: 2018
Schlagworte: Gefüge, Härten, Schrauben, Wärmebehandlung, Werkstoffe

### GELTENDE REGELN:

Die Beachtung folgender Normen, Richtlinien, Verordnungen und Regeln sind die Voraussetzung für die fachtechnisch einwandfreie Ausführung der Arbeit:

- Fachregelwerk Metallbauerhandwerk – Konstruktionstechnik: Kap. 1.7.2.1 Schraubverbindungen,
- Serope Kalpakjian, Steven R. Schmid, Ewald Werner: Werkstofftechnik: Herstellung, Verarbeitung, Fertigung. Pearson-Studium Maschinenbau.

### PRAXISTIPP:

- Kontrollieren Sie das Vormaterial auf eventuelle Vorschädigungen.

## Automatenstahl nach dem Kaltziehen aufgeplatzt

### Schadensbeschreibung

Bei Lenkungsteilen aus dem Automatenstahl 44SMn28 (1.0762) für Pkw-Lenkstangen kam es vermehrt zu Ausfällen. Bereits im Laufe der Produktionskette des Stabstahls kam es nach dem Kaltziehen zu einer ausgeprägten axial-radialen Rissbildung, welche als Konsequenz zum Aufplatzen der Stäbe führte. Bei der Analyse der Schmelzzusammensetzung wurden Unterschiede bezüglich des Tellurgehalts im Vergleich zu vorherigen Schmelzen festgestellt, welcher als mögliche Versagensursache im Raum stand.

### Fehleranalyse und -bewertung

Die schadensanalytische Bewertung des Materials erfolgte anhand von Makrobildern, metallographischen Schliffen und fraktographischen Untersuchungen.

Dabei wurden starke Mangansulfid-Agglomerationen über den gesamten Stabquerschnitt im ferritisch-perlitischen Gefüge festgestellt. Eine Ansammlung der gestreckten Mangansulfide wurde hauptsächlich innerhalb der Ferritkörner nachgewiesen.

Die vorgegebene Spezifikation bezüglich der Ausprägung der Mangansulfide wurde hinsichtlich der Länge der Sulfide nicht eingehalten. Die maximal zulässige Länge von 0,08 Millimeter der Mangansulfide wurde gelegentlich deutlich überschritten.

Mangansulfide sind schwach an die umgebende ferritische Stahlmatrix angebunden, es zeigte sich ein für den Ferrit typischer Wabenbruch. Die fraktographischen Untersuchungen zeigten ein holzfaserartiges, terrassenförmig ausgeprägtes Bruchbild.

Eigenspannungsmessungen an bearbeiteten Lenkstangen ergaben hohe Druckeigenspannungen an der Staboberfläche in longitudinaler und tangentialer Richtung bis zu −541 Megapascal. 2,5 Millimeter unterhalb der Staboberfläche wurden Zugeigenspannungen bis zu 542 Megapascal gemessen. Diese Zugspannungsüberhöhungen waren durch die hohen Umformungen während des Kaltziehens entstanden. Es war somit ein Spannungsgradient von etwa 1.000 Megapascal (minus 541 Megapascal auf plus 542 Megapascal) unterhalb der Staboberfläche festzustellen, der die Festigkeit des Ferrits überstieg und im Zusammenwirken mit der Kerbwirkung der ausgeprägten Sulfidzeilen die Rissbildung verursacht hatte.

**Falsch:** Kaltgezogener Stab aus Automatenstahl 44SMn28 (1.0762) mit Riss.

Die Rissbildung war Folge eines duktilen Gleitbruchs in Form eines Wabenbruchs. Es wurden keine Versprödungen und keine Schlackeeinschwemmungen gefunden.

### Schadensvermeidung und -beseitigung

Der steile, randnahe Eigenspannungsgradient war auf den Kaltziehprozess und die dabei wirkenden Scherspannungen zurückzuführen. Die geringere Grundfestigkeit des Ferrits gegenüber dem Perlit wurde durch die im Ferrit liegenden Mangansulfide weiter geschwächt. Rissentstehung und Risswachstum wurden auch während der Probenpräparation durch Zugeigenspannungen entlang der im Ferrit liegenden, gestreckten Mangansulfidzeilen beobachtet.

Abhilfe kann durch eine Anpassung der Ziehparameter sowie der Ziehsteingeometrie geleistet werden. Auch kann ein Zwischenschritt in der Prozesskette, in Form eines Spannungsarmglühens nach dem Kaltziehen, angestrebt werden. Ein derartiger Wärmebehandlungsprozess führt zu einer Entspannung des Gefüges und somit zu einer Verminderung der Eigenspannungszustände im Stab.

## 2.6.20 Automatenstahl nach dem Kaltziehen aufgeplatzt (Fall 576)

Entlang der im Ferrit liegenden Mangansulfidzeilen terrassenförmig verlaufender Riss.

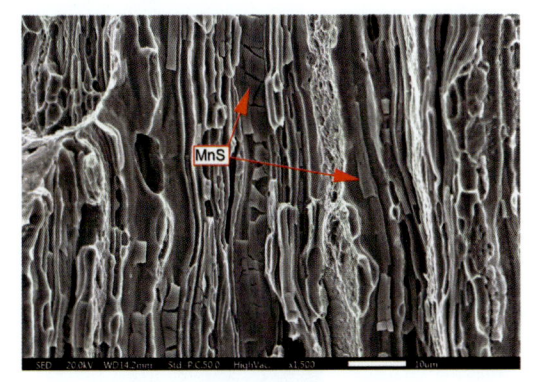

Holzfaserartiges Bruchbild mit eingelagerten Mangansulfidzeilen.

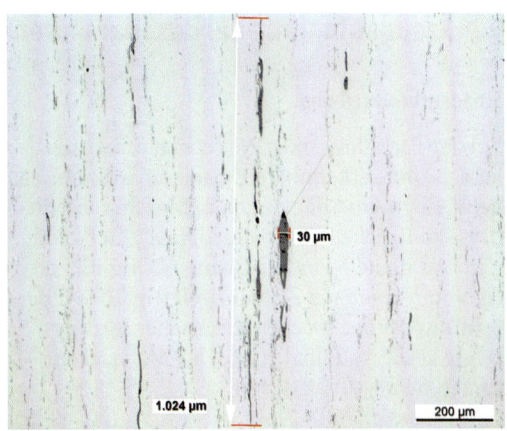

Morphologie der Mangansulfidzeilen im Längsschliff.

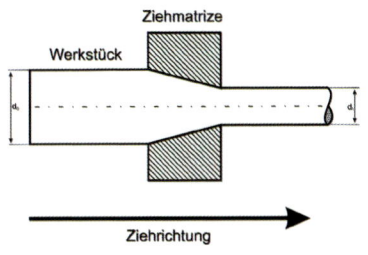

Schemazeichnung zum Stabziehen.

Das Zusammenspiel des steilen Eigenspannungsgradienten im Randbereich mit den agglomerierten, abweichenden Morphologievorgaben der Mangansulfide (kleiner 0,08 Millimeter) sowie einem unausgewogenen Mn/S/Te Verhältnis, war in Summe ausschlaggebend für die im Rahmen dieser Untersuchung beobachtete axial-radiale Rissbildung unterhalb der Staboberfläche.

*Nico Maczionsek,*
*Prof. Dr.-Ing. Michael Pohl*

### PRAXISTIPP:
- Abhilfe können Sie durch eine Anpassung der Ziehparameter sowie der Ziehsteingeometrie leisten.
- Auch kann ein Zwischenschritt in der Prozesskette, in Form eines Spannungsarmglühens nach dem Kaltziehen, angestrebt werden.

Produktkategorie: Weitere Metallkonstruktionen
Baujahr: 2022
Schadensjahr: 2022
Schlagworte: Fahrzeug/-bau, Gefüge, Glühen, Spannungen, Wärmebehandlung

### GELTENDE REGELN:
Die Beachtung folgender Normen, Richtlinien, Verordnungen und Regeln sind die Voraussetzung für die fachtechnisch einwandfreie Ausführung der Arbeit:

- Fachregelwerk Metallbauerhandwerk – Konstruktionstechnik: Kap. 1.6.1 Stahl,
- VDI-Richtlinie 3822: Schadensanalyse – Grundlagen und Durchführung einer Schadensanalyse.

## Werkzeugaufnahme bei der spanenden Bearbeitung gebrochen

**Schadensbeschreibung**

Bei der Fertigung einer Werkzeugaufnahme kam es ohne erkennbare Gewalteinwirkung (das heißt zu großes Spanvolumen, Maschinenfehler usw.) zu Brüchen in verschiedenen Querschnitten. Das Bauteil wurde aus einem Vergütungsstahl im vergüteten Zustand gefertigt. Die Überprüfung der chemischen Zusammensetzung zeigte keine Auffälligkeiten. Das Material entsprach dem Soll-Werkstoff.

**Fehleranalyse und -bewertung**

Die Bruchfläche zeigte ein graues mattes Bruchgefüge. Ein Bruchausgang befand sich am inneren Gewindeauslauf. Hier wurden mikrofraktographische und metallographische Untersuchungen durchgeführt.

Der vorliegende Mischbruch aus Spalt- und Trennbrüchen zeigte aufgeraute Korngrenzenflächen mit sich abhebenden Plättchen beziehungsweise filmartigen Belegungen ohne erkennbare Bruchstruktur.

Das Vergütungsgefüge entsprach einer sachgerecht durchgeführten Wärmebehandlung. Bearbeitungsfehler lagen nicht vor.

In den untersuchten Bruchebenen waren längsgestreckte Fehlstellen in Form von Materialtrennungen mit beidseitigen filmartigen nichtmetallischen Belägen vorhanden. Diese Ansammlungen von kerbförmigen Materialtrennungen begünstigten ein Anrissverhalten bei bereits geringer mechanischer Beanspruchung. Während der mechanischen Fertigung kann man von einer Schwingungsbeanspruchung mit dynamischen Lastspitzen ausgehen. Dadurch kam es an den Bauteilen mit einer kritischen Ausbildung und Lage dieser Fehler zu einem kerbspannungsbedingten Gewaltbruch.

**Falsch:** Die Werkzeugaufnahme aus Vergütungsstahl war bei der spanenden Bearbeitung spontan gebrochen.

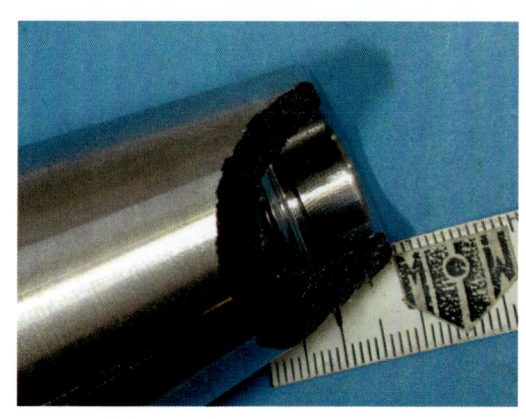

Die Bruchfläche zeigte ein graues mattes Bruchgefüge. Der Bruchausgang befand sich am inneren Gewindeauslauf.

**Schadensvermeidung und -beseitigung**

Solche Schäden lassen sich nur durch Materialprüfungen am Vormaterial auf innere Fehler vermeiden. Das ist vor allem bei risikobehafteten Bauteilen eine Möglichkeit zur Prävention.

*Martin Hofmann*

Produktkategorie: Weitere Metallkonstruktionen
Baujahr: 2007
Schadensjahr: 2007
Schlagworte: Gefüge, Spannungen, Wärmebehandlung, Werkstoffe

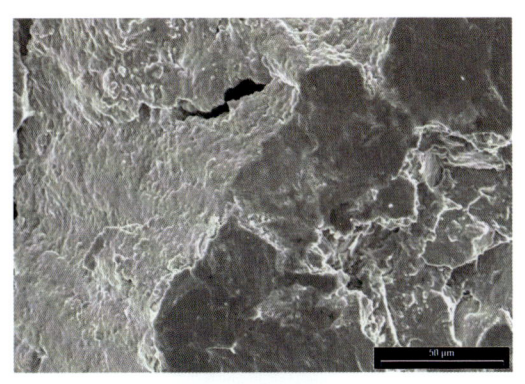

## 2.6.21 Werkzeugaufnahme bei der spanenden Bearbeitung gebrochen (Fall 577)

Die mikrofraktographische Untersuchung der Bruchfläche im Rasterelektronenmikroskop (REM) zeigte einen Mischbruch aus Spalt- und Trennbrüchen.

Der metallographische Schliff am Bruchausgang (poliert).

Der metallographische Schliff am Bruchausgang (geätzt).

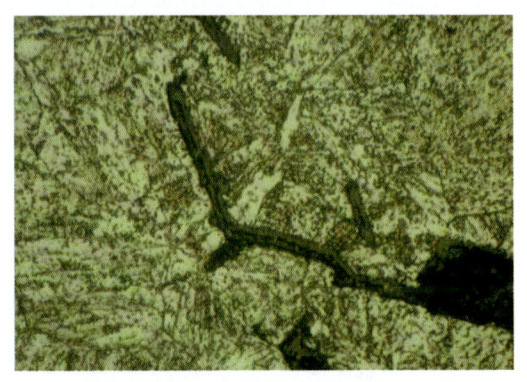

Der metallographische Schliff am Bruchausgang (geätzt) (Maßstab 2.000 : 1).

**GELTENDE REGELN:**

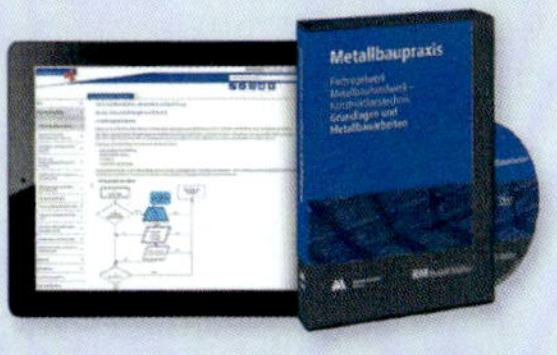

Die Beachtung folgender Normen, Richtlinien, Verordnungen und Regeln sind die Voraussetzung für die fachtechnisch einwandfreie Ausführung der Arbeit:

- Fachregelwerk Metallbauerhandwerk – Konstruktionstechnik: Kap. 1.6.1 Stahl,
- DIN 54130 Zerstörungsfreie Prüfung; Magnetische Streufluss-Verfahren, Allgemeines (zurückgezogen),
- DIN EN 10228-1 Zerstörungsfreie Prüfung von Schmiedestücken aus Stahl; Teil 1: Magnetpulverprüfung,
- DIN EN 10228-2 Zerstörungsfreie Prüfung von Schmiedestücken aus Stahl, Teil 2: Eindringprüfung,
- DIN EN 10228-3 Zerstörungsfreie Prüfung von Schmiedestücken aus Stahl, Teil 3: Ultraschallprüfung von Schmiedestücken aus ferritischem oder martensitischem Stahl,
- DIN EN 10228-4 Zerstörungsfreie Prüfung von Schmiedestücken aus Stahl, Teil 4: Ultraschallprüfung von Schmiedestücken aus austenitischem und austenitisch-ferritischem nichtrostendem Stahl,
- DIN EN 10308 Zerstörungsfreie Prüfung; Ultraschallprüfung von Stäben aus Stahl,
- DIN EN ISO 3452-1 Zerstörungsfreie Prüfung: Eindringprüfung; Teil 1: Allgemeine Grundlagen.

**PRAXISTIPP:**
- Prüfen Sie die Werkstoffe auf innere Fehler.

## Oberfläche durch Abfunkung geschädigt

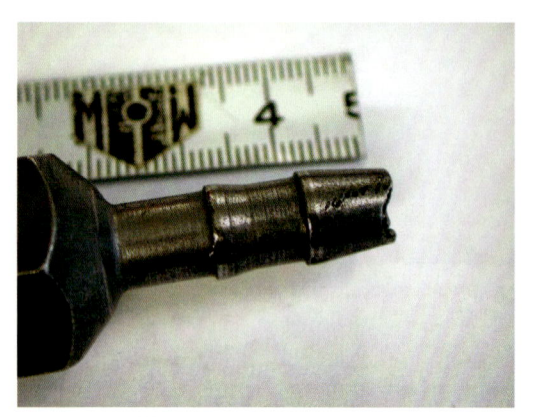

**Falsch:** Die Schlauchtülle war an der Stirnfläche beschädigt.

Zuerst wurde eine mechanische Beschädigung als Ursache angenommen.

### Schadensbeschreibung

An einer Schlauchtülle wurden an der Stirnfläche Schäden festgestellt, die einer mechanischen Beschädigung zugeordnet wurden. Durch die Untersuchung konnte aber eine bearbeitungsbedingte Schädigung durch Stromfluss bei einem galvanischen Reinigungsprozess als Ursache ermittelt werden. Eine mechanische Beschädigung wurde ausgeschlossen.

### Fehleranalyse und -bewertung

Im metallographischen Schliffbild war deutlich die Abschmelzzone mit einer Gefügeumwandlung zu erkennen. Es lag keine mechanische Beschädigung vor. Ursache war ein Fehler bei der Vorbehandlung des Bauteils durch einen unkontrollierten Stromfluss.

### Schadensvermeidung und -beseitigung

Solche Fehler lassen sich durch die genaue Kontrolle der Parametereinstellung bei den Bearbeitungsschritten vermeiden.

*Martin Hofmann*

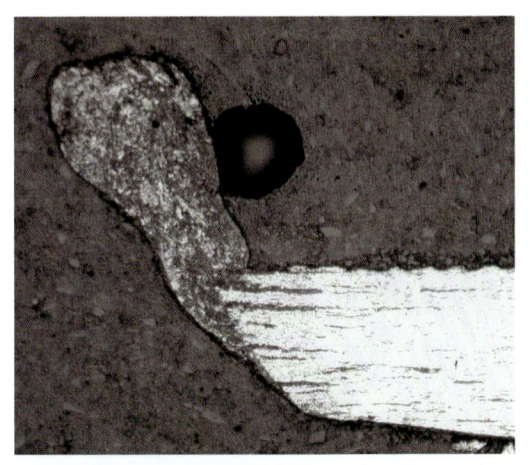

## 2.6.22 Oberfläche durch Abfunkung geschädigt (Fall 578)

Im metallographischen Schliffbild war aber deutlich die Abschmelzzone mit einer Gefügeumwandlung zu erkennen.

Ursache für den Schaden war ein Fehler bei der Vorbehandlung des Bauteils durch einen unkontrollierten Stromfluss.

Produktkategorie: Weitere Metallkonstruktionen
Baujahr: 1997
Schadensjahr: 1997
Schlagworte: Oberflächen/-technik, Reinigung

**GELTENDE REGELN:**

Die Beachtung folgender Normen, Richtlinien, Verordnungen und Regeln sind die Voraussetzung für die fachtechnisch einwandfreie Ausführung der Arbeit:

- Fachregelwerk Metallbauerhandwerk – Konstruktionstechnik: Kap. 1.6.1 Stahl, Kap. 1.8.4 Reinigung.

**PRAXISTIPP:**

- Achten Sie bei der Bearbeitung auf eine genaue Prozessüberwachung und halten Sie die entsprechenden Parameter ein.

## Lagerkäfige aus Messing anfällig für Spannungsrisskorrosion

### Schadensbeschreibung

Bei Untersuchungen an Lagerkäfigen für Wälzlager aus CuZn40Pb2 (CW617N) waren Gefüge- und Härteunterschiede aufgefallen, die sich negativ auf die Spannungsrisskorrosionsanfälligkeit der Bauteile auswirkten.

Derartige stegvernietete Messingkäfige bestehen aus einem Käfigkamm sowie einem Käfigdeckel und werden in Zylinderrollenlagern eingesetzt.

Die Komponenten des Käfigs wurden mittels Warmnieten miteinander verbunden, wobei der Nietstift durch den Käfigdeckel in den Käfigkamm eingepresst wurde. Spannungsrisskorrosion bei metallischen Werkstoffen – wie auch bei Messing – tritt beim Zusammenwirken von empfindlichem Werkstoff, hinreichend hohen Spannungen und einem korrosiven Medium auf.

Im Rahmen der Untersuchungen wurden Lagerkäfige im Bereich der Nietköpfe auf ihre Härte und ihr Gefüge hin untersucht. Die Bauteile wurden in zwei Serien (Serie A, Serie B) unterteilt, die sich bezüglich ihrer Dimensionierung unterschieden. Beide Serien lagen jeweils im geglühten und ungeglühten Zustand vor. Das Spannungsarmglühen der Lagerkäfige wurde bei einer Temperatur von 250 Grad Celsius für zwei Stunden durchgeführt.

### Fehleranalyse und -bewertung

Die Härtemessungen der Lagerkäfige wurden nach Vickers (HV 1) gemäß DIN 6507-1 durchgeführt und anschließend in Anlehnung an die DIN 18625 in die Brinellhärte umgewertet. Die Messungen wurden im Bereich der Vernietung an den Käfigdeckeln der Lagerkäfige durchgeführt.

Mit einem Mittelwert von 147 HB ± 4 zeigten die untersuchten Lagerkäfige der Serie A, dass sowohl der geglühte als auch der ungeglühte Zustand um circa 15 HB härter war als die Lagerkäfige der Serie B. Ein signifikanter Härteabfall durch das Spannungsarmglühen bei einer Temperatur von 250 Grad Celsius und einer Wärmebehandlungsdauer von zwei Stunden wurde nicht beobachtet. Die an beiden Lagerkäfigserien gemessene Härte überschritt deutlich die gegen Spannungsrisskorrosion empfohlene Obergrenze von 110 HB und stellte somit ein potenzielles Versagensrisiko dar.

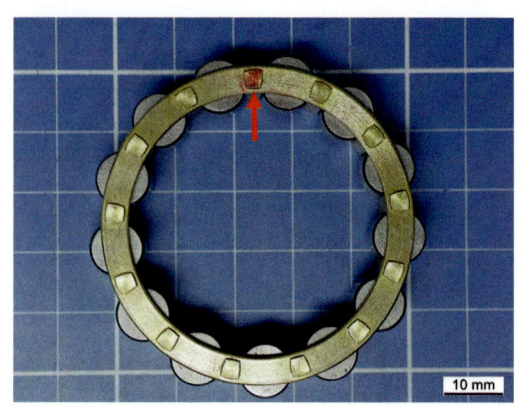

Die metallographischen Untersuchungen wurden jeweils an Flachschliffen eines Käfigdeckelabschnitts durchgeführt und zeigten für die Lagerkäfige der Serie A ein feineres Mischkristallgefüge (α+β), mit geringeren Anteilen an Bleieinschlüssen als für die Lagerkäfige der Serie B. Das β-Gefüge enthielt mehr Zink und war anfälliger für Entzinkung und Spannungsrisskorrosion. Beide (A und B) wiesen den β-Gefügeanteil als Netz auf, welches durchgängige Pfade durch den Werkstoff bietet und sich bezüglich der Spannungsrisskorrosion ungünstig auf die Lagerkäfige auswirken kann.

### Schadensvermeidung und -beseitigung

Um das Schadenspotenzial zu minimieren, sollte eine Matrix angestrebt werden, die aus einer weichgeglühten α-Phase mit einer eingelagerten β-Phase besteht und eine Brinellhärte unterhalb 110 HB aufweist.

## 2.6.23 Lagerkäfige aus Messing anfällig für Spannungsrisskorrosion (Fall 579)

**Falsch:** Gerissener Lagerkäfigdeckel (Seitenansicht) nach dem Vernieten.

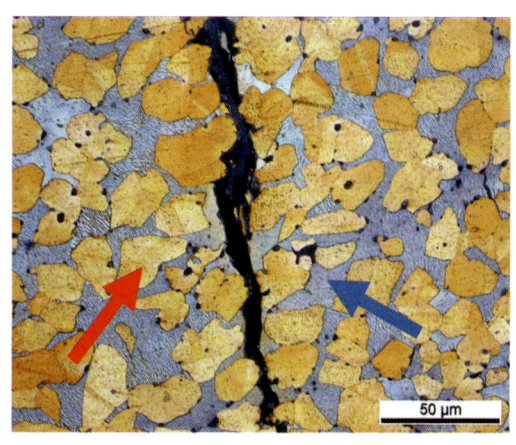

Flachschliff am gerissenen Lagerkäfigdeckel: blau: β-Gefügeanteil (kubisch-raumzentriert) (blauer Pfeil), gelb: α-Gefügeanteil (kubisch-flächenzentriert) (roter Pfeil), schwarze Punkte: Pb-Einschlüsse.

Da die Spannungsrisskorrosion zu den mechanisch unterstützten Korrosionsmechanismen zählt, sind neben der Werkstoffempfindlichkeit und dem Vorhandensein eines korrosiven Mediums auch Zugspannungen aus dem Inneren (zum Beispiel Eigenspannungen) oder Einflüsse von außen (zum Beispiel Montage) für die Spannungsrisskorrosionsanfälligkeit ausschlaggebend, was die konstruktive Auslegung und Vermeidung von Spannungsspitzen unabdingbar macht.

*Nico Maczionsek,*
*Prof. Dr.-Ing. Michael Pohl*

Produktkategorie: Weitere Metallkonstruktionen
Baujahr: 2022
Schadensjahr: 2022
Schlagworte: Härten, Gefüge, Glühen, NE-Metalle, Spannungen, Spannungsrisskorrosion, Wärmebehandlung

### PRAXISTIPP:

- Streben Sie eine Matrix an, die aus einer weichgeglühten α-Phase mit einer eingelagerten β-Phase besteht und eine Brinellhärte unterhalb 110 HB aufweist.
- Vermeiden Sie durch die konstruktive Auslegung des Bauteils Spannungsspitzen.

### GELTENDE REGELN:

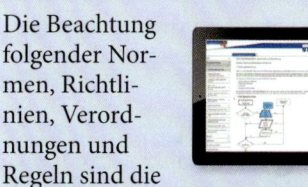

Die Beachtung folgender Normen, Richtlinien, Verordnungen und Regeln sind die Voraussetzung für die fachtechnisch einwandfreie Ausführung der Arbeit:

- Fachregelwerk Metallbauerhandwerk – Konstruktionstechnik: Kap. 1.6.4 Kupfer, Bronze, Messing,
- DIN 6507-1 Metallische Werkstoffe; Härteprüfung nach Vickers; Teil 1: Prüfverfahren,
- VDI-Richtlinie 3822: Schadensanalyse – Grundlagen und Durchführung einer Schadensanalyse,
- Messing ja – Spannungsrisskorrosion muss nicht sein! Ein kurzer Wegweiser zum problemlosen Umgang mit Zerspanungsmessing. Messing-Info/2 10/98, Deutsches Kupfer-Institut e.V., Informationsblatt.

# Stahlträger gefährlich geschädigt

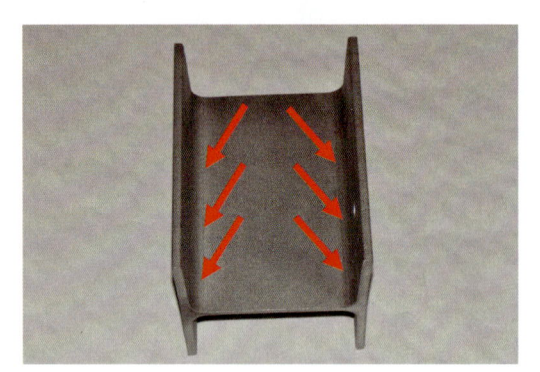

**Falsch:** Die Unregelmäßigkeiten in den Übergängen Steg-Gurt waren schon mit bloßem Auge zu erkennen.

Deutlich sichtbare, jedoch nicht eindeutig klassifizierbare Unregelmäßigkeit. Die Merkmale ließen jedoch bereits auf einen Riss schließen.

## Schadensbeschreibung

An einem Doppel-T-Träger (HE200A; Werkstoff: S235JR+AR) waren bei einer Sichtprüfung in den Übergängen Steg-Gurt Unregelmäßigkeiten aufgefallen. Im Werkstoffprüflabor sollte nun festgestellt werden, um welche Unregelmäßigkeiten es sich dabei handelte.

Des Weiteren sollten die chemische Zusammensetzung und die mechanisch-technologischen Eigenschaften (Zugversuch, Kerbschlagbiegeversuch) bestimmt und mit dem vorliegenden Werkszeugnis 2.2 verglichen werden.

## Fehleranalyse und -bewertung

Die Ergebnisse der Werkstoffanalyse und der mechanisch-technologischen Untersuchungen zeigten, dass der Werkstoff den Vorgaben entsprach.

Eine Übereinstimmung mit den im Werkzeugnis angegebenen Werten lag bei mehreren Angaben (zum Beispiel Streckgrenze, Zugfestigkeit, Mangangehalt) – auch unter Berücksichtigung der Unterschiede zwischen einer Stück- und Schmelzanalyse und der üblichen Messunsicherheit – nicht vor.

Der Makroschliff zeigte die Risse im Steg mit zusätzlich sichtbaren zeilenförmigen Einschlüssen (Pfeil unten).

Dies war allerdings auch nicht zur erwarten, da ein Werkszeugnis 2.2 lediglich Angaben von Ergebnissen einer nicht spezifischen Prüfung enthält, das heißt, die Prüfung nicht notwendigerweise an der gelieferten Charge vorgenommen wurde.

Zur Untersuchung der Unregelmäßigkeiten im Übergang Steg-Gurt wurden ein Makro- und Mikroschliff ausgearbeitet.

Die Untersuchungen zeigten, dass keine Überwalzung, sondern eine Trennung, die etwa die halbe Stegdicke umfasste, vorlag. Auch auf der

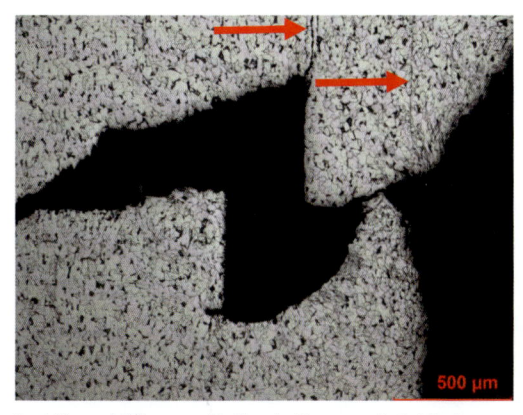

## 2.6.24 Stahlträger gefährlich geschädigt (Fall 580)

Im Mikroschliff waren klaffende Risse sowie Schlackenzeilen erkennbar.

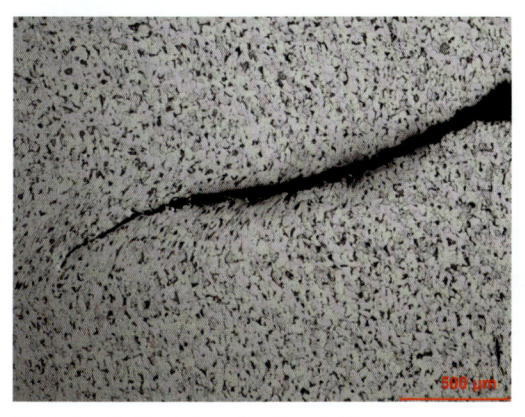

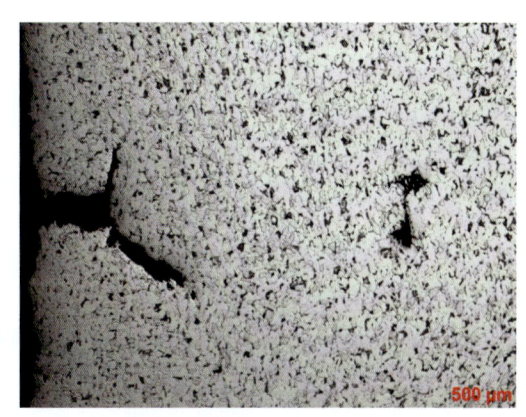

Kleiner, ebenfalls klaffender Anriss auf der gegenüberliegenden Stegseite sowie nichtmetallische Einschlüsse.

Rissende mit plastisch verformtem Gefüge.

### Schadensvermeidung und -beseitigung

Die Ergebnisse ließen den Schluss zu, dass ein systematischer Fertigungsfehler vorgelegen haben könnte; das heißt, die gesamte Fertigungscharge musste vorerst gesperrt und sorgfältig geprüft werden. Der Aufmerksamkeit des Metallbauers war es zu danken, dass der Schaden nicht noch größer war.

*Helmut Simianer*

Produktkategorie: Stahlkonstruktionen
Baujahr: 2021
Schadensjahr: 2022
Schlagworte: Baustahl, Gefüge, Profile, Standsicherheit/-festigkeit

gegenüberliegenden Seite war eine vergleichbare, jedoch deutlich kleinere Trennung vorhanden. Es handelte sich hierbei offensichtlich um Risse, die beim Walzen des Profils entstanden waren.

Des Weiteren lagen einige Schlackenzeilen vor, die den größeren Riss im Rissverlauf beeinflusst hatten.

### PRAXISTIPP:

- Führen Sie eine gründliche Wareneingangskontrolle mit Sichtprüfung durch, um solche systematischen Fehler erkennen zu können.

### GELTENDE REGELN:

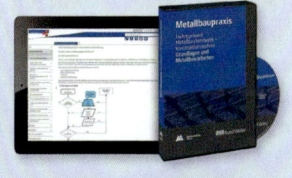

Die Beachtung folgender Normen, Richtlinien, Verordnungen und Regeln sind die Voraussetzung für die fachtechnisch einwandfreie Ausführung der Arbeit:

- Fachregelwerk Metallbauerhandwerk – Konstruktionstechnik: Kap. 1.4 Statik und Konstruktion, Kap. 1.6.1 Stahl,
- DIN EN 10204 Metallische Erzeugnisse; Arten von Prüfbescheinigungen.

## Fehlende Dokumentation

Die Greiferschalen während der Reparatur.

### Schadensbeschreibung

Ein Stahlbaubetrieb bekam ohne vorherige Angebotsabgabe den „mündlichen" Auftrag, eine Greifvorrichtung zu sanieren. Eine Greiferschale ist 3.500 Millimeter lang. Das Öffnungsmaß der kompletten Konstruktion beträgt circa 8.500 Millimeter. Alternativ würde eine Neuanschaffung des Greifers Kosten von 120.000 Euro verursachen und eine Wartezeit von etwa zwei Jahren bedeuten.

Aus Gewichtsgründen besteht die Konstruktion aus Hohlkammern. Bei der Überarbeitung wurden sowohl Bleche und Spanten gerichtet als auch ersetzt. Die Lager und Bolzen der Gelenke mussten ebenfalls ausgetauscht werden. Alle restlichen Greiferteile wurden komplett zerlegt, sandgestrahlt, gegen Rost konserviert und anschließend neu lackiert. Insgesamt wurden für die Sanierung mehrere hundert Meter Schweißnähte, größtenteils mehrlagig, verschweißt.

Ohne eine fundierte Kalkulation nahm der Auftraggeber an, dass die Überarbeitung des Greifers etwa 60.000 bis 70.000 Euro kosten würde. Nach der Fertigstellung stellte der Auftragnehmer dann eine Rechnung in Höhe von 107.000 Euro netto. Der Auftraggeber akzeptierte diese Summe nicht und beauftragte daraufhin einen ö.b.u.v. Sachverständigen zur Überprüfung des Sachverhalts.

## 2.7.1 Fehlende Dokumentation (Fall 581)

Die fertigen Greiferschalen.

**Fehleranalyse und -bewertung**

Der Gutachter kam zu der Einschätzung, dass die komplette Arbeit inklusive der Materialkosten nur 25.000 Euro wert sei. Da keine ausreichende Dokumentation zu dem Auftrag geführt wurde, bewertete der Sachverständige ausschließlich die von außen sichtbaren Arbeiten sowie die Kosten der Gelenke. Daraufhin zahlte der Auftraggeber lediglich die 25.000 Euro.

Obwohl der Auftragnehmer eine umfangreiche fotografische Dokumentation der Arbeiten besitzt, ist sie dennoch nicht vollständig und nachvollziehbar. Es fehlten teilweise die Schweißanweisungen und auch die Dokumentation der Schweißnähte war nicht vollständig. Ein Grund dafür ist, dass ein Teil der Arbeiten im ausländischen Tochterbetrieb durchgeführt wurde. Dabei wurde von den Schweißaufsichtspersonen versäumt, die Dokumentation ordnungsgemäß zu erstellen.

Aus den vorhandenen Unterlagen des Auftragnehmers geht hervor, dass mehrere hundert Meter Schweißnähte in verschiedenen Ausführungen mehrlagig hergestellt wurden. Außerdem mussten die Lager in einem Bohrzentrum in über siebzig Stunden bearbeitet werden.

**Schadensvermeidung und -beseitigung**

Heutzutage ist es unumgänglich Aufträge auf Grundlage einer fundierten Kalkulation schriftlich zu vereinbaren und anschließend alle Arbeiten lückenlos zu dokumentieren. Aufgrund der unvollständigen Dokumentation kam in diesem Fall ein außergerichtlicher Vergleich zwischen beiden Parteien nicht zustande.

*Achim Knapp*

Produktkategorie: Stahlkonstruktionen
Baujahr: 2023
Schadensjahr: 2023
Schlagworte: Auftragsschweißen, Ausschreibung, CE-Kennzeichnung, Dokumentation, Herstellerqualifikation, Qualifikation, Reparaturen, Sanierung, Schweißanweisung, Schweißaufsicht, Zertifizierung

**PRAXISTIPP:**
- Erstellen Sie vor der Auftragsannahme eine Kalkulation.
- Bei verdeckt auftretenden Schäden müssen Sie nachkalkulieren.
- Dokumentieren Sie lückenlos.

**GELTENDE REGELN:**

Die Beachtung folgender Normen, Richtlinien, Verordnungen und Regeln sind die Voraussetzung für die fachtechnisch einwandfreie Ausführung der Arbeit:

- Fachregelwerk Metallbauerhandwerk – Konstruktionstechnik: Kap. 1.16 Qualitätsmanagementsysteme.

## Nachbearbeitung von Schweißnähten als Gewährleistung

**Schadensbeschreibung**

Von einem Generalunternehmer wurden Rohrleitungsarbeiten an einen Auftragnehmer vergeben. Im Laufe der Arbeiten kam es zu Beanstandungen der Projekt- und Bauleitung des Auftraggebers an den montierten Edelstahl-Abwasserleitungen. Ausgeschrieben war der Werkstoff Nr. 1.4571 (X6CrNiMoTi17-12-2). In der Mängelanzeige des Auftraggebers wurde angegeben:

„Teilweise existieren Schweißfehler. Die Leitungen müssen deshalb ausgebaut und nachgearbeitet werden. Ein Beizbad ist erforderlich. Verbrannte Nähte müssen ausgeschnitten werden!"

In dem Gutachten eines ersten beauftragten Sachverständigen wurde zu der Notwendigkeit des Beizens wie folgt Stellung genommen:

„Ob es sich alleine um eine Maßnahme zur Mängelbeseitigung (Beseitigung von Anlauffarben) oder es sich um ‚Sowieso'-Kosten handelt, die zur Erbringung der Funktionstauglichkeit zwingend notwendig, aber nicht ausgeschrieben waren, kann vom Sachverständigen mangels entsprechender Sachkunde nicht beurteilt werden." Daraufhin wurde ein weiterer Sachverständiger mit der Beantwortung der Fragestellung betraut: „Handelt es sich beim Beizen und Passivieren um eine Maßnahme zur Mängelbeseitigung (Beseitigung Anlauffarben) oder ist diese Leistung zur Erbringung der Funktionstauglichkeit zwingend notwendig, obwohl sie nicht ausgeschrieben war?"

**Fehleranalyse und -bewertung**

Voraussetzung für die Erzielung einer optimalen Korrosionsbeständigkeit bei hochlegierten Stählen ist eine metallisch saubere Oberfläche. Hierzu ist es erforderlich, nach dem Schweißen die Schweißnähte und die mit Wärme beeinflussten Randzonen von Anlauffarben und anderen Oxidationsprodukten zu befreien. Je feiner und glatter die Oberfläche, desto größer ist die Korrosionsbeständigkeit.

**Falsch:** Die Anlauffarben sind nicht beseitigt.

Vor dem Schweißen sind die vorbereiteten Nahtstellen auf Sauberkeit und metallisch blanke Oberflächen zu prüfen und gegebenenfalls mit Schleifmitteln, Bürsten und dergleichen zu reinigen. Die Behandlung der Oberflächen nach dem Schweißen hängt davon ab, mit welchem Verfahren man in der entsprechenden Situation das wirtschaftlichste Ergebnis erzielen kann. Um die Schweißnahtwurzel vor Oxidation zu schützen, kann man beispielsweise unter Verwendung von Formiergas oder Schweißargon die entsprechenden Bereiche beim Schweißen spülen. Die Nachbehandlung kann auch durch Bürsten, Schleifen, Polieren, Strahlen oder Beizen erfolgen. Allerdings ist nur das Beizen in den Rohrleitungen auf der Baustelle möglich.

Es handelt sich bei der Nachbehandlung nicht um eine Maßnahme zur Mängelbeseitigung. Die Nachbehandlung ist Grundvoraussetzung für die Funktionstauglichkeit von Konstruktionen aus nichtrostendem Stahl.

## 2.7.2 Nachbearbeitung von Schweißnähten als Gewährleistung (Fall 582)

**Falsch:** Die Beizrückstände wurden weder beseitigt noch neutralisiert.

**Falsch:** Mit der Zeit bilden sich schädliche Korrosionsprodukte.

### Schadensvermeidung und -beseitigung

Es ist erforderlich, die Schweißnähte der Rohrleitungen nachträglich durch Beizen der Oberfläche zu behandeln. Dabei sind auf und neben der Naht Anlauffarben und andere Oxidationsprodukte zu entfernen. Danach sind die betroffenen Bereiche als Endbehandlung zu passivieren. Dies kann zum Beispiel mit zwanzigprozentiger Salpetersäure erfolgen. Nur dann kann sich eine Passivschicht (Chromoxid-Schutzschicht) an der Oberfläche ausbilden.

*Andreas Friedel*

Produktkategorie: Stahlkonstruktionen
Baujahr: 2015
Schadensjahr: 2016
Schlagworte: Beizen, Korrosion, Korrosionsschutz, Nichtrostender Stahl, Schweißen, Schweißnaht

### PRAXISTIPP:

- Die Nachbehandlung von Schweißnähten an korrosionsbeständigen Stählen ist eine notwendige Nebenleistung und keine besondere Leistung, die ausgeschrieben werden muss.

### GELTENDE REGELN:

Die Beachtung folgender Normen, Richtlinien, Verordnungen und Regeln ist die Voraussetzung für die fachtechnisch einwandfreie Ausführung der Arbeit:

- Fachregelwerk Metallbauerhandwerk – Konstruktionstechnik: Kap. 1.7.2.5 Schweißen und Kap. 1.8.2.2 Oberflächenbehandlung von nichtrostendem Stahl,
- Merkblatt 822: Die Verarbeitung von Edelstahl Rostfrei. Informationsstelle Edelstahl Rostfrei (ISER), Düsseldorf,
- Merkblatt 823: Schweißen von Edelstahl Rostfrei. Informationsstelle Edelstahl Rostfrei (ISER), Düsseldorf,
- Merkblatt 826: Beizen von Edelstahl Rostfrei. Informationsstelle Edelstahl Rostfrei (ISER), Düsseldorf.

## Irreparable Beizblasen an Wasserboilern

### Schadensbeschreibung

Für eine Hotelanlage sollte eine größere Anzahl von Wasserboilern aus Chromstahl gefertigt werden.

Zunächst wurden die Mantelbleche gerollt und mit Längsnähten verschweißt. Danach wurden die tiefgezogenen Deckel übergestülpt und mit den Mantelblechen mit Rundnähten verschweißt und diverse Anschlüsse ebenfalls angeschweißt.

Eine Sichtkontrolle der Schweißnähte ergab, dass ausgeprägte Anlauffarben und teilweise starke Verzunderung vorlagen, sodass Korrosionsschäden im Betrieb zu erwarten waren. Der Hersteller schlug daher vor, die Teile zu beizen und versicherte, dass keinerlei Beizrückstände zurückbleiben würden, da große Reinigungsbäder zur Verfügung stehen würden, um Beizrückstände auch aus dem Innern der Boiler wieder sicher zu entfernen.

Die Teile wurden gebeizt und sahen danach erst mal gut aus, sodass ausgeliefert werden konnte.

Zunächst war also alles scheinbar in Ordnung. Nach drei Monaten kamen die ersten Boiler als Reklamationsfälle zurück, weil sich im Deckelbereich Beulen gebildet hatten.

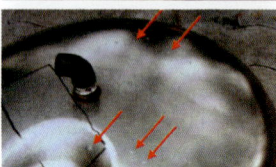

### Fehleranalyse und -bewertung

Die erste Aussage des Herstellers war: Bei Auslieferung der Teile war alles in Ordnung. Die Mängel sind erst später entstanden, sodass er für die Unregelmäßigkeiten nicht verantwortlich gemacht werden könnte.

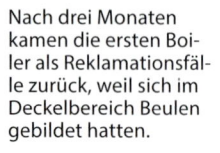

Nach drei Monaten kamen die ersten Boiler als Reklamationsfälle zurück, weil sich im Deckelbereich Beulen gebildet hatten.

Eine Schliffuntersuchung im Bereich der Beulen ergab, dass es sich dabei um sogenannte Beizblasen (Laugenrissprödigkeit, Flockenrisse) handelt, verursacht durch Wasserstoff. Dieser war beim Beizen in den Werkstoff eindiffundiert, weil das Beizen durchgeführt wurde, als die Teile nach dem Schweißen noch Temperaturen von etwa sechzig bis achtzig Grad Celsius aufwiesen. Dadurch zersetzte sich das Beizmittel und der Wasserstoff diffundierte atomar in den Werkstoff ein. Im Laufe der Zeit rekombinierte dieser atomare Wasserstoff jedoch wieder zu Wasserstoffmolekülen, also zu Wasserstoffgas, was die Blasenbildung verursachte.

Dass die Beulen nur im Deckelbereich auftraten, hing damit zusammen, dass der Deckel durch das Tiefziehen höhere Spannungen aufwies, als die übrigen Teile und damit anfälliger für Wasserstoffeinfluss war.

### 2.7.3 Irreparable Beizblasen an Wasserboilern (Fall 583)

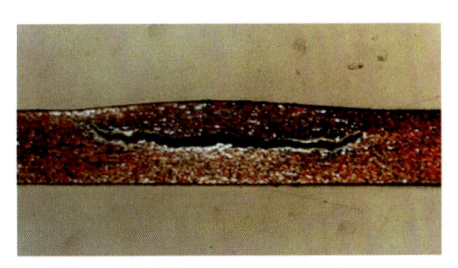

**Falsch:** Eine Schliffuntersuchung im Bereich der Beulen ergab, dass sich Beizblasen (Laugenrissprödigkeit, Flockenrisse) gebildet hatten. Ursache war Wasserstoff.

**Schadensvermeidung und -beseitigung**

Schäden dieser Art können nur auftreten bei Chromstählen, bei Duplexstählen und bei un- und niedriglegierten Stählen, nicht bei austenitischen CrNi-Stählen. Das heißt bei einem Werkstoffwechsel von Cr-Stahl auf CrNi-Stahl bestünde die Gefahr eines solchen Schadens nicht. Ansonsten sollte darauf geachtet werden, dass die Teile beim Beizen vollständig abgekühlt vorliegen.

Wenn der Schaden allerdings einmal aufgetreten ist, kann er nicht mehr beseitigt werden.

Im Laufe der folgenden Wochen und Monate traten die beobachteten Mängel bei allen Boilern auf, sodass der Hersteller auf eigene Kosten alle Teile erneut fertigen und ausliefern musste.

*Gabriele Weilnhammer*

Produktkategorie: Stahlkonstruktionen
Baujahr: 2005
Schadensjahr: 2005
Schlagworte: Beizen, Nichtrostender Stahl, Schweißen, Spannungen, Werkstoffe

> **PRAXISTIPP:**
> - Schweißarbeiten sind möglichst so auszuführen, dass keine Oxidation der Nahtbereiche auftritt. Dies kann erreicht werden durch ausreichende Vorströmzeit des Schutzgases, um den Restsauerstoffgehalt zu minimieren.
> - Wenn gebeizt werden muss, ist darauf zu achten, dass die Teile nach dem Schweißen vollständig abgekühlt sind. Außerdem sollte nur gebeizt werden, wenn sichergestellt werden kann, dass alle Beizmittel rückstandslos auch aus dem Innern der Teile entfernt werden können.

> **GELTENDE REGELN:**
> Die Beachtung folgender Normen, Richtlinien, Verordnungen und Regeln sind die Voraussetzung für die fachtechnisch einwandfreie Ausführung der Arbeit:
> - Fachregelwerk Metallbauerhandwerk – Konstruktionstechnik: Kap. 1.7.2.5 Schweißen, Kap. 1.8.2.2 Oberflächenbehandlung von nichtrostendem Stahl,
> - DIN EN 2516 Luft- und Raumfahrt; Passivieren von korrosionsbeständigen Stählen und Dekontaminierung von Nickel- oder Cobaltlegierungen,
> - DIN EN 9606-1 Prüfung von Schweißern; Schmelzschweißen; Teil 1: Stähle,
> - DIN EN 10088-1 Nichtrostende Stähle; Teil 1: Verzeichnis der nichtrostenden Stähle.

# Schweißschäden an hochlegierten Geländerpfosten

**Falsch:** Heftschweißungen an Spalten können zur Korrosion in den Spalten führen.

**Falsch:** Die nicht entfernten Anlauffarben auf der Rohrinnenseite führten zur Korrosion.

## Schadensbeschreibung

Zwischen Auftraggeber und Auftragnehmer wurde über die Ausführung von Schweißnähten an einem Balkongeländer gestritten. Der Auftraggeber beauftragte daraufhin einen Sachverständigen mit der Begutachtung der Streitpunkte. Das Geländer aus hochlegiertem Stahl hat Pfosten mit dem Quadratrohrquerschnitt von vierzig mal vierzig Millimetern und zwei Millimeter Wanddicke. An den oberen Enden der Pfosten wurden Einschlagstopfen mit vorbereitetem Gewinde für die Dorne zum Handlauf verwendet. Die eingeschlagenen Stopfen wurden an allen vier Seiten durch Schweißpunkte fixiert. Auch die eingeschraubten Dorne wurden auf den Innenseiten der Stopfen verschweißt. In den verbliebenen Spalten, im Bereich der Schweißnähte, wurden Anlauffarben dokumentiert.

Für die untere Befestigung der beiden Eckpfosten wurden gelaserte und gekantete Formteile als Ankerplatten verwendet. An diese wurden Schwerter aus Flachstahl angeschweißt. Die Schwerter sind wiederum mit den Kanten der Quadratrohr-Pfosten verschweißt. Die Pfosten sind unten mit aufgebohrten Kunststoffstopfen verschlossen. Die Schweißnähte sind nicht umlaufend verschweißt und es wurden auch hier Anlauffarben dokumentiert.

Die übrigen Pfosten sind mit anderen gekanteten Laserteilen von vorne an der Balkonplatte befestigt. Diese Bauteile haben eine quadratische Öffnung, durch die die Pfosten gesteckt wurden. Auch diese Anbindung ist nicht vollständig verschweißt und es wurden Anlauffarben in den verbliebenen Spalten festgestellt.

Auf den Innenseiten der Geländerpfosten wurden im Bereich der Schweißnähte porige Oberflächen und dunkle Anlauffarben erfasst.

## Fehleranalyse und -bewertung

An Schweißnahtbereichen mit Anlauffarben verliert hochlegierter Stahl seine Korrosionsbeständigkeit. Kommen die betroffenen Stellen mit Luftsauerstoff und Feuchtigkeit in Verbindung, dann korrodieren sie. Aus diesem Grund müssen die Anlauffarben entfernt werden.

## 2.7.4 Schweißschäden an hochlegierten Geländerpfosten (Fall 584)

**Falsch:** Anlauffarben auf der Rohrinnenseite und in den Spalten im Bereich der Schweißnähte sind nicht fachgerecht und führten zur Korrosion.

Das ist erfahrungsgemäß an unzugänglichen Stellen nicht oder nur schwer möglich. Deshalb müssen im Außenbereich Spalte umlaufend verschweißt und Hohlkörper dicht verschlossen werden. Dies steht in der allgemeinen bauaufsichtlichen Zulassung Z-30.3-6 im Kapitel 2.1.6.3. Hier heißt es:

„Korrosionsschutz geschweißter oder thermisch geschnittener Bauteile

(1) Zur Sicherstellung des Korrosionsschutzes ist eine Nachbehandlung der Schnittkanten und Schweißnähte zum Entfernen von Anlauffarben erforderlich. Schweißnähte sollen konstruktiv so angeordnet werden, dass Bereiche, in denen Anlauffarben nicht entfernt werden können (z. B. in Spalten und in Überlappungen), durch die Schweißnaht vollständig verschlossen werden."

**Schadensvermeidung und -beseitigung**

Zur Schadensvermeidung sollten die Pfosten umlaufend dicht verschweißt werden. Alternativ können die Pfosten während des Schweißprozesses innen mit Formiergas gespült werden, wenn dadurch die Bildung von Anlauffarben vermieden wird. Spalte sind generell umlaufend dicht zu schweißen, da hier nach Heftschweißungen stets eine erhöhte Korrosionsgefahr besteht. Im Außenbereich sind Anlauffarben immer zu vermeiden oder sonst zu entfernen.

*Thomas Hammer*

Produktkategorie: Geländer
Baujahr: 2024
Schadensjahr: 2024
Schlagworte: Balkone, Balkongeländer, Bauaufsichtliche Zulassung, Beizen, Geländer/-bau, Heften, Hohlprofile, Korrosion, Nichtrostender Stahl, Rohre, Schweißen

**PRAXISTIPP:**
- Entfernen Sie nach dem Schweißen von hochlegiertem Stahl die Anlauffarben.
- Heften Sie im Außenbereich nicht an Spalten, sondern verschweißen Sie diese beidseitig umlaufend dicht.
- Vermeiden Sie im Außenbereich auf den Rohrinnenseiten die Anlauffarben oder verschweißen Sie die Rohre umlaufend dicht.

**GELTENDE REGELN:**

Die Beachtung folgender Normen, Richtlinien, Verordnungen und Regeln sind die Voraussetzung für die fachtechnisch einwandfreie Ausführung der Arbeit:

- Fachregelwerk Metallbauerhandwerk – Konstruktionstechnik: Kap. 1.6.2.9 Nichtrostender Stahl – Fertigungsverfahren zur Bearbeitung und Kap. 2.38 Geländer und Umwehrungen, Brüstungen, Handläufe,
- Sonderdruck 862: Allgemeine bauaufsichtliche Zulassung Z-30.3-6 vom 20.04.2022 Erzeugnisse, Bauteile und Verbindungselemente aus nichtrostenden Stählen. Informationsstelle Edelstahl Rostfrei (ISER), Düsseldorf.

# Geländer mit geringfügigen Mängeln

**Schadensbeschreibung**

Im Streitfall ging es um eine Geländeranlage an einem Balkon und einer Dachterrasse in einer Villa. Vom Eigentümer wurden Unregelmäßigkeiten der Schweißnähte, ein Aufwachsen der Zinkschicht an den Schweißnähten, nicht fachmännisch ausgeführte Geländerverbindungen, Abplatzungen der Zinkschicht, Farbunterschiede der Beschichtung, unterschiedliche Geländerhöhen und die Stabilität des Terrassengeländers beanstandet.

Die Geländer waren feuerverzinkt und anschließend im Farbton DB 703 Feinstruktur matt pulverbeschichtet. Sie bestanden aus Füllstäben Flachstahl vierzig Millimeter mal acht Millimeter, einem Handlauf aus Flachstahl vierzig Millimeter mal zehn Millimeter und Geländerpfosten aus Flachstahl vierzig Millimeter mal zehn Millimeter.

**Fehleranalyse und -bewertung**

*Unregelmäßigkeiten der Schweißnähte*

An den Schweißnähten bei etwa zehn Prozent der Füllstäbe wurden Überhöhungen und Unregelmäßigkeiten festgestellt.

Der ausführende Betrieb war nach DIN 1090 für die EXC 2 zertifiziert und verfügte über die entsprechenden Schweißzulassungen. Die „Inspektion nach dem Schweißen" ist in DIN EN 1090-2 im Kapitel 12.4.2 beschrieben: „Alle Schweißnähte müssen über ihre gesamte Länge hinweg einer Sichtprüfung unterzogen werden. Die Sichtprüfung von Schweißnähten hat nach der Fertigstellung der Schweißnähte zu erfolgen. Zur Sichtprüfung gehören insbesondere das Vorhandensein und die Stellen aller Schweißnähte, Zündstellen und Bereiche mit Schweißspritzern. Sind Unregelmäßigkeiten sichtbar, müssen diese anhand von festgelegten Kriterien beurteilt werden. Die entsprechende Norm dafür ist die DIN EN ISO 5817." Die „zu große Nahtüberhöhung" für Kehlnähte findet sich in Zeile 1.10. In der Ausführungsklasse EXC1 mit der Bewertungsgruppe D errechnet sich die maximal zulässige Nahtüberhöhung mit etwa zwei

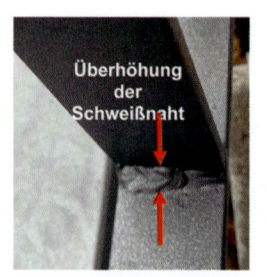

**Falsch:** Die Überhöhungen der Schweißnaht liegen zum Teil außerhalb des Toleranzbereiches.

**Richtig:** Das Aufwachsen der Schweißnaht nach dem Verzinken ist hinnehmbar.

Millimeter. Etwa fünf Prozent der Schweißnähte entsprachen damit nicht der DIN ISO 5817, da die Kehlnahtunregelmäßigkeiten hier größer als zwei Millimeter waren.

*Aufwachsen der Zinkschicht an Schweißnähten*

Nach DIN EN ISO 1461 stellt das Aufwachsen der Zinkschicht keinen Mangel dar, da hier von keiner Verletzungsgefahr ausgegangen werden kann. Das gilt aber nur dann, wenn mit dem Kunden nichts anderes vereinbart wurde. Diese Vereinbarung war im Leistungsverzeichnis nicht enthalten.

*Geländerverbindungen nicht fachmännisch ausgeführt*

Die Geländerverbindungen am Handlauf wurden durch Ausklinken jeweils zur Hälfte der Materialdicke des Handlaufes beziehungsweise des Untergurtes ausgeführt. Dies entsprach den anerkannten Regeln der Technik und stellte optisch eine gute Verbindung dar. Eventuelle Fluchtabweichungen könnten durch das Lösen der Verbindung und ein erneutes Ausrichten behoben werden. Die glänzende Optik der Schraube aus nichtrostendem Stahl ist hinzunehmen – wenn mit dem Kunden nichts anderes vereinbart wurde.

Die Befestigungsschwerter des Geländers wurden zuerst unter dem Wärmedämmverbundsystem montiert und die Geländer dann später angebracht. Hier kam es zu Maßunterschieden im Toleranzbereich, die durch Langlöcher ausgeglichen wurden. Die Sichtbarkeit eines Langlochs war hinnehmbar. Es sollte aber aus optischen Gründen mit einem geeigneten Füllmaterial verschlossen werden.

*Abplatzen der Zinkschicht*

Die Abplatzungen der Zinkschicht sollten vor dem Pulverbeschichten durch Feinschliff geglättet werden. Danach konnte mit zugelassenen Mitteln nachverzinkt und danach pulverbeschichtet werden. Beim Ortstermin wurden an zwei Stellen Abplatzungen festgestellt.

*Farbunterschiede in der Beschichtung*

An einer Stelle des Terrassengeländers wurden Farbunterschiede beanstandet, die aber beim Ortstermin durch die nasse Oberfläche kaum sichtbar waren. Bei einem Betrachtungsabstand von drei Metern waren keinerlei Farbunterschiede zu erkennen.

*Unterschiedliche Geländerhöhen*

Bei dem Balkongeländer wurde eine Geländerhöhe von 905 Millimeter gemessen, bei der Dachterrasse 950 Millimeter. Diese Geländerhöhen sind nach der Landesbauordnung Baden-Württemberg zulässig. Dem Sachverständigen lagen keine detaillierten Ausführungspläne zu den Geländerhöhen vor.

*Stabilität des Terrassengeländers*

Das Terrassengeländer wurde auf einem Flachdach aufgebracht. Die Befestigung erfolgte über Metallfußplatten, die beschwert wurden. Die Vorlage und Prüfung einer Statik gehörten nicht zum Gutachten.

Eine anerkannte Regel der Technik besagt, dass beim Anbringen einer Zuglast von 0,05 Kilonewton in vertikaler Richtung in einem Meter Höhe das Geländer um nicht mehr als dreißig Millimeter nachgeben darf. Das wurde hier eingehalten.

**Schadensvermeidung und -beseitigung**

Da es sich bei dem Bauvorhaben um eine Ausführung mit hohen optischen Anforderungen handelte (eine Villen-Gegend in repräsentativer Lage), wären im Leistungsverzeichnis die Vereinbarung zusätzlicher Anforderungen (wie ein sorgfältiges Schleifen und Glätten der Schweißnähte) sinnvoll gewesen. Auch die außergewöhnlich hohen Anforderungen an die Beschichtung hätten hier vereinbart werden können.

Bei etwa fünf Prozent der Füllstäbe waren die Unregelmäßigkeiten der Schweißnähte nicht zulässig und mussten nachgearbeitet werden. Abplatzungen der Zinkschicht konnten vor Ort korrigiert werden und mit geeigneten Mitteln gespachtelt und nachbeschichtet werden.

*Peter Zimmermann*

Produktkategorie: Geländer
Baujahr: 2023
Schadensjahr: 2023
Schlagworte: Balkone, Balkongeländer, Beschichtung, Feuerverzinken, Geländer/-bau, Maßtoleranzen, Schweißnaht, Toleranzen

**PRAXISTIPP:**
- Vereinbaren Sie bei Produkten in repräsentativer Lage zusätzliche Anforderungen mit dem Kunden. Lassen Sie sich diese auch vergüten.

**GELTENDE REGELN:**

Die Beachtung folgender Normen, Richtlinien, Verordnungen und Regeln sind die Voraussetzung für die fachtechnisch einwandfreie Ausführung der Arbeit:

- Fachregelwerk Metallbauerhandwerk – Konstruktionstechnik: Kap. 1.8.2.1 Oberflächenbehandlung von Stahl, Kap. 1.19.5 Optische Unregelmäßigkeiten, 1.19.10 Zulässige Unregelmäßigkeiten an Schweißverbindungen,
- DIN 18360 VOB Vergabe- und Vertragsordnung für Bauleistungen; Teil C: Allgemeine Technische Vertragsbedingungen für Bauleistungen (ATV); Metallbauarbeiten,
- DIN EN ISO 1461 Durch Feuerverzinken auf Stahl aufgebrachte Zinküberzüge (Stückverzinken); Anforderungen und Prüfungen,
- DIN EN ISO 5817 Schweißen; Schmelzschweißverbindungen an Stahl, Nickel, Titan und deren Legierungen (ohne Strahlschweißen); Bewertungsgruppen von Unregelmäßigkeiten.

# Korrosion an CrNi-Stahl durch Flugrost und fehlende Formatierung

**Schadensbeschreibung**

An Rohrbögen aus einer Wasserleitung waren bereits bei der Fertigung Anrostungen zu beobachten. Bei dem Werkstoff der Rohre, Rohrbögen und Flansche handelte es sich um einen Molybdän-legierten 1.4571 (X6CrNiMo-Ti17-12-2), also um einen relativ hochwertigen, nichtrostenden austenitischen CrNi-Stahl.

Neben Roststellen an den Schweißnähten waren auch zahlreiche punktförmige Anrostungen über die gesamte Außenseite der Leitungsteile zu erkennen.

Darüber hinaus waren verhältnismäßig große Korrosionslöcher an einer gebördelten Kante, weit entfernt von jeder Schweißnaht, vorhanden.

**Fehleranalyse und -bewertung**

Die meisten großflächigen Anrostungen waren auf nicht formierte Heftstellen der Rundnähte zurückzuführen. Hier waren an der Rohrinnenseite im Bereich dieser Heftstellen ausgeprägte Verzunderungen zu beobachten und davon ausgehend Lochkorrosion von innen nach außen.

Die zahlreichen braunen Punkte auf der Oberfläche der gesamten Außenseite waren darauf zurückzuführen, dass hier die Fertigung der nichtrostenden Werkstoffe nicht von der Fertigung der un- und niedriglegierten Stähle getrennt wurde. Dabei kam es dazu, dass unmittelbar neben der Fertigung der CrNi-Leitung ein Kollege einen unlegierten Stahl schliff und der Schleifstaub auf die Oberfläche des CrNi-Stahles gelangte und dieser Flugrost schließlich sogenannte „Nadelstichkorrosion", also beginnende Lochkorrosion, auslöste.

In den verhältnismäßig großen Korrosionslöchern an der gebördelten Kante konnten Faserspuren nachgewiesen werden. Eine EDX-Analyse am Rasterelektronenmikroskop ergab, dass es sich dabei um Partikel eines Schleifvlieses handelte, mit dem vorher Messing (Elemente Cu und Zn) bearbeitet wurde.

**Falsch:** An Rohrbögen aus einer Wasserleitung waren bereits bei der Fertigung Anrostungen zu beobachten.

**Falsch:** Neben Roststellen an den Schweißnähten waren auch zahlreiche punktförmige Anrostungen über die gesamte Außenseite der Leitungsteile zu erkennen.

**Schadensvermeidung und -beseitigung**

Um solche Schäden der vorliegenden Art sicher zu vermeiden, ist zunächst einmal darauf zu achten, dass die Fertigung von nichtrostendem Stahl von der Fertigung von un- und niedriglegiertem Stahl strikt zu trennen ist. Sonst kann es dazu kommen, dass durch Schleifstaub oder Schweißspritzer des „schwarzen" Werkstoffes Flugrost auf der Oberfläche des nichtrostenden Stahls landet und Kontaktkorrosion auslöst.

Das bedeutet, die Arbeitsplätze und die Arbeitsmittel sind strikt getrennt zu halten. Dabei dürfen natürlich auch nicht die Arbeitsmittel (Schleifvlies) für verschiedene Werkstoffe verwendet werden (hier zuerst für Messing und dann für CrNi-Stahl). Auch dadurch kommt es zunächst zu Kontaktkorrosion, die sich dann zu massiver Lochkorrosion entwickelt.

## 2.7.6 Korrosion an CrNi-Stahl durch Flugrost und fehlende Formatierung (Fall 586)

**Falsch:** An der Rohrinnenseite im Bereich der Heftstellen waren ausgeprägte Verzunderungen zu beobachten und davon ausgehend Lochkorrosion von innen nach außen.

**Falsch:** An einer gebördelten Kante, weit entfernt von jeder Schweißnaht, waren verhältnismäßig große Korrosionslöcher vorhanden.

Und schließlich ist bei den Schweißarbeiten nicht nur beim Schweißen, sondern bereits beim Heften zu formieren, also mit Wurzelschutzgas zu arbeiten, um die starke Oxidation der Nahtwurzelbereiche und die daraus folgende ausgeprägte Korrosion zu verhindern.

Eine Beseitigung der bereits vorhandenen Schädigungen ist nur sehr bedingt möglich.

Die braunen Punkte an der Oberfläche könnte man zwar abschleifen, das ist aber sehr zeitaufwendig und damit sehr kostenintensiv.

Die Heftstellen an der Nahtwurzel zu beschleifen wird daran scheitern, dass die Zugänglichkeit nicht gegeben ist. Auf ein Beizen dieser Bereiche durch Spülen der Leitung ist zu verzichten, weil die Möglichkeit besteht, dass sich das Beizmittel in bereits vorhandene Korrosionslöcher setzt und die Korrosion dann eher verstärkt.

Die Korrosionslöcher in der gebördelten Kante waren bereits so tief, dass bei einem Ausschleifen praktisch kein Restquerschnitt mehr vorhanden wäre.

Hier ist also nur eine Neufertigung möglich.

*Gabriele Weilnhammer*

Produktkategorie: Weitere Metallkonstruktionen
Baujahr: 2012
Schadensjahr: 2012
Schlagworte: Korrosion, Lochkorrosion, Nichtrostender Stahl, Rohre, Schleifen, Stahl/-bau

### PRAXISTIPP:

- Wenn in Ihrem Betrieb verschiedene Werkstoffe verarbeitet werden, ist darauf zu achten, dass das immer streng getrennt voneinander passiert. Und wenn keine getrennten Hallen vorhanden sind, genügt es meist auch schon, wenn man Trennwände zwischen den einzelnen Fertigungsbereichen aufstellt. Die Trennung gilt auch für die Werkzeuge.
- Bei der Durchführung der Schweißarbeiten ist es unbedingt erforderlich, dass Sie nicht nur beim Schweißen, sondern bereits beim Heften die Nahtwurzelbereiche formieren.

### GELTENDE REGELN:

Die Beachtung folgender Normen, Richtlinien, Verordnungen und Regeln sind die Voraussetzung für die fachtechnisch einwandfreie Ausführung der Arbeit:

- Fachregelwerk Metallbauerhandwerk – Konstruktionstechnik: Kap. 1.6.2 Nichtrostender Stahl, Kap. 1.7.5.2 Schweißen,
- DIN EN 1011-3 Schweißen; Empfehlungen zum Schweißen metallischer Werkstoffe Teil 3: Lichtbogenschweißen von nichtrostenden Stählen,
- Sonderdruck 862: Allgemeine bauaufsichtliche Zulassung Z-30.3-6 Erzeugnisse, Bauteile und Verbindungselemente aus nichtrostenden Stählen. Informationsstelle Edelstahl Rostfrei (ISER), Düsseldorf.

# Versteckte Schweißnahtfehler

## Schadensbeschreibung

In einer in den frühen 1960er-Jahren errichteten Industrieanlage kam es bei einem unbefeuerten Druckbehälter zu unkontrollierten Druckabfällen. Die Folge waren zeitweilige Produktionsstopps. Die vertraglich gebundene Überwachungsorganisation für Druckgeräte ordnete daraufhin eine nicht planmäßige Außerbetriebnahme an und inspizierte alle Anschlüsse, Ventile und auch Schweißverbindungen auf Undichtigkeiten. Dabei zeigten sich im Bereich des schwer zugänglichen Behälterbodens (nur vier Zentimeter freier Zwischenraum) verschiedene „Merkwürdigkeiten". Mithilfe eines flexiblen Endoskops wurden drei flickenartige Aufschweißungen auf der unteren Außenseite gefunden, die nicht in der Dokumentation des Druckbehälters festgehalten waren.

Auf Empfehlung des verantwortlichen Sachverständigen wurde aus Sicherheitsgründen der gesamte am betroffenen Druckbehälter hängende Produktionsstrang stillgelegt und der Behälter aus der Anlage ausgebaut und vorübergehend durch ein Reserveteil ersetzt.

## Fehleranalyse und -bewertung

Zur Klärung der wirklichen Ursache der Druckabfälle wurden alle Schweißverbindungen durch ein Werkstoffprüflabor einer erneuten Sichtprüfung (VT), gefolgt von einer hundertprozentigen zerstörungsfreien Prüfung mittels dem RT-Verfahren (Durchstrahlungsprüfung), unterzogen. Dabei ergaben sich im Bereich eines der drei „Flicken" ungewöhnliche Auffälligkeiten. Wie im Bild zu erkennen ist, „gabelt" sich die Schweißverbindung im Bereich ihrer Decklage unerklärlich auf. Alle drei „Flicken" waren in etwa quadratisch, wobei sich ein „Flicken" aus zwei, mit einer Längsnaht verbundenen rechteckigen Blechsegmenten zusammensetzte.

Unabhängig von den werkstofftechnisch-analytischen Untersuchungen musste ebenfalls die Frage nach dem Sinn dieser „Flicken" beantwortet werden. Einen Hinweis darauf lieferte ein kurz vor seinem Eintritt in das Rentenalter stehender Mitarbeiter, der sich noch vage an einen Zwischenfall im Bereich des betroffenen Produktionsstrangs in seiner Lehrzeit erinnerte.

Nach der Herausarbeitung des „Flickens" mit der Längsnaht wurde dieser einer digitalen Durchstrahlungsprüfung (RT-D) gemäß DIN EN ISO 17636-2 unterzogen. Dabei zeigte sich die tatsächliche Schadensursache. Im Inneren des Schweißgutes befand sich ein länglicher Fremdkörper: ein Stück gerippter Betonstahl!

Zur Bestätigung dieses Prüfergebnisses wurde in die betroffene Schweißnaht ein metallographischer Makroschliff gelegt. In diesem war eindeutig zu erkennen, dass sich im Schweißgut tatsächlich ein „Einschluss" befand, der aufgrund seiner mangelhaften „Anbindung" einen Flankenbindefehler sowie eine Kavität und damit verbundene Undichtheit verursacht hatte.

Die Antwort auf die Frage nach dem Sinn der „Aufschweißflicken" lieferten weitere metallographische Schliffe durch den sich darunter befindlichen Behälterboden. Hier konnten Wanddurchbrüche nachgewiesen werden, die seinerzeit durch Spannungsrisskorrosionsangriffe initiiert wurden.

Im Bild ist ebenfalls eine Veränderung des Mikrogefüges erkennbar, wie sie durch eine nicht mehr nachvollziehbare thermische Behandlung verursacht wurde. Aufgrund der dendritischen Struktur in einem schmalen Streifen im Bereich der Oberfläche kann angenommen werden, dass diese leicht an- oder umgeschmolzen wurde. Die dabei entstandenen Eigenspannungen führten in Zusammenwirken mit dem Chloridionen-haltigen Kondensat im Behälterinneren zum korrosiven Angriff.

Da vermutlich auf eine Anlagenabschaltung verzichtet wurde und die undichten Stellen der Behälterwandung für eine sachgerechte Reparatur aufgrund ihrer schwierigen Zugänglichkeit nicht erreichbar waren, wurden die Flicken über die Leckagen gelegt und versucht, diese mit „Kehlnähten" zu befestigen.

## Schadensvermeidung und -beseitigung

Alle Druckgeräte müssen regelmäßig überprüft werden. Die Vorgaben dafür enthält die europäische Druckgeräterichtlinie (DRGL). So dürfen Schweißarbeiten an Druckgeräten nur durch qua-

## 2.7.7 Versteckte Schweißnahtfehler (Fall 587)

**Falsch:** Teil einer Schweißverbindung in einem der „Aufschweißflicken" mit äußeren und inneren Auffälligkeiten.

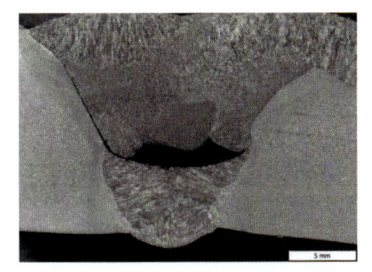

Metallographischer Makroschliff (Querschliff) durch die betroffene Schweißverbindung mit Flankenbindefehler und Kavität (Ätzung nach Adler).

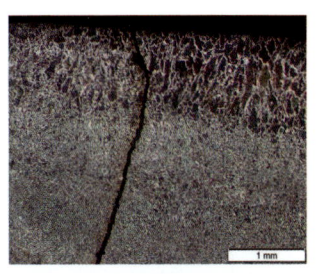

Durch Spannungsrisskorrosionsangriff geschädigte Behälterwand (Mikroschliff: geätzt mit Nital).

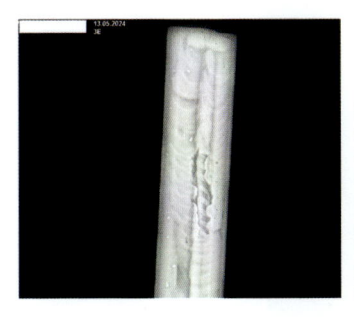

Durchstrahlungsaufnahme des Schweißnahtbereiches, in dem es zu Leckagen gekommen war. Gut ist das Stück gerippter Betonstahl erkennbar.

lifizierte Schweißer ausgeführt werden. Dafür sind unter anderem eine Verfahrensprüfung nach DIN EN ISO 15614 und eine Schweißerprüfung nach DIN EN ISO 9606 erforderlich. Es ist durch den Hersteller abzuwägen, ob er das nationale Regelwerk AD 2000 oder die europäisch harmonisierten Standards (zum Beispiel DIN EN 13445) anwendet.

Das ausgebaute Druckgerät wurde verschrottet und durch ein neues ersetzt.

*Prof. Dr.-Ing. Jochen Schuster*

Produktkategorie: Weitere Metallkonstruktionen
Baujahr: 1962
Schadensjahr: 2009
Schlagworte: Gefüge, Schweißen, Schweißnaht, Spannungsrisskorrosion

### PRAXISTIPP:

- Für Schweißen an Druckgeräten müssen Sie auf eine Reihe von gesetzlichen Bestimmungen und harmonisierten Normen achten. Diese beinhalten unter anderem auch die Anforderungen an das Schweißen und Prüfen.

### GELTENDE REGELN:

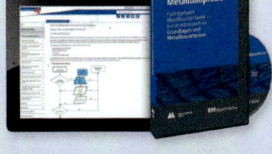

Die Beachtung folgender Normen, Richtlinien, Verordnungen und Regeln sind die Voraussetzung für die fachtechnisch einwandfreie Ausführung der Arbeit:

- Fachregelwerk Metallbauerhandwerk – Konstruktionstechnik: Kap. 1.6.1 Stahl, Kap. 1.7.2.5 Schweißen,
- DIN EN 13445 Unbefeuerte Druckbehälter; Teil 1: Allgemeines,
- DIN EN ISO 9606 Prüfung von Schweißern; Schmelzschweißen,
- DIN EN ISO 15614 Anforderung und Qualifizierung von Schweißverfahren für metallische Werkstoffe; Schweißverfahrensprüfung,
- DIN EN ISO 17636-2 Zerstörungsfreie Prüfung von Schweißverbindungen; Durchstrahlungsprüfung; Teil 2: Röntgen- und Gammastrahlungstechniken mit digitalen Detektoren,
- Richtlinie 2014/68/EU des Europäischen Parlaments und des Rates vom 15. Mai 2014 zur Harmonisierung der Rechtsvorschriften der Mitgliedstaaten über die Bereitstellung von Druckgeräten auf dem Markt – (DGRL),
- Klug, P.; Mußmann, J. W. (Hrsg.): Schweißen im Druckgerätebau. Fachbuchreihe Schweißtechnik, Band 154, DVS-Media GmbH, Düsseldorf, 2015.

## Schadhafte Schweißnähte an Glascontainern

**Falsch:** Die Schweißnähte der Glascontainer waren zum großen Teil mangelhaft. Damit war die Tragfähigkeit der Behälter infrage gestellt.

### Schadensbeschreibung

An zahlreichen neugefertigten Glascontainern wurden ausgesprochen mangelhafte Schweißnähte mit zahlreichen Oberflächenporen festgestellt.

Diese verminderten die Tragfähigkeit und es wäre möglich, dass es beim Abtransport des vollen Containers zu Brüchen in diesem Bereich kommen könnte.

Darüber hinaus könnte sich Feuchtigkeit in diesen Oberflächenporen sammeln und es könnte hier zu Korrosionsschäden kommen, die ebenfalls die Tragfähigkeit beeinträchtigen würden.

### Fehleranalyse und -bewertung

Die beobachteten Schweißnahtfehler waren mit Sicherheit auf mangelnde Handfertigkeit des ausführenden Schweißers und möglicherweise auch auf unzureichende Schweißnahtvorbereitung (unzureichende Reinigung der Nahtbereiche vor dem Schweißen) zurückzuführen.

Wenn bereits äußerlich – so wie hier – ausgeprägte Nahtfehler erkennbar sind, ist anzunehmen, dass auch im Innern der Schweißnähte weitere Unregelmäßigkeiten wie Einschlüsse, Poren, Bindefehler etc. vorhanden sein dürften, die zu einer weiteren Schwächung der Tragfähigkeit führen.

Das Gewicht eines vollen Glascontainers darf nicht unterschätzt werden und kann durchaus dazu führen, dass die unsachgemäß ausgeführten Schweißnähte beim Abtransport versagen und es in diesen Bereichen zu Brüchen kommen kann.

### Schadensvermeidung und -beseitigung

Um die vorliegenden Unregelmäßigkeiten zu beseitigen, müssten die kompletten Nahtbereiche ausgeschliffen, gereinigt und neu geschweißt werden, wobei darauf zu achten ist, dass der ausführende Schweißer die entsprechende Handfertigkeit besitzt, zum Beispiel durch Vorlage einer Schweißerprüfungsbescheinigung nach DIN EN ISO 9606-1.

## 2.7.8 Schadhafte Schweißnähte an Glascontainern (Fall 588)

**Falsch:** Die Poren konnten auch die Ursache von Korrosion und damit einer weiteren Schwächung der Naht sein.

Es empfiehlt sich außerdem, vor Fertigungsbeginn eine bauteilbezogene Arbeitsprobe nach DIN EN 15613 anfertigen zu lassen und entsprechend zu prüfen. Es sollte ebenfalls festgelegt werden, welche Nahtqualität nach DIN EN ISO 5817 (zum Beispiel „C" für mittlere Anforderungen) gefordert werden muss, und diese müsste dann auch in den entsprechenden Fertigungsunterlagen festgehalten werden.

Darüber hinaus ist darauf zu achten, dass die Nahtbereiche vor dem Schweißen sauber und frei von Belägen irgendwelcher Art vorliegen.

*Gabriele Weilnhammer*

Produktkategorie: Stahlkonstruktionen
Baujahr: 2012
Schadensjahr: 2013
Schlagworte: Behälter, Korrosion, Schweißen, Schweißnaht, Standfestigkeit/-sicherheit

### PRAXISTIPP:

- Vor Fertigungsbeginn sollte festgelegt sein, welche Nahtgüte nach DIN EN ISO 5817 (zum Beispiel „C" für mittlere Anforderungen) zu erzielen ist. Diese Nahtgüte schließt gröbere Unregelmäßigkeiten wie Bindefehler, Risse und Oberflächenporen von vornherein aus. Dies müssen Sie in den Fertigungszeichnungen festhalten und zum Bestandteil der Vertragsvereinbarung machen.
- Ein Vorwärmen ist nicht erforderlich, wohl aber eine Nachkontrolle der Schweißungen, mindestens in Form einer Sichtkontrolle.

### GELTENDE REGELN:

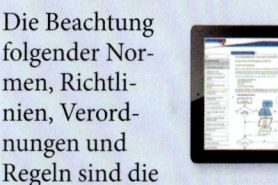

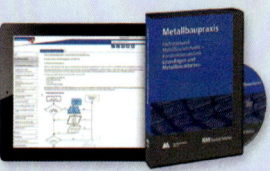

Die Beachtung folgender Normen, Richtlinien, Verordnungen und Regeln sind die Voraussetzung für die fachtechnisch einwandfreie Ausführung der Arbeit:

- Fachregelwerk Metallbauerhandwerk – Konstruktionstechnik: Kap. 1.7.2.5 Schweißen,
- DIN EN ISO 5817 Schweißen; Schmelzschweißverbindungen an Stahl, Nickel, Titan und deren Legierungen (ohne Strahlschweißen); Bewertungsgruppen von Unregelmäßigkeiten,
- DIN EN ISO 9606-1 Prüfung von Schweißern; Schmelzschweißen; Teil 1: Stähle,
- DIN EN ISO 9692 Schweißen und verwandte Prozesse; Arten der Schweißnahtvorbereitung; Teil 1: Lichtbogenhandschweißen, Schutzgasschweißen, Gasschweißen, WIG-Schweißen und Strahlschweißen von Stählen,
- DIN EN ISO 15613 Anforderung und Qualifizierung von Schweißverfahren für metallische Werkstoffe; Qualifizierung aufgrund einer vorgezogenen Arbeitsprüfung.

# Versteckte Bindefehler

## Schadensbeschreibung

Anlässlich einer Produktbemusterung an einer Kettenlasche wurde ein Flankenbindefehler in der Schweißnaht festgestellt. Die Nahtgeometrie zeigte eine unübliche Nahtbreite. Konkrete Zeichnungsforderungen waren nicht vorhanden. Für die Kettenlasche war im späteren Einsatz eine hohe zyklische Wechselbeanspruchung zu erwarten.

## Fehleranalyse und -bewertung

Die Querschliffe an der Naht zeigten durch eine falsche Wurzellage ausgeprägte Bindefehler.

Der Bindefehler an nahezu der kompletten Flanke in der ersten Lage war gut erkennbar und sollte im Verlauf durch seine oberflächennahe Lage auch über eine Magnetpulverprüfung gut nachweisbar sein. Ob eine solche Prüfung durchgeführt wurde, ist nicht bekannt. Die zusätzliche Decklage war in der Schweißanweisung nicht vorgesehen und wurde offensichtlich mit einem hochlegierten Zusatzwerkstoff ausgeführt. Der Fehler führte durch seine Ausdehnung auch nach der ergänzenden Überschweißung zu einer lokalen Kerbspannungserhöhung im Nahtbereich. Hierdurch wird die Dauerfestigkeit der Konstruktion im Einsatzfall maßgeblich beeinträchtigt. Ursache für diesen Fehler war eine falsche Brennerhaltung. In der Wärmeeinflusszone (WEZ) dieser Decklage zum Laschenwerkstoff war bei der metallographischen Untersuchung ein deutlich erhöhter Martensitanteil zu erkennen. Zur Überprüfung der Härte in diesem Bereich wurde eine Härteverlaufskurve vom Schweißgut in das Material angefertigt. Es wurden hierbei Spitzenwerte von etwa 450 HV (Härte Vickers) erreicht. Das Risiko einer Rissbildung bei dynamischer Beanspruchung wurde insbesondere durch die Aufhärtung der Decklage weiter erhöht.

Die Zusammensetzung des Laschenwerkstoffs wurde mit einem optischen Emissionsspektrometer analysiert. Die Messungen ergaben, dass die Lasche in ihrer chemischen Zusammensetzung dem Soll-Werkstoff C35 (Wst.-Nr. 1.0501) entsprach.

**Falsch:** Die Schweißnaht an der Lasche.

## Schadensvermeidung und -beseitigung

Für die Fehlerbeseitigung ist zunächst eine vollständige Ausarbeitung der Naht in diesem Bereich erforderlich. Die Ausarbeitung muss von einer zerstörungsfreien Prüfung (in der Regel Magnetpulverprüfung MT oder Penetriermittelprüfung PT) begleitet werden.

Durch eine mechanische Bearbeitung können kleine Fehler verschmiert und nicht immer sicher nachgewiesen werden. Zur Vermeidung solcher Bearbeitungsrisiken werden nachzubessernde Nähte häufig auch thermisch ausgearbeitet.

In DIN EN ISO 15614-1 Tabelle 3 sind die Härtewerte der Stahlgruppen 1–6 sowie 9 und die höchstzulässigen Härtewerte angegeben. Der C35 entspricht nach DIN-Fachbericht CEN ISO TR 20172 – Tabelle 1 der Werkstoffgruppe 11. Für diese Werkstoffgruppe sind die Prüfbedingungen (das heißt auch Grenzwerte) vor der Prüfung festzulegen. Diese Angaben lagen nicht vor. Zur Vermeidung einer kritischen martensitischen Aufhärtung und damit der Gefährdung durch eine Kaltrissigkeit gibt es neben der DIN EN 1011-2 auch Angaben im Stahl-Eisen-Werkstoffblatt 088 zur Bestimmung des Kohlenstoffäquivalentes. Mit dieser Kenngröße ist eine Abschätzung einer erforderlichen Vorwärmtemperatur möglich.

Im vorliegenden Fall lag der Wert über diesen Angaben. Zur Vermeidung der Aufhärtung ist

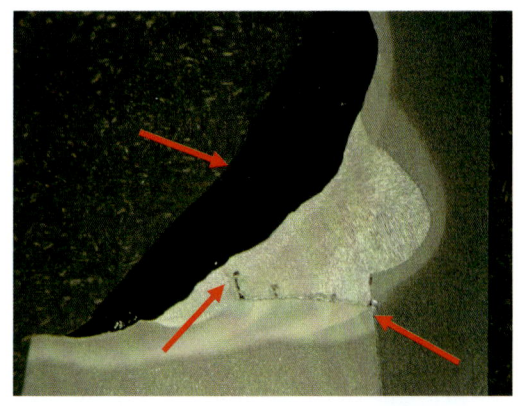

## 2.7.9 Versteckte Bindefehler (Fall 589)

**Falsch:** Die Übersichtsaufnahme des Querschliffs der Schweißnaht zeigt deutlich die Bindefehler an der Flanke der ersten Lage und im eigentlichen Wurzelbereich. Die Decklage erscheint im Schliffbild infolge der fehlenden Anätzung dunkel. Die falsche Wurzellage ist gut erkennbar.

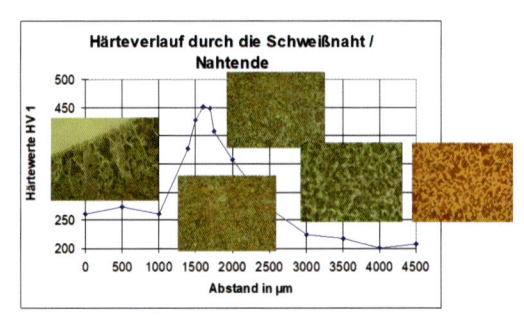

Härteverlaufskurve vom Schweißgut in das Material. Es wurden Spitzenwerte von etwa 450 HV gemessen.

In der Wärmeeinflusszone war bei der metallographischen Untersuchung ein deutlich erhöhter Martensitanteil zu erkennen. (Maßstab 500 : 1 bei Format neun mal 13)

bei dieser nachgebesserten Ausführung eine ausreichende Vorwärmung erforderlich.

*Martin Hofmann*

Produktkategorie: Weitere Metallkonstruktionen
Baujahr: 2004
Schadensjahr: 2004
Schlagworte: Reparaturen, Schweißanweisung, Schweißen, Schweißnaht

### PRAXISTIPP:

- Bei der Nachbearbeitung einer fehlerhaften Schweißnaht sollte unbedingt der geschädigte Bereich vollständig entfernt werden.
- Die Nachbesserung muss durch ein geeignetes zerstörungsfreies Prüfverfahren überwacht werden.

### GELTENDE REGELN:

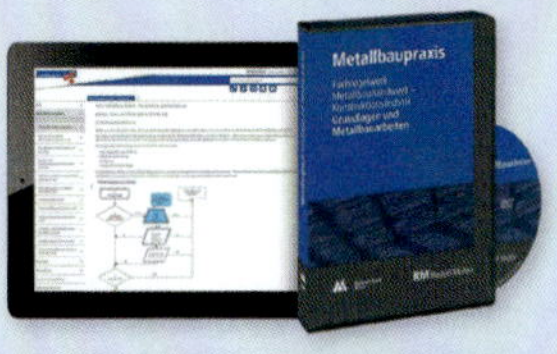

Die Beachtung folgender Normen, Richtlinien, Verordnungen und Regeln sind die Voraussetzung für die fachtechnisch einwandfreie Ausführung der Arbeit:

- Fachregelwerk Metallbauerhandwerk – Konstruktionstechnik: Kap. 1.7.2.5 Schweißen,
- DIN EN 1011-2 Empfehlungen zum Schweißen metallischer Werkstoffe; Teil 2: Lichtbogenschweißen von ferritischen Stählen,
- DIN EN ISO 5817 Schweißen; Schmelzschweißverbindungen an Stahl, Nickel, Titan und deren Legierungen (ohne Strahlschweißen); Bewertungsgruppen von Unregelmäßigkeiten,
- DIN EN ISO 15614-1 Anforderung und Qualifizierung von Schweißverfahren für metallische Werkstoffe; Schweißverfahrensprüfung; Teil 1: Lichtbogen- und Gasschweißen von Stählen und Lichtbogenschweißen von Nickel und Nickellegierungen,
- DIN-Fachbericht CEN ISO TR 20172,
- Stahl-Eisen-Werkstoffblatt 088: Schweißgeeignete Feinkornbaustähle. Richtlinien für die Verarbeitung, besonders für das Schweißen. 4. Ausgabe, April 1993, Verlag Stahleisen, Düsseldorf.

# Rohre eines Förderbandes gerissen

## Schadensbeschreibung

In diesem Schadensfall ging es um ein Förderband eines Heizkraftwerkes, auf dem das zu verbrennende Material in den Ofen transportiert werden sollte. Das Förderband bestand aus etwa einhundert miteinander verbundenen Rohren aus dem Werkstoff S355J0, jedes mit einer Wanddicke von 25 Millimeter und einer Länge von etwa 2,5 Meter.

Bei einer ersten Inspektion nach etwa acht Monaten Betriebszeit waren an circa einem Drittel dieser Rohre Risse im Bereich der Schweißnähte zu beobachten. Und zwar dort, wo auf die Rohre Stege zur Stabilisierung des Förderbandes aufgeschweißt worden waren.

Es wurden aus den Rissbereichen zwei Schadensstellen herausgetrennt und die Risse aufgebrochen. Es war dabei zu erkennen, dass die Risse im Nahtübergangsbereich begannen und den typischen bogenförmigen Verlauf eines Dauerschwingbruches aufwiesen.

## Fehleranalyse und -bewertung

Aus dem Bereich des Bruchanfangs wurde ein Mikroschliff entnommen. Es war klar zu erkennen, dass es hier in der wärmebeeinflussten Zone (WEZ) der Schweißnaht im Rohrwerkstoff zu Aufhärtungen in Form von Martensitgefüge gekommen war. Das Gefüge des Grundwerkstoffes zeigt außerdem örtlich nadelförmige Strukturen, wie sie typisch sind für den Werkstoffzustand +AR (as rolled = wie gewalzt).

Ein solcher Zustand weist immer schlechtere Zähigkeitswerte auf, als zum Beispiel der Zustand +N (normalisierend gewalzt).

Darüber hinaus zeigte eine spektrometrische Analyse des Rohrwerkstoffes erhöhte Anteile an Kupfer, Chrom und Nickel. Diese entstehen durch hohe Schrotteinschmelzungen bei der Stahlherstellung und lagen zwar noch innerhalb der erlaubten Grenzen, förderten jedoch die Aufhärteneigung beim Schweißen.

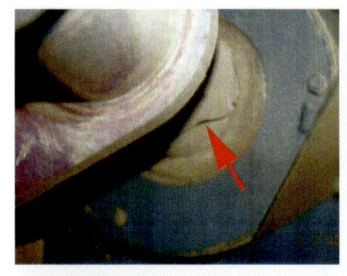

**Falsch:** Nach etwa acht Monaten Betriebszeit waren an etwa einem Drittel der Rohre des Förderbandes Risse im Bereich der Schweißnähte zu beobachten

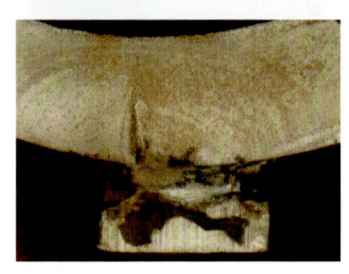

Die Risse begangen im Nahtübergangsbereich und wiesen den typischen bogenförmigen Verlauf eines Dauerschwingbruches auf.

Bei einem Werkstoff der Güte S355 geht man davon aus, dass ab einer Wanddicke von zwanzig bis 25 Millimeter beim Schweißen auf etwa einhundert bis 150 Grad Celsius vorgewärmt werden muss, um unzulässige Aufhärtungen zu vermeiden.

Im vorliegenden Fall betrug die Wanddicke 25 Millimeter und die Verantwortlichen legten fest, dass man hier gerade noch ohne Vorwärmung auskommen würde. Was dabei übersehen wurde, war die Tatsache, dass die Rohre nicht nur 25 Millimeter dick waren, sondern auch eine Länge von 2,5 Meter aufwiesen. Dadurch wurde die Wärme des Schweißvorganges deutlich schneller abgeführt, sodass die Aufhärteneigung stark zunahm.

## Schadensvermeidung und -beseitigung

Um Schäden der vorliegenden Art sicher zu vermeiden, müsste hier beim Schweißen auf etwa 150 Grad Celsius vorgewärmt werden. Außerdem empfiehlt es sich, den Werkstoff im Zustand +N einzukaufen und dies durch ein Materialzeugnis, mindestens 3.1, bestätigen zu lassen. Eine Eingrenzung der schrottbedingten Elemente Kupfer, Chrom und Nickel auf jeweils maximal 0,2 bis 0,3 Prozent ist ebenfalls zu beachten.

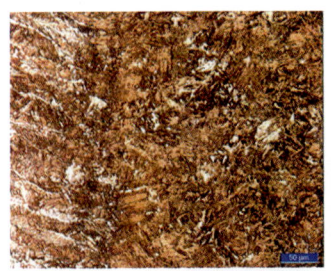

## 2.7.10 Rohre eines Förderbandes gerissen (Fall 590)

In der wärmebeeinflussten Zone (WEZ) der Schweißnaht war es im Rohrwerkstoff zu Aufhärtungen in Form von Martensitgefüge gekommen.

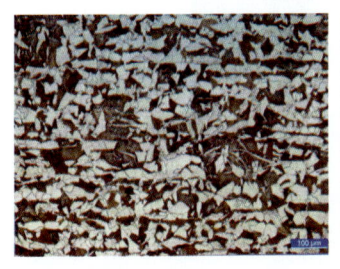

Das Gefüge des Grundwerkstoffes zeigte örtlich nadelförmige Strukturen, wie sie typisch für den Werkstoffzustand +AR (= as rolled = wie gewalzt) waren.

Eine Beseitigung der bisher vorliegenden Risse ist möglich. Dazu sind die Rissbereiche komplett auszuschleifen und unter Vorwärmung auf 150 Grad Celsius neu zu verschweißen. Eine Rissprüfung mit dem Farbeindringverfahren oder mit dem Magnetpulverprüfverfahren während des Ausschleifens empfiehlt sich ebenfalls, um sicherzustellen, dass die Risse sicher erfasst wurden und komplett ausgeschliffen worden sind.

Es wurde beschlossen, dass etwa dreißig Rohre neu gefertigt werden sollten unter Berücksichtigung der angegebenen Bestellvorgaben und mit einer Vorwärmung auf die erforderlichen 150 Grad Celsius, und nach der nächsten größeren Inspektion, die ungefähr nach einem halben Jahr durchgeführt werden sollte, waren dann vorliegende Schadensbereiche durch diese neu gefertigten Teile zu ersetzen. Es stellte sich allerdings heraus, dass diese dreißig Rohre nicht ausreichten, weil inzwischen alle Rohre rissbehaftet waren. Die Anlage wurde daher für etwa drei Monate außer Betrieb genommen und das komplette Förderband wurde neu gefertigt.

*Gabriele Weilnhammer*

Produktkategorie: Weitere Metallkonstruktionen
Baujahr: 1992
Schadensjahr: 1993
Schlagworte: Aufhärtung, Gefüge, Rohre, Schweißen, Schweißnaht, Vorwärmen, Wärmebehandlung, Werkstoffe

### PRAXISTIPP:

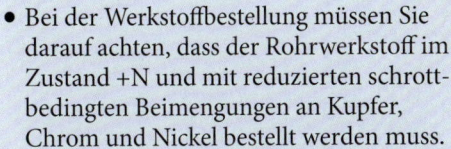

- Bei der Werkstoffbestellung müssen Sie darauf achten, dass der Rohrwerkstoff im Zustand +N und mit reduzierten schrottbedingten Beimengungen an Kupfer, Chrom und Nickel bestellt werden muss.
- Ein mitzulieferndes Materialzeugnis 3.1 oder 3.2 nach DIN EN 10204 muss das bestätigen. Wichtig ist dabei, dass im Zeugnis eine Chargennummer angegeben sein muss. Diese muss auf den gelieferten Produkten wiederzufinden sein.
- Beim Schweißen ist auf etwa 150 Grad Celsius vorzuwärmen, um Aufhärtungen, Versprödungen und eventuell Härterissbildung bereits beim Schweißen sicher zu vermeiden.

### GELTENDE REGELN:

Die Beachtung folgender Normen, Richtlinien, Verordnungen und Regeln sind die Voraussetzung für die fachtechnisch einwandfreie Ausführung der Arbeit:

- Fachregelwerk Metallbauerhandwerk – Konstruktionstechnik: Kap. 1.7.2.5 Schweißen,
- DIN EN 1011-2 Schweißen; Empfehlungen zum Schweißen metallischer Werkstoffe; Teil 2: Lichtbogenschweißen von ferritischen Stählen,
- DIN EN 10204 Metallische Erzeugnisse; Arten von Prüfbescheinigungen.

# Gerissene Schweißnaht an einem Kugelgehäuse

## Schadensbeschreibung

Bei einem Kugelgehäuse aus CrNi-Stahl 1.4571 (X6CrNiMoTi17-12-2) waren im Bereich der Schweißnaht unmittelbar nach dem Schweißen Risse in Nahtmitte aufgetreten, was Undichtigkeiten im Betrieb zur Folge hatte.

Nach Aufbrechen des Risses und Untersuchung der Rissfläche am Rasterelektronenmikroskop war zu erkennen, dass es sich dabei um Heißrisse handelte.

Die Schweißnaht war verhältnismäßig breit und das Schweißnahtgefüge war überwiegend vollaustenitisch. Auch im Schliff waren ausgeprägte Heißrisse, orientiert an Erstarrungsstrukturen erkennbar.

## Fehleranalyse und -bewertung

Am Rasterelektronenmikroskop wurde die Rissfläche mithilfe der Elektronenstrahlmikroanalyse überprüft. Dabei waren erhöhte Schwefelanteile festzustellen. Daraufhin wurden an den Grundwerkstoffen zusätzlich spektrometrische Analysen durchgeführt. Diese ergaben neben teilweise zu geringen Nickel- und Molybdängehalten vorwiegend zu hohe Schwefelgehalte. Diese waren teilweise mehr als doppelt so hoch wie die zulässigen Sollwerte nach Norm.

Darüber hinaus weisen die erhöhten Anteile an Kupfer, Kobalt und Wolfram auf hohe Anteile von Schrottbeimengungen bei der Stahlherstellung hin. Diese lagen zwar innerhalb der zulässigen Werte, allerdings so hoch, dass sich auch hier Einflüsse auf die Rissbildung beim Schweißen ergeben können.

## Schadensvermeidung und -beseitigung

Um solche Schäden zu vermeiden, empfiehlt es sich, die Werkstoffe mit einem Materialzeugnis 3.2 zu bestellen und hier speziell die Schwefelgehalte nochmal genau zu überprüfen. Auch auf die schrottbedingten Elemente Kupfer, Kobalt und Wolfram ist dabei gesondert zu achten.

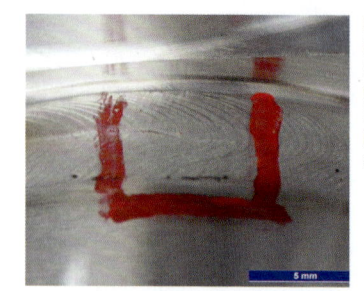

**Falsch:** Unmittelbar nach dem Schweißen waren im Bereich der Schweißnaht in Nahtmitte Risse aufgetreten.

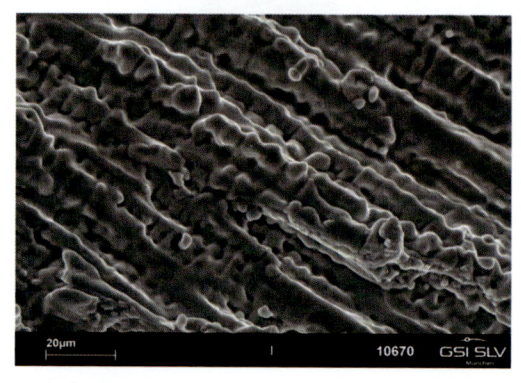

Nach der Untersuchung der Rissfläche am Rasterelektronenmikroskop war zu erkennen, dass es sich um Heißrisse handelte.

Auch im Schliff waren ausgeprägte Heißrisse, orientiert an Erstarrungsstrukturen, erkennbar.

## 2.7.11 Gerissene Schweißnaht an einem Kugelgehäuse (Fall 591)

| Nr. | | Chemisches Element in Gewichts-% | | | | | |
|---|---|---|---|---|---|---|---|
| | Norm | C | Si | Mn | P | S | Cr |
| Soll: 1.4404 | Min. | --- | --- | --- | --- | --- | 16,50 |
| | Max. | 0,07 | 1,00 | 2,00 | 0,045 | 0,015 | 18,50 |
| 1.1 | | 0,02 | 0,42 | 1,43 | 0,031 | 0,034 | 16,65 |
| 2.1 | | 0,02 | 0,43 | 1,61 | 0,036 | 0,031 | 16,76 |
| 3.1 | | 0,01 | 0,32 | 1,61 | 0,027 | 0,033 | 16,61 |
| 4.1 | | 0,02 | 0,41 | 1,37 | 0,032 | 0,032 | 16,62 |
| | Norm | Ni | Mo | Cu | Co | W | N |
| Soll: 1.4404 | Min. | 10,00 | 2,00 | --- | --- | --- | --- |
| | Max. | 13,00 | 2,50 | --- | --- | --- | 0,100 |
| 1.1 | | 9,96 | 1,95 | 0,48 | 0,31 | 0,70 | 0,060 |
| 2.1 | | 10,03 | 1,98 | 0,49 | 0,22 | 0,48 | 0,010 |
| 3.1 | | 10,46 | 1,98 | 0,20 | 0,10 | 0,17 | 0,029 |
| 4.1 | | 10,17 | 1,96 | 0,39 | 0,21 | 0,51 | 0,065 |

Die Schwefelgehalte waren teilweise mehr als doppelt so hoch wie die zulässigen Sollwerte nach Norm. Spektrometrische Analyse des Gehäuses. Soll: X2CrNiMo17-12-2 (Werkstoff-Nr. 1.4404) nach EN 10088-1.

Diese sollten möglichst nicht höher als jeweils 0,2 Prozent sein.

Die verhältnismäßig breite Naht lässt auch den Schluss zu, dass hier mit zu hoher Wärmeeinbringung geschweißt wurde, was die Heißrissneigung ebenfalls verstärkt. Es ist daher zu empfehlen, auch die Schweißparameter nochmal zu kontrollieren und zu prüfen, ob mit geringerer Leistung, eventuell mit einer Lage mehr, geschweißt werden kann. Das ist gegebenenfalls mit einer Arbeitsprobe nach DIN EN 15613 abzusichern.

Eine Beseitigung der vorliegenden Schäden erscheint wenig sinnvoll, wenn nicht unmöglich, da in erster Linie der Schwefel aus den Grundwerkstoffen rissauslösend war. Auch ein vollständiges Ausschleifen der Nahtbereiche und Nachschweißen mit optimierten Schweißparametern kann daher nicht sicherstellen, dass keine Heißrisse mehr entstehen werden.

*Gabriele Weilnhammer*

Produktkategorie: Weitere Metallkonstruktionen
Baujahr: 2000
Schadensjahr: 2002
Schlagworte: Gefüge, Nichtrostender Stahl, Schweißen, Werkstoffe

**PRAXISTIPP:**

- Um solche Schäden zu vermeiden, sollten Sie vor Fertigungsbeginn eine Arbeitsprobe mit optimierten Schweißparametern nach DIN EN 15613 fertigen lassen und diese mittels Mikroschliff auf Heißrisse hin überprüfen.
- Sie sollten die Werkstoffe bei der Bestellung mit einem Materialzeugnis 3.2 nach DIN EN 10204 anfordern und bei diesem ist vor allem auf die Einhaltung der maximalen Schwefelgehalte zu achten. Gegebenenfalls sind die angelieferten Werkstoffe auch noch mittels Spektralanalyse daraufhin zu prüfen, ob sie dem mitgelieferten Werkstoffzeugnis entsprechen.
- Auch die schrottbedingten Beimengungen an Kupfer, Kobalt und Wolfram sollten – wenn möglich – auf maximal jeweils 0,2 bis 0,3 Prozent begrenzt werden, was allerdings zu höheren Kosten führen kann.

**GELTENDE REGELN:**

Die Beachtung folgender Normen, Richtlinien, Verordnungen und Regeln sind die Voraussetzung für die fachtechnisch einwandfreie Ausführung der Arbeit:

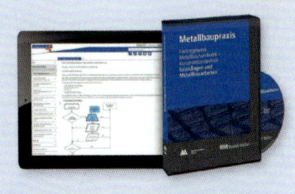

- Fachregelwerk Metallbauerhandwerk – Konstruktionstechnik: Kap. 1.6.1 Stahl, Kap. 1.7.2.5 Schweißen,
- DIN EN 10088 Nichtrostende Stähle; Verzeichnis der nichtrostenden Stähle,
- DIN EN 10204 Metallische Erzeugnisse; Arten von Prüfbescheinigungen,
- DIN EN ISO 15613 Anforderung und Qualifizierung von Schweißverfahren für metallische Werkstoffe; Qualifizierung aufgrund einer vorgezogenen Arbeitsprüfung.

# Schadhafte Längsschweißnähte an Rohren

### Schadensbeschreibung

An mehreren längsnahtgeschweißten Stahlrohren (Durchmesser 33,7 Millimeter mal 2,6 Millimeter, DN 25) aus einer Vor- und Rücklaufleitung einer Fernwärmeversorgung wurden an den Längsnähten Undichtigkeiten festgestellt. Bei der Untersuchung sollte die Ursache für die Undichtigkeiten ermittelt werden.

Folgende Untersuchungen wurden durchgeführt:

- visuelle und makroskopische Begutachtung,
- Durchleuchtungsprüfung,
- lichtmikroskopische Gefügeuntersuchung.

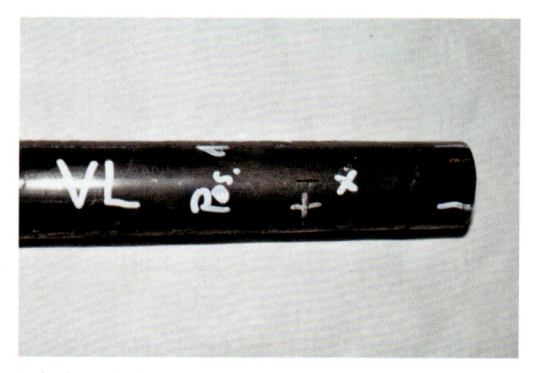

**Falsch:** Rohrabschnitt mit sichtbarer Leckagestelle (Vorlauf).

### Fehleranalyse und -bewertung

Bereits bei der ersten visuellen Begutachtung konnten an einer Vorlaufleitung mehrere Undichtigkeiten festgestellt werden. Diese befanden sich ausschließlich in der Längsschweißnaht. Die Form und Breite der Schadenstellen ließen den Schluss zu, dass hier bereits längere Zeit das Betriebsmedium ausgeströmt war und zu einem Materialabtrag (Strömungsverschleiß) geführt hatte. Des Weiteren deuteten die benachbarten Oberflächenmerkmale in der Schweißnaht auf mögliche Bindefehler hin.

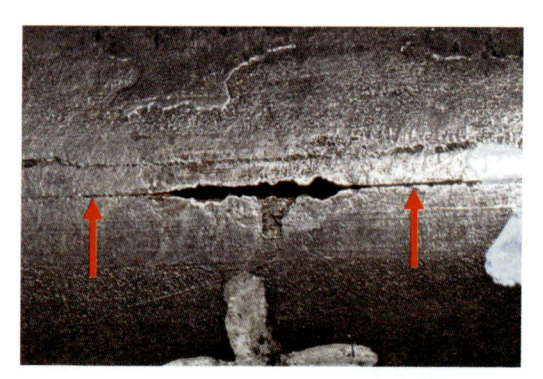

Ausgewaschene Leckagestelle; die Längsschweißnaht zeigt im weiteren Verlauf Merkmale eines Bindefehlers.

Zur Beurteilung der Schweißnahtqualität wurden mehrere Mikroschliffe – in der Schadensstelle, unmittelbar neben der Schadensstelle und außerhalb der Schadensstelle – angefertigt.

Der Mikroschliff in der Schadensstelle zeigte lediglich noch die Wärmeeinflusszone der Schweißverbindung.

Unmittelbar neben der Schadensstelle lag im unteren Drittel der Schweißverbindung ein Bindefehler vor. Der obere Teil war durch das in der Nähe ausströmende Wasser ausgewaschen.

In einem weiteren Mikroschliff, der deutlich außerhalb der Schadensstellen entnommen worden war, war ein nahezu die gesamte Rohrwanddicke durchdringender Bindefehler sichtbar. Bei höherer Vergrößerung war zu erkennen, dass sich dieser aus vielen kleinen Bindefehlern mit Oxideinschlüssen zusammensetzte.

Auf Wunsch des Auftraggebers wurden drei weitere Proben aus den Vor- und Rücklaufrohren

## 2.7.12 Schadhafte Längsschweißnähte an Rohren (Fall 592)

Eine Leckagestelle mit ausgewaschener Kante und gut sichtbarer Wärmeeinflusszone.

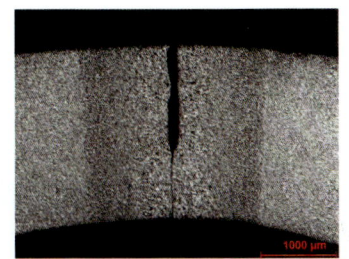

Die Schliffebene liegt unmittelbar neben der Schadensstelle. Innenseitig ist ein Bindefehler zu erkennen, nach außen hin eine ausgewaschene Trennung.

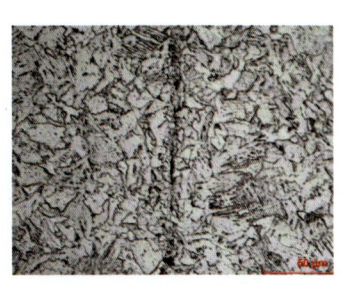

Bindefehler mit Oxideinschlüssen.

ausgewählt und die Längsschweißnähte einer Durchleuchtungsprüfung unterzogen. Hierbei konnten Hinweise auf lineare Unregelmäßigkeiten festgestellt werden. An diesen Stellen wurde jeweils ein Mikroschliff ausgearbeitet.

Dabei war zu erkennen, dass in allen Schliffebenen Bindefehler in den Schweißverbindungen vorlagen, die zum Teil zwei Drittel der Rohrwanddicke umfassten.

### Schadensvermeidung und -beseitigung

Durch die Untersuchung wurde festgestellt, dass die Undichtigkeiten an den Fernwärmeleitungen auf eine mangelhafte Ausführung der mit dem HF-Schweißverfahren (Hochfrequenzschweißverfahren) hergestellten Längsschweißnähte zurückzuführen waren (Herstellungsfehler). Es lagen Bindefehler vor, die an den untersuchten Proben bis zu zwei Drittel der Rohrwanddicke umfassten. Den verarbeitenden Betrieb traf keine Schuld an dem Schaden.

*Helmut Simianer*

Produktkategorie: Weitere Metallkonstruktionen
Baujahr: 2015
Schadensjahr: 2015
Schlagworte: Rohre, Rohrleitung, Schweißen

### PRAXISTIPP:
- Achten Sie auf eine entsprechende Werkstoffqualität (Güte, Reinheitsgrad, auch Herkunft/Lieferant).
- Legen Sie bei der Materialbestellung Wert auf das passende Werkszeugnis und auf die zuverlässige Bezugsquelle für das Material.

### GELTENDE REGELN:

Die Beachtung folgender Normen, Richtlinien, Verordnungen und Regeln sind die Voraussetzung für die fachtechnisch einwandfreie Ausführung der Arbeit:

- Fachregelwerk Metallbauerhandwerk – Konstruktionstechnik: Kap. 1.6.1 Stahl, Kap. 1.7.2.5 Schweißen.

# Durch Schlackeneinschlüsse gebrochene Aufhängung

**Falsch:** Die Aufhängung war direkt neben der Schweißnaht gebrochen.

Der Bruchverlauf erfolgte nicht nur entlang der Schmelzlinie, sondern auch in der Wärmeeinflusszone der Schweißnaht.

## Schadensbeschreibung

Eine Aufhängung war gebrochen. Im Werkstoffprüflabor sollte die Bruchursache festgestellt werden.

Der Bruch verlief im Bereich der Nahtübergänge zwischen den Kehlnähten und dem Winkelprofil, jedoch größtenteils nicht unmittelbar entlang der Schmelzlinie (Bereich der größten Kerbwirkung), sondern vorwiegend in der Wärmeeinflusszone neben der Schweißnaht.

## Fehleranalyse und -bewertung

Bei der makro- und mikrofraktographischen Untersuchung der Bruchoberflächen im Rasterelektronenmikroskop (REM) wurde festgestellt, dass – soweit die Bruchmerkmale trotz der stellenweise vorhandenen Beschädigung der Bruchoberflächen durch Rost und Kaltverformung (durch „Aufeinanderreiben" der Oberflächen) noch erkennbar waren – ausschließlich Verformungsbruchmerkmale vorlagen. Auffallend war jedoch, dass an vielen Stellen das Gefüge lamellar aufgerissen war.

Die Bruchoberfläche mit Gewaltbruchmerkmalen (REM-Aufnahme, Übersicht). (Maßstab: 10:1)

Zur Klärung der Frage, ob Schweißnahtfehler, Werkstofffehler oder eine Aufhärtung vorlagen, wurde ein Mikroschliff quer zur Schweißnaht ausgearbeitet. Die lichtmikroskopische Begutachtung des Mikroschliffes ergab, dass der Werkstoff des Winkelprofils ungewöhnlich stark ausgeprägte zeilenförmige Schlackeneinschlüsse (nichtmetallische Verunreinigungen) aufwies. Diese hatten den Werkstoff im Bruchbereich in erheblichem Maße geschwächt.

## 2.7.13 Durch Schlackeneinschlüsse gebrochene Aufhängung (Fall 593)

Stellenweise waren viele Risse in der Bruchoberfläche vorhanden. (Maßstab: 18:1)

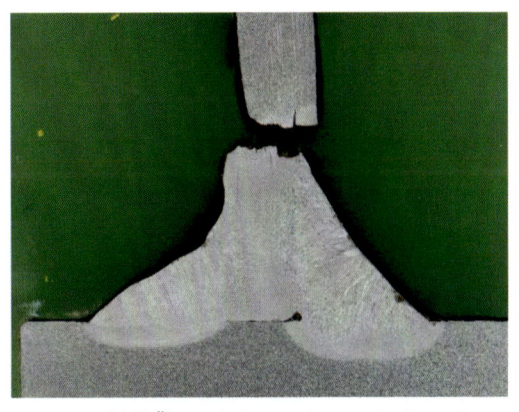

Der Querschliff (Übersicht) zeigte keine schadensrelevanten Schweißnahtfehler oder Aufhärtungszonen. Jedoch waren auch hier schon sichtbare zeilenförmige Trennungen vorhanden.

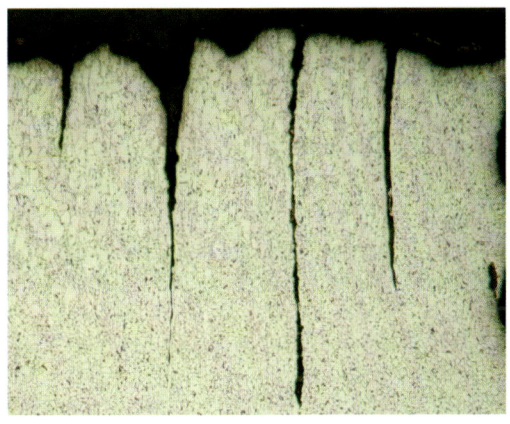

Im Bruchbereich waren viele zeilenförmige (in Walzrichtung) orientierte Trennungen (Dopplungen) zu erkennen. (Maßstab: 25:1)

**PRAXISTIPP:**
- Achten Sie auf eine entsprechende Werkstoffqualität (Güte, Reinheitsgrad, auch Herkunft/Lieferant).
- Legen Sie bei der Materialbestellung Wert auf das passende Werkszeugnis und auf die zuverlässige Bezugsquelle für das Material.

**GELTENDE REGELN:** 
Die Beachtung folgender Normen, Richtlinien, Verordnungen und Regeln sind die Voraussetzung für die fachtechnisch einwandfreie Ausführung der Arbeit:

- Fachregelwerk Metallbauerhandwerk – Konstruktionstechnik: Kap. 1.6.1 Stahl, Kap. 1.7.2.5 Schweißen.

**Schadensvermeidung und -beseitigung**

Grund für die Schädigung waren ungewöhnlich stark ausgeprägte zeilenförmige Schlackeneinschlüsse im Werkstoff des Winkelprofils. Schadensrelevante Schweißnahtfehler oder eine Aufhärtung lagen nicht vor. Den Metallbauer traf also keine Schuld an dem Schaden.

*Helmut Simianer*

Produktkategorie: Stahlkonstruktionen
Baujahr: 2021
Schadensjahr: 2023
Schlagworte: Gefüge, Schweißen, Schweißnaht, Werkstoffe

## „Vulkanausbrüche" beim Schweißen des unlegierten Baustahls S355J2

**Schadensbeschreibung**

Unlegierte Baustähle nach DIN EN 10025-2 sowie deren nationalen Vorgängernormen werden bereits seit über achtzig Jahren erfolgreich geschweißt. So zählen gegenwärtig die Sorten S235JR, S275J0 und vor allem S355J2 zu den im Stahlbau am häufigsten verwendeten Werkstoffen.

Abgesehen von technologischen Fehlern beim Schweißen der letztgenannten Stahlsorte, sind ernstzunehmende werkstofftechnisch bedingte Probleme bei in Europa erzeugten Chargen schon seit Jahrzehnten nicht mehr bekannt. Somit wird zunächst immer nach Fehlern im Zusammenhang mit der jeweils verwendeten Technologie gesucht. Ursache sind dann handwerkliche Patzer der Schweißer, selten auch Unzulänglichkeiten in der konstruktiven Gestaltung.

Beim Schweißen schwerer Konstruktionen aus dem unlegierten Baustahl der Sorte S355J2 kam es beim Fertigen von Stumpf- und Kehlnähten zu eruptivartigen Auswürfen von Schweißgut entlang der gesamten Nahtlänge. Als Folge entstanden unzählige Oberflächenporen.

**Fehleranalyse und -bewertung**

Aufgrund des Schädigungsbildes wurden durch die verantwortliche Schweißaufsicht zunächst technologische Fehler bei der Ausführung der Schweißarbeiten angenommen. So erfolgte als erstes eine Kontrolle des verwendeten Schutzgasgemisches, welche aber keine Auffälligkeiten ergab. Auch die Überprüfung der Schweißparameter anhand des lückenlos vorliegenden Monitorings lieferte keine Hinweise. Letztlich wurden alle beteiligten Schweißer ausgetauscht, doch auch danach blieb das Phänomen bestehen. Es zeigte sich jedoch, dass es nur bei Stahlblechen auftrat, die aus einer bestimmten Charge stammten.

Ein externes Werkstoffprüflabor wurde mit der Ursachenforschung beauftragt. Im Ergebnis der mit einem sehr präzisen Labor-Emissionsspektrometer erfolgten Bestimmung der chemischen Zusammensetzung ergaben sich keinerlei Abweichungen von den Vorgaben der DIN EN 10025-2 für die Sorte S355J2. Darüber hinaus lag der Stahl, wie vorgeschrieben, im vollberuhigten Zustand (FF) vor, da er ausreichende Silizium- und Aluminiumgehalte (0,037 Prozent) enthielt.

**Falsch:** Teil einer Schweißverbindung mit zahlreichen porenartigen Löchern.

Erste Hinweise auf den verantwortlichen Schädigungsmechanismus lieferten die Ergebnisse der metallographischen Untersuchungen des Grundwerkstoffs. Hier zeigten sich auf der Oberfläche der fertig polierten, aber noch nicht angeätzten Oberfläche einer Schliffprobe mehrere sehr kleine punktuelle „Ausblutungen". Diese waren auch nach einem erneuten Schleifen und Polieren noch vorhanden, sodass es sich dabei nicht um mögliche Präparationsfehler handelte. Nach dem Anätzen äußerten sie sich als eine Art von sehr kleinen Einschlüssen, Ausscheidungen oder Kavitäten mit einem Durchmesser von bis zu fünf Mikrometern.

In einer Übersichtsaufnahme im Rasterelektronenmikroskop (REM) zeichneten sich die Inhomogenitäten als kleine schwarze Punkte auf der Schliffoberfläche ab.

Das integrierte energiedispersive Spektrometer (EDS) ermöglichte es, deren chemische Zusammensetzung zu bestimmen. Dabei ergaben sich Anreicherungen der Desoxidationselemente Aluminium und Silizium sowie insbesondere

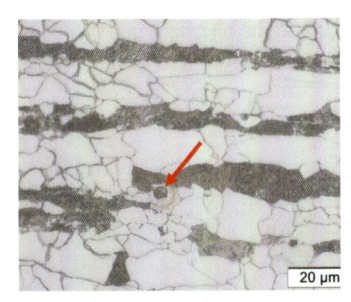

## 2.7.14 „Vulkanausbrüche" beim Schweißen des unlegierten Baustahls S355J2 (Fall 594)

Zeiliges ferritisch-perlitisches Gefüge mit Mikroporosität oder Mikroeinschluss (roter Pfeil) (Mikroschliff: Ätzung: drei Prozent Nital.)

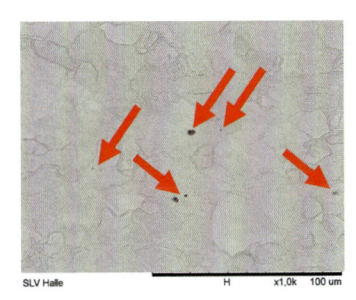

Übersichtsaufnahme (REM) der untersuchten Probe (geätzt) mit erkennbaren punktuellen Gefügeinhomogenitäten (rote Pfeile).

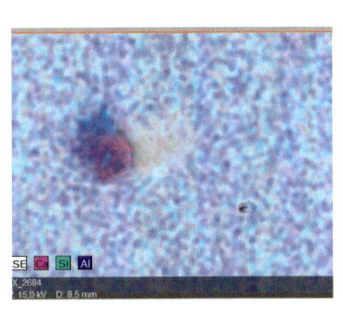

Ergebnisse der EDS-Analyse der Mikroporosität.

von Kalzium, die im Rahmen der sekundärmetallurgischen Pfannenbehandlung gezielt der Stahlschmelze zugegeben wurden. Offensichtlich war es dem Stahlhersteller nicht gelungen, diese Elemente vollständig aufzuschmelzen beziehungsweise zu verschlacken. Insbesondere der Siedepunkt von Kalzium liegt mit 1.487 Grad Celsius deutlich unterhalb der Lichtbogentemperatur, was dazu führte, dass es beim Schweißen schlagartig verdampfte. Seine damit verbundene massive Volumenzunahme kann als verantwortlich für das „eruptive" Verhalten der betreffenden Charge bei ihrer schweißtechnischen Verarbeitung angesehen werden.

### Schadensvermeidung und -beseitigung

Solche metallurgisch verursachten Schäden sind bei unlegierten Stählen für den allgemeinen Stahlbau in Europa jedoch äußerst selten. Aus diesem Grund war das Vorgehen der verantwortlichen Schweißaufsicht, zunächst von technologischen Einflussgrößen auszugehen, vollkommen richtig. Im Ergebnis der dann erfolgten werkstofftechnischen Untersuchungen konnte die betroffene Charge bei ihrem Hersteller reklamiert und durch eine neue ersetzt werden.

*Prof. Dr.-Ing. Jochen Schuster*

Produktkategorie: Stahlkonstruktionen
Baujahr: 2021
Schadensjahr: 2021
Schlagworte: Gefüge, Metallkonstruktionen, Schweißen

**PRAXISTIPP:**

Für eine sichere schweißtechnische Verarbeitung von unlegierten Baustählen ist folgendes zu beachten:

- die von der jeweiligen Stahlsorte und Blechdicke abhängige Vorwärmtemperatur zur Vermeidung von Härtespitzen und Aufhärtungsrissen,
- die Vorwärmtemperaturen sind ebenfalls von der Nahtform, dem Schweißverfahren, der Schweißgeschwindigkeit usw. abhängig.

**GELTENDE REGELN:**

Die Beachtung folgender Normen, Richtlinien, Verordnungen und Regeln sind die Voraussetzung für die fachtechnisch einwandfreie Ausführung der Arbeit:

- Fachregelwerk Metallbauerhandwerk – Konstruktionstechnik: Kap. 1.6.1 Stahl, Kap. 1.7.2.5 Schweißen,
- DIN EN 1011-2 Empfehlungen zum Schweißen metallischer Werkstoffe; Teil 2: Lichtbogenschweißen von ferritischen Stählen,
- DIN EN 10025-2 Warmgewalzte Erzeugnisse aus Baustählen; Teil 2: Technische Lieferbedingungen für unlegierte Baustähle,
- Arbeitshilfe A.1.3: Empfehlung zur Stahlsortenwahl im Stahlhochbau. bauforumstahl, Düsseldorf, Ausgabe 2024.

# Heißrisse in Schweißverbindungen

## Schadensbeschreibung

Ein Schweißfachbetrieb stellte seit vielen Jahren für die Medizintechnik erfolgreich anspruchsvolle Konstruktionen und Bauteile aus nichtrostenden Stählen her. Bevorzugt wurden unter anderem die Sorten X5CrNi18-10 (1.4301) und X6CrNiMoTi17-12-2 (1.4571) gemäß der DIN EN 10088-1 eingesetzt.

Das Qualitätssicherungssystem des Unternehmens schrieb detailliert vor, dass bei jedem Chargenwechsel eine festgelegte Anzahl von Arbeitsproben einer zerstörungsfreien (RT-D, UT) und zerstörenden (metallographische Makroschliffe) Prüfung zu unterziehen sind. Nach einem solchen zeigten sich in den unteren Schweißnahtbereichen aller (!) erzeugten Laserstrahlschweißverbindungen horizontal verlaufende, interdendritische Risse.

Die sofort eingeleitete Ursachenermittlung ergab zunächst keinerlei Abweichungen von den Herstellungsparametern. So zeigte eine Auswertung der vorliegenden Prozessdatenaufzeichnungen, dass die technologischen Einflussgrößen auf das Laserstrahlschweißen in keinem einzigen Fall von den vorgegebenen Sollwerten abwichen. Parallel dazu erfolgte ebenfalls eine Überprüfung der für die betroffenen Konstruktionen vorliegenden Werkstoffdokumentation. Die verwendeten nichtrostenden Stähle erfüllten – ohne Abweichungen – die normativen Anforderungen.

## Fehleranalyse und -bewertung

Der hinzugezogene Schadensfallgutachter konnte zunächst die Angaben seines Auftraggebers in vollem Umfang bestätigen. Ein prozessspezifisches technologisches Problem lag eindeutig nicht vor. Aus diesem Grund legte er den Schwerpunkt seiner Untersuchungen auf werkstofftechnische und analytische Prüfungen. Zunächst unterzog er die verwendeten nichtrostenden Grundwerkstoffe einer funkenspektrometrischen Analyse (F-OES). Wurden die Ergebnisse den für die jeweilige Stahlsorte in DIN EN 10088-1 vorgegebenen Minimal- und Maximalgehalten an Legierungselementen gegenübergestellt, erfüllten alle Analysenergebnisse die normativen Anforderungen. Es fiel jedoch auf, dass sich die Chromgehalte im Bereich der unteren und die Nickelgehalte nahe den oberen Normvorgaben bewegten.

Ein solches Verhältnis zwischen Chrom und Nickel ist für die nichtrostenden Stähle X5Cr-Ni18-10 (1.4301) und X6CrNiMoTi17-12-2 (1.4571) sowie vergleichbare Sorten nicht charakteristisch. Aufgrund der Rohstoffpreise für beide Hauptlegierungselemente versuchen die Stahlhersteller die Chromgehalte, wenn möglich, in der Mitte des Vorgabebereiches einzustellen und Nickel an der unteren zulässigen Grenze anzusiedeln. Ein Vergleich der aktuellen Legierungsgehalte mit den dokumentierten Angaben der bisher verarbeiteten Chargen beider Werkstoffe bestätigte diese Feststellung. Somit war die wahrscheinliche Ursache der aufgetretenen Risserscheinungen eingegrenzt.

Mitilfe einer speziellen Farbniederschlagsätzung ist es möglich, die Art der Primärkristallisation von austenitischen nichtrostenden Chrom-Nickel-Stählen und deren Schweißgüter sichtbar zu machen. Auch sind in der vom Ätzmittel auf der Probe gebildeten Schicht Anreicherungen von Nickel zu erkennen. Dagegen ist Chrom nur in geringen Mengen in den Schichten eingebaut.

Da die angelieferten Grundwerkstoffe im Walz- und nicht im Gusszustand vorlagen, wurden an jeweils einer Blechtafelecke mittels eines WIG-Brenners kleine Abschmelztropfen erzeugt, die in ein darunter stehendes und ausreichend mit Wasser gefülltes Gefäß fielen und sofort erstarrten.

Metallographisch eingebettet und präpariert, ergaben sich aussagekräftige Bilder. In einer Rückstellprobe zeigte sich ein ursprünglich primär ferritisch erstarrtes austenitisches Gefüge mit noch vorhandenen geringen Anteilen an Deltaferrit. Eine magnetinduktive Messung ergab bei Raumtemperatur einen Ferritanteil von etwa drei bis vier FN (FN = Ferritzahl). Dieser ist für die verwendeten Stähle charakteristisch.

Die Bestimmung der Ferritanteile in den WIG-Abschmelzproben der Schadenscharge ergab jedoch keinerlei nachweisbaren Deltaferritanteile (FN = 0). Das Gefüge der Abschmelzprobe war das eines primär austenitisch erstarrten Stahls.

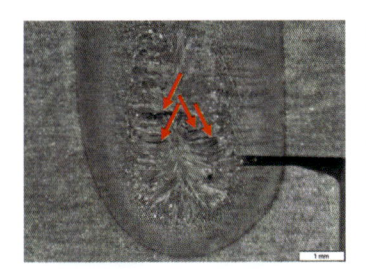

## 2.7.15 Heißrisse in Schweißverbindungen (Fall 595)

Interdendritische Risse (Pfeile) im Schweißgut einer Laserstrahlschweißverbindung.

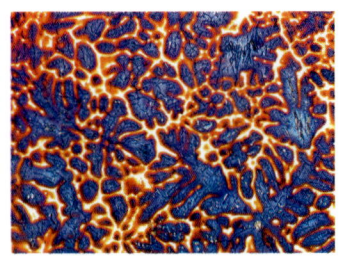

Primär ferritisch erstarrtes austenitisches Schweißgut eines metastabilen austenitischen Stahls (Mikroschliff, Ätzung: Lichtenegger und Blöch).

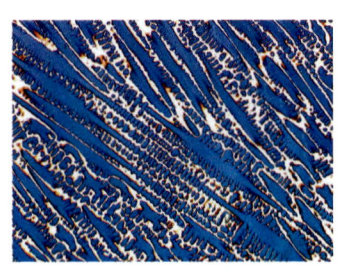

Primär austenitisch erstarrtes Schweißgut eines vollaustenitischen Stahls (Mikroschliff, Ätzung: Lichtenegger und Blöch).

### Schadensvermeidung und -beseitigung

Austenitische Stähle und Schweißgüter mit nominellen Chromgehalten zwischen etwa 17 und 19 Prozent und Gehalten an Nickel zwischen acht und zwölf Prozent erstarren in der Regel primär ferritisch und wandeln sich bei ihrer Abkühlung nahezu vollständig in Austenit um. Solche Werkstoffe werden als metastabil bezeichnet. In vereinzelten Fällen können die Stahlhersteller den Erstarrungsablauf durch die Gehalte der Elemente Chrom und Nickel jedoch so einstellen, dass diese Stahlsorten primär austenitisch kristallisieren – zum Beispiel, wenn aus korrosiven oder umformtechnischen Gründen selbst geringe Anteile an Deltaferrit unerwünscht sind. Im vorliegenden Fall wurde dem Verarbeiter offensichtlich eine solche Charge angeliefert. Aufgrund ihrer hohen Heißrissempfindlichkeit wurde diese durch eine neu bestellte Charge mit ferritischer Primärkristallisation ersetzt.

*Prof. Dr.-Ing. Jochen Schuster*

Produktkategorie: Weitere Metallkonstruktionen
Baujahr: 2001
Schadensjahr: 2001
Schlagworte: Gefüge, Nichtrostender Stahl, Schweißen, Schweißnaht, Werkstoffe

### PRAXISTIPP:

Die Entstehung von Heißrissen in Schweißverbindungen an metastabilen austenitischen nichtrostenden Stählen kann unter anderem durch die nachfolgenden Einflussgrößen begünstigt werden:

- ein Verhältnis der Elemente Chrom und Nickel, welches die austenitische Primärerstarrung begünstigt, kann die Heißrissempfindlichkeit erhöhen,
- ein grobkristallines oder dendritisches Gefüge ist unter dem Einfluss von Schweißeigenspannungen empfindlich(er) gegenüber Heißrissen,
- ein geringes Wärmeeinbringen und geringe Schweißeigenspannungen wirken sich positiv gegen eine mögliche Heißrissbildung aus.

### GELTENDE REGELN:

Die Beachtung folgender Normen, Richtlinien, Verordnungen und Regeln sind die Voraussetzung für die fachtechnisch einwandfreie Ausführung der Arbeit:

- Fachregelwerk Metallbauerhandwerk – Konstruktionstechnik: Kap. 1.6.2 Nichtrostender Stahl, Kap. 1.7.2.5 Schweißen,
- DIN EN 10088-1 Nichtrostende Stähle; Teil 1: Verzeichnis der nichtrostenden Stähle,
- DVS-Merkblatt 1004-1 bis 4: Heißrissprüfverfahren,
- Schuster, J.: Heißrisse in Schweißverbindungen – Entstehung, Nachweis und Vermeidung. DVS-Berichte, Band 233, DVS-Verlag GmbH, Düsseldorf, 2004.

## Laserschweißnähte an Rechteckprofilen aufgeplatzt

### Schadensbeschreibung

An Rechteckprofilen, die als Befestigungsschienen im Kfz-Bereich eingesetzt werden, kam es zu Aufplatzungen und Rissen in der lasergeschweißten Längsnaht. Die Schäden traten wenige Stunden nach dem Laserschweißen als verzögerter Bruch auf. Die Profile wurden aus einem hochfesten Kaltband mit ferritisch-martensitischer Gefügestruktur (Dualphasenstahl) in mehreren Stufen zum Vierkantrohr gebogen. Abschließend wurden die Blechkanten mit einem $CO_2$-Laser längsverschweißt. Dieser Schritt war nur möglich, da seitlich angebrachte Stützrollen der Rückfederung des gebogenen Blechs entgegenwirkten und so der zu überbrückende Spalt klein genug gehalten wurde (siehe Abbildung).

Während des Biegens der Bleche wurde eine Art Walzemulsion verwendet, die vor dem Laserschweißen zwar in Teilen durch eine Druckluftdüse abgeblasen wurde, jedoch nicht vollständig entfernt wurde.

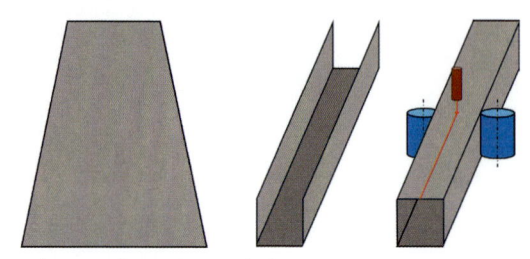

Schematische und vereinfachte Darstellung des Herstellungsprozesses der Profile: Links: Kaltband als Ausgangsmaterial. Mitte: Zwischenschritt mit umgebogenen Seiten. Rechts: fertig gebogenes Profil mit Stützrollen zur Unterbindung der Rückfederung (blau) und Laserschweißprozess (rot).

### Fehleranalyse und -bewertung

Die schadensanalytische Untersuchung zur Bestimmung des Bruchmechanismus erfolgte an aufgeplatzten Profilen, wie sie beispielsweise links in der Abbildung zu sehen sind.

In der Mitte der Abbildung (roter Rahmen) ist der primäre Bruch mit inter- und transkristallinen Anteilen zu sehen. Von besonderer Bedeutung ist, dass die charakteristischen Merkmale für Wasserstoffversprödung vorhanden waren. Hierzu zählte in erster Linie der wichtigste Indikator in Form eines „gefiederten Bruchs". Der Restgewaltbruch zeigte hingegen die rechts (blauer Rahmen) dokumentierte Struktur. Auch hier lag ein Mischbruch mit inter- und transkristallinen Anteilen vor, wobei die transkristallinen Bereiche durch eine duktile Wabenbruchstruktur gekennzeichnet waren, die sich eindeutig von der „gefiederten Struktur" im Anriss abhob.

Bei der Aufklärung von wasserstoffinduzierten Schäden müssen folgende Einflussfaktoren im Detail betrachtet werden:

- Wasserstoffgehalt im Bauteil,
- Werkstoff,
- Belastung.

Im vorliegenden Fall wurde durch dezidierte Wasserstoffanalysen an frisch lasergeschweißten Profilen nachgewiesen, dass der für die Wasserstoffversprödung ursächliche diffusible Wasserstoff durch die Aufspaltung der Walzemulsion auf den Blechkanten der gebogenen Profile während der Laserschweißung erfolgte. Der Laserstrahl stellte ausreichend thermische Energie bereit, um $H_2O$-Moleküle zu cracken, sodass neben Sauerstoff auch Wasserstoff entstand, der beim Schweißen in die schmelzflüssige Naht eindringen konnte.

Der verwendete hochfeste Dualphasenstahl wies eine Festigkeit auf, die deutlich oberhalb der für Wasserstoffversprödung kritischen Grenze von 800 Megapascal lag. Verschärfend hatte die schnelle Wärmeabfuhr aus der schmalen Schweißnaht durch die gute thermische Leitfähigkeit der Profile zu einer schnellen Abkühlung geführt. Daraus resultierte eine signifikante Aufhärtung innerhalb der Fusionszone, sodass Härteniveaus im Bereich von 500 HV (etwa 1.800 Megapascal Festigkeit) erreicht wurden. Zusätzlich hatte sich eine vollständig martensitische Struktur gebildet. Beide Effekte hatten die Empfindlichkeit der Schweißnaht für Wasserstoffversprödung signifikant erhöht.

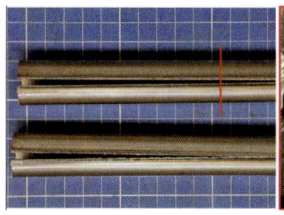

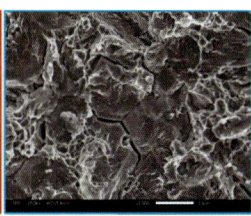

Links: aufgeplatzte Profile. Mitte: primärer Bruch mit charakteristischen Merkmalen der Wasserstoffversprödung. Rechts: Restgewaltbruch.

Ebenfalls entscheidenden Einfluss hatte die mechanische Belastung. Diese trat ausschließlich in Form von Eigenspannungen auf, die auf die Rückfederung der Bleche zurückzuführen war. Durch das forcierte Zusammendrücken der gebogenen Bleche während der Laserschweißung wurden an den fertigen Profilen hohe Eigenspannungen im Bereich von mehreren Hundert Megapascal gemessen. Diese waren umso ausgeprägter, je größer der zu schließende Spalt zwischen den Blechkanten während des Schweißens war.

**Schadensvermeidung und -beseitigung**

Aufgrund der beschriebenen Befunde wurde der gesamte Fertigungsablauf der Profile neu bewertet. Prozesstechnisch war es nicht möglich, die Reste der Emulsion auf den Blechkanten vollständig zu entfernen, sodass auch weiterhin mit einer Wasserstoffaufnahme in die Profile gerechnet werden musste. Aus diesem Grund wurden folgende Abhilfemaßnahmen definiert und erfolgreich umgesetzt:

Der wichtigste Schritt bestand aus der Optimierung des Biegeprozesses zur Erstellung der Profilgeometrie. Der gesamte Prozess wurde so angepasst, dass der Spalt zwischen den Blechkanten auf ein Minimum reduziert wurde, was in der Folge auch die Eigenspannungen auf sehr geringe Werte gesenkt hat.

Des Weiteren wurde die Fokuslage des Laserspots derart optimiert, dass die Aufhärtung in der Fusionszone und damit die Empfindlichkeit für Wasserstoffversprödung reduziert wurde.

*Dr.-Ing. Jens Jürgensen,*
*Prof. Dr.-Ing. Michael Pohl*

Produktkategorie: Weitere Metallkonstruktionen
Baujahr: 2021
Schadensjahr: 2021
Schlagworte: Belastung, Laserstrahlschweißen, Schweißen, Spannungen

**PRAXISTIPP:**

- Wasserstoffversprödung ist in vielen Fällen ein komplexer Schadensmechanismus mit zahlreichen Einflussfaktoren.
- Wasserstoffversprödung kann durch thermische Aufspaltung von wasserhaltigen Substanzen beim Schweißprozess ausgelöst werden.
- Durch die Optimierung von Fertigungsprozessen können Sie die Werkstoffeigenschaften und Eigenspannungen derart gestalten, dass es trotz vorliegendem Wasserstoff nicht zu Schäden kommt.

**GELTENDE REGELN:**

Die Beachtung folgender Normen, Richtlinien, Verordnungen und Regeln sind die Voraussetzung für die fachtechnisch einwandfreie Ausführung der Arbeit:

- Fachregelwerk Metallbauerhandwerk – Konstruktionstechnik: Kap. 1.6.1 Stahl, Kap. 1.7.2.5 Schweißen,
- DIN EN ISO 12932 Schweißen; Laserstrahl-Lichtbogen-Hybridschweißen von Stählen, Nickel und Nickellegierungen: Bewertungsgruppen für Unregelmäßigkeiten,
- VDI-Richtlinie 3822: Schadensanalyse – Grundlagen und Durchführung einer Schadensanalyse,
- VDI-Richtlinie 3822 Blatt 1.5: Schadensanalyse – Schäden an geschweißten Metallprodukten.

# Festigkeitsverlust durch fehlerhafte Wärmebehandlung

## Schadensbeschreibung

Für eine Stahlkonstruktion wurden neben Grobblechen aus dem hochfesten Feinkornbaustahl der Sorte S700MC nach DIN EN 10149-2 auch nahtlose Hohlprofile mit kreisrundem Querschnitt aus diesem Werkstoff und einer Wanddicke von mindestens vierzig Millimeter benötigt. Durch den Stahlbauer konnten die Bleche direkt über einen Stahlhändler geliefert werden. Nicht verfügbar waren jedoch die nahtlosen Hohlprofile. Aus diesem Grund fiel die Entscheidung, solche Rohre durch einen Unterauftragnehmer durch Schweißen anfertigen zu lassen. Das dafür vorliegende Angebot sah die Herstellung durch Einformen und Längsnahtschweißen von vorkonfektionierten Blechen vor.

Nach der Anlieferung aller Blechtafeln wurden deren Begleitpapiere (Abnahmeprüfzeugnisse 3.1 nach DIN EN 10204 und den darauf festgehaltenen Chargen-, Schmelzen- und Tafelnummern) geprüft. Daraufhin verglich die werkseigene Produktionskontrolle alle Hartstempelungen auf den Blechen mit den Abnahmeprüfzeugnissen und der Lieferliste. Abschnitte von stichprobenartig ausgewählten Tafeln wurden ebenfalls einer analytischen (Funkenspektrometrie) und mechanisch-technologischen Prüfung (Zugversuch, Kerbschlagbiegeversuch, Biegeversuch) unterzogen. Dabei zeigte sich, dass alle Werkstoffkenngrößen den in DIN EN 10149-2 geforderten Werten entsprachen. Dieses traf sowohl für die chemische Zusammensetzung als auch für die Festigkeits- (Dehngrenze und Zugfestigkeit), Dehnungs- (Bruchdehnung und -einschnürung) und Zähigkeitskennwerte (Kerbschlagarbeit bei minus zwanzig Grad Celsius) zu.

### Fehleranalyse und -bewertung

Nachdem alle benötigten Rohre längsnahtgeschweißt vorlagen und zusammen mit den Flacherzeugnissen zu Bauteilen verarbeitet waren, erfolgte vor deren Auslieferung an den Endkunden eine letzte Qualitätsprüfung durch die werkseigene Produktionskontrolle. Besonderes Augenmerk lag dabei auf der Ausführung

| Stahl | $R_{eH}$ in N/mm² | $R_m$ in N/mm² | A in % | $K_{Vlängs}$ (−20 °) in J |
|---|---|---|---|---|
| soll | 700 | 750 bis 950 | 12 | 40 |
| ist | 410 | 662 | 23 | 89 |

$R_{eH}$: obere Streckgrenze in N/mm²
$R_m$: Zugfestigkeit in N/mm²
A: Bruchdehnung in %
$K_{Vlängs}$: Kerbschlagarbeit in J bei −20 °C

Soll- und Istwerte der mechanisch-technologischen Eigenschaften des untersuchten Feinkornbaustahls gemäß DIN EN 10149-2 (längsnahtgeschweißte Rohre).

der einzelnen Schweißverbindungen. Auch wurden mögliche Härtespitzen in den betreffenden Wärmeeinflusszonen geprüft. Während sich hier bei den Blechteilen keine Auffälligkeiten zeigten, lagen die Härtewerte in den Wärmeeinflusszonen der längsnahtgeschweißten Hohlprofile deutlich unter denen der Flacherzeugnisse.

Die daraufhin eingeleitete Untersuchung der Ursachen für diesen Härte- und damit auch möglichen Festigkeitsabfall ergab, dass davon nur die längsnahtgeschweißten Rohre betroffen waren. Durch einen externen Schadensfallgutachter wurde ein noch nicht verbautes Hohlprofil untersucht. So zeigten sich bei den Werten der chemischen Analysen zwischen dem Flachmaterial und den Rohren keine Unterschiede. Dagegen lagen insbesondere die Festigkeitswerte der längsnahtgeschweißten Hohlprofile deutlich unter denen der Bleche. Sie erfüllten weder in den Wärmeeinflusszonen noch im beim Schweißen nicht thermisch beeinflussten Grundwerkstoff die normativen Forderungen für den Stahl S700MC.

Die Bilder der metallographischen Mikroschliffe zeigten bei den Blechen und bei den längsnahtgeschweißten Rohren ein nahezu perlitfreies ferritisches Gefüge. Jedoch unterschied sich das Mikrogefüge zwischen beiden Aufnahmen. Daraus konnte abgeleitet werden, dass während der Hohlprofilherstellung eine (nicht nur durch das Schweißen erfolgte) Wärmebehandlung des Rohrgrundwerkstoffs stattgefunden haben musste.

## 2.7.17 Festigkeitsverlust durch fehlerhafte Wärmebehandlung (Fall 597)

Teil einer in der Fertigung befindlichen Konstruktion aus dem hochfesten Feinkornbaustahl S700MC (Symbolbild).

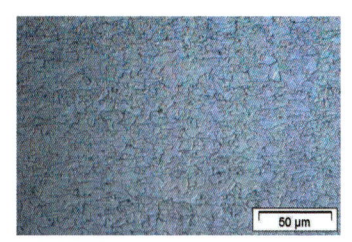

Ferritisches Mikrogefüge mit sehr geringen Anteilen an Perlit eines Feinkornbaustahls der Sorte S700MC im Anlieferungszustand (Ätzung: drei Prozent Nital).

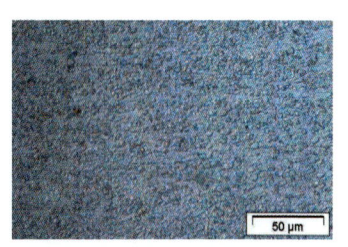

Ferritisches Mikrogefüge mit sehr geringen Anteilen an Perlit eines Feinkornbaustahls der Sorte S700MC nach einer Wärmebehandlung bei 850 Grad Celsius (Ätzung: drei Prozent Nital).

### Schadensvermeidung und -beseitigung

Eine Rückfrage beim Rohrhersteller bestätigte diese Feststellung. Seine Technologie umfasste zunächst das Warmumformen der vorkonfektionierten Bleche bei Temperaturen um 850 Grad Celsius, bevor diese dann mit dem UP-Verfahren längsnahtgeschweißt wurden. Ohne diese Wärmebehandlung war seine Rohreinformtechnik nicht in der Lage, die erforderlichen Umformkräfte aufzubringen. Damit war die Ursache des deutlichen Festigkeitsabfalls ermittelt. Thermomechanisch gewalzte Feinkornbaustähle dürfen nicht oberhalb ihrer Rekristallisationstemperatur wärmebehandelt werden (zum Beispiel durch Normalglühen oder Warmumformen), da es dabei zu Erholungsvorgängen (Ausheilen von Versetzungen) und insbesondere zur Rekristallisation kommt. Der damit verbundene irreversible Festigkeitsabfall ist die Folge einer Kornvergrößerung durch unkontrolliertes Kornwachstum.

Im vorliegenden Fall mussten alle durch den Unterauftragnehmer gefertigten längsnahtgeschweißten Hohlprofile und die damit hergestellten Bauteile verschrottet werden.

*Prof. Dr.-Ing. Jochen Schuster*

Produktkategorie: Stahlkonstruktionen
Baujahr: 2007
Schadensjahr: 2007
Schlagworte: Gefüge, Schweißen, Wärmebehandlung

### PRAXISTIPP:

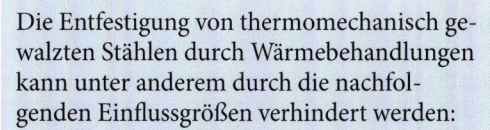

Die Entfestigung von thermomechanisch gewalzten Stählen durch Wärmebehandlungen kann unter anderem durch die nachfolgenden Einflussgrößen verhindert werden:

- alle Warmumformungen und Wärmebehandlungen oberhalb der Rekristallisationstemperatur $T_R$ ($0,4 \cdot T_{Schmelz}$ in Kelvin) sind unzulässig,
- ein Festigkeitsabfall durch falsche Wärmebehandlung ist nicht rückgängig zu machen,
- Wärmebehandlungen bei Temperaturen unterhalb 580 Grad Celsius sind zulässig.

### GELTENDE REGELN:

Die Beachtung folgender Normen, Richtlinien, Verordnungen und Regeln sind die Voraussetzung für die fachtechnisch einwandfreie Ausführung der Arbeit:

- Fachregelwerk Metallbauerhandwerk – Konstruktionstechnik: Kap. 1.6.1 Stahl, Kap. 1.7.2.5 Schweißen,
- DIN EN 1011-2: Empfehlungen zum Schweißen metallischer Werkstoffe. Teil 2: Lichtbogenschweißen von ferritischen Stählen,
- DIN EN 10149-2 Warmgewalzte Flacherzeugnisse aus Stählen mit hoher Streckgrenze zum Kaltumformen; Teil 2: Technische Lieferbedingungen für thermomechanisch gewalzte Stähle,
- DIN EN 10204 Metallische Erzeugnisse; Arten von Prüfbescheinigungen.

# Falsche Einschätzung des Ferritgehaltes

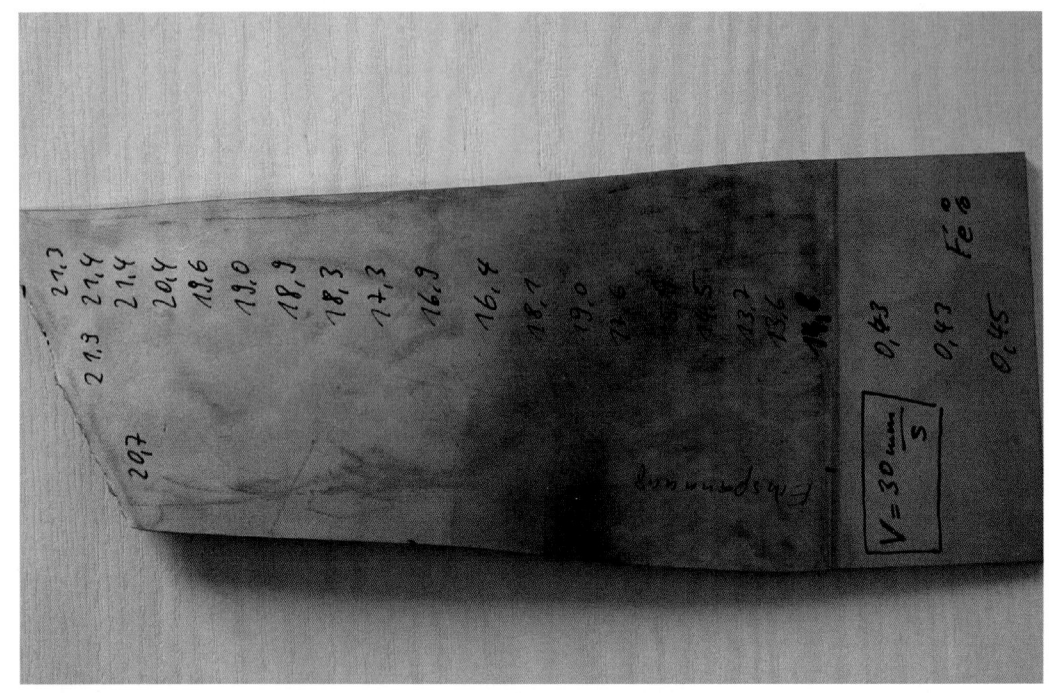

Eine Hälfte der Proben aus dem Zugversuch; rechts die Einspannung, links die Bruchfläche. Zur praktischen Demonstration des Effektes wurde eine lösungsgeglühte Flachprobe im Zugversuch bis zum Bruch beansprucht. Die Ergebnisse der Messung des scheinbaren Deltaferritgehaltes war auf der Probenlänge in Abhängigkeit vom Verfestigungsgrad angegeben.

## Schadensbeschreibung

An einer Fahrzeugkonstruktion aus einem austenitischem Werkstoff wurde die Materialgüte mit der Behauptung angezweifelt, der Ferritgehalt läge über dem üblichen Wert für einen vollständig austenitischen Werkstoff. Das Produkt wurde ohne weiterführende analytische Untersuchungen abgelehnt.

Die Bestimmung des Ferritgehaltes war über ein zerstörungsfreies Prüfverfahren mit einem Ferritscop erfolgt. Die Bauteile wurden vor der Auslieferung analytisch vom Kunden überprüft. Die Materialgüte entsprach der Zeichnungsforderung. Deshalb mussten die Messergebnisse mit dem Ferritscop angezweifelt werden.

## Fehleranalyse und -bewertung

Für eine zerstörungsfreie Bestimmung des Ferritgehaltes wird üblicherweise ein magnetinduktives Verfahren verwendet. Die dafür eingesetzten Geräte ermöglichen eine schnelle und flexible Bestimmung des Ferritanteiles unter anderem in Schweißnähten an austenitischen Stählen.

Die Messung erfolgt über ein magnetisches Wechselfeld. Das Feld wird durch die magnetischen Eigenschaften im Gefüge beeinflusst. In Abhängigkeit von den wirksamen feldverstärkenden Anteilen im Werkstoff ergibt sich eine Spannungsänderung, aus der man bei einem rein austenitischen Gefüge mit Ferritanteilen diesen auch hinreichend genau bestimmen kann. Sobald allerdings auch andere magnetische Gefügebestandteile, wie ein sogenannter Verformungsmartensit, vorhanden sind, wird das Messergebnis beeinflusst. Liegt zum Beispiel ausschließlich Verformungsmartensit und kein Ferrit vor, wird dieser im Gerät auch als Deltaferritanteil ausgewertet. Eine Unterscheidung der beiden Gefügebestandteile ist bei dieser Messmethode nicht möglich.

Der Werkstoff 1.4301 ist im geglühten und abgeschreckten Zustand austenitisch. Nach einer plastischen Verformung (zum Beispiel Biegen, Tiefziehen) wird häufig ein Magnetismus beobachtet. Dieser Magnetismus resultiert aus einer Gefügeveränderung. Es bildet sich infolge der plastischen Verformung des Gitters ein sogenannter Verformungsmartensit, der auch die Ursache für die magnetischen Eigenschaften ist. Diese Erscheinung nimmt mit steigendem Nickelanteil ab.

Zur praktischen Demonstration des Effektes wurde eine lösungsgeglühte Flachprobe im Zugversuch bis zum Bruch beansprucht. Anschließend erfolgte eine Messung des scheinbaren Ferritgehaltes von der relativ verformungsarmen Probeneinspannung bis zur Bruchstelle mit der maximalen Verformung. Der angezeigte Deltaferritgehalt war auf der Probenlänge in Abhängigkeit vom Verfestigungsgrad angegeben. Es zeigte sich eine kontinuierliche Zunahme von etwa 0,4 Prozent in der Einspannung bis auf etwa 21 Prozent am Bruch. Da sich der Ferritgehalt im Werkstoff durch eine Verformung nicht verändern kann, resultierten diese Angaben des scheinbaren Ferritanteiles ausschließlich aus dem bei der Umformung entstandenen Martensit im Gefüge.

**Schadensvermeidung und -beseitigung**

Ohne die Kenntnis des tatsächlichen Mikrogefüges im Bereich der austenitischen Grundwerkstoffe kann die Bestimmung des Ferritgehaltes durch ein Verformungsmartensit beeinflusst werden. Insbesondere an tiefgezogenen und gebogenen Bauteilen ist ein Magnetismus auch am austenitischen Grundwerkstoff infolge der lokalen Gefügeänderungen möglich.

*Martin Hofmann*

Produktkategorie: Weitere Metallkonstruktionen
Baujahr: 1999
Schadensjahr: 1999
Schlagworte: Gefüge, Nichtrostender Stahl, Schweißnaht, Werkstoff

**PRAXISTIPP:**
- Beachten Sie die Grenzen der Nachweisfähigkeit von Prüfgeräten.

**GELTENDE REGELN:**

Die Beachtung folgender Normen, Richtlinien, Verordnungen und Regeln sind die Voraussetzung für die fachtechnisch einwandfreie Ausführung der Arbeit:

- Fachregelwerk Metallbauerhandwerk – Konstruktionstechnik: Kap. 1.6.2 Nichtrostender Stahl,
- DIN EN ISO 17655 Zerstörende Prüfung von Schweißverbindungen an metallischen Werkstoffen; Verfahren zur Probenahme für die Bestimmung des Deltaferritanteils (zurückgezogen).

# Beim Laserstrahltrennen zu schnell abgekühlt

### Schadensbeschreibung

Bleche aus dem Werkstoff S355J2C+N wurden lasergeschnitten und anschließend umgeformt. Nach dem Umformen waren an der Außenkante der Stirnflächen aufklaffende Anrisse vorhanden. Vermutet wurde eine falsche Blechgüte mit unzureichenden Umformeigenschaften. Zur Klärung der Ursache für die Rissbildung wurden Gefüge und Festigkeitseigenschaften überprüft.

### Fehleranalyse und -bewertung

Die Gefügeausbildung am untersuchten Querschnitt des Bleches hatte eine ausgeprägte Perlit-Zeiligkeit. Die chemische Zusammensetzung und die aus der Härteprüfung ermittelte (umgewertete) Festigkeit zeigten keine Auffälligkeiten und entsprachen den erwarteten Werten für diesen Werkstoff.

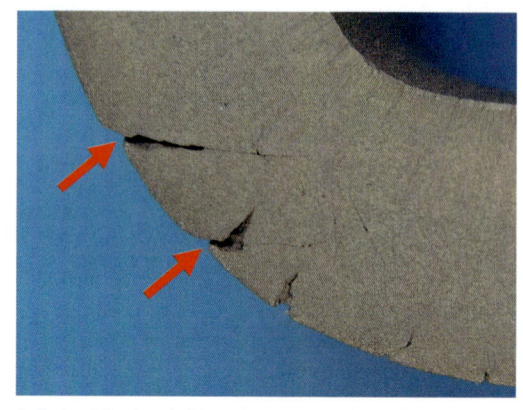

**Falsch:** Schadensbild an den Kanten der äußeren Biegezone am Laserschnitt nach dem Biegen.

Die ermittelte Oberflächenhärte am Trennschnitt lag über den zulässigen Werten nach EN 1090-2. Der normative Sollwert beträgt maximal 380 HV, der gemessene Wert ergab bei fünf Messungen einen Mittelwert von 461 HV.

Je nach Werkstoffgüte ergibt sich in Abhängigkeit von den Trennverfahren infolge der eingebrachten Energie und der Abkühlgeschwindigkeit eine Aufhärtung. Der Randhärteverlauf am untersuchten Muster ergab einen Aufhärtung bis etwa 0,2 Millimeter Tiefe.

Ferritisch-perlitisches Gefüge mit Perlitzeilen.

Primäre Schadensursache für die ausschließlich an den Schnittkanten auftretende Anrissbildung war eine unzulässige Aufhärtung des Trennbereiches. Die erzielten Härtewerte entsprachen nicht den Anforderungen der DIN EN 1090-2.

### Schadensvermeidung und -beseitigung

In der DIN EN ISO 1090 wird unter anderem auch die zulässige Aufhärtung an den Schneidflanken beim thermischen Trennen angegeben. Diese war im vorliegenden Fall deutlich zu hoch. In der Folge wurde auch das Umformvermögen reduziert und es kam an der äußeren Biegezone zur Rissbildung. Die Prozessparameter und die ausgewählten Trennverfahren müssen dem Werkstoff und der Bauteilgeometrie angepasst werden.

Komplett vermeidbar ist eine Aufhärtung nur durch die Verwendung von nicht thermischen Verfahren wie durch ein Trennen mit dem Wasserstrahl.

*Martin Hofmann*

## 2.7.19 Beim Laserstrahltrennen zu schnell abgekühlt (Fall 599)

Schnittkante mit Aufhärtung.

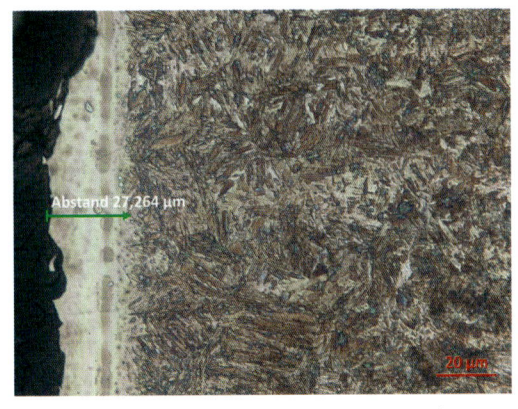

Aufgeschmolzene Schnittfläche mit martensitischer Randzone.

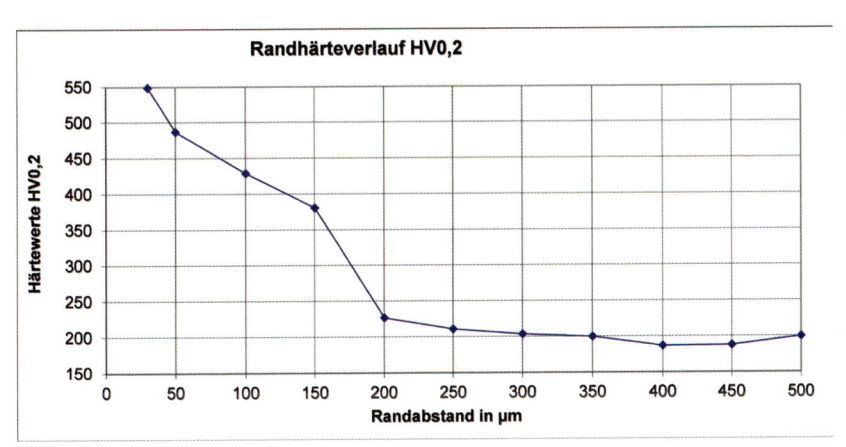

Der Randhärteverlauf in der Härteverlaufskurve ergab eine Aufhärtung bis etwa 0,2 Millimeter Tiefe.

Produktkategorie: Weitere Metallkonstruktionen
Baujahr: 2019
Schadensjahr: 2019
Schlagworte: Aufhärtung, Bleche/Blechbearbeitung, Härten, Gefüge, Laserschneiden, Trennen, Wärmebehandlung

### GELTENDE REGELN:

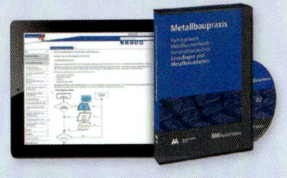

Die Beachtung folgender Normen, Richtlinien, Verordnungen und Regeln sind die Voraussetzung für die fachtechnisch einwandfreie Ausführung der Arbeit:

- Fachregelwerk Metallbauerhandwerk – Konstruktionstechnik: Kap. 1.7.9.3.4 Laserschneiden,
- DIN EN 1090-2 Ausführung von Stahltragwerken und Aluminiumtragwerken; Teil 2: Technische Regeln für die Ausführung von Stahltragwerken.

### PRAXISTIPP:

- Passen Sie die Prozessparameter und die ausgewählten Trennverfahren dem Werkstoff und der Bauteilgeometrie an.
- Komplett vermeiden können Sie eine Aufhärtung nur durch den Einsatz von nicht thermischen Verfahren wie das Wasserstrahltrennen.

# Falsche Werkstoffwahl als Schadensursache

## Schadensbeschreibung

Nach einer Werkstoffänderung von einem unlegierten Vergütungsstahl mit einem mittleren C-Gehalt auf einen Werkstoff mit höherem C-Gehalt wurden an geschweißten Bauteilen verformungsarme Brüche festgestellt. Als Ursache nahm man eine Aufhärtung beim Schweißen als Folge einer unzureichenden Vorwärmung an. Zur Klärung erfolgte eine Untersuchung von Mustern mit und ohne Schweißnaht. Beide Muster zeigten das gleiche Bruchverhalten. Somit konnte der Einfluss des Schweißprozesses auf den Schaden ausgeschlossen werden.

Ergänzend erfolgte anschließend eine vergleichende Untersuchung an einem Referenzmuster aus alten Beständen.

Die Bruchlage befand sich außerhalb der Wärmeeinflusszone (WEZ).

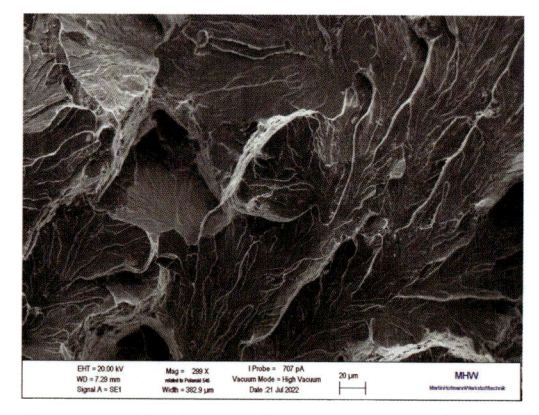

## Fehleranalyse und -bewertung

Bei den metallographischen Untersuchungen zeigte sich, dass der Bruch außerhalb der Wärmeeinflusszone lag.

An den beiden untersuchten Mustern mit und ohne Schweißnaht sind am gesamten Querschnitt vergleichbare grobe und verformungsarme Spaltbruchgefüge mit Spaltfacetten vorhanden. Nennenswerte zähe Bruchanteile sind nicht erkennbar.

Die Gefügeausbildung von Referenz- und Ausfallmuster im ungehärteten Zustand zeigte auch ohne Berücksichtigung der abweichenden Materialgüte im C-Gehalt einen deutlichen Unterschied im Gefüge. Während das Referenzmuster ein gleichmäßiges ferritisches-perlitisches Normalglühgefüge aufwies, zeigten die Ausfallmuster ein sehr grobes überhitztes Gefüge mit bänderförmiger Ferritanordnung und einer Widmannstättenscher Struktur im Randbereich.

Die Gefügeausbildung entspricht einem typischen Feingussgefüge. Eine übliche Normalisierung wurde nicht durchgeführt. Aufgrund dieser Gefügeausbildung wurde insbesondere

Die untersuchten Muster zeigten am gesamten Querschnitt ein grobes und verformungsarmes Spaltbruchgefüge mit Spaltfacetten.

die Zähigkeit im Vergleich zum normalgeglühten Zustand deutlich gemindert. Im vergüteten Zustand war dieser Unterschied der Ausgangsmaterialien nicht mehr erkennbar.

## Schadensvermeidung und -beseitigung

Bei Feingusswerkstoffen führte ein Normalglühen zu einer deutlichen Verbesserung der mechanischen Eigenschaften. Unabhängig von den festgestellten Unterschieden im Anlieferzustand der beiden Werkstoffe und dem fehlenden Einfluss auf die Lage der Bruchstelle wird beim Schweißen beider Varianten in Abhängigkeit vom Kohlenstoffäquivalent eine Vorwärmung der Muster zur Vermeidung einer kritischen Aufhärtung empfohlen.

*Martin Hofmann*

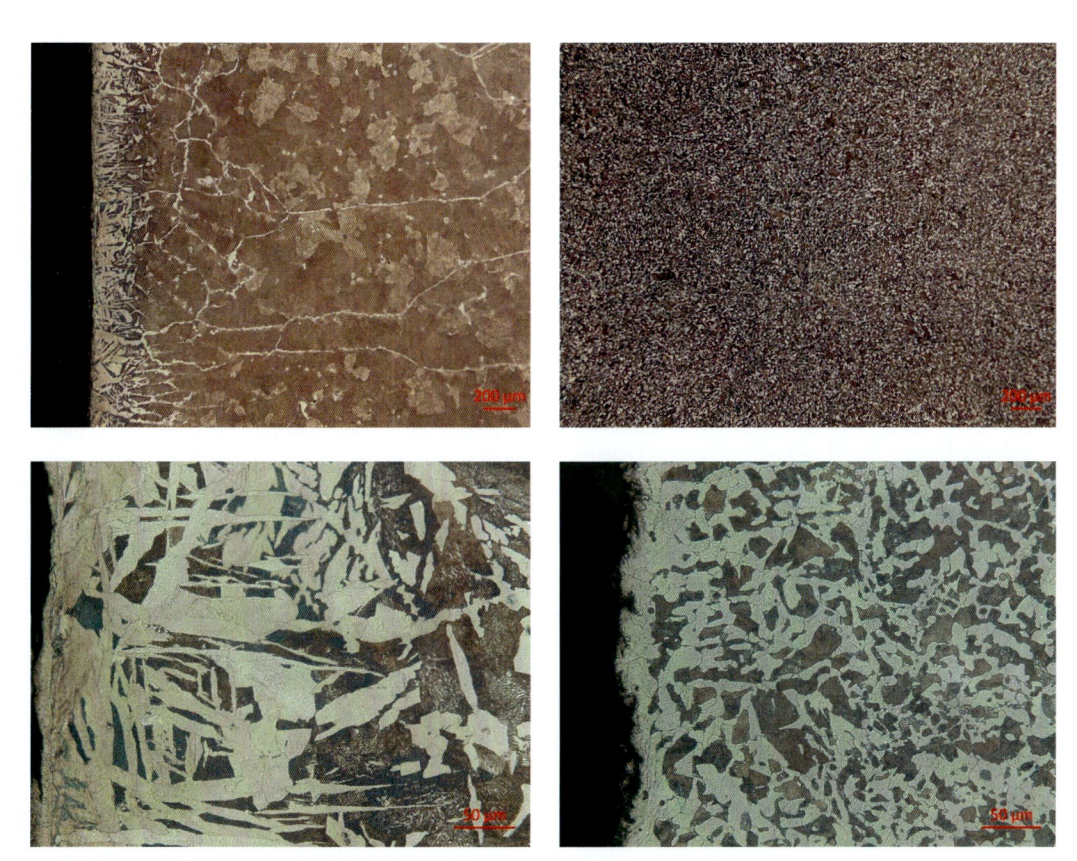

## 2.7.20 Falsche Werkstoffwahl als Schadensursache (Fall 600)

Vergleichende Gefügedarstellung bei gleicher Vergrößerung. Während das Referenzmuster (rechts) ein gleichmäßiges ferritisches-perlitisches Normalglühgefüge aufwies, zeigten die Schadensmuster (links) ein sehr grobes überhitztes Gefüge mit bänderförmiger Ferritanordnung.

Produktkategorie: Stahlkonstruktionen
Baujahr: 2022
Schadensjahr: 2022
Schlagworte: Aufhärtung, Gefüge, Härten, Vorwärmung, Wärmebehandlung, Werkstoffe

### PRAXISTIPP:

- Achten Sie auf eindeutige Formulierungen in den Bestellbedingungen.
- Beim Schweißen sollten Sie in Abhängigkeit vom Kohlenstoffäquivalent eine Vorwärmung zur Vermeidung einer kritischen Aufhärtung durchführen.

### GELTENDE REGELN:

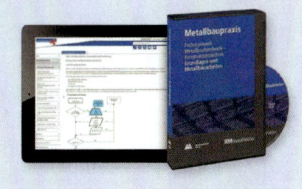

Die Beachtung folgender Normen, Richtlinien, Verordnungen und Regeln sind die Voraussetzung für die fachtechnisch einwandfreie Ausführung der Arbeit:

- Fachregelwerk Metallbauerhandwerk – Konstruktionstechnik: Kap. 1.6.1.8 Wärmebehandlung der Eisen- und Stahlwerkstoffe.

# 3 Hinzunehmende Unregelmäßigkeiten

## 3.1 Toleranzen und hinzunehmende Unregelmäßigkeiten

Toleranzen und hinzunehmende Unregelmäßigkeiten sind verwandte Bezeichnungen und können teilweise synonym verwendet werden. Der feine Unterschied zwischen beiden Begriffen ist, dass das Wort Toleranz im technischen Bereich klar definiert ist. So ist eine Toleranz eine zulässige Abweichung von einem angegebenen Nennwert (zum Beispiel einem Nennmaß) und damit die Differenz zwischen einem Höchstwert und Mindestwert beziehungsweise die Differenz zwischen einem oberen und unteren Abmaß. Hinzunehmende Unregelmäßigkeiten sind dagegen Abweichungen von einem Idealzustand, der noch, je nach Fragestellung, toleriert werden kann oder toleriert werden muss. Aus diesen Definitionen kann man ableiten, dass Toleranzen in erster Linie mit Maßen an Bauteilen, Baugruppen oder Bauprodukten in Zusammenhang stehen. Demgegenüber sind hinzunehmende Unregelmäßigkeiten nicht nur durch Messungen festzustellen. Sie können sowohl durch objektive als auch subjektive Bewertungen ermittelte Abweichungen vom Sollzustand sein. Dies folgt aus einer optischen beziehungsweise visuellen Begutachtung, bei der allgemeine Unregelmäßigkeiten eingeordnet und bewertet werden müssen.

Plant zum Beispiel ein Konstrukteur nach den Vorstellungen seines Auftraggebers ein Projekt, dann sind die Leistungsangaben aus dem Vertrag ebenso zu berücksichtigen wie die Vorgaben aus den geltenden Regelwerken und den gesetzlichen Grundlagen. Im Ergebnis steht ein ideelles Objekt oder Produkt, das bestenfalls dem Auftraggeber zeichnerisch mit Bemaßungen als Planungsunterlage zur Freigabe vorgelegt wird. Die Bemaßungen auf den Zeichnungen sind die „Nennmaße". Diese Nennmaße sind in der Regel Idealmaße, die in einer absoluten Genauigkeit niemals hergestellt werden können. Kleinste Abweichungen wird es immer geben. Eine Anfertigung mit zunehmender Genauigkeit wird gleichzeitig immer teurer. Dabei stellt sich die Frage, wie genau ein Maß hergestellt werden muss. Bauteile und Bauprodukte können auch mit gewissen maßlichen und optischen Ungenauigkeiten ihren Sinn und Zweck erfüllen und ihre Gebrauchstauglichkeit und Funktionsfähigkeit erreichen, ohne dabei an ihrer Funktion einzubüßen oder optisch sichtbare Unregelmäßigkeiten zu erzeugen. Das Nennmaß hat normalerweise zwei Abmaße, die den eigentlichen Toleranzbereich des Nennmaßes abbilden. Dabei gibt es zu jedem Nennmaß ein oberes Grenzmaß (Höchstmaß) und ein unteres Grenzmaß (Mindestmaß). Der Toleranzbereich ist zur Fertigung freigegeben und muss eingehalten werden. Die geltenden Toleranzgrenzen an allen Maßen müssen in der Fertigung und Herstellung des Objekts ersichtlich sein.

**Maßtoleranzen**

Die Gründe dafür, welche Maße mit welchen Toleranzen festgelegt werden, sind sehr vielfältig. So gibt es beispielsweise Funktionsmaße an beweglichen Teilen oder Montagemaße, die Spalte für einen Einbau notwendig machen. Wellen oder Bolzen, die in Bohrungen beweglich bleiben müssen, funktionieren dauerhaft ausschließlich mit entsprechenden Toleranzen. Türen und Fenster bleiben nur mit definierten Spaltmaßen gebrauchstauglich. Und Bauteile, egal von welcher Größe, können nur mit angemessenen Luftspalten in Rahmen oder Aussparungen eingebracht werden. Auch wichtige Gegebenheiten, wie zum Beispiel die Werkstoffeigenschaften in Bezug auf die Längenänderung unter Temperaturschwankungen (Dilatation) müssen vom Konstrukteur

## 3.1 Toleranzen und hinzunehmende Unregelmäßigkeiten

**Abb. 3.1:** Türen und Fenster sind nur mit definierten Spaltmaßen gebrauchstauglich.

**Abb. 3.2:** Auch bei der Montage ist ein gewisses „Spiel" erforderlich.

**Abb. 3.3:** Bauteile müssen sich wegen der thermischen Längenänderung ohne Einschränkungen ausdehnen und zusammenziehen können.

|  | Podest | | | | | |
|---|---|---|---|---|---|---|
|  | Stufen | | | | | |
|  | links | mitte | rechts | Durchschnitt | Differenz zum Mittelwert | ohne Toleranz |
| Kontrolle zum Podest | 2503 | 2505 | 2502 | 2503,33 | | |
| 13. Steigung | 191 | 190 | 191 | 190,67 | 0,1 | |
| 12. Steigung | 191 | 190 | 191 | 190,67 | 0,1 | |
| 11. Steigung | 188 | 190 | 189 | 189,00 | -1,6 | |
| 10. Steigung | 191 | 192 | 191 | 191,33 | 0,7 | |
| 9. Steigung | 191 | 191 | 191 | 191,00 | 0,4 | |
| 8. Steigung | 192 | 192 | 191 | 191,67 | 1,1 | |
| 7. Steigung | 191 | 190 | 191 | 190,67 | 0,1 | |
| 6. Steigung | 190 | 192 | 190 | 190,67 | 0,1 | |
| 5. Steigung | 190 | 188 | 190 | 189,33 | -1,3 | |
| 4. Steigung | 190 | 191 | 190 | 190,33 | -0,3 | |
| 3. Steigung | 191 | 192 | 190 | 191,00 | 0,4 | |
| 2. Steigung | 192 | 191 | 190 | 191,00 | 0,4 | |
| 1. Steigung | 203 | 201 | 200 | 201,33 | 10,7 | |
| Bereinigt (echte Messwerte) | 215 | 216 | 217 | 216,00 | 25,4 | 10,4 |
| Fertigfußboden | | | | | | |
| Differenz zum Mittelwert | 24,4 | 25,4 | 26,4 | 25,39 | | |
|  | 12 | 15 | 17 | 190,61 | | |
|  | Differenz | | | Mittelwert | | |

**Tabelle 3.1:** Ein typisches Messprotokoll eines Sachverständigen für die Maße der Treppensteigung. Alle Abweichungen lagen eindeutig im Rahmen der Toleranzgrenzen.

berücksichtigt werden. Deshalb müssen Toleranzbereiche so gewählt werden, dass sich Bauteile ohne Einschränkungen über ihre gesamte Lebensdauer ausdehnen und zusammenziehen können. Ebenso führen die vielfältigsten normativen Regelungen zu Toleranzvorgaben, die oftmals zwingend einzuhalten sind. Als Beispiel seien an dieser Stelle die Treppen genannt. Deren Stufen dürfen untereinander in einem Treppenlauf nur bestimmte höchste Abweichungen aufweisen, um ohne Risiko für einen Nutzer begehbar zu bleiben. Entscheidend ist hier der Sicherheitsaspekt.

Auf der anderen Seite muss nicht jedes Maß an einem Objekt durch spezifische Maßtoleranzen belegt werden. Dafür gibt es normativ festgelegte Allgemeintoleranzen mit entsprechenden Toleranzklassen, die bestenfalls im Vorfeld eines Auftrages vertraglich vereinbart werden. Selbstverständlich kann ein Auftraggeber eigene Toleranzvorgaben vertraglich festlegen. So ist es folgerichtig auch das Anrecht der ausführenden Firmen, die gesteigerten und über das normale Maß hinausgehenden Anforderungen von Auftraggebern im Vorfeld der Auftragsabwicklung zu kennen und entsprechend mit einkalkulieren zu können.

**Abb. 3.4:** Ein häufiger Streitgegenstand ist der eventuell sichtbare oder messbare Unterschied von senkrechten oder waagrechten Bauteilen zu den idealen Vertikalen oder Horizontalen.

**Abb. 3.5:** Abweichungen von einem optischen Idealzustand können zum Beispiel auch Kratzer in der Oberfläche sein.

Während Längenmaße mit der Basiseinheit in Metern oder sinnvollerweise in den entsprechenden Untereinheiten angegeben werden, ist die Angabe von Winkelgrößen etwas unübersichtlicher. Winkelangaben werden zum Beispiel für das Bestimmen von Neigungen und Schrägen angegeben, aber auch für die Lage von Bauteilen untereinander. Bei der Bearbeitung von Winkeln (also auch an Neigungen und Schrägen) ist deshalb äußerste Sorgfalt geboten, welche Winkelangaben tatsächlich vorliegen. Im fertigungstechnischen Alltag finden sich drei unterschiedliche Angaben für Winkelgrößen. Die meistgebräuchliche Einheit ist der Grad (°). Der Grad wird unterteilt in Bogenminuten (') und Bogensekunden ("). In manchen Regelwerken und ebenso in Unterlagen von Herstellern werden zum Beispiel Gefälle und Steigungen alternativ in Prozent (%) angegeben. Dieser Unterschied ist sehr wichtig und sowohl in der Herstellung als auch bei den nachträglichen Kontrollen zu beachten. In Toleranznormen findet man für Winkelabweichungen praktischerweise die dritte Art für Winkelmaße. Hier wird die Gradzahl auch umgerechnet auf eine Abweichung in Millimetern, bezogen auf die Nennmaßlänge von einem Meter, angegeben.

Winkeltoleranzen sind folgerichtig die vereinbarten Abweichungen beziehungsweise die erlaubten Abweichungen von festgelegten Winkelmaßen. Der häufigste Streitgegenstand ist dabei der eventuell sichtbare oder der messbare Unterschied von senkrechten oder waagrechten Bauteilen zu den idealen Vertikalen oder Horizontalen.

Gerade bei Winkelmessungen ist das Kalibrieren, beispielsweise von elektronischen Messgeräten, besonders wichtig, um Messungenauigkeiten zu vermeiden.

### Optische Unregelmäßigkeiten

Abweichungen zu einem optischen Idealzustand können zum Beispiel Kratzer, Dellen, Poren oder Pickel in der Oberfläche sein. Aber auch Farbabweichungen, Korrosionserscheinungen, Verschmutzungen oder das Aussehen von Schliffbildern können Anlass für Streitigkeiten sein. Die Bandbreite für optische Unstimmigkeiten ist sehr groß. Hierbei den richtigen Toleranzbereich herauszufiltern, kann eine richtige Herausforderung sein. Grundsätzlich gilt bei der Bewertung, dass Beeinträchtigungen unter gebrauchsüblichen Bedingungen festzustellen sind. Folglich hat die Beurteilung

**Abb. 3.6:** Auch Weißrost ist eine hinzunehmende Unregelmäßigkeit, wenn die vorgeschriebene Zinkschichtdicke den normativen Vorgaben entspricht.

in einem angemessenen Betrachtungsabstand und unter entsprechenden Beleuchtungsbedingungen, wie sie bei der späteren Nutzung üblich sind, zu erfolgen. Sind die Unregelmäßigkeiten hinnehmbar, dann spricht man auch von Bagatelle oder Zulässigkeit.

Die detaillierte Beschreibung zur Handhabung und den Umgang mit optischen Unregelmäßigkeiten ist im Kapitel 3.4 „Visuelle Bewertung von optischen Unregelmäßigkeiten" (Seite 238 ff.) ausführlich beschrieben.

### Weitere Toleranzen

Es gibt viele weitere Bereiche, in denen Toleranzgrenzen einzuhalten sind.

Unregelmäßigkeiten finden sich verständlicherweise auch an und in Schweißnähten. Man unterscheidet hier vor allem zwischen Oberflächenunregelmäßigkeiten und inneren Unregelmäßigkeiten. Ein weiterer Punkt sind Abweichungen von der vorgegebenen Nahtgeometrie. Wenn mehrere Fehlerscheinungen in einem Schweißabschnitt auftreten, dann spricht man von Mehrfachunregelmäßigkeiten (siehe auch Kapitel 3.3 „Zulässige Unregelmäßigkeiten an Schweißverbindungen", Seite 232 ff.).

Ebenso kann die Qualität von Glaserzeugnissen ein Thema für Streitigkeiten sein. Deshalb gibt es auch hier Toleranzbereiche, die für eine Bewertung herangezogen werden. Auch Bedienkräfte an Fenster, Türen oder Toren unterliegen unteren oder oberen Grenzen, die nicht unter- oder überschritten werden dürfen.

### Technologische Unregelmäßigkeiten

Technologische Unregelmäßigkeiten sind in den meisten Fällen optische Unregelmäßigkeiten. Ihre Ursachen liegen in prozessbedingten Fertigungsabläufen, die nicht oder nur schwer zu kontrollieren sind. Die Ursachen sind keine handwerklichen Fehlleistungen. An erster Stelle werden hier die Oberflächen von feuerverzinkten Bauteilen genannt. Das Aussehen ist stark an die konstruktionsbedingten Gegebenheiten gebunden und hängt zum Beispiel stark von der Stahlzusammensetzung und den Prozessparametern beim Feuerverzinken ab. Technologische Unregelmäßigkeiten sind oft „hinnehmbar" – wenn es nicht vertraglich anders vereinbart wurde.

### Natürliche Unregelmäßigkeiten

Natürliche Unregelmäßigkeiten sind, wie es der Name sagt, eines natürlichen Ursprungs. Diese Unregelmäßigkeiten können nicht direkt beeinflusst werden. Das schließt selbstverständlich die Selektion nicht aus. Ein klassisches Beispiel hierfür ist zum Beispiel die Maserung des Holzes für einen Geländerhandlauf. Die Holzmaserung ist naturgewachsen und kann direkt nicht beeinflusst werden. Das gleiche gilt selbstverständlich für die Gesteinsart bei der Auswahl für Treppenstufen. Auch diese Unregelmäßigkeiten sind meist „hinnehmbar" – wenn es nicht vertraglich anders vereinbart wurde.

## 3.2 Beispiele für zulässige maßliche, optische, technologische und natürliche Unregelmäßigkeiten

Die Zulässigkeit von Unregelmäßigkeiten, also die Abweichung von einem vereinbarten Idealzustand, ist maßgeblich von den vertraglichen Gegebenheiten abhängig. Es gibt demnach keine allgemeinverbindlichen Beispiele für Zulässigkeiten. Hier gibt es die verschiedensten Vorgaben und Rahmenbedingungen, die bei der Ausführung eines Bauproduktes zu beachten sind und die auch die anzuwendenden Toleranzen betreffen.

Erlaubte Abweichungen können in Hinweisen und Vorgaben einer Leistungsbeschreibung stehen, wie zum Beispiel spezielle Toleranzgrenzen und Allgemeintoleranzen. Weitere Vorgaben finden sich in Normen und Regelwerken. Im bauaufsichtlichen Bereich gibt es Vorschriften, die eingehalten werden müssen. So hat zum Beispiel der Einsatzbereich eines Bauprodukts auch Einfluss auf maßliche Toleranzen. Deutlich wird das im Treppen- und Geländerbau in Bezug auf den jeweiligen Einsatzzweck wie zum Beispiel in Kindergärten, Arbeits- oder Versammlungsstätten. Hier unterscheiden sich zum Beispiel zugelassene Geländerabstände, Treppenmaße und Handlaufhöhen deutlich.

Genauso können weitere Kriterien festgelegt sein, die gerade bei der optischen Bewertung unbedingt mit zu berücksichtigen sind. Hierunter fallen Grenzmuster ebenso wie spezielle Festlegungen zur Beleuchtung oder zu den Betrachtungsabständen bei einer gutachterlichen Bewertung.

Die folgenden Beispiele in den einzelnen Bereichen setzen voraus, dass zuvor keine detaillierten vertraglichen Vereinbarungen zu den Bewertungskriterien getroffen wurden. Es wird von „gewöhnlichen" Gegebenheiten ausgegangen. Für „erhöhte" Anforderungen müssen eindeutige Hinweise gegeben werden und diese sind grundsätzlich im Vorfeld vertraglich festzulegen und zu vereinbaren.

Eine gutachterliche Bewertung erfolgt meistens aufgrund von Streitigkeiten zwischen Auftraggeber und Auftragnehmer. Abgesehen von Gerichtsstreitigkeiten wünschen sich im Privatbereich öfter die Parteien nach langen Streitphasen einfach nur eine abschließende endgültige Bewertung mit einer Schlichtung. Hier spielen auch die Verhältnismäßigkeit und das Fingerspitzengefühl des Gutachters eine wichtige Rolle. Demnach ist es auch möglich, dass in ähnlichen Situationen die Gutachter zu unterschiedlichen Ergebnissen kommen können. Es gibt selbst in Fällen, die eindeutig geregelt erscheinen, oftmals eine Grauzone oder sich scheinbar wiedersprechende oder ausschließende Regelungen, die eine unterschiedliche Auslegung zulassen. Die Akzeptanz der streitenden Parteien erreicht man in diesem Fall durch eine in sich schlüssige Nachvollziehbarkeit der Begutachtung mit einer anschließenden Bewertung, die auch deutlich kommuniziert wird.

### 3.2.1 Maßliche Unregelmäßigkeiten

**Erlaubte Toleranzen für Längenmaße**

Ohne weitere Angaben zu Maßtoleranzen lautete ein Auftrag, Winkelrahmen zur Aufnahme von Gitterrosten mit den Außenmaßen 1.000 Millimeter mal fünfhundert Millimeter herzustellen. Für Metallbauarbeiten wird hierzu die DIN EN ISO 13920 Schweißen; Allgemeintoleranzen für Schweißkonstruktionen; Längen- und Winkelmaße, Form und Lage, Tabelle 1: Grenzabmaße für Längenmaße, Toleranzklasse C herangezogen. Dementsprechend waren alle Winkelrahmen mit den Mindestmaßen 994 Millimeter mal 494 Millimeter und den Höchstmaßen 1.006 Millimeter mal 506 Millimeter richtig hergestellt. Diese Toleranznorm für Längenmaße gilt auch für Abstände, sogenannte „lichte Maße". Lautete demnach der Auftrag zur Herstellung von Winkelrahmen mit den lichten Maßen 1.000 Millimeter mal fünfhundert Millimeter, so ist ebenso die DIN EN ISO 13920, Tabelle 1: Grenzabmaße für Längenmaße, Toleranzklasse C heranzuziehen. Alle Winkelrahmen mit den unteren lichten Abmaßen von 994 Millimeter mal 494 Millimeter bis zu den oberen lichten Abmaßen 1.006 Millimeter mal 506 Millimeter wären somit richtig hergestellt.

**Abb. 3.7: Richtig:** Die Abweichung von der Senkrechten liegt in diesem Fall im Toleranzbereich. Das Geländer ist in der hergestellten Art hinzunehmen.

**Abb. 3.8: Richtig:** Die Wölbung des Geländers nach innen ist im Rahmen der hinzunehmenden Unregelmäßigkeiten.

### Erlaubte Toleranzen für Winkelabweichungen

An einer Fluchttreppe am Hinterhaus wurde um die Abweichung zur Senkrechten an den Geländerstäben gestritten. Die Bauteillänge beträgt ein Meter und die Abweichung zur Senkrechten wurde mit sechs Millimeter gemessen. Auf Grundlage der allgemeinen Vertragsbedingungen wurde die DIN EN ISO 13920 Allgemeintoleranzen für Schweißkonstruktionen, Tabelle 2: Grenzabmaße für Winkelmaße, Toleranzklasse C herangezogen. Hiernach liegt die Winkelabweichung zur Senkrechten im erlaubten Toleranzbereich (plus/minus neun Millimeter) und war somit hinzunehmen.

### Abweichungen in der Geradheit

Der Handlauf eines Terrassengeländers mit einer Länge von 17.500 Millimeter wurde in Bezug auf die Geradheit beanstandet. Bei der Begutachtung zeigte der Handlauf in der Mitte eine Durchbiegung mit einer Abweichung von 24 Millimetern zur Geraden. Auf Grundlage der allgemeinen Vertragsbedingungen wurde die DIN EN ISO 13920 Allgemeintoleranzen für Schweißkonstruktionen, Tabelle 3: Geradheits-, Ebenheits- und Parallelitätstoleranzen, Toleranzklasse G für die Bewertung herangezogen. Im Nennmaßbereich über 16.000 Millimeter bis 20.000 Millimeter beträgt hier die Toleranz 25 Millimeter. Der Handlauf des Terrassengeländers war somit richtig hergestellt.

**Abb. 3.9: Richtig:** Der Sachverständige hatte 24 Millimeter im Bereich der größten Durchbiegung gemessen. Die anzuwendende Toleranzklasse G der DIN EN ISO 13920 erlaubt eine Abweichung von 25 Millimetern.

### Toleranzen an Treppenstufen

Ein klassisches Beispiel für zulässige maßliche Abweichungen sind die in der DIN 18065 Gebäudetreppen festgelegten Toleranzen im Stufenbereich. Die Norm unterscheidet hier zwischen „Gebäuden im Allgemeinen" und „Wohngebäuden mit bis zu zwei Wohnungen und innerhalb von Wohnungen". So darf beispielsweise bei der Steigung die Abweichung der Istmaße untereinander nicht mehr als fünf Millimeter betragen. Lediglich in Wohngebäuden mit bis zu zwei Wohnungen und innerhalb von Wohnungen darf das Istmaß an der Antrittsstu-

**Abb. 3.10: Falsch:** Die Bolzenanker sind nicht nach den Anweisungen der Zulassung eingebaut. Unter anderem müssen die Bohrungen senkrecht eingebracht werden. Die Abweichung zur Senkrechten darf maximal fünf Grad betragen.

fe höchstens 15 Millimeter vom Nennmaß abweichen. Nach dieser Norm müssen die Toleranzbereiche eingehalten werden. Liegt die Steigung im Rahmen dieser Toleranzen, hat der Treppenbauer aber auch regelgerecht gefertigt.

**Toleranzen in der Befestigungstechnik**

Die Befestigungstechnik ist ein sehr sensibles Thema, denn hier geht es in vielen Fällen um die Standsicherheit von Bauteilen oder Bauanlagen. Bekanntermaßen gibt es hier keine Kompromisse. Aber auch hier sind vereinzelt bestimmte Abweichungen erlaubt. Entscheidend ist, dass sich die Abweichungen im Rahmen der statischen Berechnungen oder zum Beispiel innerhalb der Zulassungen der Befestigungsmittel befinden. In Zulassungen von Befestigungsankern können zum Beispiel auch Hinweise zu erlaubten Abweichungen zur Senkrechten der Ankerbohrungen zu finden sein. Entsprechend sind Toleranzen von bis zu fünf Grad Abweichung aus der Senkrechten der Bohrung möglich.

Ebenso gibt es Situationen, bei denen vorgeschriebene Rand- oder Achsabstände unterschritten werden dürfen. Dies darf allerdings nur mit einer vorgeschriebenen Lastabminderung aus der entsprechenden technischen Zulassung einhergehen.

**Toleranzen an Halbzeug-Profilen**

Auch an Halbzeug-Profilen gibt es erlaubte Abweichungen, zum Beispiel bei der Höhe des Flansches. Ein gleichschenkliger Winkelstahl dreißig Millimeter mal dreißig Millimeter mal drei Millimeter kann in der Höhe des Flansches eine Abweichung von bis zu einem Millimeter haben. Dies muss dann berücksichtigt werden, wenn zum Beispiel aus den Winkelprofilen Rahmen hergestellt werden sollen. Im Zweifel sollte über den alternativen Einsatz von kaltgezogenen Profilen nachgedacht werden, die wesentlich maßhaltiger sind. Die Toleranzbereiche dieser Profile sind entsprechend kleiner.

### 3.2.2 Optische Unregelmäßigkeiten

**Unregelmäßigkeiten auf Flächen**

Die Oberflächenbeschaffenheit auf einem Bauteil aus nichtrostendem Stahl wurde vertraglich als „geschliffen" vereinbart. Bei der Abnahme wurden die in der Oberfläche sichtbaren streifenförmigen Linien als zu grob beanstandet. Eine labortechnische Untersuchung schied aus Gründen der Verhältnismäßigkeit aus. Somit wurde für die Begutachtung ein unabhängiger und neutraler Bewerter herangezogen. Als Hilfsmittel fungierten geschliffene Vergleichsproben, um das Schliffbild am Objekt kategorisieren zu können. Dabei wurde festgestellt, dass das Schliffbild am Bauteil vergleichbar mit einer geschliffenen Fläche mit der Schleifkörnung von K120 bis K240 ist. Ohne eine genauere vertragliche Vereinbarung an das Schliffbild als die allgemeingehaltene Kategorisierung „geschliffen" ist die gelieferte Oberfläche hinzunehmen. Eine „fein-" oder gar „sehr fein-" geschliffene Oberfläche ist in jedem Fall vorher gesondert zu vereinbaren. Um Streitigkeiten vorab zu vermeiden, bietet sich an, schon vor Vertragsabschluss mit Vergleichsmustern zu arbeiten.

**Farbliche Abweichungen**

Die Beurteilung von farblichen Abweichungen ist oft ein diffiziles Thema, da der subjektive Eindruck einen großen Anteil an der Bewertung hat. Die Meinungen der streitenden Parteien klaffen bei diesem Thema oft weit auseinander. Für die Bewertung ist es umso wichtiger, auf die richtige Be- oder Ausleuchtung zu achten. Im Innenbereich ist das Licht explizit auf eine gewöhnliche beziehungsweise die über den Tages-

**Abb. 3.11: Falsch:** Die Pore ist zu groß.

verlauf am meisten genutzte Beleuchtung einzustellen. Im Außenbereich ist das nicht möglich. Wünschenswert wäre für eine Bewertung diffuses Tageslicht. Im gleißenden Sonnenlicht wäre Streiflicht oder Gegenlicht zu den zu begutachtenden Flächen möglichst zu vermeiden. Für die kompetente Bewertung braucht es von daher sehr viel Erfahrung und Fingerspitzengefühl im Umgang mit den streitenden Parteien.

**Optische Unregelmäßigkeiten an Schweißnähten**

Nicht alle Schweißnähte sind aus statischen Gründen kritisch und werden deshalb unter strengen bauaufsichtlichen Gesichtspunkten geprüft und bewertet. In den meisten Fällen liegen einfache Stumpf- oder Kehlnähte an hergestellten Bauteilen vor. Selbstverständlich wird auch hier eine einwandfreie Schweißnaht erwartet, die gut aussieht und ihren Zweck erfüllt. Dagegen kennt man zahlreiche Unregelmäßigkeiten, die an Schweißnähten auftreten können. Viele davon sind je nach Bedingung unter bestimmten Auflagen erlaubt. Eine bekannte Unregelmäßigkeit ist die Oberflächenpore. Diese ist zum Beispiel nach der DIN EN ISO 5817 Schweißen; Schmelzschweißverbindungen an Stahl, Nickel, Titan und deren Legierungen (ohne Strahlschweißen); Bewertungsgruppen von Unregelmäßigkeiten auch unter der mittleren Bewertungsgruppe C erlaubt, wenn bei einer Kehlnaht mit dem a-Maß drei Millimeter die Pore kleiner oder gleich als 0,6 Millimeter im Durchmesser ist. Das heißt, ist in diesem Fall die Oberflächenpore im Durchmesser 0,6 Millimeter oder kleiner, dann ist die Pore nicht als Schweißfehler einzustufen und muss hingenommen werden.

### 3.2.3 Technologische Unregelmäßigkeiten

**Dilatation**

Knack- und Knallgeräusche treten überwiegend an sonnigen Tagen an Metallkonstruktionen auf. Die genauen Ursachen sind allerdings auch für Fachleute nicht immer eindeutig. Die Dilatation ist die Längenänderung von Bauteilen durch Temperaturveränderungen. Eine Gesamtkonstruktion mit ihrer Befestigung und dem Befestigungsuntergrund besteht aus den unterschiedlichsten Materialien. Diese haben unterschiedliche Längenausdehnungskoeffizienten. Das heißt, bei Temperaturänderungen treten Spannungen in der Konstruktion auf. Diese Spannungen können sich ruckartig durch spontane Formänderungen abbauen. Das führt dann zu den unerwünschten Knackgeräuschen. Deshalb ist das Thema Dilatation auch in der Planungsphase mit zu berücksichtigen. Um die geräuschanfälligen Punkte in einer Konstruktion zu entschärfen, können beispielsweise gleitende Anschlüsse mit Fest- und Lospunkten hergestellt werden oder die kritischen Konstruktionsteile können durch Trennmaterialien gleitend gelagert werden, um die Reibung zu vermindern. Trotz dieser Maßnahmen können weiterhin Geräusche auftreten. Wenn der Nachweis nun erbracht werden kann, dass ausreichende geräuschmindernde Maßnahmen eingeplant und fachgerecht umgesetzt wurden, dann sind die noch vorhandenen Knackgeräusche auch hinzunehmen.

Hier muss der Gutachter auch berücksichtigen, dass diese Geräusche immer dem subjektiven Empfinden des Nutzers unterliegen und konstruktiv nie ganz ausgeschlossen werden können.

**Sichtbare Schweißnähte nach dem Feuerverzinken**

Eine technologische Erscheinung führt bei Auftraggebern oft zu falschen Unterstellungen. An feuerverzinkten Bauteilen sind nach dem Verzinken die Schweißnähte deutlich sichtbar. Des-

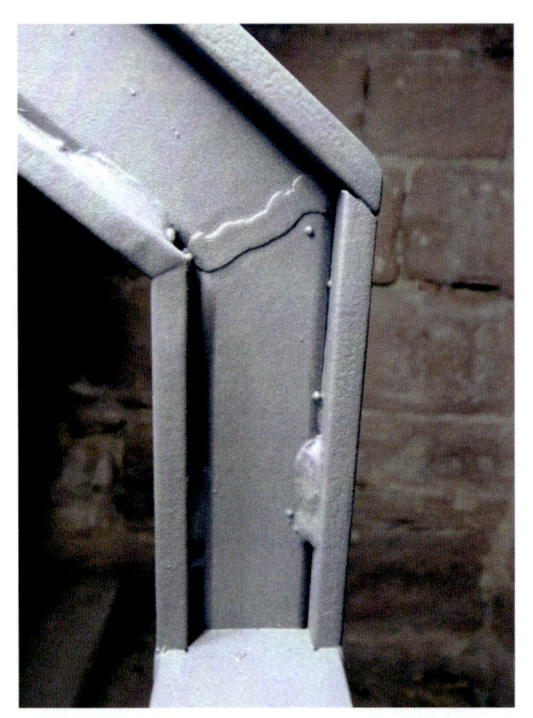

**Abb. 3.12: Richtig:** Die aufgewachsene Schweißnaht wird als hinzunehmende Unregelmäßigkeit eingestuft.

**Abb. 3.13: Richtig:** Helle und dunkle Bereiche sind kein Grund für die Zurückweisung. Die Schichtdicke ist überall ausreichend.

halb behauptet der Auftraggeber dann, dass diese Schweißnähte vor dem Verzinken nicht eben verschliffen wurden. Durch eine Schichtdickenmessung lässt sich diese Behauptung widerlegen. Die Ursache des aufgewachsenen Überzuges im Schweißnahtbereich ist technologisch bedingt. Sie entsteht durch die geringfügig unterschiedlichen chemischen Zusammensetzungen zwischen dem Bauteilwerkstoff und dem Schweißgut. Verantwortlich ist vorwiegend das chemische Element Silizium. Begegnen kann man dem Phänomen nur bedingt durch die Abstimmung des Schweißguts auf den zu verschweißenden Grundwerkstoff, indem man den Siliziumgehalt soweit wie möglich angleicht. In den meisten Fällen lässt sich das Aufwachsen der Schweißnaht nicht vollständig unterdrücken. Es ist aber zumindest eine Verminderung möglich.

Der Hauptzweck des Feuerverzinkens ist der sehr gute Korrosionsschutz. Ohne gesonderte Vereinbarung werden die aufgewachsenen Schweißnähte nach einem Verzinkungsprozess regelmäßig als hinzunehmende Unregelmäßigkeit bewertet.

Dabei ist zu berücksichtigen, dass sich das Problem der Sichtbarkeit der Schweißnaht durch eine Duplexbeschichtung noch verstärken kann. Dieser Umstand sollte dem Kunden deutlich kommuniziert werden. Hier ist zu einem zusätzlich vertraglich zu vereinbarenden (und zu vergütenden) Feinschleifen zu raten.

### Helle und dunkle Oberflächenbereiche an feuerverzinkten Bauteilen

Ein überaus häufiger Grund für Streitigkeiten ist das Aussehen von feuerverzinkten Oberflächen. Der Auftraggeber hat bestimmte Verzinkungsüberzüge im Sinn und will genau diese charakteristische Erscheinung für sein Projekt als dekorative Oberfläche haben. Die mögliche Bandbreite des Aussehens nach dem Verzinken erstreckt sich aber von einem hell silbrig glänzenden Blumenmuster bis hin zu einer homogen matt dunkelgrauen Oberfläche. Und diese Bandbreite kann sich in den verschiedensten Ausprägungen auch zum Beispiel auf einer Treppe oder einem Geländer wiederfinden. Der Grund dafür ist technologisch bedingt und kann durch den Metallbauer und die Verzinkerei kaum beeinflusst werden. Hierbei spielen sehr viele Faktoren eine Rolle, wie beispielsweise die Werkstoffdicke und die unterschiedliche chemische Zusammensetzung der verschiedenen gewählten Metallhalbzeuge. Deshalb dient das Feuerverzinken ausschließlich dem

Korrosionsschutz. Das optische Aussehen muss in diesem Fall hinter den technologischen Prozessmöglichkeiten zurückstehen.

Bei der Herstellung von feuerverzinkten Produkten sollte der Auftragnehmer den Auftraggeber immer ausreichend aufklären. Es sollte im Vorfeld klar sein, was eine feuerverzinkte Oberfläche im optischen Bereich leisten kann. Die anschließende Beschichtung als Duplexsystem kann dabei eine Alternative sein, die man dem Kunden im Gespräch vorschlagen sollte.

**Orangenhaut an feuerverzinkten Bauteilen mit Überzug**

Als Orangenhaut wird die raue Struktur der Oberfläche nach dem Lackieren bezeichnet. Oft zum Ärger von Auftraggebern, die sich an ihren Bauteilen eine glatte Oberfläche wünschen. Allerdings ist eine Reklamation nicht immer gerechtfertigt. Wie in jedem Fall steht auch hier die vertragliche Vereinbarung im Vordergrund.

Ein Balkon- und Terrassengeländer aus Baustahl wurde ausschließlich mit feuerverzinkter Oberfläche als Korrosionsschutz bestellt. Dementsprechend wurde das Geländer gefertigt und montiert. Nach der Montage gefiel dem Bauherrn das Geländer nicht mehr. Es wurde als Nachtrag eine zusätzliche handwerkliche Beschichtung mit Flüssiglack in anthrazitgrau am fest montierten Geländer vereinbart. Über die zu liefernde Qualität und die Anforderungen an die herzustellende Oberfläche wurde nicht detailliert gesprochen.

Nach der Beschichtung war die Handlaufoberfläche etwas rau strukturiert. Im Gegenlicht war diese Orangenhaut gut zu erkennen. Bei der Bewertung musste auch berücksichtigt werden, dass eine Beschichtung unter Baustellenbedingungen wesentlich schwieriger ist als in der Werkstatt. Vom Gutachter wurden auch die Schichtdicken an verschiedenen Stellen des Geländers gemessen und dokumentiert.

Die Orangenhaut ist hier als Unregelmäßigkeit hinzunehmen. Die Begründung stützt sich auf die Aussagen im Fachregelwerk Metallbauerhandwerk – Konstruktionstechnik, Kapitel 1.19.5.2.1.2 Hinzunehmende Unregelmäßigkeiten – Visuelle Beurteilung auf Stahl. Dem-

**Abb. 3.14: Richtig:** Das Merkmal Orangenhaut ist in diesem Fall zugelassen.

nach ist das „Merkmal 3.5 Orangenhaut bei Flächen mit üblicher Anforderung zuzulassen, wenn Stahlteile mit metallischem Korrosionsschutzüberzug versehen sind und anschließend mit Flüssiglack handwerklich beschichtet werden". Auch an Flächen mit hoher Anforderung ist das Merkmal Orangenhaut „fein strukturiert" zugelassen, oder sogar „grob strukturiert", wenn die Schichtdicke größer als 120 Mikrometer ist. Dies wurde aufgrund von Messungen nachgewiesen.

Für zufriedene Kunden und die Vermeidung von Reklamationen sollte an wesentlichen Flächen nach dem Verzinken und vor der Oberflächenbeschichtung ein Feinschleifen durchgeführt werden.

**Weißrost an feuerverzinkten Oberflächen**

Weißrost an feuerverzinkten Bauteilen äußert sich in weißen bis hellgrauen Ausblühungen auf der Oberfläche. Für Kunden ist das ein Ärgernis und führt oft zu Reklamationen. Häufig tritt Weißrost nur an einzelnen Stellen auf. Die Ursache ist eine schlechte Belüftung und eine feuchte Atmosphäre an den betroffenen Stellen der frisch verzinkten Bauteile. Der Kunde bemängelt dann oft eine unsachgemäße Lagerung der feuerverzinkten Bauteile bis zur Montage.

Allerdings ist bei Weißrostbelastung der Korrosionsschutz nicht beeinträchtigt, solange die normativ geforderte Schichtdicke noch vorhan-

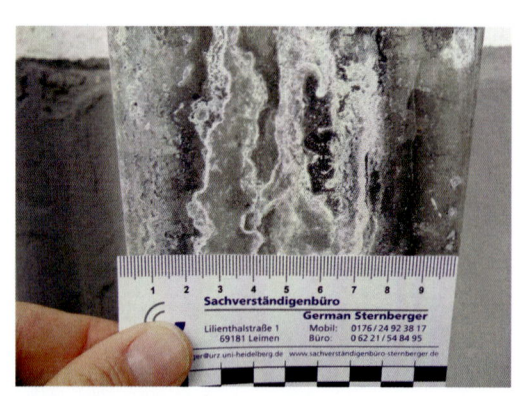

**Abb. 3.15: Richtig:** Weißrost in einer ausgeprägten Form. Da die Schichtdicke ausreichend groß ist, ist die Oberfläche hinzunehmen.

den ist. Für die Feuerverzinkung gilt nach DIN EN ISO 1461 Feuerverzinken: „Die Entstehung von Weißrost darf kein Grund zur Zurückweisung sein, sofern die Dicke des Zinküberzugs über dem festgelegten Mindestwert liegt." Das heißt, dass ohne eine gesonderte Vereinbarung ausschließlich ein funktionierender Korrosionsschutz maßgeblich ist und der Weißrost „hinzunehmen" ist.

Außerdem ist nach längerer Bewitterung der Weißrost nicht mehr so deutlich zu sehen. Präventiv sollte der Metallbauer (beziehungsweise die Verzinkerei) auf eine sachgemäße Lagerung der frisch verzinkten Bauteile achten. Um den vermeintlichen Schaden möglichst zu minimieren, empfiehlt es sich die betroffenen Stellen schonend zu reinigen und dabei die weißen Ausblühungen so weit wie möglich zu entfernen. Das sollte dem Kunden auch in einer Reinigungsanweisung mitgeteilt werden.

### 3.2.4 Natürliche Unregelmäßigkeiten

**Maserung an Holzelementen**

Zu einem Balkon-, Galerie- oder Treppengeländer gehört auch ein Handlauf. Ist dieser als Zukaufteil aus dem Werkstoff Holz, kann das die Ursache von Streitigkeiten sein. Ein Kritikpunkt ist manchmal die Maserung des Holzes. Fast immer werden diese Details vorher nicht besprochen und spätestens bei der Abnahme wird über diesen Punkt gestritten. Die Holzart für den Handlauf ist meist vereinbart, aber zum Beispiel die Maserung oder die Menge der Astlöcher wird nicht festgelegt. Und gerade diese Punkte sind mehr oder weniger einzigartig und individuell. Sind keine weiteren Eigenschaften des Holzes (zum Beispiel ebenmäßig, unauffällig oder beruhigte Maserung) vereinbart, dann ist die individuelle Ausprägung der Maserung hinzunehmen.

**Inhomogene Steinoberfläche**

Ähnlich wie bei der Maserung von Holz verhält es sich auch mit der Steinoberfläche. Werden Natursteine als Zukaufteile zu Metallkonstruktionen verwendet, ist dringend angeraten, vorher mit dem Auftraggeber über das Thema Optik zu sprechen. Anschließend sollte eine eindeutige Beschreibung der Oberflächen mit möglichen zulässigen Abweichungen vertraglich festgelegt werden. Nur über diesen Weg kann späteren aufwendigen Streitereien präventiv begegnet werden.

**Fazit**

Die Reihe der Beispiele von Unregelmäßigkeiten und den entsprechenden Toleranzgrenzen könnte nahezu endlos weitergeführt werden. Wichtig ist dabei, für das Thema sensibilisiert zu sein. Als Auftragnehmer sollte man die geltenden Toleranzgrenzen seiner Produkte kennen. Genauso wichtig ist es, vor einem Vertragsabschluss dem Auftraggeber zu entlocken, ob er erhöhte Anforderungen an sein bestelltes Produkt stellt. Anforderungen, die über das gewöhnliche Maß hinausgehen, sind vertraglich zu vereinbaren, weil sie einerseits aufwendiger herzustellen sind und darüber hinaus auch besonders zu vergüten sind.

### 3.3 Zulässige Unregelmäßigkeiten an Schweißverbindungen

Der Schweißprozess bleibt trotz innovativer Technik mit ausgefeilter Steuerung, Teilautomatisierung und Automatisierung ein fehleranfälliger Prozess, weil hier eine Vielzahl von Randbedingungen eine wichtige Rolle spielen. Dazu gehören zum Beispiel der zu schweißende Werkstoff, die Geometrie und der Zustand des

Bauteils ebenso wie die Umgebungsbedingungen und die Qualifizierung des Schweißers. Deshalb kann es trotz einer hohen Qualität in der Vorbereitung, Durchführung und Nachbehandlung zu gewissen Abweichungen vom Idealzustand kommen.

Solche Unregelmäßigkeiten in Schweißnähten können im Schweißgut, in der Wärmeeinflusszone (WEZ) und im Grundwerkstoff auftreten. Die Unregelmäßigkeiten sind oft schon bei einer Sichtprüfung erkennbar, wenn sie an der Oberfläche liegen. Aber auch in der Tiefe der Naht oder des Werkstücks kann es zu solchen Defekten kommen.

Schweißverbindungen sind deshalb ein besonders problematischer Bereich, weil sie zumeist statisch eine wichtige Rolle spielen. Die in der statischen Berechnung ermittelten Nahtdicken und -geometrien müssen beim Schweißen erreicht werden. Jedoch sind nicht alle Unregelmäßigkeiten, die beim Schweißen entstehen, nicht regelgerecht. Bestimmte Abweichungen vom Idealzustand sind normativ durchaus zulässig, wenn sie nicht die Funktions- und Gebrauchstauglichkeit beeinträchtigen. Und sie können natürlich auch vorkommen, da es sich ja um einen handwerklichen Prozess handelt.

Unregelmäßigkeiten an Schweißverbindungen werden als äußere Unregelmäßigkeiten bezeichnet, wenn sie mit bloßem Auge, unter Umständen mit Messmitteln, sichtbar sind. Einige dieser Abweichungen, wie Risse und Mikrorisse, erfordern jedoch zusätzliche technische Hilfsmittel zur Erkennung.

Treten die Unregelmäßigkeiten nicht an der Schweißnahtoberfläche auf, handelt es sich um innere Unregelmäßigkeiten. Sie lassen sich zum Beispiel mit der zerstörungsfreien Prüfung erkennen.

Geometrische Unregelmäßigkeiten an metallischen Schweißverbindungen werden in der DIN EN ISO 6520 Teil 1 und 2 beschrieben. In der Norm ist eine Unregelmäßigkeit eine „Fehlstelle in der Schweißung oder eine Abweichung von der vorgesehenen Geometrie" und ein Fehler eine „unzulässige Unregelmäßigkeit". Das bedeutet, es gibt normativ zulässige und unzulässige Unregelmäßigkeiten.

**Abb. 3.16:** Eine häufig auftretende Unregelmäßigkeit ist die Oberflächenpore. Je nach Bewertungsgruppe und a-Maß ist sie nach DIN EN ISO 5817 bis zu einer bestimmten Größe zulässig.

Grenzwerte für die Bewertung der Unregelmäßigkeiten sind in den verschiedenen Normen zur Bewertung wie DIN EN ISO 5817, DIN EN ISO 10042, DIN EN ISO 13919-1/-2 zu finden. In der DIN EN ISO 6520-1 werden sechs Hauptgruppen von geometrischen Unregelmäßigkeiten unterschieden:

- Risse,
- Hohlräume,
- feste Einschlüsse,
- Bindefehler und ungenügende Durchschweißung,
- Form- und Maßabweichungen,
- sonstige Unregelmäßigkeiten.

Risse sind örtliche Trennungen im Material. Sie entstehen bei der Abkühlung durch Spannungen in der Schweißnaht oder in der Wärmeeinflusszone. Je nach der Richtung des Rissverlaufs und dem Entstehungsort des Risses werden verschiedene Rissarten unterschieden.

Hohlräume entstehen durch Gaseinschlüsse. Kugelförmige Hohlräume sind Poren, die im erstarrten Schweißgut gleichmäßig verteilt sein können oder als Porenzellen oder Porennester auftreten können. Hohlräume können auch als Gaskanal parallel zur Schweißnaht entstehen. Bildet sich ein Hohlraum durch Materialschrumpfung beim Erstarren des Schweißgutes, handelt es sich um einen Lunker.

Feste Einschlüsse sind Einlagerungen von Fremdstoffen im Schweißgut. Das können Schlacke, Reste von Flussmitteln oder Oxide

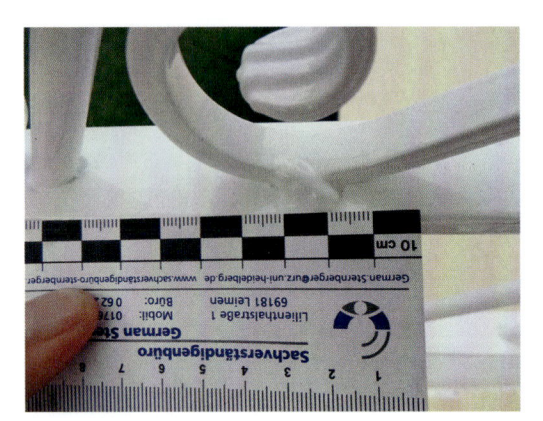

**Abb. 3.17:** Diese Schweißnaht sieht zwar nicht gleichmäßig aus, liegt aber im Bereich der hinzunehmenden Unregelmäßigkeiten.

sein. Auch Einschlüsse von Fremdmetall gehören zu diesen Unregelmäßigkeiten.

Bindefehler liegen vor, wenn zwischen Schweißgut und Grundwerkstoff oder zwischen den einzelnen Lagen keine feste Verbindung besteht. Ist der vorhandene Einbrand geringer als vorgesehen, handelt es sich um eine ungenügende Durchschweißung.

Zu den Form- und Maßabweichungen zählen mangelhafte Geometrien der Schweißnaht und Einbrandkerben. Dazu gehören auch zu große Überhöhungen der Naht und der Nahtwurzel, ein zu schroffer Nahtübergang, der Schweißgutüberlauf auf der Oberfläche oder Nahtwurzel und das Durchbrennen der Schweißnaht. Ebenso gehören jede Art von Nahtversatz und die Unterwölbung von Teilen der Schweißnaht dazu. Auch abweichende Abmessungen der vorgeschriebenen Schweißnahtmaße sind Unregelmäßigkeiten dieser Hauptgruppe.

Unregelmäßigkeiten, die sich den anderen Hauptgruppen nicht zuordnen lassen, werden als sonstige Unregelmäßigkeiten bezeichnet. Dazu gehören Zündstellen, Spritzer, Kerben aus der Nachbearbeitung, Schleif- oder Meißelkerben, Verfärbungen durch Anlauffarben, Reste von Flussmitteln, Schlacke und Verzunderungen.

Handelt es sich um Schweißnähte von Stahlkonstruktionen, die der DIN EN 1090 unterliegen, müssen der Umfang und das Verfahren der Schweißnahtprüfung den Angaben in den Ausführungsunterlagen beziehungsweise nach Kapitel 12 Kontrolle, Prüfung und Korrekturmaßnahmen, 12.4 Schweißen der DIN EN 1090-2 entsprechen.

Eine Sichtprüfung von Schweißverbindungen erfolgt nach dem Schweißen. Bei der Sichtprüfung werden auf das Vorhandensein und die Stellen aller Schweißnähte, die Zündstellen und die Bereiche mit Schweißspritzern geprüft.

Sind Unregelmäßigkeiten erkennbar, müssen sie anhand von festgelegten Kriterien beurteilt werden. In der DIN EN 1090 wird die DIN EN ISO 5817 zur Bewertung der Unregelmäßigkeiten an Schmelzschweißverbindungen herangezogen.

Welche Bewertungsgruppe gilt, ist in DIN EN 1090-2 im Kapitel 7.6 Abnahmekriterien festgelegt. Es werden die drei Ausführungsklassen EXC1, EXC2 und EXC3 unterschieden. Schweißnähte in EXC4 müssen mindestens die Anforderungen der EXC3 erfüllen, zusätzliche Anforderungen an einzelne Schweißnähte sind gesondert festzulegen. Nach DIN EN 1090-2 müssen diese Kriterien für die Abnahme von Schweißnahtunregelmäßigkeiten berücksichtigt werden:

- EXC1: Bewertungsgruppe D, mit Ausnahme von Bewertungsgruppe C für „zu kleine Kehlnahtdicke" (5213),
- EXC2: Bewertungsgruppe C mit Ausnahme von Bewertungsgruppe D für „Schweißgutüberlauf" (506), „Zündstelle" (601) und „offener Endkraterlunker" (2025) und Bewertungsgruppe B für „zu kleine Kehlnahtdicke" (5213),
- EXC 3: Bewertungsgruppe B nach DIN EN ISO 5817.

In den Ausführungsunterlagen können aber auch engere Toleranzen vereinbart werden.

Sind Unregelmäßigkeiten an Lichtbogenschweißverbindungen zu bewerten, ist die DIN EN ISO 5817 Schweißen; Schmelzschweißverbindungen an Stahl, Nickel, Titan und deren Legierungen (ohne Strahlschweißen); Bewertungsgruppen von Unregelmäßigkeiten maßgeblich. Sie wird zur Hilfe genommen bei der Beurteilung von Fehlstellen wie Schweißporen, ungenü-

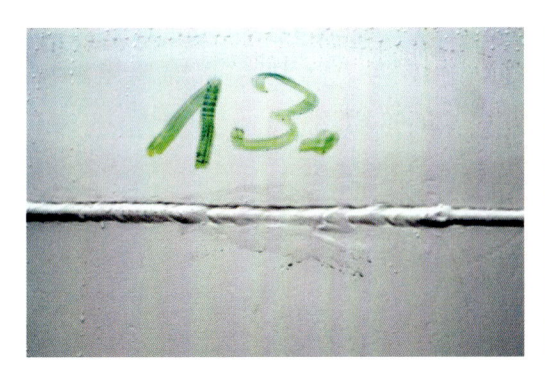

**Abb. 3.18:** Längsnaht mit einer Häufung von Schweißnahtfehlern: unregelmäßige Decklage, Decklageneinfall, Einbrandkerben, Ansatzfehler.

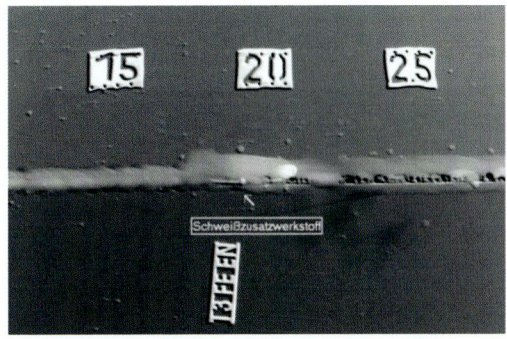

**Abb. 3.19:** Diese Schweißnaht an einem Druckbehälter kann nicht halten. Schon bei der Sichtprüfung fallen die Unregelmäßigkeiten auf.

gender Durchschweißung, schlechter Passung und Kantenversatz oder Schweißspritzern.

Die möglichen Unregelmäßigkeiten sind unterteilt in:

1. Oberflächenunregelmäßigkeiten,
2. innere Unregelmäßigkeiten,
3. Unregelmäßigkeiten in der Nahtgeometrie,
4. Mehrfachunregelmäßigkeiten.

Die Norm legt dafür drei Bewertungsgruppen fest. Welche Gruppe für den Einzelfall notwendig ist, sollte durch die Anwendungsnorm oder den verantwortlichen Konstrukteur zusammen mit dem Hersteller, Anwender und/oder anderen betroffenen Stellen festgelegt werden. Die drei Bewertungsgruppen sind beliebig mit D (niedrig), C (mittel) und B (hoch) bezeichnet. Die Mehrzahl der Anwendungen ist damit abgedeckt. Die Bewertungsgruppen beziehen sich auf die Fertigungsqualität und nicht auf die Gebrauchstauglichkeit des geschweißten Produktes.

Anwendungsbereiche der DIN EN ISO 5817 sind:

- unlegierte und legierte Stähle, Nickel und Nickellegierungen, Titan und Titanlegierungen,
- manuelles, mechanisiertes und automatisches Schweißen,
- alle Schweißpositionen,
- alle Schweißverbindungen, zum Beispiel Stumpfnähte, Kehlnähte und Rohrabzweigungen; sie behandelt alle Arten von Kehlnähten und voll durchgeschweißte Stumpfnähte (die Anwendung für teilweise durchgeschweißte Stumpfnähte ist aber genauso möglich),
- die Schweißprozesse 11 Metalllichtbogenschweißen ohne Gasschutz, 12 Unterpulverschweißen, 13 Metall-Schutzgasschweißen, 14 Wolframschutzgasschweißen, 15 Plasmaschweißen, 31 Gasschweißen mit Sauerstoff-Brenngas-Flamme (nur für Stahl),
- Grundwerkstoffdicken ab 0,5 Millimeter.

Die Bewertung der Schweißnähte erfolgt getrennt nach jeder einzelnen Unregelmäßigkeit. Treten mehrere Unregelmäßigkeiten im Nahtquerschnitt auf, ist auch eine gemeinsame Beurteilung (4. Mehrfachunregelmäßigkeiten) möglich.

Welche Unregelmäßigkeiten in den Bewertungsgruppen zulässig sind und welche Toleranzen eingehalten werden müssen, ist in der Tabelle verzeichnet. Sind Unregelmäßigkeiten zulässig, müssen die angegebenen Toleranzen aber im Betrieb bestimmt werden können. Bezüglich des am häufigsten vorkommenden Fehlers (zu geringes a-Maß) müssen entsprechende Messmittel, also zum Beispiel eine a-Maß-Lehre, vorhanden sein.

Die Tabelle in der DIN EN ISO 5817 enthält zudem Grenzen für Unregelmäßigkeiten in der Nahtgeometrie (Kantenversatz, schlechte Passung bei Kehlnähten) und zwei Beispiele für Mehrfachunregelmäßigkeiten.

# 3 Hinzunehmende Unregelmäßigkeiten

**Tabelle 3.2:** Grenzwerte nach DIN EN ISO 5817 (Auszug).

| Nr. | Benennung der Unregelmäßigkeit | Bemerkungen | $t$ in mm | Grenzwerte für Unregelmäßigkeiten bei Bewertungsgruppen | | |
|---|---|---|---|---|---|---|
| | | | | niedrig D | mittel C | hoch B |
| **1 Oberflächenunregelmäßigkeiten** | | | | | | |
| 1.2 | Endkraterriss | | ≥ 0,5 | nicht zulässig | | |
| 1.4 | offener Endkraterlunker | | 0,5 bis 3 | $h \leq 0,2\,t$ | nicht zulässig | nicht zulässig |
| | | | > 3 | $h \leq 0,2\,t$, aber maximal 2 mm | $h \leq 0,1\,t$, aber maximal 1 mm | nicht zulässig |
| 1.6 | ungenügender Wurzeleinbrand | nur für einseitig geschweißte Stumpfnähte | ≥ 0,5 | kurze Unregelmäßigkeit: $h \leq 0,2\,t$, aber maximal 2 mm | nicht zulässig | nicht zulässig |
| 1.9 | zu große Nahtüberhöhung (Stumpfnaht) | weicher Übergang wird verlangt. | ≥ 0,5 | $h \leq 1\,\text{mm} + 0,25\,b$, aber maximal 10 mm | $h \leq 1\,\text{mm} + 0,15\,b$, aber maximal 7 mm | $h \leq 1\,\text{mm} + 0,1\,b$, aber maximal 5 mm |
| 1.10 | zu große Nahtüberhöhung (Kehlnaht) | | ≥ 0,5 | $h \leq 1\,\text{mm} + 0,25\,b$, aber maximal 5 mm | $h \leq 1\,\text{mm} + 0,15\,b$, aber maximal 4 mm | $h \leq 1\,\text{mm} + 0,1\,b$, aber maximal 3 mm |
| 1.16 | übermäßige Asymmetrie der Kehlnaht (übermäßige Ungleichschenkligkeit) | In Fällen, bei denen eine unsymmetrische Kehlnaht nicht festgelegt worden ist. | ≥ 0,5 | $h \leq 2\,\text{mm} + 0,2\,a$ | $h \leq 2\,\text{mm} + 0,15\,a$ | $h \leq 1,5\,\text{mm} + 0,15\,a$ |
| 1.20 | zu kleine Kehlnahtdicke | nicht anwendbar auf Prozesse mit Nachweis von größerem Einbrand | 0,5 bis 3 | kurze Unregelmäßigkeit: $h \leq 0,2\,\text{mm} + 0,1\,a$ | kurze Unregelmäßigkeit: $h \leq 0,2\,\text{mm}$ | nicht zulässig |
| | | | > 3 | kurze Unregelmäßigkeit: $h \leq 0,3\,\text{mm} + 0,1\,a$, aber maximal 2 mm | kurze Unregelmäßigkeit: $h \leq 0,3\,\text{mm} + 0,1\,a$, aber maximal 1 mm | nicht zulässig |
| 1.22 | Zündstelle | – | ≥ 0,5 | zulässig, wenn die Eigenschaften des Grundwerkstoffes nicht beeinflusst werden. | nicht zulässig | nicht zulässig |

**Tabelle 3.2:** (Fortsetzung)

| Nr. | Benennung der Unregelmäßigkeit | Bemerkungen | t in mm | Grenzwerte für Unregelmäßigkeiten bei Bewertungsgruppen | | |
|---|---|---|---|---|---|---|
| | | | | niedrig D | mittel C | hoch B |
| 2.1 | Risse | alle Risstypen außer Mikrorisse und Endkraterrisse | ≥ 0,5 | nicht zulässig | nicht zulässig | nicht zulässig |
| 2.6 | Gaskanal, Schlauchpore | Stumpfnähte | ≥ 0,5 | $h \leq 0,4\,s$, aber maximal 4 mm<br>$l \leq s$, aber maximal 75 mm | $h \leq 0,3\,s$, aber maximal 3 mm<br>$l \leq s$, aber maximal 50 mm | $h \leq 0,2\,s$, aber maximal 2 mm<br>$l \leq s$, aber maximal 25 mm |
| | | Kehlnähte | ≥ 0,5 | $h \leq 0,4\,a$, aber maximal 4 mm<br>$l \leq a$, aber maximal 5 mm | $h \leq 0,3\,a$, aber maximal 3 mm<br>$l \leq a$, aber maximal 50 mm | $h \leq 0,2\,a$, aber maximal 2 mm<br>$l \leq a$, aber maximal 25 mm |
| 2.13 | ungenügende Durchschweißung | T-Stoß (Kehlnaht) | ≥ 0,5 | kurze Unregelmäßigkeit:<br>$h \leq 0,2\,a$, aber maximal 2 mm | nicht zulässig | nicht zulässig |
| | | T-Stoß (nicht voll durchgeschweißt) | ≥ 0,5 | kurze Unregelmäßigkeit:<br>Stumpfstoß:<br>$h \leq 0,2\,s$, aber maximal 2 mm<br>T-Stoß:<br>$h \leq 0,2\,a$, aber maximal 2 mm | kurze Unregelmäßigkeit:<br>Stumpfnaht:<br>$h \leq 0,1\,s$, aber maximal 1,5 mm<br>Kehlnaht:<br>$h \leq 0,1\,a$, aber maximal 1,5 mm | nicht zulässig |
| | | Stumpfstoß (nicht voll durchgeschweißt) | | | | |
| | | Stumpfstoß (durchgeschweißt) | ≥ 0,5 | kurze Unregelmäßigkeit:<br>$h \leq 0,2\,t$, aber maximal 2 mm | nicht zulässig | nicht zulässig |

$a$ = Nennmaß der Kehlnahtdicke,
$b$ = Breite der Nahtüberhöhung,
$h$ = Höhe oder Breite der Unregelmäßigkeit,
$s$ = Nennmaß der Stumpfnahtdicke,
$t$ = Rohrwand- oder Blechdicke (Nenngröße),
$α$ = Nahtübergangswinkel.

## 3.4 Visuelle Bewertung von optischen Unregelmäßigkeiten

Die subjektive Bewertung von optischen Unregelmäßigkeiten liegt im wahrsten Sinne des Wortes im Auge des Betrachters. Der Auftraggeber wird immer kritischer auf sein bestelltes (und meist bezahltes) Produkt blicken als der Auftragnehmer. Hier stehen sich der Wunsch des Kunden nach einem perfekten Werk und die Realität des Metallbaueralltags hinsichtlich einer wirtschaftlichen Fertigung im Rahmen der Toleranzgrenzen gegenüber.

Dieses Konfliktpotenzial kann weitgehend vermieden werden, wenn vor der Beauftragung die zu leistende Arbeit genau definiert wurde. Trotzdem lassen sich Streitigkeiten über optische Unregelmäßigkeiten nicht immer vermeiden. Dann braucht es neutrale Dritte (Sachverständige), die einen objektiven Blick auf den vermeintlichen Mangel werfen und eine eindeutige und einleuchtende Bewertung vornehmen. Das Offenlegen des Bewertungsmaßstabes und eine nachvollziehbare Begründung, warum diese angewendet werden, können die Akzeptanz des Bewertungsergebnisses steigern.

Bei der visuellen Bewertung von optischen Beeinträchtigungen handelt es sich fast immer um eine Bewertung des Aussehens von Oberflächen. Dafür muss der Gutachter zuerst wissen, was zwischen den Parteien vereinbart war. Was war bestellt und in welcher Qualität war es zu liefern? Für die Beantwortung dieser Fragen müssen zuerst sämtliche vertraglichen Unterlagen und Absprachen, die Anhaltspunkte darüber zulassen, wie das fertige Produkt aussehen sollte, ausgewertet werden.

Selbstverständlich kann nicht jedes Detail im Vorfeld besprochen werden. Und die Praxis zeigt, dass das leider häufig gar nicht geschieht. So können neben der Absprache über das konkrete Aussehen und über mögliche Abweichungen für die Beurteilung auch sonst geltende allgemeine Toleranzgrenzen herangezogen werden. Hinweise darauf können zum Beispiel in den Leistungsbeschreibungen oder in Fertigungszeichnungen gefunden werden.

Allerdings steht über allem die Rechtsfrage, welche vertraglichen Vereinbarungen für die Herstellung des Objektes tatsächlich gelten. So gibt es beispielsweise in vertraglichen Unterlagen auch widersprüchliche Angaben. Gibt es keinen Konsens zwischen den streitenden Parteien, müssen diese sonst juristisch geklärt werden. Die Deutung der vertraglichen Unterlagen muss deshalb eindeutig sein, bevor diese zur Bewertung herangezogen werden können.

Gibt es zwischen den Parteien eindeutige und klare Regelungen, dann ist die Begutachtung mit eben genau diesen Maßstäben vorzunehmen. Zum Beispiel kann auch mit dem Auftrag ein Grenzmuster festgelegt werden. Diese Abfrage darf vom Sachverständigen nicht vergessen werden.

Oft sind optische Unregelmäßigkeiten zu beurteilen, die keiner expliziten Regelung unterliegen. In diesen Fällen verbleiben nur die „anerkannten allgemeingültigen Regeln" als Bewertungsmaßstab. Dann gilt es zum Beispiel für die Begutachtung bestimmte Betrachtungsabstände einzuhalten und die Lichtverhältnisse zu berücksichtigen. Auch das ist den streitenden Parteien eindeutig und nachvollziehbar zu kommunizieren.

Einige optische Beanstandungen, wie zum Beispiel die langgezogene Durchbiegung eines Handlaufs, kann unter Umständen auch durch eine objektive technische Bewertung geklärt werden. So darf (wenn nichts anderes vereinbart wurde) ein Handlauf durchaus in bestimmten Toleranzgrenzen durchgebogen sein. Hier muss der Sachverständige zunächst in den geltenden vertraglichen Unterlagen nach allgemeingültigen Bewertungskriterien suchen. Das können zum Beispiel auch in Zeichnungslegenden oder Leistungsbeschreibungen festgelegte Allgemeintoleranzen sein. Der Gutachter sollte sich den uneingeschränkten Zugang zu allen Unterlagen zusichern lassen. Dabei ist allerdings immer zu berücksichtigen, welche vertraglichen Unterlagen im Einzelfall juristisch überhaupt gültig sind. Dann kann zum Beispiel der aus optischen Gründen beanstandete, durchgebogene Handlauf aufgrund einer technischen Allgemeintoleranz zur Geradheit von

**Abb. 3.20: Richtig:** Die Balkonbrüstung von der Außenseite im 15. Obergeschoss. Es konnte keine Beschädigung festgestellt werden.

**Abb. 3.21: Richtig:** Die Fensterbank erschien frei von Brandflecken.

Bauteilen bewertet werden. Durchbiegungen in bestimmten Toleranzgrenzen sind erlaubt.

Was gilt, wenn keine Toleranzgrenzen vereinbart wurden?

Dann sind die „allgemein anerkannten Regeln der Technik" – und zwar zum Zeitpunkt der Herstellung des Objektes – gültig. Wenn zum Beispiel die EN 1090 Ausführung von Stahltragwerken und Aluminiumtragwerken Vertragsgrundlage war, dann findet man in der Norm Hinweise auf die verschiedensten Toleranzregeln. Bei statisch tragenden Bauteilen, die an Bauwerken montiert sind, oder freitragenden Bauanlagen, die im Erdboden gegründet sind, sollte immer die EN 1090 vereinbart werden.

Toleranzgrenzen finden sich auch in der DIN 18360 Metallbauarbeiten. Hier wird auf anzuwendende Toleranznormen verwiesen.

Ein weiterer zu klärender Punkt ist das Anforderungsprofil für das Objekt. So sind die Anforderungen an ein Galeriegeländer innerhalb eines Foyers aus den Werkstoffen nichtrostendem Stahl und Glas höher zu werten als an ein Geländer an einer Kellertreppe im Hinterhaus. Das gilt auch ohne Festlegung von Toleranzgrenzen.

Ob an ein Objekt „hohe" oder „niedrige" Anforderungen gestellt werden sollen, muss allerdings eindeutig festgelegt sein. Gibt es dazu keine eindeutige Festlegung, ist die Bewertung „unter normalen Gesichtspunkten", also nach „gewöhnlichen" Kriterien vorzunehmen. Kriterien für „gesteigerte" Anforderungen können allgemeine Hinweise in den Vertragsunterlagen sein.

Dazu gehört zum Beispiel die Formulierung in der Einleitung eines Leistungsverzeichnisses: „Die Verarbeitung soll optisch einwandfrei sein und es sind technisch anspruchsvolle Details zu liefern". Die Auslegung dieser Formulierung kann juristisch sicherlich strittig sein. Der Satz bringt allerdings deutlich zum Ausdruck, dass der Auftraggeber mit einer gesteigerten Anforderung an sein Objekt rechnet. Ebenso kann die Bestellung von hochwertigen Werkstoffen für ein Objekt ein Hinweis für „hohe" Anforderungen sein. Umgekehrt rechtfertigt die Bestellung von Baustahl mit anschließender einfacher Grundierung und Beschichtung sicher keine „hohe" Anforderung. Befindet sich das Objekt außerhalb des Blickbereichs (zum Beispiel in einer Einhausung), dann sind hier „niedrige" Anforderungen an die optische Betrachtung anzusetzen.

Wie umfangreich die Bandbreite der Bewertung von optischen Unregelmäßigkeiten sein kann, zeigen nachfolgend einige Beispiele.

**Bagatellen und Nichtigkeiten**

In einem Gerichtsstreit war eine Beschädigung an der Außenseite eines Balkongeländers im 15. Obergeschoss zu untersuchen. Im Ortstermin war an der angezeigten Stelle nichts vorzufinden.

Antwort im Gutachten: „Beim Ortstermin wurden keine Dellen oder auch Kratzer, wie im Beweisbeschluss beschrieben, an dem Geländer festgestellt. Das Geländer war nicht zu beanstanden."

Kommentar: Diese Situation kommt tatsächlich nicht selten vor. Manchmal finden die Beteilig-

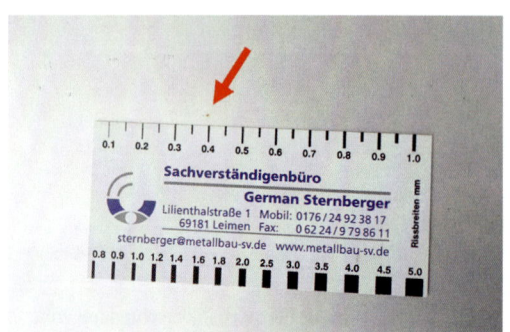

**Abb. 3.22: Richtig:** Nach dem Hinweis des Klägers konnte tatsächlich ein minimaler Einbrand mit dem Durchmesser von 0,4 Millimeter festgestellt werden.

**Abb. 3.23: Richtig:** An der hochwertigen Treppe war das Bestandsgeländer ausdrücklich als Grenzmuster vereinbart.

ten die störenden Stellen nicht mehr. Unabhängig davon wäre die mögliche Beschädigung im 15. Obergeschoss vom Hof aus betrachtet und bewertet worden. Dann wären beispielsweise kleine Dellen oder Kratzer höchstwahrscheinlich als hinnehmbare Unregelmäßigkeiten eingestuft worden.

In einem weiteren Beweisbeschluss musste eine Fensterbank auf Brandflecken hin untersucht werden. Vor Ort fand der Gutachter folgende Situation vor:

Die Bewertung im Gutachten lautete: „Die Fensterbänke sind aus anodisch oxidiertem Aluminium hergestellt. Deshalb erfolgt die Bewertung der Fensterbänke nach den „Beurteilungskriterien von anodisierten Oberflächen auf Aluminium". Diese sind im „Fachregelwerk Metallbauerhandwerk-Konstruktionstechnik" im Kapitel „Hinzunehmende Unregelmäßigkeiten" beschrieben. Hier wird an Außenbauteilen ein Betrachtungsabstand von fünf Metern vorgegeben. Das Beurteilungskriterium ist: „Fertigungsbedingte mechanische Beschädigung". Dieses Kriterium ist an „Flächen mit üblicher Anforderung zugelassen, wenn nicht auffällig wirkend und der Betrachtungsabstand beachtet wurde". Der Sachverständige legte sich fest, dass bei sämtlichen Brandspuren und -flecken an den Fensterbänken durch die tatsächliche Geringfügigkeit (der größte Brandfleck hatte einen Durchmesser von 0,4 Millimeter) keine Schäden vorliegen. Die Brandflecken waren hinzunehmende Unregelmäßigkeiten.

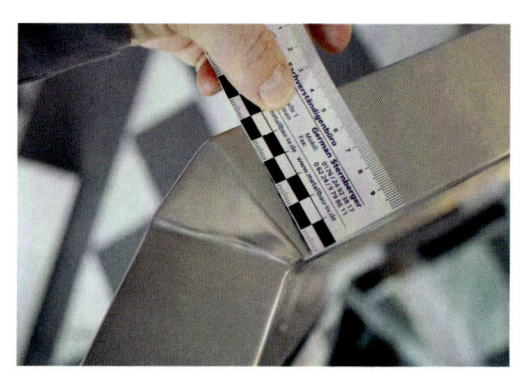

**Abb. 3.24: Falsch:** Der Handlaufkrümmling erreicht die vereinbarte Qualität nicht ganz.

**Grenzmuster**

Zwei im Winkel zueinanderstehende Segmente eines Treppengeländers sollten nachträglich durch einen Handlaufkrümmling miteinander verbunden werden. Als Grenzmuster war der bestehende Handlauf vereinbart. Vor Gericht wurde um die Qualität der Ausführung gestritten.

Auszug aus dem Gutachten: „Die Herstellung dieses Handlaufkrümmlings ist eine schwierige fachliche Herausforderung und keineswegs eine Standardaufgabe. An der Knickkantenstelle muss der Handlauf auf eng begrenztem Raum drei Richtungsänderungen vollziehen. Es gibt hier keine weiteren Variationsmöglichkeiten. Jede Richtungsänderung muss mit dem Rohrquerschnitt hergestellt werden. Hier können Konflikte im Kantenverlauf entstehen und es müssen Kompromisse, wie z. B. ein Kantenver-

**Abb. 3.25: Richtig:** Hochwertige Treppe mit maximaler Lichtdurchflutung durch die Beläge aus Glas.

**Abb. 3.26: Richtig:** Die zwei strittigen Streben fügen sich harmonisch in das Gesamtbild ein und sind auch aus der Unteransicht unauffällig unter den Stufen angebracht.

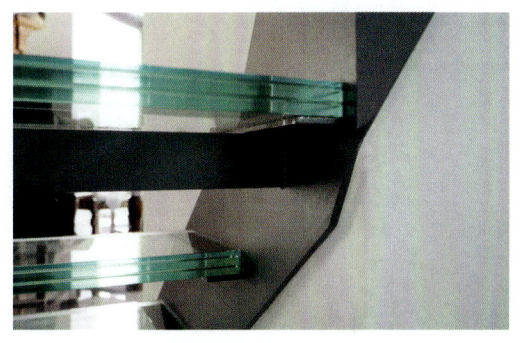

**Abb. 3.27: Richtig:** Die für die Gebrauchstauglichkeit notwendigen Streben sind maximal filigran ausgeführt.

satz, hingenommen werden. Die Arbeit ist eine handwerkliche Einzelanfertigung mit teilweiser Montage unter ‚Zwangslage' und kann nicht ohne weiteres in der Exaktheit und Makellosigkeit von industriell gefertigten Gütern hergestellt werden. Da die Herstellung nahe am Idealfall schwer zu bewältigen ist, gelten auch für diese Knickkantenstellen mit hohen Anforderungen optische Abweichungen, die möglicherweise toleriert werden müssen. Dies wurde bei der Bewertung des Handlaufkrümmlings genauso berücksichtigt, als dass auch die strittige Oberfläche durch den repräsentativen Charakter der Treppenkonstruktion einer hohen Anforderung genügen muss."

Bei der Auswertung wurde dann festgestellt, dass an der Oberseite des Handlaufes eine auffällig wirkende unsaubere Knickkante mit einer kleinen Delle vorhanden ist. Weiter wurde an der Innenseite des Handlaufes eine Hohlkehle festgestellt, die ebenso auffällig war. Der Sachverständige legte sich fest, dass die obere Knickkante mit kleiner Delle und die dem Treppenlauf zugewandte Hohlkehlstelle am Handlauf unsauber und insoweit optisch nicht gleichwertig zum bestehenden Handlauf hergestellt sind. Die optischen Unregelmäßigkeiten mussten nicht hingenommen werden. Als Ausgleich wurde ein Abzug vorgenommen.

**Maximale Transparenz**

Weiter war an derselben Treppe die maximale Transparenz (Lichtdurchflutung) gefordert. Hierzu wurden Stufen und Podestbelag aus begehbarem Glas geliefert. Gestritten wurde dann vor Gericht über zwei Querstreben zwischen den Treppenwangen, die möglicherweise die Transparenz beeinträchtigen würden.

**Abb. 3.28: Falsch:** Die Oberfläche zeigt Rückstände vom Beizvorgang. Die Säure ist nicht rechtzeitig neutralisiert worden.

**Abb. 3.29: Falsch:** Das Vordach war undicht: Eigentlich keine optische Unregelmäßigkeit.

Der Sachverständige schrieb dazu in seinem Gutachten: „Die Verbindungsstreben fügen sich harmonisch in das Gesamtbild ein und stören in keinerlei Weise die Transparenz der Treppe. Im Gegenteil, die beiden Streben sind in der Profildimensionierung mit sechzig Millimeter mal zehn Millimeter filigran ausgeführt. Der Sachverständige kommt gerade deswegen zu dieser Einschätzung, da der Einbau von Streben in Wangentreppen aufgrund der Gewährleistung der Gebrauchstauglichkeit weit verbreitet ist, wenn gar der Einbau von Streben nicht sogar aus statischen Gründen notwendig ist. Streben in Treppenabschnitten sind gerade an Wangentreppen dazu da, um Schwingungen, die beim Benutzer der Treppe körperliches Unbehagen hervorrufen können, zu vermeiden. Ein Nachweis der Gebrauchstauglichkeit ist Bestandteil des Standsicherheitsnachweises."

Kommentar: In diesem Fall waren die Querstreben nicht eindeutig in der Freigabezeichnung der Treppe erkennbar. Aus Gründen der Gebrauchstauglichkeit, wegen des Schwingungsverhaltens und der Begehbarkeit der Treppe, waren die Querstreben allerdings notwendig.

**Reinigung**

Der Sachverständige sollte unter anderem Stellung beziehen zu einem unschönen fleckigen Geländer aus hochlegiertem Stahl.

An diesem Geländer wirkte die Beizpaste zu lange auf die Oberfläche ein. Entweder wurde die Säure nicht rückstandsfrei entfernt oder nicht neutralisiert. Der Einwand des Kunden ist in jedem Fall berechtigt. Das Geländer muss rückstandsfrei geputzt und mit einem einheitlichen Schliffbild versehen werden.

**Reinigungshinweise**

In einem Fall wurde der Sachverständige an ein undichtes Vordach gerufen. Es sollte die Ursache der Undichtigkeit ermittelt werden (eigentlich kein optisches Problem).

Es war zu ermitteln, warum das Vordach undicht war.

Die Ursache war schnell gefunden. Die Entwässerung war mit Unrat verstopft. Aus diesem Grund war die Ablaufrinne bis zur Oberkante mit Wasser gefüllt. Somit konnte Wasser aufgrund einer Kabeldurchführung unter die Konstruktion gelangen. Ein technischer Defekt konnte als Schadensursache ausgeschlossen

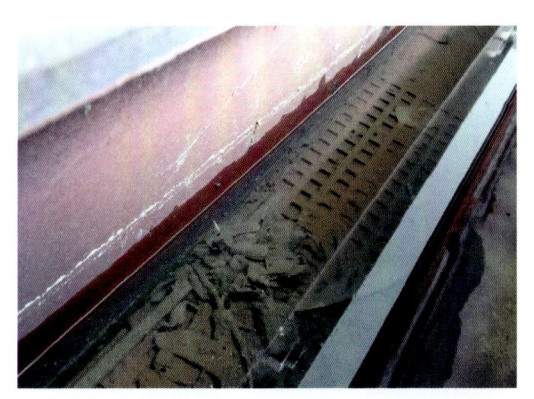

**Abb. 3.30: Falsch:** Der Wasserablauf war komplett verstopft. Somit konnte Wasser unter die letzte Abdichtungsebene gelangen.

**Abb. 3.32: Falsch:** Keine Neigung – keine Selbstreinigung. Es kommt zu unschönen Verschmutzungen.

**Abb. 3.31: Richtig:** Das lichte Maß von der Oberkante des Fertigfußbodens, bis zur Unterkante des Traufenträgers betrug 2.060 Millimeter.

werden. Mit der Beseitigung der Verstopfung war auch die Undichtigkeit beseitigt. An sich keine Sache, für die man einen Gutachter beauftragen muss.

Merke: Bei den meisten baulichen Anlagen muss eine Entwässerung der Konstruktion mit geplant werden. Dabei sollte grundsätzlich auf die regelmäßige Reinigung der Entwässerung hingewiesen werden.

In einem anderen gerichtlichen Streitfall war die Sachlage ungünstiger. Hier hatte ein Vordach keine Neigung zur Entwässerung. Das Regenwasser sammelte sich stets in den Kehlen der Kragarme, tropfte von dort ab und der letzte Rest Feuchtigkeit verdunstete allmählich. Ohne Neigung gab es keine Selbstreinigung und deshalb sammelten sich mit der Zeit Verschmutzungen in den Kehlen an. Nach und nach zeigten sich unschöne filzartige Gebilde an den Kragarmenden, die zum Streit führten. Die filzartigen Verschmutzungen sollte die Herstellerfirma beseitigen.

Eine Entwässerung von baulichen Anlagen ist Bestandteil der Planung und muss bei der Konstruktion mit berücksichtigt werden. Der nachträgliche Verweis auf eine regelmäßige Reinigung reichte in diesem Fall nicht aus.

**Subjektivität**

Beauftragt war die Herstellung einer Terrassenüberdachung. Über eine mindestens herzustellende Durchgangshöhe wurde nicht gesprochen. Über diese Höhe wurde nun gestritten. Aufgrund des Beweisbeschlusses war durch den Sachverständigen Stellung zu dem Umstand zu beziehen, dass die Sicht aus dem Wohnzimmer durch den zu tiefliegenden Traufenträger unnötig beeinträchtigt war.

Die lichte Durchgangshöhe der Überdachung war mit 2.060 Millimeter ausreichend hoch. Deshalb argumentierte der Gutachter wie folgt: „Um diesen Punkt bewerten zu können, hat der Sachverständige im Ortstermin die Situation besichtigt, Fotoaufnahmen hergestellt und ein 24 Sekunden langes Video erstellt, in dem er im Wohnzimmer auf und ab, sowie nach rechts und links gegangen ist. Das Objektiv war dabei im-

**Abb. 3.33: Richtig:** Der geschwungene Verlauf der Treppenwangen ergibt sich aus der Konstruktion der gewendelten Treppe. Dem Auftraggeber war der Umstand suspekt.

**Abb. 3.34: Richtig:** Geschwungener Verlauf von Treppenwangen an gewendelten Treppen. Falsch war dagegen der konstruierte gerade Wangenverlauf des Auftraggebers.

mer konsequent in Blickrichtung Terrassentür gerichtet, um die Situation nachhaltig zu erfassen. Der waagrechte, freiliegende Hauptträger der Überdachung war bei der Begutachtung nahezu immer zu sehen. Im hinteren Teil des Wohnzimmers lag der sichtbare Träger etwa auf der Höhe des oberen Schiebetürrahmens. Im vorderen Teil des Wohnzimmers (in der Nähe der Schiebetür) lag der Träger im Himmelsausschnitt. Bei einer vorgelagerten Überdachung einer Terrasse ist das Vorhandensein eines aus dem Wohnzimmer sichtbaren waagrechten Trägers erwartbar. Die Aussicht war nicht wesentlich beeinträchtigt. Je höher die Überdachung hergestellt würde, umso weniger sichtbar wäre der Träger aus dem Blickwinkel des Wohnzimmers. Der Sachverständige legt sich fest, die Überdachung bietet in diesem Punkt keinen Anlass zur Beanstandung."

**Treppenwangen mit gewendelten Stufen**

Kunden ist manchmal nicht bewusst, dass sich konstruktiv an gewendelten Treppen geschwungene Treppenwangen ergeben. Dies kann dann einen Anlass zum Streit bieten. Die Auftraggeber der beiden bebilderten Treppenanlagen hatten sich gerade Kanten gewünscht. Beide Bauvorhaben wurden dann solange gestoppt, bis ein Sachverständiger jeweils Aufklärung bieten konnte.

Der geschwungene Verlauf der Treppenwangen mit gewendelten Stufen ergab sich aus der Konstruktion. Wenn Kunden großen Wert auf bestimmte Kantenformen legen, dann ist das vorher zu vereinbaren. Die Ergründung, welche Wünsche Kunden haben, obliegt der kompetenten Beratung des Auftragnehmers im Verkaufsgespräch. Der Umstand, dass es Missverständnisse im Zusammenhang mit dem Kantenverlauf an gewendelten Treppen geben kann, ist hinlänglich bekannt. Mit einer gängigen Visualisierung von Treppen im

**Abb. 3.35: Falsch:** Der zickzackartige Verlauf der Geländer-/Windfangkante war sehr auffällig und von weitem zu sehen.

**Abb. 3.36: Falsch:** Die betonierten Balkonplatten im Bestand waren von Stockwerk zu Stockwerk um einige Zentimeter nach rechts oder links versetzt.

Vorfeld eines Vertragsabschlusses sollte der Kunde allerdings ausreichend informiert sein.

**Rohbautoleranzen**

Maßabweichungen in und an Gebäudeteilen im Bestand können zu teuren Folgeschäden führen, wenn sie nicht vor Vertragsabschluss berücksichtigt und mit einbezogen werden. Daraus resultierende Streitfälle landen meistens vor Gericht. In diesem Fall ging es um die Beweissicherung einer optisch auffälligen Gebäudekante. An dem Bestandsgebäude wurden die Balkongeländer erneuert und dazu neue Windfangscheiben an den Balkonseiten montiert. Beanstandet wurde dann der zickzackartige Verlauf der Geländer- und Windfangkante.

Bei der Untersuchung wurde festgestellt, dass bei den Balkonflächen im Bestand große Bautoleranzen vorlagen. Das hieß, die Balkone waren teilweise senkrecht zueinander um einige Zentimeter versetzt. Deshalb war es auch nicht möglich die Geländer in einer senkrechten Linie zu montieren. Die Bautoleranzen gingen einher mit den schräg eingebauten Scheiben. Diese Toleranzen waren deutlich in der Außenansicht des Hauses zu erkennen. Der Versatz zwischen den einzelnen Balkonplatten war auch schon vor der Sanierung offen sichtbar. Dadurch war es auch durch die Sanierung unmöglich, ohne optische Beeinträchtigung, die Balkongeländer und Windfang-Glasscheiben in einer Flucht (in einer senkrechten Linie) zu montieren. Deshalb wären im Vorfeld der Auftragsabwicklung Absprachen über die Ausführung zwischen Auftraggeber und Auftragnehmer notwendig gewesen. Falls dies nicht möglich wäre, dann hätte der Auftragnehmer vor Auftragsbeginn Bedenken anmelden müssen.

**Optische Abweichungen**

An einem Harfengeländer wurden unregelmäßige lichte Abstände zwischen den senkrechten Stä-

**Abb. 3.37: Richtig:** Bei der frontalen Betrachtung des Geländers waren keine Abweichungen an den Stäben erkennbar.

**Abb. 3.38: Richtig:** Hellsilbrig glänzende und matt dunkelgraue Verzinkungsoberflächen in einer Konstruktion sind kein Grund für eine Zurückweisung.

ben beanstandet. Es wurde argumentiert, wenn man am Geländer entlangläuft, dann öffneten sich die lichten Abstände nicht gleichmäßig.

Der Sachverständige kontrollierte zunächst die senkrechten lichten Stababstände, die knapp unter 120 Millimeter lagen. Die dokumentierten maßlichen Abweichungen, bezogen auf die Stablängen, lagen im Rahmen der allgemeinen Toleranzen. Bei der optischen Betrachtung schaute der Sachverständige ausschließlich frontal (im senkrechten Winkel) und nicht im streifenden Blickwinkel auf das Geländer. Bei dieser Begutachtung waren keine Unregelmäßigkeiten erkennbar. Das Geländer war somit hinzunehmen.

**Verzinkung**

In einem Beispiel zu feuerverzinkten Oberflächen wurden die hellsilbrig glänzenden und matt dunkelgrauen Oberflächen innerhalb einer Konstruktion beanstandet. Der Auftraggeber bestand auf einem einheitlichen Aussehen. Das Aussehen einer Feuerverzinkungsoberfläche ist in der DIN EN ISO 1461 Stückverzinken geregelt. Dort steht, dass helle und dunkle Bereiche kein Grund für eine Zurückweisung sind.

Die Treppe und das Geländer waren in Bezug auf das Aussehen der Oberflächen hinzunehmen.

In einem anderen Fall wurden Farbabplatzungen an Fußplatten als optische Mängel beanstandet. Die Fußplatten waren feuerverzinkt

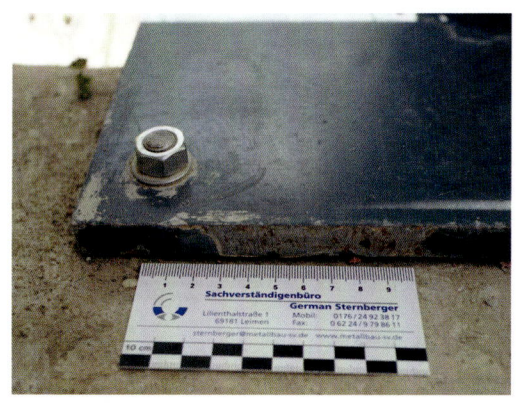

**Abb. 3.39: Falsch:** Die gelaserten oder brenngeschnittenen Materialkanten wurden vor dem Verzinken nicht überschliffen.

und anschließend pulverbeschichtet (Duplexsystem).

Nach der Begutachtung wurde auf jeden Fall kein optischer Mangel festgestellt. Im Gegenteil, es wurde ein Fehler in der Vorbereitung zum Verzinken gefunden. Demnach müssen thermisch geschnittene Kanten vor der Feuerverzinkung durch Überschleifen von der anhaftenden Zunderschicht (auch Oxidhaut) befreit werden. Werden die oxidbehafteten Oberflächen nicht entfernt, kann sich das Zink nicht mit dem Stahl verbinden. In der Folge platzen ganze Kantenbereiche ab, so wie in diesem Fall geschehen. Hier lag somit kein optischer Mangel vor, sondern ein Prozessfehler des Herstellers.

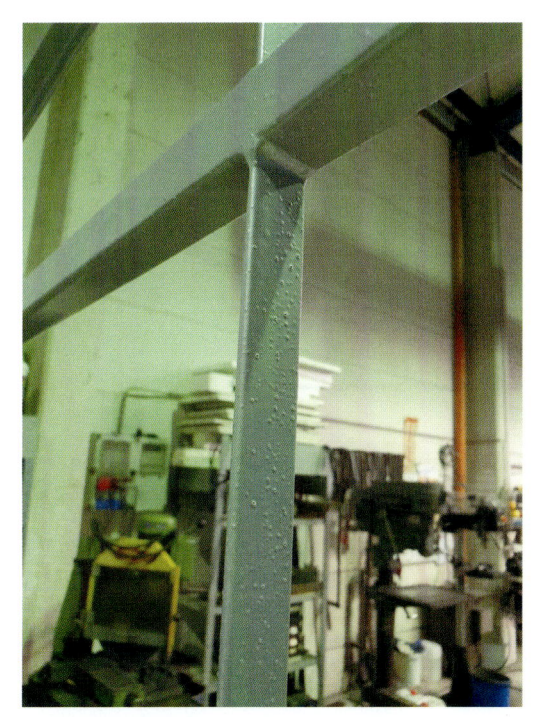

**Abb. 3.40: Falsch:** Die mit Bläschen überzogenen Oberflächen musste der Kunde nicht hinnehmen.

### Duplexsystem

Bei der Wareneingangskontrolle stellte der Metallbauer fest, dass sein im Duplexverfahren pulverbeschichtetes Geländer mit kleinen Bläschen übersät war. Der hinzugerufene Sachverständige bestätigte den Verdacht, dass das Geländer in dieser Qualität vom Kunden aus optischen Gründen abgelehnt werden kann.

Der Metallbauer blieb in diesem Fall auf einem Schaden von etwa tausend Euro sitzen, denn er konnte keine Dokumentation zu seinem verwendeten Werkstoff vorweisen. Sowohl die Verzinkerei als auch der Beschichtungsbetrieb beharrten auf ihre regelkonformen Dienstleistungen. Das Geländer musste neu beschichtet werden.

### Wareneingangskontrolle

Bessere Karten hatte der Metallbauer in einem anderen Fall. Die bestellten Balkonbekleidungen wiesen Fehlstellen wie Kratzer und Schrammen

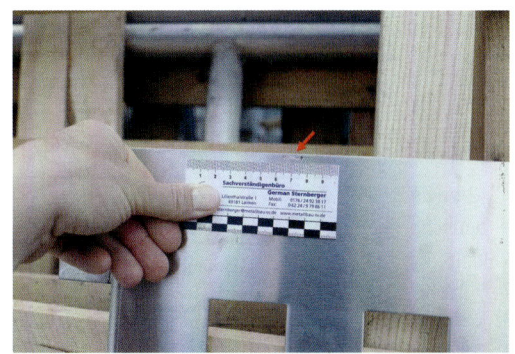

**Abb. 3.41: Falsch:** Die beschädigten Bauteile waren bei der Wareneingangskontrolle abzulehnen.

auf. Die Fehlstellen wurden dokumentiert und unmittelbar reklamiert.

Die fehlerhaften Balkonbekleidungen mussten ersetzt werden.

## 3.5  Bewertungsmethode nach Prof. Oswald

Wie am Anfang im Kapitel 3.4 zur visuellen Bewertung von optischen Unregelmäßigkeiten beschrieben, liegt die subjektive Bewertung von optischen Unregelmäßigkeiten im wahrsten Sinne des Wortes im Auge des Betrachters. Da die zu bewertenden Unregelmäßigkeiten im Streitfall aus unterschiedlichen Blickwinkeln oder genauer gesagt aus unterschiedlichen Interessenslagen betrachtet werden, liegen die parteilichen Bewertungen oft weit auseinander. Dies führt dann zum Streit mit festgefahrenen Positionen. Dieser „gordische Knoten" kann mit Zuhilfenahme der Bewertungsmethode nach Prof. Oswald „zerschlagen" werden. Zumindest lassen sich somit weit auseinanderliegende Positionen annähern, vorausgesetzt die Parteien sind an einer Lösung interessiert.

Die Bewertungsmethode nach Oswald geht im Grunde weit über das Bewerten von optischen Unregelmäßigkeiten hinaus. Das Ziel der Bewertungsmethode ist das Bestimmen von Wertminderungen bei Bauschäden und Baumängeln. Dies geschieht zunächst durch die Bewertung der optischen Beeinträchtigungen. Danach werden die Beeinträchtigungen im Sinne der Gebrauchstauglichkeit vorgenommen. Anschließend werden die

**Tabelle 3.3:** Matrix zur visuellen Bewertung nach Oswald.

| Oswald-Matrix zur Bewertung der Hinnehmbarkeit optischer Mängel | | Gewicht des optischen Erscheinungsbildes | | | |
|---|---|---|---|---|---|
| | | sehr wichtig | wichtig | eher unbedeutend | unwichtig |
| Grad der optischen Beeinträchtigung | auffällig | nicht hinnehmbar | | | |
| | gut sichtbar | | | | |
| | sichtbar | | | hinnehmbar | |
| | kaum erkennbar | | | | Bagatelle |

beiden Ergebnisse zusammengeführt. Das geschieht in einer Matrix zur Bewertung von Mängeln auf der Basis einer Prozentskala. Im Ergebnis steht ein Prozentwert, der angibt, ob a) eine Nachbesserung angeraten ist, b) eine Minderung diskutiert wird oder c) es sich um eine Bagatelle handelt. Das gesamte Verfahren zur Ermittlung von Wertminderungen ist sehr komplex und kann nur von erfahrenen und eingewiesenen Fachleuten angewendet werden. Deshalb ist die ausführliche Beschreibung der ganzen Methode in diesem Kapitel nicht möglich und auch nicht sinnvoll.

Interessant ist allerdings der Teilbereich über die „Bewertung von optischen Unregelmäßigkeiten". In Einzelfällen, in denen die Gebrauchstauglichkeit keine Rolle spielt, kann dieser Teil helfen, optische Unregelmäßigkeiten einzuschätzen und anschließend zu bewerten. Daraus ergibt sich, ob ein Fehler eine „Bagatelle", eine „hinnehmbare Unregelmäßigkeit" oder eine „nicht hinnehmbare Unregelmäßigkeit" ist. Bei dieser Methode wird die ausschließlich subjektive Bewertung umgewandelt in eine mehr oder weniger objektive Bewertung. Das funktioniert ausgezeichnet in einer Matrix mit sinnvoll festgelegten Bewertungen in den Spalten und Zeilen der Tabelle. Das ist dann die „Matrix zur visuellen Bewertung nach Oswald".

In der Matrix wird in den Spalten die Bedeutung des Erscheinungsbildes bewertet. Damit ist gemeint, welche Bedeutung das Bauteil oder das Bauprodukt, an dem die strittige Unregelmäßigkeit vorkommt, im Gesamtkontext hat. Dazu gibt es die Kategorien „sehr wichtig", „wichtig", „eher unbedeutend" oder „unwichtig". Die entsprechende Spalte wird später relevant, um einen Schnittpunkt in der Matrix zu finden. Im zweiten Schritt wird der Grad der optischen Beeinträchtigung bewertet. Hierzu gibt es die Kategorien „auffällig", „gut sichtbar", „sichtbar" oder „kaum sichtbar". In der Matrix kann anschließend im Schnittpunkt der Spalten und Zeilen die Bewertung abgelesen werden, die nun zumindest teilweise objektiviert wurde.

Anmerkung: Es sei an der Stelle erwähnt, dass es sich bei dieser Methode um ein vereinfachtes Hilfsmittel handelt, um einen (vorgerichtlichen) Streit um optische Unregelmäßigkeiten schlichten zu können. Elementar für die Akzeptanz von Bewertungen ist immer die Nachvollziehbarkeit der verwendeten Methode und die Möglichkeit den Weg zum Ergebnis nachprüfen zu können. Dies ist hier zweifellos gewährleistet.

Dazu einige Beispiele:

**1. Feuertisch mit Brandspur nach Metallbauarbeit**

In einem Gerichtsverfahren war unter anderem zu klären, ob eine Brandspur am Feuertisch nach Metallbauarbeiten in der Nachbarschaft ein optischer Mangel war.

Der Feuertisch mit deutlichen Gebrauchsspuren stand im Garten an der Grundstücksgrenze. Die bemängelte Brandspur war ein „unscheinbarer rostfarbener unterbrochener Streifen von circa

**Abb. 3.42:** Die bemängelte Brandspur ist ein „unscheinbarer rostfarbener unterbrochener Streifen von circa vier Zentimeter Länge" und war aus zwei Metern Entfernung nicht mehr zu erkennen.

**Abb. 3.43:** Die Beschädigung ist an der Fassade, seitlich zum Haupteingang, im frei zugänglichen Bereich.

**Abb. 3.44:** Der Abdruck ist aus fünf Metern Entfernung noch zu sehen.

**Abb. 3.45:** Der Abdruck ist zehn Zentimeter mal zwei Zentimeter groß und wenige Millimeter tief.

vier Zentimeter Länge" und war aus zwei Metern Entfernung nicht mehr zu sehen. Die Gebrauchstauglichkeit des Feuertisches stand außer Frage.

Gewicht des optischen Erscheinungsbildes – unwichtig

Grad der optischen Beeinträchtigung – kaum erkennbar

Die Bewertung nach Oswald-Matrix: Bagatelle.

**2. Beschädigung in einer neuen Fassade**

Eine Beschädigung an einer neuen Fassade sollte bewertet werden. Der strittige Abdruck befand sich seitlich zum Haupteingang im bedingt öffentlichen Bereich und war aus fünf Metern noch sichtbar.

Gewicht des optischen Erscheinungsbildes – wichtig

Grad der optischen Beeinträchtigung – sichtbar

Die Bewertung nach Oswald-Matrix: nicht hinnehmbar.

**3. Optische Beanstandung in einem öffentlichen Lernbereich**

In einem öffentlichen Park wurden unter mehreren Pergolen Lernbereiche eingerichtet. An einer Sitzbank wurde ein keilförmiger Spalt als optischer Mangel angezeigt. Der Spalt war nur aus einem senkrechten Blickwinkel zu sehen. Die Gebrauchstauglichkeit der Sitzbank war nicht beeinträchtigt.

**Abb. 3.46:** In einem Park waren mehrere Pergolen mit Sitzbänken montiert worden.

Gewicht des optischen Erscheinungsbildes – eher unbedeutend

Grad der optischen Beeinträchtigung – sichtbar

Die Bewertung nach Oswald-Matrix: hinnehmbar.

### 3.6 Umgang mit Mängelanzeigen

**Abb. 3.47:** An einer Sitzbank war ein keilförmiger Spalt zum Pfosten der Pergola hin sichtbar.

Wenn ein Kunde Ihnen einen Mangel Ihrer erbrachten Leistung anzeigt, ist das erst einmal ein unangenehmer Anlass in der Kundenkommunikation. Umso wichtiger ist es, dass Sie (egal ob die Mängelanzeige berechtigt oder unberechtigt ist) schnell und sehr professionell reagieren. Fristen für eine Reaktion auf eine Mängelanzeige sind nicht festgelegt. Es ist aber zu empfehlen, unverzüglich auf das entsprechende Kundenschreiben zu antworten – und das unbedingt ebenfalls schriftlich. Bestätigen Sie den Eingang des Schreibens und treffen Sie eine Terminvereinbarung zur Besichtigung vor Ort. Ein Formulierungsvorschlag für das Schreiben an Ihren Kunden könnte folgendermaßen aussehen:

„*Die von Ihnen mit Datum vom _____ beanstandeten Mängel am oben genannten Bauvorhaben nehmen wir zur Kenntnis.*

*Unser Meister/Mitarbeiter Herr _____ wird sich umgehend mit Ihnen in Verbindung setzen, um einen Termin vor Ort zur Besichtigung der beanstandeten Mängel zu vereinbaren.*

*Kosten für die Begutachtung von Mängeln, die sich im Nachhinein nicht als Mangel darstellen, sondern als hinzunehmende Unregelmäßigkeit erweisen, sind vom Auftraggeber zu tragen.*

*Mit freundlichen Grüßen*"

Damit weisen Sie in der Eingangsbestätigung bereits darauf hin, dass unberechtigte Mängelanzeigen Kosten verursachen werden, die vom Auftraggeber zu tragen sind.

Nach der Begutachtung der beanstandeten Mängel müssen Sie dazu Stellung nehmen. Die bei der Besichtigung getroffenen Feststellungen sind in der folgenden Formulierungshilfe erfasst und je nach Situation auszuwählen:

An

_____

Bauvorhaben: _____

**Stellungnahme zu Ihrer Mängelrüge**

„Sehr geehrte Damen und Herren,

gemäß § 13 Nr. 1 VOB/B übernimmt der Auftragnehmer die Gewähr, dass seine Leistung zur Zeit der Abnahme frei von Sachmängeln ist, das heißt die vereinbarte Beschaffenheit hat und den anerkannten Regeln der Technik entspricht beziehungsweise sofern die Beschaffenheit nicht vereinbart ist, die Leistung sich für die nach dem Vertrag vorausgesetzte Verwendung eignet oder ansonsten sich für die gewöhnliche Verwendung eignet und eine übliche Beschaffenheit aufweist.

Unter Bezugnahme auf Ihre Mängelrüge vom _____ teilen wir Ihnen mit, dass wir Ihrem Nachbesserungswunsch aus den nachstehend aufgeführten Gründen nicht/nicht kostenlos/nicht in vollem Umfang (kostenlos) nachkommen können:

- Die gerügten Mängel konnten (anlässlich des Besichtigungstermins) nicht festgestellt werden.
- Die von Ihnen geltend gemachten Gewährleistungsansprüche sind verjährt.
- Die gerügten Mängel wurden von Ihnen/Ihrem Bevollmächtigten, Frau/Herrn _____, bereits bei der Abnahme festgestellt, aber nicht gerügt.
- Die gerügten Mängel haben wir aus folgenden Erwägungen nicht/nur teilweise zu vertreten:
  - Die Mängel sind erst nach der Abnahme unserer Leistung entstanden, also auf normalen Verschleiß, natürliche Abnutzung oder übermäßige Beanspruchung beziehungsweise auf andere Ursachen nach der Abnahme außerhalb unserer Verantwortung zurückzuführen.

  - Die Mängel sind auf Ihre/die Leistungsbeschreibung/Anordnungen/Ihres Bevollmächtigten zurückzuführen. Wir haben mit Schreiben vom _____ unsere Bedenken gegen die Leistungsbeschreibung/Anordnung Ihres Bevollmächtigten angemeldet.

  - Die Mängel sind auf folgende von Ihrer Seite gelieferten oder vorgeschriebenen Stoffe oder Bauteile zurückzuführen: _____ _____

  - Die Mängel sind auf Vorleistungen anderer Unternehmer zurückzuführen.

  - Die Mängel sind durch die vorstehend aufgeführten Umstände jedenfalls mit verursacht worden. Auf diese von uns nicht zu vertretende Mängelursache entfällt ein Anteil von _____ %.

- Da mit Nachbesserungskosten in Höhe von _____ zu rechnen ist, wird hiermit höflichst um anteilige Übernahme der Kosten durch Zahlung/Leistung einer Sicherheit in Höhe der bezifferten _____ %, also in Höhe von _____ gebeten. Nach Eingang der Zahlung/Sicherheit wird unverzüglich mit den Nachbesserungsarbeiten begonnen.

Dabei stützen wir uns auf folgende Gründe:

_____

_____

- Da die Beseitigung der Mängel unmöglich ist beziehungsweise einen unverhältnismäßig hohen Aufwand erfordern würde, können wir gemäß § 13 Nr. 6 VOB/B die Nachbesserung verweigern. Da der Auftraggeber in einem solchen Fall eine Minderung der Vergütung verlangen kann,

  - bieten wir Ihnen hiermit an Stelle der Nachbesserung eine Minderung unserer Vergütung in Höhe von _____ an.

  - bitten wir um die Vereinbarung eines Besprechungstermins zur näheren Erläuterung der Umstände und Festsetzung eines angemessenen Minderungsbetrages und schlagen dazu nachstehende Termine vor:

    1. _____ oder
    2. _____

Für eine kurzfristige Bestätigung/Rückäußerung zwecks Abstimmung wären wir Ihnen verbunden.

Mit freundlichen Grüßen

(Firmenstempel/Unterschrift)"

# 4 Fachregel, Datenbank und Deutscher Metallbaupreis

## 4.1 Arbeiten mit dem Fachregelwerk

Beim Thema „Hinzunehmende Unregelmäßigkeiten" gilt es eine besonders große Vielzahl von Normen, Regelungen, Verordnungen und Gesetzen zu kennen und zu beachten, weil die „Unregelmäßigkeiten" aus den verschiedensten Bereichen des Metallbaus kommen können: zum Beispiel optische Unregelmäßigkeiten, maßliche Toleranzen, technologische und natürliche Unregelmäßigkeiten. Oft überschneiden sich die Bereiche und die Ursachenforschung für den vom Kunden bemängelten angeblichen Schaden gleicht einer akribischen Detektivarbeit. Es ist kaum möglich, den Überblick zu behalten.

Hier kommt das Fachregelwerk Metallbauerhandwerk – Konstruktionstechnik ins Spiel. Es hilft Ihnen an den verschiedensten Stellen und mit zahlreichen Inhalten, sich in diesem Regelungsdickicht zurechtzufinden und die Mängelanzeige des Kunden einzuordnen und mit ihm zu diskutieren und zu argumentieren.

Um Ihnen die Arbeit mit den (vermeintlichen) Schadensfällen in diesem Buch zu erleichtern und Ihnen weitergehende Informationen zu bieten, haben wir zu jedem Fall die relevanten Kapitel des Fachregelwerks aufgeführt, die bei der Auswertung hilfreich sind.

### 4.1.1 Teil 1: Grundlagen

Das beginnt mit dem Kapitel 1.3 Rechtliche Grundlagen. Hier wird in das deutsche Bauordnungsrecht eingeführt und Sie erhalten einen Überblick, was Sie bei der Planung und Ausführung Ihrer Produkte baurechtlich beachten müssen. Auch die Maschinenrichtlinie, die vor allem bei automatisierten Produkten eine Rolle spielt, wird hier kommentiert und die Anwendung erläutert.

Fortgesetzt wird das im Kapitel 1.4 Statik und Konstruktion. Bei einer Reihe von Fällen in diesem Buch spielt die Statik eine wichtige Rolle. Viele Konstruktionen des Metallbauers sind sicherheitsrelevante Bauteile, deren Standsicherheit durch eine Statik nachgewiesen werden muss. Auch wenn die statische Berechnung normalerweise durch Statiker und Planer erfolgt, ist es für Sie hilfreich, die Grundlagen zu kennen und über die Zusammenhänge Bescheid zu wissen.

Auch die Bauphysik (Kapitel 1.5) spielt bei so manchem Schadensfall eine große Rolle. Liegen doch die Ursachen für angezeigte Mängel zum Beispiel bei Durchfeuchtungen oder Knackgeräuschen oft versteckt in der Konstruktion. Da können die Grundlagen zur Wärme und zum Wärmeschutz, zu Feuchte und Feuchteschutz und zum Schallschutz durchaus hilfreich sein.

Ein weiteres Kapitel mit wichtigen Inhalten für das Thema ist 1.6 Werkstoffe. Hier erhalten Sie nützliche Informationen über die Werkstoffe (Stahl, nichtrostender Stahl, Aluminium, Glas), die Sie für Ihre Konstruktionen einsetzen können, wie Eigenschaften, Bezeichnungen und die exakten Angaben für Ihre Materialbestellung.

Das Kapitel 1.7 Fertigungsverfahren und Maschinen ist deshalb so interessant, weil es hier unter anderem um zwei wichtige Verbindungstechniken des Metallbaues geht. Ausführlich wird auf Schraubenverbindungen und auf das Schweißen eingegangen. Gerade die Ausführungsqualität einer Schweißnaht steht oft im Mittelpunkt eines Streitfalles.

Im Kapitel 1.8 Oberflächentechnik ist vor allem der Teil zum Feuerverzinken als wichtigstes Korrosionsschutzverfahren für den Werkstoff Stahl für Sie bedeutsam. Angefangen von den wichtigsten Regeln für eine feuerverzinkungsgerechte Konstruktion bis hin zu den korrosions-

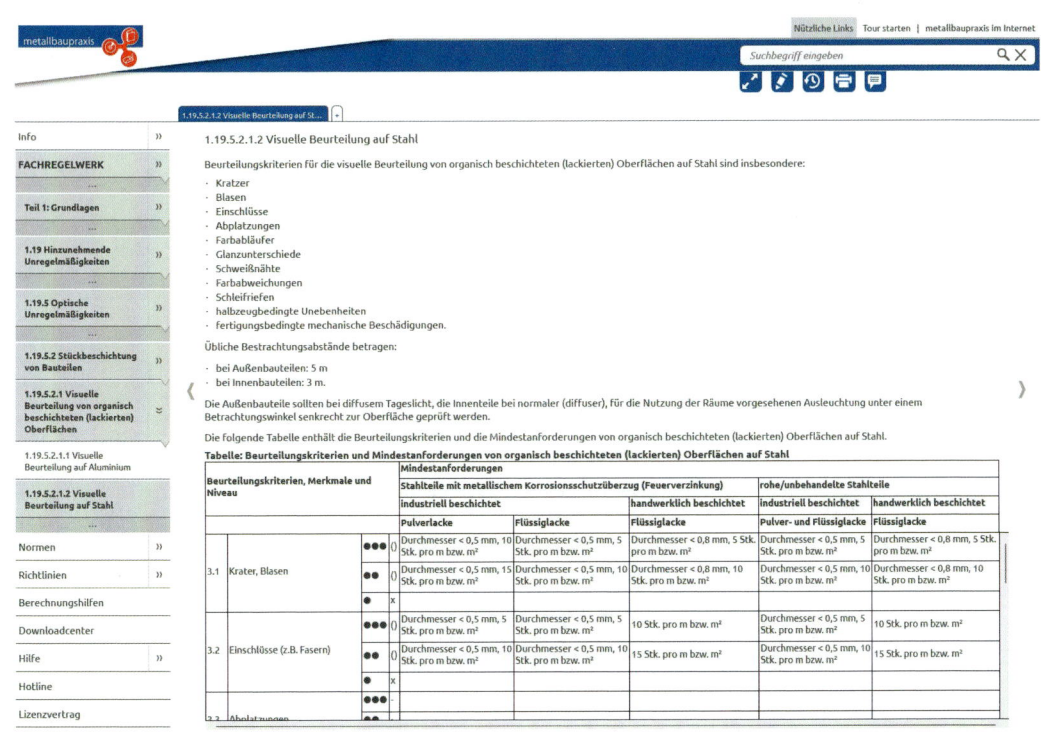

**Abb. 4.1:** Das Kapitel 1.19 enthält einen detaillierten Überblick über die „Hinzunehmenden Unregelmäßigkeiten". In dieser Tabelle sind zum Beispiel alle zulässigen optischen Unregelmäßigkeiten für die visuelle Beurteilung von organisch beschichteten Stahloberflächen aufgeführt.

schutztechnischen und optischen Anforderungen an eine Feuerverzinkung finden Sie hier viele Anhaltspunkte. So sind zum Beispiel das Aussehen einer feuerverzinkten Oberfläche und das Aufwachsen der Schweißnaht beim Feuerverzinken immer wieder Anlass zu Streitigkeiten. Im Fachregelwerk finden Sie die eindeutigen Festlegungen und Formulierungen dazu, denn oft sind das „hinzunehmende Unregelmäßigkeiten", die der Kunde akzeptieren muss.

Viele Produkte des Metallbauers müssen befestigt werden und diese Verbindung muss statisch zuverlässig ausgelegt werden. Zu den gesetzlichen Regelungen, zum Befestigungsuntergrund, zu den Befestigungsmethoden und zu den zugelassenen Produkten liefert Ihnen das Kapitel 1.9 Befestigungstechnik die wichtigen Inhalte.

Glas ist ein sehr sensibler Baustoff, der aber aufgrund des Trends zu mehr Transparenz und Minimalismus in immer mehr Metallbauprodukten eingesetzt wird. Deshalb sollten Sie das Kapitel 1.10 Konstruktiver Glasbau für Ihre Arbeit nutzen. Hier werden die wichtigsten Aspekte der Normenreihe DIN 18008 kommentiert und Sie erhalten die Bemessungs- und Konstruktionsregeln für linienförmig gelagerte, punktförmig gelagerte, absturzsichernde, begehbare und betretbare Verglasungen.

Im Mittelpunkt des Kapitels 1.18 Arbeitshilfen stehen nachnutzbare und nützliche Vorlagen in Form von Checklisten, Formularen, Vordrucken, Verfahrensanweisungen und einem Musterhandbuch zur DIN EN 1090. Die Palette reicht von Checklisten zum feuerverzinkungsgerechten Konstruieren über Vorlagen für eine Liste des Schweißpersonals und eine Schweißanweisung bis zu Hinweisen im Umgang mit Mängelanzeigen.

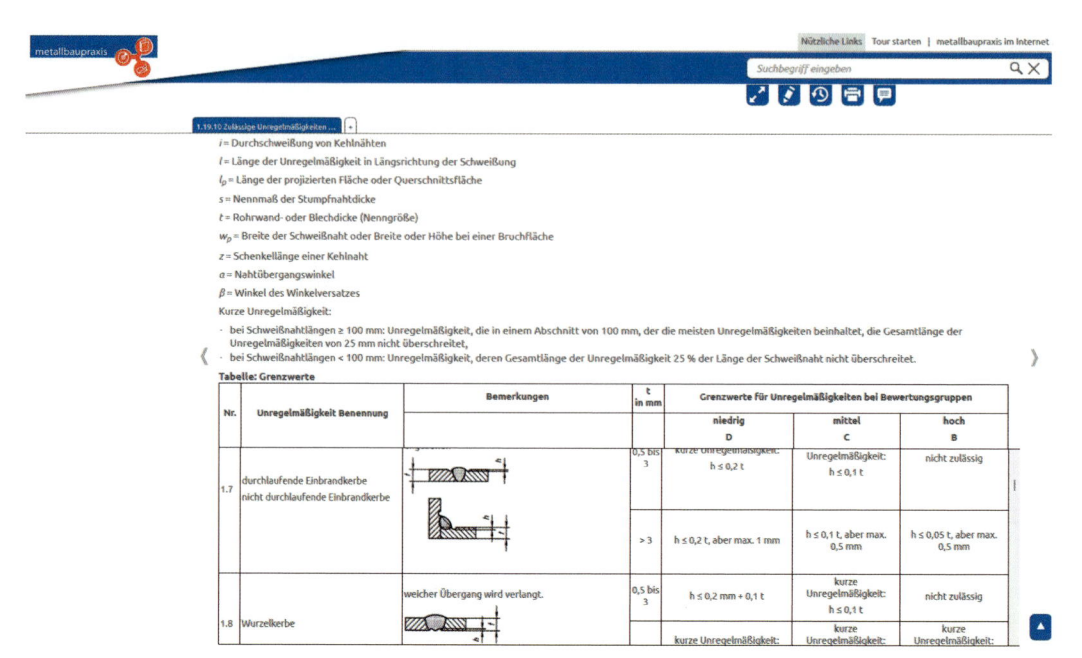

**Abb. 4.2:** Im Kapitel 1.19 Hinzunehmenden Unregelmäßigkeiten sind unter anderem wichtige Informationen zu den Toleranzen an Schweißnähten enthalten, wie diese Tabelle mit den Grenzwerten der Unregelmäßigkeiten an Schweißverbindungen.

Ein besonders wichtiges, informatives und nützliches Kapitel für die Leser dieses Buches ist das Kapitel 1.19 Hinzunehmende Unregelmäßigkeiten. Es liefert Ihnen die entscheidenden Anhaltspunkte und Argumente für die Einschätzung, ob bei einer Kundenreklamation Ihre Konstruktion im Rahmen der Toleranzen lag, also die vermeintlichen Abweichungen „hinzunehmen" sind. Dazu gehören unter anderem maßliche Toleranzen, zulässige optische Unregelmäßigkeiten und zulässige Unregelmäßigkeiten an Schweißverbindungen. Die Palette der behandelten Themen reicht von „Höhenbezugspunkt/Meterriss" über die „Hinzunehmenden Abweichungen von technischen Konstruktionsregeln", die „Beurteilung der Hinnehmbarkeit von geringen Mängeln" bis zum „Schutz der Leistung".

### 4.1.2 Teil 2: Metallbauarbeiten – Konstruktion und Ausführung

Der Teil 2 des Fachregelwerkes wartet dann mit allen wichtigen Informationen für die regelgerechte Planung und Konstruktion Ihrer konkreten Metallbauarbeit auf. Die Produktpalette orientiert sich dabei an der DIN 18360 Metallbauarbeiten und reicht von Fenstern, Türen, Wintergärten über Glasdächer und Fassaden, Tore und Zäune bis hin zu den Treppen und Leitern und Geländern und Umwehrungen, Handläufen. Insgesamt für 47 Produktgruppen werden Arten, Werkstoffe und Systeme, bauphysikalische und konstruktive Anforderungen beschrieben und Hinweise zur Montage gegeben.

### 4.1.3 Auftragschecklisten

Ein wichtiges Hilfsmittel für die regelgerechte Bearbeitung Ihres Auftrages sind die Auftragschecklisten zu jedem Kapitel im Teil 2. Sie helfen Ihnen dabei, keinen notwendigen Schritt und keine wichtige Information zu vergessen – vom Aufmaß und der Planung bis zur Fertigung und Montage. In den Checklisten finden Sie alle relevanten abzuarbeitenden Punkte und die jeweils dazugehörenden Kapitel des Fachregelwerkes. Die wichtigsten Fakten sind mit Merksätzen hervorgehoben.

## 4.1.4 Überblick Fachregelwerk

Das Fachregelwerk Metallbauerhandwerk – Konstruktionstechnik ist ein entscheidendes Hilfsmittel, damit Sie norm- und regelgerecht arbeiten können.

Als eine umfassende Unterstützung, als intelligentes Nachschlagewerk und als optimale Arbeitshilfe liefert es Ihnen seit mehr als zwanzig Jahren mit den allgemein anerkannten Regeln der Technik nützliches Metallbauerwissen. Der halbjährliche praktische Aktualisierungsservice bietet Ihnen die Gewissheit, dass Sie mit dem Fachregelwerk immer zuverlässig auf dem aktuellen Stand sind. Hiermit werden Neuheiten im Regelungsgeschehen berücksichtigt und eingearbeitet.

Die allgemein anerkannten Regeln der Technik definieren den Mindeststandard, den Sie bei der Ausführung Ihrer Arbeiten erfüllen müssen. Die Einhaltung dieser Regeln hilft Ihnen und schützt Sie bei Auseinandersetzungen mit Planern, Architekten oder Auftraggebern. Gleichzeitig erhalten Sie vielfältige Hinweise zur regelgerechten Ausführung Ihrer Arbeiten und zur Fehlervermeidung.

Die Fachregeln sind dreimedial (Papier, DVD und Internet) aufbereitet und Sie erhalten somit Zugriff auf ein komplettes Informationspaket.

Bestandteil des Werkes ist auch ein Normenpool mit über hundert der wichtigsten Normen für das Metallbauerhandwerk im Volltext und über 300 Gesetzen, Verordnungen, Richtlinien und Merkblättern sowie zusätzlicher Software. Checklisten für die Auftragsbearbeitung unterstützen Sie und helfen Ihnen dabei, keinen notwendigen Schritt und keine wichtige Info zu vergessen. Nutzwertige Textvorlagen und Musterschreiben bieten Ihnen rechtssichere Formulierungen.

Die Metallbaupraxis besteht aus zwei Teilen: Zum einen den Grundlagen des Metallbauerhandwerks. Das sind unter anderem die Spezifika des Werkstoffs und seiner handwerksgerechten Be- und Verarbeitung. Zum anderen beschreibt das Werk im Teil zwei alle Metallbauarbeiten, das sind die Produkte, die im Metallbauerhandwerk gefertigt werden. Der Inhalt der Metallbaupraxis deckt somit alle Arbeitsgebiete des Metallbaus ab.

### RICHTLINIEN UND NORMEN

Die Nutzer des Fachregelwerkes haben auch Zugang zu etwa 300 Gesetzen, Richtlinien, Verordnungen und Regelungen im Volltext. Dazu gehören zum Beispiel die 16 Landesbauordnungen, die Musterbauordnung, die Arbeitsstättenrichtlinien, die Muster-Versammlungsstättenverordnung und die abZ Z-30.3-4 von nichtrostendem Stahl.

Auch etwa hundert für das Metallhandwerk relevante Normen im Volltext gehören zum Fachregelwerkspaket. Dabei sind unter anderem auch die zum Thema „hinzunehmende Unregelmäßigkeiten" wichtigen Normen DIN 18065, DIN 18008, DIN 18202 und DIN EN ISO 5817.

Weitere Informationen erhalten Sie unter www.metallbaupraxis.de und für ein Verzeichnis der Normen im Volltext können Sie den QR-Code scannen

## 4.2 Nutzung der Schadensfalldatenbank

Bisher sind fast 700 spannende, nützliche, lehrreiche und lesenswerte Schadensfälle (inklusive der hundert Fälle aus diesem Buch) in den fünf Bänden der Schadensfallbuchreihe, in der Zeitschrift M&T Metallhandwerk und in den M&T-Ratgebern erschienen.

Alle Schadensfälle, die überwiegend aus der gutachterlichen Praxis öffentlich bestellter und vereidigter (ö.b.u.v.) Sachverständiger des Metallbauerhandwerks und aus Werkstoffprüflabors der Schweißtechnischen Lehranstalten (SLV) stammen, zeigen das gesamte Spektrum der Fehler, durch die Schäden an Metallbauarbeiten entstehen können. Angefangen von der fehler-

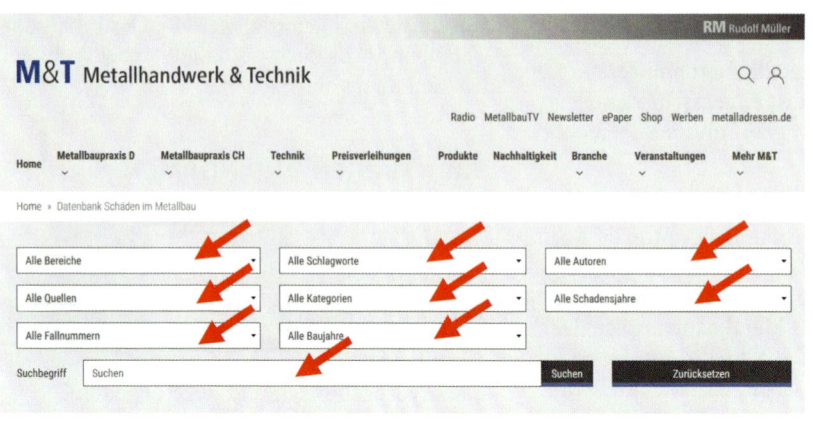

**Abb. 4.3:** In der Datenbank unter www.schaeden-im-metallbau.de kann man entweder über die Filter (Bereiche, Quellen, Fallnummern, Schlagworte, Kategorien, Baujahre, Autoren, Schadensjahre) oder im Volltext suchen.

haften Leistungsbeschreibung oder einer schlechten Abstimmung mit dem Bauherrn beziehungsweise Planer über kleine und große Konstruktionsmängel, fehlende Statik und falsche Werkstoffauswahl bis hin zu Transportschäden und Montagefehlern, ist (beinahe) alles vertreten, was im beruflichen Alltag des Metallbauers vorkommen kann.

Dabei sind naturgemäß typische Mängel, die man leider immer wieder beobachten kann, zum Beispiel fehlende Zertifizierungen oder Schweißerprüfungen, falsche Steigungsmaße an Treppen, zu große Abstände von Geländerbauteilen, eine falsche Dübelwahl, zu geringe Rand- oder Achsabstände der Verankerung, eine nicht feuerverzinkungsgerechte Auslegung der Konstruktion und viele mehr. Aber gerade in diesem Band der Buchreihe und dann auch in der Datenbank sind viele Fälle dabei, bei denen der Gutachter zum dem Schluss kam, dass der Kunde zu pedantisch war und zu genau hingeschaut hat und die Metallbauerleistung letztlich im Rahmen der Toleranzen lag – es sich also um eine „hinzunehmende Unregelmäßigkeit" handelte.

Für jeden einzelnen Fall gilt, dass der Metallbauende durch die Vermeidung von Fehlern, die andere gemacht haben, Geld, Zeit und Ärger sparen kann. Um den großen und wertvollen Fundus an Schadensfällen aus dem Metallbau, den es wohl vergleichbar nirgendwo gibt, für so viele Interessierte wie möglich nutzbar zu machen, haben wir uns vor einiger Zeit entschlossen, alle Fälle in eine elektronische Online-Datenbank zu stellen. Hier können interessierte Nutzer rund um die Uhr bequem online recherchieren. Sie finden die Datenbank, indem Sie direkt die Homepage www.schaeden-im-metallbau.de aufrufen, oder über die Homepage der M&T Metallhandwerk im Bereich Technik unter „Datenbank Schäden im Metallbau". Sie können in der Datenbank über die Filterfunktionen suchen oder geben einen Suchbegriff in der Volltextsuche ein.

Die insgesamt acht Filter bieten dabei zahlreiche Möglichkeiten der gezielten Suche. So kann man zum Beispiel nach einem Fall aus einem bestimmten Bereich suchen. Hier werden die typischen Fehlerbereiche des Metallbaus angeboten:

- Bauanschlüsse und Dichtungen,
- Bedienungs- und Nutzungssicherheit und Sicherungstechnik,
- Brand- und Rauchschutz,
- Maße und Toleranzen,
- Oberflächen,
- Schweißen,
- Statik und Befestigungen.

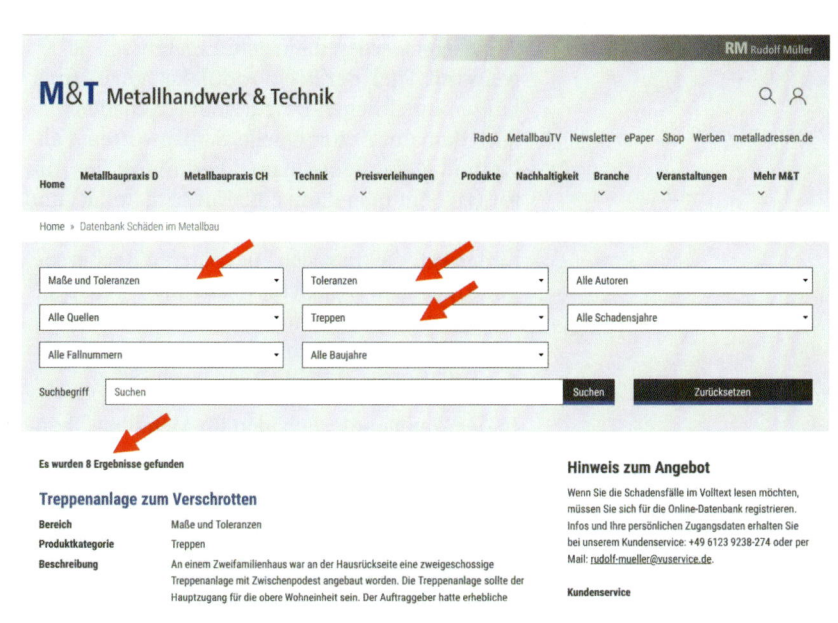

**Abb. 4.4:** Sucht man speziell nach einem bestimmten Fall im Bereich Maße und Toleranzen zur Steigungshöhe von Treppenstufen und befürchtet, dass die Toleranzen nicht eingehalten wurden, bekommt man acht Fälle angezeigt.

Interessant können auch die Quellen sein, aus denen die Fälle stammen. Vielleicht können Sie sich vage an einen gerade jetzt für Sie wichtigen Fall erinnern, wissen aber nicht mehr genau, wann Sie ihn gelesen haben. Sie erinnern sich nur, dass es in der M&T Metallhandwerk im Jahr 2015 war. Dann nutzen Sie den Quellenfilter. Zu den Quellen gehören die jetzt sechs Bände der Buchreihe „Schäden im Metallbau", zwei M&T-Ratgeber und die Hefte der M&T Metallhandwerk.

Sucht man die Fälle, die sich einem bestimmten Schlagwort aus dem Metallhandwerk zuordnen lassen, nutzt man am besten diesen Filter. Hier findet man die Fälle sortiert nach über 200 Schlagworten, angefangen vom Aluminium, über Beschläge, Hinzunehmende Unregelmäßigkeiten, Korrosionsschutz, Oberflächen/-technik bis hin zur Zertifizierung und Zustimmung im Einzelfall.

Überaus hilfreich ist auch der Suchfilter der Kategorien. In dieser Suchmaske sind alle Fälle einem bestimmten Produktbereich des Metallbauerhandwerks zugeordnet. Die Produktbereiche entsprechen weitgehend der Klassifizierung in der Metallbauernorm (DIN 18360) und der Stahlbauernorm (DIN 18335) und sind fast deckungsgleich mit den Produktkategorien des

**Abb. 4.5:** Klickt man das Dokument an, öffnet sich für registrierte Nutzer die PDF mit dem kompletten Schadensfall.

Metallbauerhandwerks im Teil 2 des Fachregelwerkes. Dazu gehören:

- Balkone,
- Fassaden,
- Fenster,
- Feuerschutzabschlüsse,
- Feuerschutztüren,
- Geländer,
- Maste,
- Sonnenschutz,
- Stahlhallen,
- Stahlkonstruktionen,
- Tore,
- Treppen,
- Türen,
- Überdachungen,
- Vordächer,
- Weitere Metallkonstruktionen,
- Wintergärten.

Auch wer den Schadensfall eines bestimmten Autors sucht, weil er sich an diesen Autor erinnert, wird im Filter fündig. Hier sind alle inzwischen 56 Autoren verzeichnet – vom öffentlich bestellten und vereidigten Sachverständigen bis zum Ingenieurbüroinhaber, Schweißgutachter und Oberflächenfachmann. In diesem aktuellen Band 6 der Buchreihe sind es zum Beispiel 27 Autoren und dabei sind auch wieder einige, die erstmals interessante Schadensfälle für unsere Buchreihe beisteuern. Ergänzt werden die Suchkriterien durch die Schadensjahre der jeweiligen Fälle. Das kann besonders dann hilfreich sein, wenn es darum geht den Regelungsstand eines bestimmten Jahres zu recherchieren, in dem man vielleicht selber ein vergleichbares technisches Problem hatte. Das Baujahr des im Schadensfall beschriebenen Bauprojektes ist ein weiteres hilfreiches Suchkriterium.

Die Datenbank kann in vielen Fällen des betrieblichen Alltags des Metallbauers nützlich sein. Haben Sie zum Beispiel ein typisches Problem im Bereich Maße und Toleranzen an der Steigungshöhe von Treppenstufen und befürchten, dass Sie die Toleranzen nicht eingehalten haben, können Sie eine Kombination von drei Filtern einstellen: bei den Bereichen „Maße und Toleranzen", bei den Kategorien „Treppen" und bei den Schlagworten „Toleranzen".

Angezeigt werden dann acht Ergebnisse – jeweils mit Titel, Bereich, Produktkategorie, einer kurzen inhaltlichen Beschreibung, Schadensjahr, Baujahr, Autor, Quelle, Schlagworten, Fall-Nr. und Dokumentenname. Verlinkt ist der Autor (zu dem man dann eine Kurzvita findet) und beim Dokument ist der komplette Fall als PDF hinterlegt, die man sich zur späteren Recherche natürlich auch abspeichern kann. Die Beiträge sind nach der Fallnummer aufsteigend sortiert und meist erkennt man schon am Titel, ob sich der Fall um das aktuelle Problem dreht.

In der Datenbank „Schäden im Metallbau" können Sie auch als unregistrierter Benutzer alle Schadensfälle recherchieren und erfahren über den kurzen Inhaltstext, worum es in diesem Fall geht. Angezeigt werden dabei etwa 250 Zeichen Text, aber Sie können den kurzen inhaltlichen Abriss auch durch einen Klick erweitern.

Wenn Sie den Schadensfall (als PDF) komplett lesen möchten, müssen Sie sich für die Online-Datenbank registrieren. Für Buchkäufer dieses aktuellen Bandes der Buchreihe „Schäden im Metallbau" ist das für ein halbes Jahr kostenlos. Sie erhalten im Buch einen Gutscheincode für die Nutzung der Datenbank. M&T-Jahresabonnenten bekommen den Zugang zu einem Vorzugspreis.

In letzter Zeit erreichen uns öfter Anfragen von Metallbauern, die nach einem bestimmten Fall suchen, den sie schon einmal in der M&T oder in einem der Bücher gesehen haben und an den sie sich nun erinnern, da sie ein ähnliches Problem bei einem ihrer Aufträge haben. Ihnen und vielen anderen kann man nur raten: Nutzen Sie die Datenbank mit nunmehr etwa 700 Schäden (oder vermeintlichen Schäden) im Metallbau.

Hier finden Sie etwa 700 typische Schadensfälle aus dem Metallbau in der Schadensfalldatenbank unter www.schaeden-im-metallbau.de.

**Abb. 4.6:** Alfred Bullermann vom Atelier Eisenzeit in Friesoythe freut sich über die Auszeichnung mit dem Deutschen Metallbaupreis 2024, den er für ein geschweißtes Wegekreuz erhalten hat.

**Abb. 4.7:** Markus Dann (links) und Günter Huhle haben mit ihrem Team von Huhle Stahl- und Metallbau aus Wiesbaden den neuen Atzelbergturm geplant, gebaut und montiert.

## 4.3 Deutscher Metallbaupreis

**Spot an für deine Story**

In diesem Buch finden Sie einhundert Beispiele für Schäden, die oft nicht auf den ersten Blick erkennbar sind. Von der aufmerksamen Lektüre dieser Fälle profitieren Sie, indem Sie die Mängel erkennen und vermeiden können. So begeistern Sie Ihre Kunden mit gelungenen und technisch sauber ausgeführten Projekten. Und mit solch einer gelungenen Arbeit können Sie auch gewinnen!

Ob gemeinsam im (großen oder kleinen) Team oder alleine gemeistert: Auf eine gelungene Arbeit, ein unglaubliches Projekt, einen erfüllten Kundenwunsch oder eine gemeisterte komplizierte Einbausituation sind Sie stolz wie Oskar. Handwerkskunst, Liebe, Freude, Qualität und Wertschätzung – darum und um viel mehr geht es bei Ihren Projekten. Und wie wäre es, wenn Sie dieses Werk Ihren Kollegen aus dem Metallhandwerk vorstellen würden? Weil Sie in einem Video darüber berichten, was Ihre größten Herausforderungen in der Umsetzung waren. Und, wie Sie diese gelöst haben.

Jeder Betrieb kann diesen Preis gewinnen. Ob Spezialist oder Generalist, groß oder klein, vom Land oder aus der Stadt: Die weit über achtzig Gewinner-Betriebe zeigen es.

**Deutscher Metallbaupreis**

**Alle Gewinner 2024**

- Cars´n Cube, München (Wintergarten Gruber, Ascha)
- Wendeltreppe mit geschlossener Untersichtsverkleidung, Bayreuth (Ernst Kern, Großheirath)
- Eingangsportal Hillerstrasse Köln (Lublinsky Stahl- und Metallbau, Brühl)
- Atzelbergturm, Kelkheim (Huhle Stahl- und Metallbau, Wiesbaden)
- Große Wappenkartusche am Humboldt-Forum, Berlin (Fittkau Metallgestaltung, Berlin)
- Geschweißtes Wegekreuz, Twistringen (Atelier Eisenzeit, Friesyothe)

Wenn Sie auf dem jährlichen Metallkongress während der feierlichen Abendveranstaltung auf der Bühne den Deutschen Metallbaupreis entgegennehmen, haben Sie es geschafft! Sie haben die Jury mit Ihrer getreu dem Motto des Wettbewerbs „klug geplanten und perfekt gebauten" Leistung überzeugt.

Für den Wettbewerb rund um den Deutschen Metallbaupreis suchen wir jedes Jahr ab Januar Ihre gelungenen, filmreifen Projekte. Der Deutsche Metallbaupreis zeichnet Metallbauprojekte in den sechs Kategorien aus:

- Fenster, Fassade, Wintergarten,
- Türen, Tore, Zäune,
- Metallgestaltung,
- Stahlkonstruktionen,
- Treppen und Geländer,
- Sonderkonstruktionen.

Sie können alle Gewinnerinnen und Gewinner sehen: Schauen Sie in die Hall of Fame des Deutschen Metallbaupreises – Sie finden sie unter www.metallbaupreis.de oder direkt unter dem QR-Code im Kasten.

In der Hall of Fame des Deutschen Metallbaupreises finden Sie alle Siegerinnen und Sieger, ihre Videos und Beschreibungen ihrer Objekte.

**Was können Sie gewinnen? Nutzen Sie die Auszeichnung für Ihr Unternehmen!**

- Unikat: Sie erhalten eine von einem Metallgestalter handgefertigte Trophäe.
- Wir erstellen bei Ihrem Gewinner-Objekt mit Ihnen zusammen ein Video über Ihre Leistung. Das Video läuft als Premiere am Abend der Preisverleihung und nach der Preisverleihung dürfen Sie das Video für sich nutzen.
- Sie erhalten ein Marketingpaket: Schmuckvolle Aufkleber für Firmenfahrzeuge, das Sieger-Logo für die Korrespondenz mit den Kunden oder zur Verwendung auf Ihrer Internetseite, eine eigene Pressemeldung sowie Fotos der Trophäe, Fotos mit Ihnen und der Trophäe am Sieger-Objekt.
- Wir berichten über die Siegerobjekte in der Zeitschrift M&T und online.
- Unseren Bericht erhalten Sie als Sonderdruck für Ihre Kundenakquise.
- Wir berichten in allen Social-Media-Kanälen von M&T über Ihr Objekt.

www.metallbaupreis.de

**Kontakt zum Projektteam**

Projektleiterin **Yvonne Schneider** freut sich auf Ihre Bewerbung und Fragen rund um den Deutschen Metallbaupreis: bewerbung@metallbaupreis.de, Telefon 0221 5497-293

# MegaCAD
EINFACH MACHEN

## MegaCAD Metall 3D

### DIE BRANCHENLÖSUNG FÜR DAS METALLHANDWERK

▷ Schäden und Nachbearbeitung auf der Baustelle schon in der Planungsphase vermeiden

▷ Präzise Übernahme des Aufmaßes

**WEITERE VORTEILE:**

▷ 3D und 2D unter einer Oberfläche

▷ Freies Modellieren

▷ Blechabwicklung

▷ Treppengenerator, Geländergenerator

▷ Teiledatenbanken von Feldmann, Südmetall u. a.

▷ Basis-Schulungen in Hamburg, Hessen & Bayern

Software & Support aus Deutschland

Mehr erfahren: www.megacad.de

# 5 Anhang

## 5.1 Schadensfall-Suchmatrix

| Produktkategorie | Bereich/Kapitel | | | | | | |
|---|---|---|---|---|---|---|---|
| | 1. Statik und Befestigungen | 2. Maße und Toleranzen | 3. Bauanschlüsse und Dichtungen | 4. Brand- und Rauchschutz | 5. Bedienungs- und Nutzungssicherheit und Sicherungstechnik | 6. Oberflächen | 7. Schweißen |
| Balkone | | 2.2.5 | | | | | |
| Fassaden | 2.1.3, 2.1.14, 2.1.15, 2.1.16 | 2.2.10 | 2.3.4, 2.3.5, 2.3.6, 2.3.7 | | 2.5.6 | | |
| Fenster | | | 2.3.3 | | 2.5.2, 2.5.3, 2.5.4, 2.5.5 | 2.6.4 | |
| Feuerschutzabschlüsse | | | | 2.4.6 | | | |
| Feuerschutztüren | | | | 2.4.2, 2.4.3, 2.4.5 | | | |
| Geländer | 2.1.8, 2.1.9, 2.1.10, 2.1.12 | 2.2.2 | | 2.4.7 | | 2.6.1 | 2.7.4, 2.7.5 |
| Maste | 2.1.6 | | | | | | |
| Stahlhallen | 2.1.5 | | | | | 2.6.8, 2.6.9 | |
| Stahlkonstruktionen | 2.1.1, 2.1.2 | 2.2.12 | | | 2.5.10 | 2.6.10, 2.6.24 | 2.7.1, 2.7.2, 2.7.3, 2.7.8, 2.7.13, 2.7.14, 2.7.17, 2.7.20 |
| Tore | 2.1.13 | 2.2.3 | 2.3.1 | | 2.5.1, 2.5.7 | 2.6.2, 2.6.6 | |
| Treppen | | 2.2.6, 2.2.7, 2.2.8 | | | | | |
| Türen | | 2.2.1 | 2.3.2 | 2.4.1, 2.4.4 | 2.5.8, 2.5.9 | 2.6.3, 2.6.7 | |
| Überdachungen | 2.1.11 | | | | | | |
| Weitere Metallkonstruktionen | 2.1.4, 2.1.17, 2.1.18 | 2.2.4, 2.2.9, 2.2.11, 2.2.13, 2.2.14 | | | | 2.6.5, 2.6.11, 2.6.12, 2.6.13, 2.6.14, 2.6.15, 2.6.16, 2.6.17, 2.6.18, 2.6.19, 2.6.20, 2.6.21, 2.6.22, 2.6.23 | 2.7.6, 2.7.7, 2.7.9, 2.7.10, 2.7.11, 2.7.12, 2.7.15, 2.7.16, 2.7.18, 2.7.19 |
| Wintergärten | 2.1.7 | | | | | | |

Wenn Sie Schadensfälle in Zusammenhang mit einem bestimmten Produkt des Metallbaus suchen, bieten wir Ihnen hier Hilfestellung. In der Tabelle finden Sie die Schadensfälle geordnet nach den für das Metallbauerhandwerk typischen Produktgruppen. In der jeweiligen Zeile sind die Nummern der Unterkapitel aus dem Buch verzeichnet, wo Sie die Schadensfälle finden und aus der jeweiligen Spalte erkennen Sie die Zuordnung zu dem Bereich/Kapitel aus dem die Fälle stammen.

## 5.2 Glossar

Hier sind einige wichtige Begriffe aus dem Bereich der Schadensfälle und ihre Erklärungen zusammengestellt

**Abbrand**
Der Abbrand beim Schweißen ist der Verlust an Legierungselementen durch Oxidation und/oder Übergang in eine Schlacke.

**Abschmelzleistung**
Die Abschmelzleistung ist die Menge des je Zeiteinheit abgeschmolzenen Zusatzwerkstoffes. Sie ist ein Vergleichswert für die Produktivität eines Schweißverfahrens.

**Alterungsbeständigkeit**
Mit Alterungsbeständigkeit wird die Eigenschaft eines Materials oder eines Bauelements bezeichnet, seine physikalischen Daten im Laufe eines längeren Zeitraums nicht oder nur gering zu verändern. Bei Stahl geht es dabei vor allem um die Verformungsfähigkeit. Neben den Elementen Kohlenstoff, Phosphor, Sauerstoff kann auch der ungebundene Stickstoff in Stählen zu einem Alterungseffekt führen.

**Anlaufstück**
Das Anlaufstück ist ein Blechstück, das in der Verlängerung der Naht vor den Nahtanfang geheftet wird. Es dient dem Start und der Stabilisierung des Schweißprozesses und wird nach dem Ende der Schweißarbeiten abgetrennt.

**Aufhärtung**
Die Aufhärtung ist eine durch die Schweißwärme hervorgerufene Veränderung des Gefüges in der Wärmeeinflusszone. Das kann zur lokalen Erhöhung der Härte führen.

**Aufmischungsgrad**
Der Aufmischungsgrad ist der Anteil des aufgeschmolzenen Grundwerkstoffes am gesamten Schweißgut in Prozent.

In diesem Glossar finden Sie nur die Definitionen neuer Begriffe aus dem Bereich der Schäden und der hinzunehmenden Unregelmäßigkeiten.
Weitere typische Begriffe, wie allgemein anerkannte Regeln der Technik, Beizen, Mangel, Messregeln, Toleranz finden Sie in unserem Lexikon mit weit über 500 Definitionen unter www.mt-metallhandwerk.de/lexikon – frei zugänglich zur Recherche.

**Auslaufstück**
Das Auslaufstück ist ein Blechstück, das in der Verlängerung der Naht an das Bauteil geheftet und nach dem Ende der Schweißarbeiten abgetrennt wird. Fehlstellen im Endkrater entstehen so im Auslaufstück.

**Badsicherung**
Die Badsicherung ist ein Sicherungsstreifen aus Metall oder Keramik, der ein Durchfallen der Wurzel bei zu groß werdendem Schmelzbad verhindert.

**Beizblasen**
Beizblasen (auch Laugenrissprödigkeit oder Flockenrisse) entstehen beim Beizen. Dabei kann sich, je nach Beizprozess, atomarer Wasserstoff bilden, der leicht in Stahlsorten mit einem Krz-Metallgitter eindringen kann. An Fehlstellen im Stahlgitter, wie Versetzungen oder Korngrenzen, vereinigen sich Wasserstoffatome zu Molekülen, die ein größeres Volumen als die Einzelatome einnehmen. Die in oberflächennahen Schichten gebildeten Moleküle bauen einen hohen Druck auf, der sich in weichen, duktilen Baustählen durch das Aufreißen von Beizblasen entlädt.

**Bindefehler**
Der Bindefehler ist ein flächiger Schweißnahtfehler mit mangelnder Anbindung des Schweißgutes an das Bauteil beziehungsweise an die vorherige Schweißlage. Ursache ist das ungenügende Aufschmelzen der Nahtflanke oder der vorherigen Lage.

**Brandschutzkonzept**
Ein Brandschutzkonzept ist ein Dokument, das die Gesamtheit aller erforderlichen Brandschutzeigenschaften eines Gebäudes, einer baulichen Anlage oder eines Teils davon zum Zeitpunkt der Erstellung des Konzepts beschreibt.

**Chevron-Riss**
Bei der Chevron-Rissbildung handelt es sich um eine Form von wasserstoffinduzierter Kaltrissbildung im Schweißgut, die typischerweise bei mittelfesten Schweißnähten aus niedriglegierten Kohlenstoff-Mangan-Legierungen auftritt.

**Dauerschwingbruch**
Als Dauerschwingbruch (auch Schwingbruch, Schwingungsbruch oder umgangssprachlich Dauer- oder Ermüdungsbruch) bezeichnet man den Bruch unter Lastwechselbeanspruchung. Die meisten Brüche im Maschinenbau lassen sich hierauf zurückführen. Die Ermüdung des Bauteils, an dessen Ende sein Versagen oder sein Bruch steht, hängt vor allem ab von der Dauer und der Intensität der wechselnden Belastung.

**Decklage**
Die Decklage ist beim Mehrlagenschweißen die obere(n) Lage(n), die die Naht abdecken.

**Druckspannung**
Druckspannungen sind senkrecht auf die Bezugsebene wirkende Spannungen.

**Duktiler Bruch**
Ein duktiler Bruch tritt im Gegensatz zum Sprödbruch ein, wenn es vor dem eigentlichen Versagen des Materials zu einer deutlichen plastischen Verformung kommt.

**Duktilität**
Unter Duktilität versteht man das Verformungsvermögen eines Werkstoffs. Es ist die Eigenschaft eines Werkstoffs, sich unter Belastung plastisch zu verformen, bevor er versagt.

**Duktilitätsreserve**
Die Duktilitätsreserve ist der Überschuss an plastischem Verformungsvermögen, der den Eigenspannungsabbau durch plastische Verformung ermöglicht.

**Durchdringungskerbe**
Die Durchdringungskerbe ist ein spannungstechnisch besonders kritischer Zustand, weil hier mehrere Kerben an derselben Stelle auftreten. Problematisch an einer derartigen Konstellation ist, dass sich die individuellen Kerbfaktoren nicht addieren, sondern multiplizieren. Dies führt zu einem starken Anstieg der lokalen Spannung.

**Einbrand**
Der Einbrand ist der vom Schweißprozess aufgeschmolzene Anteil des Grundwerkstoffs.

**Einbrandkerbe**
Einbrandkerben sind durch die Oberflächenspannung der Schmelze hervorgerufene Kerben im Grundwerkstoff neben der Schweißnaht. Sie entstehen dadurch, dass durch das Schweißen ein breiterer Bereich angeschmolzen wird, als durch den zugeführten Zusatzwerkstoff aufgefüllt werden kann.

**Einlagenschweißung**
Die Einlagenschweißung ist eine mit einer Lage hergestellte Schweißung. Bei großen Nahtquerschnitten ist sie meist mit einem großen Energieeintrag verbunden.

**Feritscope**
Das Feritscope misst schnell und zerstörungsfrei den Ferritgehalt in austenitischen und Duplexstählen nach dem magnetinduktiven Verfahren. Erfasst werden dabei alle magnetisierbaren Gefügeanteile, das heißt neben Deltaferrit auch zum Beispiel Verformungsmartensit oder andere ferritische Phasen.

**Filiformkorrosion**
Filiformkorrosion bezeichnet eine fadenförmige Korrosionserscheinung, die als spezielle Form der anodischen Unterwanderung vor allem unter organischen Beschichtungen von Aluminium sowie niedrig legierten Stählen auftritt.

## Flammengeschwindigkeit
Die Flammengeschwindigkeit ist die maximale Ausströmungsgeschwindigkeit, bei der ein Gasstrom ohne Abriss der Flamme vor der Ausströmdüse brennt.

## Fraktographie
Fraktographie ist die Beschreibung und Beurteilung von Bruchflächen. Die makroskopischen und mikroskopischen Bruchmerkmale dienen zur Ermittlung der Bruchart, des Werkstoffverhaltens und der Beanspruchungsart vor allem bei der Schadensanalyse und insbesondere bei metallischen Werkstoffen.

Erfolgt die Untersuchung mit dem bloßen Auge oder einer schwachen Vergrößerung, so spricht man von Makrofraktographie. Wird dagegen ein höher auflösendes Lichtmikroskop oder ein Elektronenmikroskop verwendet, so spricht man von Mikrofraktographie.

## Fülllagen
Fülllagen sind die beim Mehrlagenschweißen zum Füllen der Schweißnahtvorbereitung eingebrachten Lagen zwischen Wurzellage und Decklagen.

## Fugenhobeln
Das Fugenhobeln ist ein thermisches Verfahren zum Abtragen von Material.

## Gebrauchstauglichkeit
Im technischen Sinn ist die Gebrauchstauglichkeit eine Eigenschaft der Bauprodukte. Sie soll eine sichere und uneingeschränkte Nutzung gewährleisten. Die Tragwerksplanung beschreibt den Grenzzustand der Gebrauchstauglichkeit. Neben der Tragfähigkeit ist sie Bestandteil der statischen Berechnung.

## Gefüge
Das Gefüge oder die Mikrostruktur beschreibt den Aufbau und die Ordnung der Bestandteile eines Werkstoffs auf sichtbarer und mikroskopischer Ebene. Die Gefügebestandteile sind üblicherweise sehr klein und können zum Beispiel mit einem Lichtmikroskop qualitativ und quantitativ sichtbar gemacht werden.

## Gitterschnitttest
Der Gitterschnitttest nach ISO 2409 ist ein Prüfverfahren zur Abschätzung des Widerstandes einer Beschichtung gegen Trennung von der Oberfläche des beschichteten Teils. Hierzu wird mit einem speziellen Mehrschneidengerät ein bis zum Untergrund durchgehendes Gitter in die Beschichtung geschnitten.

## Grobkornbildung
Die Grobkornbildung ist ein durch den Schweißwärmezyklus hervorgerufenes lokales Wachsen der Körner im Gefüge der Wärmeeinflusszone.

## Gussgefüge
Ein Gussgefüge entsteht durch das Erstarren aus der Schmelze und wurde nicht durch eine Wärmebehandlung (Wärmebehandlungsgefüge) oder Verformung (Walz- oder Schmiedegefüge) verändert.

## Härteprüfung
Bei der Härteprüfung wird die Härte eines Werkstoffes ermittelt. Härte ist der Widerstand, den ein Körper dem Eindringen eines anderen Körpers in seine Oberfläche entgegensetzt. Es gibt mehrere Prüfverfahren. Sie sind nach ihren Erfindern Brinell, Vickers, Knoop, Rockwell und Shore benannt.

Harte Werkstoffe werden normalerweise mit der Härteprüfung nach Vickers geprüft.

## Härteriss
Der Härteriss entsteht durch die Aufhärtung der Wärmeeinflusszone. Die Aufhärtung geht einher mit einer Verringerung des Verfomungsvermögens des Werkstoffes, die in Verbindung mit Eigenspannungen zur spröden Rissbildung führen kann.

## Heißriss
Der Heißriss ist ein im heißen Zustand des Werkstückes entstandener Riss. Ursache sind in der Regel seigernde niedrig schmelzende Phasen.

## Hinzunehmende Unregelmäßigkeit
Die hinzunehmende Unregelmäßigkeit ist eine Abweichung vom Idealzustand, die im Rahmen der „Allgemein anerkannten Regeln der Technik" zulässig ist. Die allgemein anerkannten Regeln der Technik sind technische Regeln für den Entwurf und die Ausführung baulicher Anlagen, die in der technischen Wissenschaft als theoretisch richtig anerkannt sind und feststehen,

sowie insbesondere in dem Kreis, der für die Anwendung der betreffenden Regeln maßgeblichen, nach dem neuesten Erkenntnisstand vorgebildeten Techniker durchweg bekannt und aufgrund fortdauernder praktischer Erfahrungen als technisch geeignet, angemessen und notwendig anerkannt sind.

### HV – Härte nach Vickers
Die Härteprüfung nach Vickers ist ein 1925 entwickeltes Härteprüfverfahren. Dabei wird der Eindringkörper in Form einer geraden Pyramide mit der Prüfkraft F senkrecht in die Oberfläche der Probe eingedrückt. Die Vickers Härteprüfung ist oft einfacher anzuwenden als andere Härteprüfverfahren, da die erforderliche Berechnung des Härtewertes unabhängig von der Größe des Eindringkörpers ist und unabhängig von der Härte des Werkstoffes angewendet werden kann.

### Kaltriss
Der Kaltriss entsteht im kalten Zustand. Ursachen können Aufhärtungen, Wasserstoffeinlagerungen, Eigenspannungen und ähnliche Unregelmäßigkeiten im Gefüge sein.

### Kapplage
Die Kapplage ist eine Schweißlage einer Mehrlagenschweißung. Sie wird von der Gegenseite auf die (ausgefugte) Nahtwurzel aufgebracht, um eventuelle Wurzelbindefehler sicher zu beseitigen.

### Kerbwirkung
Die Kerbwirkung ist eine durch Steifigkeitssprünge im Bauteil hervorgerufene lokale Spannungsüberhöhung.

### Kohlenstoffäquivalent
Das Kohlenstoffäquivalent ist in der Werkstoffkunde ein Maß zur Beurteilung der Schweißeignung von unlegierten und niedriglegierten Stählen. Generell sind Stähle bis zu einem Kohlenstoffanteil von etwa 0,20 Prozent schweißbar.

Auch der Einfluss der chemischen Zusammensetzung auf das Kaltrissverhalten von Stählen lässt sich durch das Kohlenstoffäquivalent CET ausreichend genau beschreiben. Es ergeben sich Grenzwerte für die Materialdicke, bis zu der Stahlbleche mit entsprechender chemischer Zusammensetzung ohne Vorwärmen geschweißt werden können.

### Lage-Gegenlage
Die Lage-Gegenlage ist eine von zwei Seiten mindestens doppellagig erfolgte Schweißung.

### Lagenaufbau
Der Lagenaufbau bestimmt die geometrische Anordnung der Einzellagen in der Schweißnahtvorbereitung.

### Liquidustemperatur
Die Liquidustemperatur ist die Temperatur einer Legierung, ab deren Unterschreitung das Gemenge aus einer homogen flüssigen Phase zu erstarren beginnt. Die Temperatur, die bei homogener Erstarrung erreicht wird, wird dagegen als Solidustemperatur bezeichnet.

Zwischen Solidus- und Liquidustemperatur ist das Gemenge bei Legierungen breiig, es existieren feste und flüssige Phasen nebeneinander. Das Temperaturintervall zwischen Solidus- und Liquidustemperatur nennt man Schmelzintervall.

### Lunker
Lunker ist ein Begriff aus der Metallurgie und bezeichnet Hohlräume, die im Inneren eines Werkstücks oder als Einbeulungen an der Oberfläche durch Schwindung des Materials bei der Erstarrung entstehen.

### Mehrlagenschweißung
Verfahrenstechnik zum Schweißen dickwandiger Bauteile mit mindestens zwei Schweißraupen nacheinander.

### Monopile
Ein Monopile ist eine Fundamentform für Offshore-Windkraftanlagen, die nur aus einem einzigen Pfahl besteht, auf der die Windkraftanlage errichtet wird. Der zylindrische Pfahl aus Stahl wird in den Meeresboden gerammt, sodass das obere Endstück über den Meeresspiegel hinausragt.

### Nahtdicke
Nahtdicke ist die den kleinsten tragenden Querschnitt einer Schweißverbindung bestimmende Ausdehnung einer Schweißnaht.

### Nahtwurzel
Die Nahtwurzel ist der der Schweißseite gegenüberliegende Bereich einer Schweißnaht. Bei Mehrlagenschweißungen ist das auch die erste geschweißte Lage.

**Orangenhaut**
Die Orangenhaut ist einer der am häufigsten auftretenden und am leichtesten zu erkennenden Lackierfehler. Die frisch lackierte Oberfläche weist einen ungleichmäßigen Verlauf und starke Spritznarben auf. Der Name Orangenhaut kommt von der Ähnlichkeit der endgültigen Lackierung mit einer Orangenhaut. Dieses Problem entsteht durch die fehlende Dehnung oder Nivellierung der Farbe, was zu einer verformten Oberfläche und einer erhöhten Dicke der endgültigen Schicht führt.

**Pore**
Die Pore ist ein durch Gasfreisetzung während des Erstarrungsprozesses der Schweißnaht entstandener meist runder Hohlraum.

**Reinigungshinweis**
Der Reinigungshinweis ist ein elementares Dokument für die Übergabe eines fertigen Bauproduktes. Im Reinigungshinweis steht die spezifische und fachgerechte Pflegeanleitung um eine dauerhafte Funktion und Nutzung zu gewährleisten.

**Riss**
Der Riss ist eine Materialtrennung mit spitzem Ende. Daher entsteht hier eine hohe geometrische Kerbwirkung.

**Rotrost**
Rotrost bildet sich auf Stahl bei Korrosionsangriff. Es handelt sich dabei um ein rostbraunes eisenoxidhaltiges Korrosionsprodukt. Ein mit Zink beschichteter Stahl zeigt erst Rotrost, wenn die Beschichtung keinen Schutz mehr bietet.

**Rückstellprobe**
Ist eine Werkstoffprobe (zum Beispiel Blechabschnitt) der in der Werkstatt verarbeiteten Charge, um eine spätere metallographische Untersuchung des Materials vornehmen zu können.

**Scherpin**
Begriff aus dem Maschinenbau. Der Scherpin ist ein Sicherungsstift mit vorgesehener Sollbruchstelle, die bei schlagartiger Belastung versagt.

**Schlacke**
Die Schlacke ist ein nichtmetallisches, oxydisches Nebenprodukt beim Schweißen. Sie entsteht entweder durch Umschmelzen von Hilfsstoffen (Schlackepulver oder Umhüllungen) oder durch Abbrand von Legierungselementen.

**Schlackeneinschluss**
Der Schlackeneinschluss ist ein unerwünschter mineralischer Einschluss von Schlacke im Schweißgut.

**Schmelzlinie**
Die Schmelzlinie bezeichnet die Grenze zwischen schmelzflüssig gewesenem Schweißgut und nicht aufgeschmolzenem Grundwerkstoff. Sie ist der Beginn der Wärmeeinflusszone.

**Schwarzer Stahl**
Als schwarzer Stahl wird un- beziehungsweise niedriglegierter Stahl bezeichnet. Der Name kommt von der dunklen Färbung des geätzten Querschliffes her.

**Schweißnahtvorbereitung**
Die Schweißnahtvorbereitung ist die Bearbeitung der Blechkanten zur Vorbereitung zum Schweißen. Dazu gehören zum Beispiel das Befreien der Schweißstöße von Verunreinigungen und Verschmutzungen und das Anfasen der Kanten.

**Schweißparameter**
Die Schweißparameter sind die Summe aller fertigungsspezifischen Einstell- und Messgrößen, die zur Charakterisierung eines Schweißprozesses notwendig sind.

**Schweißvorrichtung**
Die Schweißvorrichtung ist eine Hilfsvorrichtung, mit der die Einzelteile des zu schweißenden Bauteils positioniert und fixiert werden, um anschließend fertig geschweißt zu werden.

**sd-Wert**
Der sd-Wert ist ein Maß für den Widerstand, den ein Material der Verdunstung von Wasser entgegensetzt. Diese Kennziffer gibt an, wie die Fähigkeit eines Baustoffs, Bauteils oder einer Beschichtung zur Durchlässigkeit von Wasserdampf im Vergleich zu einer äquivalenten Luftschichtdicke ist. Er wird in Metern angegeben und auch als Wasserdampfsperrwert bezeichnet.

**Seigerung**
Die Seigerung ist eine Entmischungserscheinung von Legierungen bei der Erstarrung. Voraussetzung ist das Vorhandensein niedrigschmelzender (als die Liquidustemperatur der Legierung) Verbindungen in der Schmelze, welche bei der

Erstarrung vor der Erstarrungsfront hergeschoben werden und sich so dort anreichern.

**Spannungsüberhöhung**
Die Spannungsüberhöhung ist eine durch Kerbwirkung hervorgerufene über das durchschnittliche Spannungsniveau hinausragende Spannungsspitze.

**Sprödes Versagen**
Sprödes Versagen tritt durch das plötzliche Versagen eines Bauteils ohne vorherige sichtbare Verformung auf. Der Riss läuft dabei innerhalb eines Belastungszyklus durch das ganze Bauteil.

**Strichraupentechnik**
Mit der Strichraupentechnik wird die in jede Lage eingebrachte Streckenenergie verringert. Durch schnelle, dünne und ohne Pendelung ausgezogene Schweißraupen erhöht sich die Anzahl der insgesamt eingebrachten Lagen.

**Topfzeit**
Die Topfzeit ist die Zeit, in der ein Klebstoff nach dem Anmischen verarbeitet werden kann.

**Tragfähigkeit**
Die Tragfähigkeit ist die Fähigkeit einer Konstruktion, die vorgesehene Beanspruchung zu tragen.

**Transition Piece**
Transition Pieces sind Verbindungsstücke aus Stahl, die bei sogenannten Jacket-Konstruktionen als Fundament einer Offshore-Anlage zum Einsatz kommen. Ein Vorteil von Jackets ist ihre Verwendbarkeit auch bei relativ großen Wassertiefen.

**Überdimensionierung**
Die Überdimensionierung ist die Vergrößerung der tragenden Querschnitte eines Bauteiles über das notwendige Maß hinaus. Sie dient in der Regel der Schaffung von Sicherheiten.

**Vergleichsspannung**
Die Vergleichsspannung ist der rechnerischer Wert, der die Vergleichbarkeit der Wirkung eines mehrachsigen Spannungszustandes auf den Werkstoff mit dem einachsigen Spannungszustand des Zugversuchs ermöglicht.

**Verzug**
Als Verzug wird die durch die Schweißwärme hervorgerufene dauerhafte Veränderung der Bauteilgeometrie bezeichnet.

**Vorwärmtemperatur**
Die Vorwärmtemperatur ist die vor dem Beginn des Schweißens eingestellte Temperatur des Bauteiles.

**Wärmeführung**
Als Wärmeführung wird die Strategie zur Einstellung der Abkühlbedingungen beim Schweißen und damit der mechanischen und technologischen Eigenschaften der Verbindung bezeichnet. Dazu gehören zum Beispiel die Wahl von Vorwärm- und Zwischenlagentemperaturen sowie der Streckenenergie und gegebenenfalls einer Wärmenachbehandlung.

**Wärmenachbehandlung**
Die Wärmenachbehandlung ist die nach dem Schweißen durchgeführte Wärmebehandlung des Werkstückes. Ziel ist die gezielte Einstellung mechanisch-technologischer Eigenschaften.

**Wasserstoffeffusionsglühen**
Das Wasserstoffeffusionsglühen (auch Wasserstoffarmglühen) ist ein Verfahren der Wärmebehandlung von Stählen. Es zielt auf die Beseitigung beziehungsweise Verminderung einer Wasserstoffversprödung in Stahlbauteilen.

Beim Wasserstoffarmglühen werden die Werkstücke über mehrere Stunden auf Temperaturen zwischen 200 und 300 Grad Celsius gehalten. Dabei entweichen die im Gefüge eingelagerten Wasserstoffatome, die das Material verspröden, durch Effusion aus den Bauteilen.

Das Wasserstoffarmglühen wird vor allem unmittelbar nach dem Schweißen oder Galvanisieren der Bauteile durchgeführt.

**Wesentliche Fläche**
Wesentliche Flächen nach DIN EN ISO 1461 Stückverzinken sind: „Oberflächenbereiche eines Stahlteils, bei dem der aufgebrachte Zinküberzug von erheblicher Bedeutung für die Verwendungsfähigkeit ist."

**Zink-Lötrissigkeit**
Durch Einwirken von Zink bei höheren Temperaturen auf Stähle kann eine auch als Lötbruch oder Lötrissigkeit (englisch „Liquid Metal Embrittlement" (LME)) bezeichnete, auf die Bildung einer niedrigschmelzenden nickelreichen, zinkhaltigen Phase zurückzuführende Korngrenzenschädigung entstehen.

## 5.3 Stichwortverzeichnis

**A**

Abbeizen 141
Abbrand 263, 267
Abbrucharbeit 90
Abdeckblech 43, 127
Abdeckung 42
Abdichtung 36, 44, 45, 58, 88, 89, 98, 99, 118, 148
Abdichtungsebene 243
Abdichtungsmaßnahme 88
Abdichtungstechnik 89
Abfunkung 176
Abhebung 144
Abhilfemaßnahme 213
Abkantung 71
Abkleben 146, 147
Abkühlbedingung 268
Abkühlgeschwindigkeit 218
Abkühlung 211, 212, 233
Ablaufrinne 242
Ablaufspur 149
Ablösung 144, 145
Abmaß 222
Abmessung 42, 76, 234
Abnahme 104, 130, 132, 143, 228, 232, 251
Abnahmeprotokoll 104
Abnahmeprüfzeugnis 214
Abnahmetermin 104
Abnutzung 84, 251
Abplatzung 138, 146, 152, 190, 191
Abriss 54, 265
Absaugkanüle 168
Abschaltautomatik 46, 47
Abscheren 78, 79
Abschmelzleistung 263
Abschmelzprobe 210
Abschmelztropfen 210
Abschmelzzone 176, 177
Abschrecken 167
Abschreckgeschwindigkeit 167
Absenkung 89
Absicherung 100
Absorption 120
Absprache 238
Abstand 38, 42, 62, 64, 65, 77, 245, 246, 256

Abstandshalter 40
Abstandsmontage 43, 48
Absturz 40, 41
Absturzsicherheit 124
Absturzsicherung 68, 73, 122
Abtragen 265
Abtragsrate 134
Abtransport 196
Abtrennung 102
Abweichung 66, 68, 70, 208, 210, 222, 223, 224, 225, 226, 227, 228, 233, 238, 241, 246
Abzug 241
Achsabstand 228, 256
Achse 115
Adhäsionskraft 86, 87
ADI-Guss 158
Aerosol 80
Akten 139
Akzeptanz 238, 248
Alarmspinne 128
Allgemeintoleranz 66, 223, 226, 227, 238
Alterungsbeständigkeit 263
Alterungseffekt 145, 263
Alterungserscheinung 145
Alu-Dibond 84, 85
Aluminium 32, 50, 58, 84, 85, 87, 96, 126, 136, 141, 208, 240, 252, 257, 264
Aluminiumanteil 32, 33
Aluminiumblech 140
Aluminiumelement 91
Aluminiumgehalt 208
Aluminiumgrundmaterial 140
Aluminium-Haustür 138
Aluminium-Knetlegierung 95
Aluminiumkonstruktion 84, 85
Aluminium-Oberfläche 138
Aluminiumpfosten 96
Aluminiumprofil 42, 94, 96, 110, 140, 146
Aluminiumprofilsystem 90
Aluminiumtragwerk 239
Analyse 76, 121, 159, 164, 200, 202, 203, 214
Analysenergebnis 210
Anätzen 208

Anätzung 199
Anbau 70
Anbaubalkon 66
Anbauteil 101, 107
Anbindung 22, 23, 152, 188, 264
Anfahrschutzeinrichtung 148
Anfasen 267
Anfertigung 222
Anforderung 62, 63, 68, 69, 71, 89, 110, 115, 141, 191, 210, 223, 226, 231, 232, 239, 241, 253
Anforderungsklasse 90
Anforderungsprofil 239
Angebot 63, 111, 154, 155, 214
Angebotsabgabe 182
Anhaltspunkt 238, 253
Anker 38, 39, 48
Ankerbohrung 228
Ankerbolzen 48
Ankerhülse 48
Ankermontage 48
Ankerplatte 188
Anlage 114, 165, 194, 201, 243
Anlagenabschaltung 194
Anlagentechnik 164, 165
Anlassverfärbung 156, 157
Anlauffarbe 184, 185, 186, 188, 234
Anlaufstück 263
Anlieferung 114, 214
Anlieferungszustand 215
Anlieferzustand 220
Anmischen 268
Anpassung 168
Anprall 36
Anpralllast 44
Anpressdruck 57
Anreicherung 82, 208, 210
Anriss 54, 82, 83, 170, 181, 212, 218
Anrissbildung 218
Anrissverhalten 174
Anrostung 192
Ansammlung 172, 174
Ansatzfehler 235
Anschlag 131, 133
Anschlagabdichtung 131
Anschlagdichtung 106

Anschluss 24, 25, 36, 37, 76, 88, 89, 91, 93, 97, 116, 186, 194, 229
Anschlussbereich 90
Anschlussblech 92, 93
Anschlussfläche 134, 135
Anschlussfuge 98
Anschlusshöhe 88
Anschlusspunkt 93, 152
Anschlussvariante 100, 108
Anschmelzung 164, 165
Anstoßsicherung 132
Anstrich 86
Anstricharbeit 146
Anteil 212
Antrieb 46, 47, 114, 126, 127
Antriebsbefestigung 47
Antriebswelle 82, 83
Antriebszapfen 156, 157
Antrittsstufe 68, 227
Anwendung 112
Anwendungsnorm 235
Anziehen 54
Arbeitsmittel 192
Arbeitsplatz 192
Arbeitsprobe 197, 203, 210
Arbeitsstätte 90, 226
Arbeitsstättenverordnung 91
Architekt 255
Armierung 72
Astlöcher 232
Asymmetrie 236
Atmosphäre 231
Attikahöhe 148
Ätzmittel 210
Ätzung 195, 209, 211, 215
Auffälligkeit 174, 195
Aufhängung 206
Aufhärteneigung 200
Aufhärtung 198, 200, 201, 207, 212, 213, 218, 219, 220, 221, 263, 265, 266
Aufhärtungszone 207
Aufheizung 144
Aufkohlung 166
Aufkonzentration 154, 155
Auflage 22, 23
Auflager 66, 67
Auflagerprofil 66
Aufmaß 71, 73, 103, 254
Aufmischungsgrad 263
Aufnahme 73, 74, 167
Aufplatzen 172
Aufplatzung 212
Aufsatzkonstruktion 118
Aufschmelzen 264
Aufschmelzung 169
Aufschweißflicken 194, 195

Aufschweißung 194
Aufspaltung 212, 213
Auftrag 136, 152, 154, 182, 223, 226
Auftraggeber 103, 105, 137, 146, 148, 155, 182, 183, 184, 188, 204, 210, 222, 223, 226, 229, 230, 231, 232, 238, 244, 245, 250, 255
Auftragnehmer 107, 109, 136, 137, 148, 182, 183, 184, 188, 226, 231, 232, 238, 244, 245, 251
Auftragsabwicklung 223, 245
Auftragsannahme 183
Auftragsunterlagen 130
Auftritt 72
Auftrittsbreite 72
Aufwachsen 190, 253
Aufzug 142
Aufzugstür 142, 143
Augenschein 66
Ausarbeitung 198
Ausbau 110
Ausbesserungsanstrich 138
Ausbeulung 60
Ausblühung 95, 231, 232
Ausblutung 208
Ausbreitung 164
Ausdehnung 198
Ausdehnungsausgleich 96
Ausdehnungskoeffizient 96
Ausfachung 94
Ausfall 156
Ausfallmuster 220
Ausführung 22, 25, 26, 41, 44, 53, 62, 67, 68, 74, 75, 77, 78, 79, 81, 83, 88, 94, 109, 168, 205, 226, 245, 252, 265
Ausführungsfehler 64
Ausführungsklasse 190, 234
Ausführungsplan 191
Ausführungsunterlage 234
Ausgangsmaterial 220
Aushärten 105
Ausheilen 215
Ausklinken 190
Auslagerung 136
Auslaufstück 263
Auslegung 256
Ausleuchtung 228
Auslieferung 214, 216
Auslösebereich 106
Auslösebeschlag 106
Ausprägung 230
Ausrichten 190
Ausrichtung 62
Ausrüstung 53
Aussagekraft 112

Ausschaltzeit 116, 117
Ausscheidung 208
Ausschleifen 193, 201, 203
Aussehen 230, 246, 253
Außenansicht 245
Außenbauteil 138, 140, 240
Außenbereich 38, 41, 43, 44, 45, 229
Außendichtung 90
Außenecke 94
Außenfassade 148
Außenfläche 62, 146
Außengeländer 44
Außenhaut 86
Außenkante 218
Außenmaß 74
Außenschale 140
Außenschiebetür 128
Außenseite 70, 73, 80, 99, 104, 105, 239
Außentür 128, 129, 130
Außenwand 53
Außerbetriebnahme 194
Aussparung 222
Aussteifung 24
Ausstrahlung 151
Ausströmdüse 265
Ausströmungsgeschwindigkeit 265
Austausch 91
Austenit 167, 211
Austrittspodest 69
Austrittsstufe 68
Auswertung 241
Automaten-CrNi-Stahl 162
Automatenstahl 162, 163, 172
Automatiksteuerung 114
Automatiktor 47
Automatisierung 232
Axialrichtung 82

**B**

Badparameter 140
Badsicherung 263
Bagatelle 248, 249
Bainit 158, 159
Balkon 28, 38, 39, 41, 66, 67, 190, 245, 258
Balkonanlage 66, 67
Balkonbekleidung 247
Balkonboden 66
Balkonbrüstung 239
Balkonfläche 245
Balkongeländer 38, 39, 40, 41, 44, 188, 191, 231, 232, 239, 245
Balkonplatte 44, 245

Balkonseite 245
Band 58, 99, 108, 138
Bandzapfen 104
Bandzugeisen 104
Barrierefreiheit 89
Basiseinheit 224
Basisprofil 114
Batterie 103
Bauabnahme 104
Bauamt 104
Bauanlage 228, 239
Bauanschluss 15, 256
Bauart 105, 122, 124
Bauartgenehmigung 105, 112, 122
Bauaufsichtsbehörde 122
Baubehörde 104
Bauelement 62, 136, 146, 148, 263
Baugruppe 157, 222
Bauherr 22, 23, 44, 45, 58, 60, 121
Baukörper 42, 62, 95, 99
Bauleistung 41, 69, 75
Bauleitung 38, 60, 184
Baumangel 247
Bauordnungsrecht 252
Bauphysik 252
Baupraxis 120
Bauprodukt 124, 222, 226, 248, 265, 267
Bauproduktengesetz 125
Bauproduktenverordnung 125
Bauprojekt 96
Bausatz 124
Bauschaden 98, 247
Bausituation 97
Baustahl 25, 31, 32, 33, 208, 231, 239, 263
Baustelle 94
Baustellenbedingung 231
Baustoff 124, 253, 267
Baustoffeigenschaft 26
Bausubstanz 86
Bauteil 30, 34, 45, 56, 66, 67, 75, 80, 82, 83, 85, 124, 139, 140, 141, 142, 143, 149, 171, 174, 176, 178, 179, 188, 189, 210, 212, 214, 215, 216, 217, 220, 222, 223, 224, 228, 229, 231, 233, 239, 247, 248, 263, 264, 266, 267, 268
Bauteilart 141
Bauteilfestigkeit 156
Bauteilgeometrie 218, 219, 268
Bauteilgröße 112
Bauteillänge 227
Bauteilversagen 160, 161
Bauteilwerkstoff 230
Bautoleranz 245
Bauvertrag 130

Bauvorhaben 51, 52, 191
Bauvorschrift 34, 71
Bauwerk 23, 62, 66, 67, 239
Bauwerksabnahme 22
Bauwerksanschluss 94
Bauwerksprüfung 52
Bauwerkssicherheit 125
Bauwesen 66, 67, 85
Bauzeit 45
Beanspruchung 23, 25, 36, 49, 55, 79, 120, 121, 156, 161, 174, 198, 268
Beanspruchungsart 265
Beanstandung 138, 142, 184, 244
Bearbeitung 174, 177, 198, 224, 267
Bearbeitungsfehler 168, 174
Bearbeitungsrisiko 198
Bearbeitungsschritt 176
Bearbeitungsspur 151
Beauftragung 238
Bedarfsflügel 106, 107
Bedenken 26, 103, 107, 245
Bedienkraft 130, 225
Bedientastatur 142
Bedienung 14, 100, 130
Bedienungsanleitung 47, 108
Bedienungshinweis 14
Bedienungssicherheit 15, 256
Bedingung 224
Beeinflussung 157
Beeinträchtigung 151, 224, 245, 249, 250
Befangenheitsantrag 139
Befestigung 14, 15, 22, 23, 24, 26, 32, 34, 36, 38, 39, 40, 41, 42, 43, 44, 45, 46, 47, 53, 54, 56, 96, 97, 104, 108, 109, 123, 133, 150, 188, 191, 229, 256
Befestigungsanker 228
Befestigungsart 40, 52, 97
Befestigungsloch 150
Befestigungsmethode 253
Befestigungsmittel 41, 45, 49, 104, 109, 228
Befestigungspunkt 44, 109
Befestigungsschiene 212
Befestigungsschraube 40, 108, 150
Befestigungsschwert 190
Befestigungssystem 42, 43, 51, 152
Befestigungstechnik 43, 228, 253
Befestigungsuntergrund 229, 253
Begehbarkeit 69, 242
Begehung 23, 102
Begleitpapier 214
Begrenzung 46, 83, 114, 115
Begründung 238

Begutachtung 38, 70, 139, 188, 204, 206, 222, 227, 228, 244
Behälter 194, 196
Behälterboden 194
Behälterwand 195
Behälterwandung 194
Behandlung 168
Behang 114, 115
Beimengung 201
Beizbad 184
Beizblase 186, 187, 263
Beizen 32, 184, 185, 186, 187, 193, 263
Beizmittel 186, 187, 193
Beizpaste 242
Beizprozess 263
Beizrückstand 185, 186
Beizvorgang 242
Bekleidung 53, 61, 142
Belag 69, 107, 174, 197, 241
Belagshöhe 106
Belastung 26, 35, 48, 53, 57, 67, 75, 78, 79, 80, 82, 83, 105, 112, 118, 119, 155, 212, 213, 264, 267
Belastungsfall 35
Belastungszyklus 268
Beleuchtung 138, 140, 226, 229
Beleuchtungsbedingung 225
Belüftung 231
Bemaßung 222
Bemessung 24, 34, 35, 37, 52, 75, 97, 100
Bemessungsgrundlage 97
Bemessungsregel 35, 67, 253
Bemessungswert 26
Bemusterung 58, 65
Benutzer 242
Bepflanzung 155
Beplankung 60, 86, 87
Beratung 143, 244
Berechnung 26, 27, 35, 36, 41, 42, 43, 52, 53, 54, 66, 67, 76, 77, 91, 96, 118, 121, 228, 233, 265, 266
Berechnungsverfahren 121
Beregnung 87
Beschädigung 44, 45, 63, 85, 138, 142, 143, 148, 149, 151, 152, 169, 176, 206, 239, 240, 249
Beschaffenheit 251
Beschichtung 23, 25, 60, 61, 63, 87, 112, 118, 136, 137, 138, 146, 147, 190, 191, 231, 239, 264, 265, 267
Beschichtungsarbeit 136
Beschichtungsbetrieb 247
Beschichtungsstoff 146
Beschichtungssystem 136, 137, 147

Beschlag 46, 100, 101, 106, 122, 257
Beschlagausstattung 101
Beschlagauswahl 100
Beschlagvariante 100, 101
Beseitigung 203, 268
Beständigkeit 52, 120
Bestandsbauwerk 22, 23
Bestandschutz 114
Bestandsgebäude 245
Bestandsgeländer 240
Bestandsstütze 22
Bestandteil 153, 265
Bestellbedingung 221
Bestellung 105, 142, 158
Bestellvorgabe 201
Bestromung 116
Besucher 142
Besucherfrequenz 143
Betätigung 106
Betätigungsstange 100
Beton 44, 64, 105, 136
Betondecke 37
Betonelement 132
Betonfundament 64, 84, 85
Betonhinterfütterung 104
Betonmörtel 104
Betonplatte 40, 41
Betonsockel 148
Betonstahl 194, 195
Betonstufe 72
Betontreppe 72
Betrachten 63
Betrachtung 62, 63, 148
Betrachtungsabstand 15, 62, 63, 138, 139, 140, 148, 191, 225, 226, 238, 240
Betrachtungsbedingung 15, 139, 148
Betrachtungsweise 148
Betreiber 101, 106, 107
Betrieb 235
Betriebsmedium 204
Betriebssicherheit 114
Betriebszeit 156, 200
Beule 62, 186, 187
Beurteilung 63, 66, 138, 224, 253, 265, 266
Beurteilungskriterium 138, 240
Bewegungskraft 46
Bewegungswiderstand 46
Beweisbeschluss 88, 138, 154, 155, 239, 240, 243
Beweissicherung 245
Beweisverfahren 139
Bewerter 228

Bewertung 50, 52, 60, 62, 114, 128, 140, 148, 168, 172, 222, 224, 226, 229, 231, 235, 238, 239, 240, 247, 248, 249, 250
Bewertungsergebnis 238
Bewertungsgruppe 17, 190, 229, 233, 234, 235, 236, 237
Bewertungskriterium 226, 238
Bewertungsmaßstab 238
Bewertungsmethode 17, 247
Bewitterung 136, 232
Bezugsquelle 205, 207
Biegefläche 26
Biegekraft 42
Biegemoment 24, 25
Biegen 33, 212, 217, 218
Biegenachweis 49
Biegeumformen 33
Biegeversuch 32, 53, 214
Biegewechselbeanspruchung 169
Biegewechselfestigkeit 156
Biegewiderstand 49
Biegezone 218
Biegung 23
Bildseite 157
Bimetall 76, 77
Bindefehler 196, 197, 198, 199, 204, 205, 233, 234, 264
Bitumen 44
Blase 62, 138, 247
Blasenbildung 62, 186
Blech 24, 52, 53, 60, 61, 87, 92, 93, 94, 140, 142, 182, 212, 213, 214, 215, 218
Blechabschnitt 267
Blechbearbeitung 53, 87
Blechbefestigung 150
Blechbekleidung 94, 141, 142
Blechdicke 237
Blechformstück 95
Blechgüte 218
Blechkante 212, 213, 267
Blechsegment 194
Blechstück 263
Blechtafel 151, 214
Blechtafelecke 210
Blechteil 142, 214
Blei 30, 31
Bleieinschluss 178
Blendprofil 42
Blickwinkel 148, 246, 247, 249
Blower-Door-Test 90, 91
Blumenmuster 230
Boden 66, 106
Bodenabschluss 106
Bodenanpressdruck 109
Bodenausstand 130

Bodenbelag 38, 106, 109
Bodenbereich 89
Bodendichtung 106, 107, 108
Bodenhöhe 106
Bodenschiene 126
Bodenschloss 128, 129
Bodensituation 107
Bodentürschließer 130, 131
Bodenverriegelungsstange 106
Bogenminute 224
Bogensekunde 224
Bohren 150
Bohrloch 48, 150, 151
Bohrspan 150, 151
Bohrtechnik 48
Bohrung 22, 23, 36, 74, 168, 222, 228
Bohrzentrum 183
Boiler 186, 187
Bolzen 52, 53, 80, 152, 182, 222
Bolzenanker 41, 44, 228
Bolzenbefestigung 152
Bolzendurchmesser 53
Bolzenkopf 80
Bolzenschweißen 53
Bolzensetzen 153
Bolzensetzgerät 152
Bolzenverbindung 53
Bor 55
Brand 102, 103
Brandereignis 100, 109
Brandfall 100, 105
Brandfleck 240
Brandgefahr 103
Brandsachverständiger 103
Brandschutz 15, 22, 23, 103, 110, 256
Brandschutzanforderung 102, 103
Brandschutzeigenschaft 264
Brandschutzelement 110, 111
Brandschutzfenster 110, 111
Brandschutzgel 113
Brandschutzglas 110
Brandschutzkonzept 108, 264
Brandschutznorm 111
Brandschutzschicht 112
Brandschutztür 100, 102, 104
Brandschutzverglasung 110, 112
Brandschutzzulassung 103
Brandspur 240, 248, 249
Brennerhaltung 198
Briefeinwurfschlitz 138
Briefkastenanlage 58
Brinell 265
Brinellhärte 178, 179
Bronze 79
Bronzelager 164, 165

Bronzeton 140
Bruch 28, 32, 54, 56, 78, 79, 81, 83, 112, 113, 120, 121, 157, 161, 162, 163, 169, 170, 174, 196, 206, 212, 213, 216, 217, 220, 264
Bruchanfang 200
Bruchanteil 220
Bruchart 265
Bruchausbildung 162
Bruchausgang 54, 120, 156, 174, 175
Bruchausgangsstelle 160, 161
Bruchbereich 56, 162, 168, 206, 207
Bruchbild 157, 168, 171, 172
Bruchdehnung 80, 214
Bruchebene 174
Brucheinschnürung 214
Bruchfläche 30, 54, 57, 78, 79, 80, 81, 157, 160, 168, 170, 171, 174, 175, 216, 265
Bruchflächenbereich 54
Bruchgefüge 170, 174
Bruchlage 220
Bruchlinie 120, 121
Bruchmechanismus 212
Bruchmerkmal 206, 265
Bruchoberfläche 206, 207
Bruchstart 80
Bruchstelle 168, 217, 220
Bruchstruktur 56, 80, 174
Bruchstück 79, 168
Bruchursache 206
Bruchverhalten 79, 112, 220
Bruchverlauf 54, 206
Bruchverlaufslinie 54, 55, 80
Bruchwinkel 79
Bruchzustand 112
Brücke 117
Brüstung 37, 39, 112, 134
Brüstungshöhe 118
Brüstungsverglasung 112
Brüstungswinkel 134, 135
Bürste 184
Bustechnik 117

## C

CE-Kennzeichnung 42, 87, 110, 112, 124, 125, 126, 127
CE-Qualität 168
Cer 158, 159
C-Gehalt 220
Charge 55, 166, 167, 180, 208, 209, 211, 267
Chargengröße 167
Chargennummer 201, 214

Chargenwechsel 210
Chevron-Riss 170, 171, 264
Chevron-Rissbildung 264
Chlor 154
Chlorid 154
Chrom 200, 201, 210, 211
Chromgehalt 210, 211
Chrom-Nickel-Stahl 210
Chromoxid-Schutzschicht 185
Chromschicht 164, 165
Chromstahl 186, 187
Coil-Coating 138
CrNi-Stahl 162, 187, 192, 202
Cr-Stahl 187

## D

Dach 24, 34, 35, 94
Dachabdichtung 88, 94
Dachdecker 88
Dacheindeckung 148
Dachfläche 148, 150
Dachflächenfenster 122
Dachneigung 35
Dachterrasse 190, 191
Dachüberstand 120
Dämmmaterial 98
Dämmplatte 58
Dämmung 98, 99
Dampfdichtigkeit 99
Dampfdruckgefälle 98
Dampflok 156
DASt-Richtlinie 29, 31
Datenblatt 42
Dauerbruch 56, 264
Dauerfestigkeit 198
Dauerhaftigkeit 50, 52
Dauerschwingbruch 160, 200, 264
Deckbeschichtung 136, 147
Decke 100
Deckel 186
Deckelbereich 186
Deckenanschluss 100
Deckengliedertor 87
Decklage 194, 198, 199, 235, 264, 265
Decklageneinfall 235
Deckleiste 120
Defekt 165, 233
Deformation 168
Dehngrenze 214
Dehnung 82, 120, 267
Dehnungsverhalten 51
Dehnungswert 214
Delle 62, 138, 148, 224, 239, 240, 241
Deltaferrit 210, 211, 264

Deltaferritanteil 210, 217
Deltaferritgehalt 216, 217
Demonstration 216, 217
Demontage 22, 43, 133
Desoxidationselement 208
Detailplanung 96
DIBt-Zulassung 152
Dichtbahn 44
Dichtgummi 58
Dichtheit 90, 91
Dichtmasse 131
Dichtstoff 92, 93, 95
Dichtsystem 80, 81
Dichtung 15, 80, 89, 90, 98, 107, 256
Dichtungsband 94
Dichtungsnut 95
Dichtungsprofil 95
Dicke 68, 232
Dickenabnahme 136
Dienstleistung 247
Differenz 59, 68, 70, 222
Dilatation 222, 229
Dimensionierung 47, 48, 51, 66, 178
Dokument 14, 86, 111, 124, 264, 267
Dokumentation 99, 132, 158, 159, 182, 183, 194, 247
Doppelstabmatte 64, 65
Doppelstabmattenzaun 64
Doppel-T-Träger 24, 132, 180
Dopplung 207
Dorn 188
Draht 169
Drahtwalzen 160
Drainagesystem 89
Drehflügel 122
Drehflügelantrieb 46, 47
Drehflügeltor 47
Drehflügeltoranlage 46
Drehflügeltür 146
Drehmoment 170
Drehriefe 56, 57
Dreifach-Verriegelung 130
Druck 97
Druckabfall 194
Druckbehälter 194, 235
Druckeigenspannung 172
Drücker 100, 101
Drücker-Rosetten-Kombination 100
Drückerstift 100
Drückerstiftgröße 100
Druckgasflasche 24, 25
Druckgerät 194
Druckgeräterichtlinie 194

Druckluftdüse 212
Druckspannung 264
Druckstelle 148
Dualphasenstahl 212
Dübel 36, 38, 39, 41, 42, 44, 45, 48, 49, 104, 105, 109
Dübelanschluss 42
Dübelhersteller 45
Dübelhülse 48
Dübelsystem 43
Dübelwahl 256
Duktilität 79, 264
Duktilitätsreserve 264
Dünger 154
Düngung 155
Dunkelgrenze 141
Duplexbeschichtung 62, 230
Duplexstahl 187, 264
Duplexsystem 25, 231, 246, 247
Duplexverfahren 247
Durchbiegung 26, 34, 35, 67, 76, 96, 227, 238, 239
Durchbrennen 234
Durchdringungskerbe 264
Durchfahrtsbreite 126
Durchfeuchtung 51, 92, 94, 252
Durchführung 233
Durchgangshöhe 243
Durchgangsloch 49
Durchlässigkeit 267
Durchleuchtungsprüfung 204, 205
Durchmesser 62, 74, 78, 79
Durchschnitt 69
Durchschweißung 233, 234, 235, 237
Durchstrahlungsprüfung 194
Durchtritt 106

**E**

E-Auto 148
Ebenenversatz 95
Ebenheit 60, 61, 151
Ebenheitstoleranz 227
Eckausbildung 149
Ecke 64, 104, 105, 148
Eckpfosten 64, 188
Eckprofil 149
Eckschiene 64
Eckverbinder 94, 110
Eckverbindung 95
Eckzarge 104
Edelstahl 44, 130
Edelstahl-Abwasserleitung 184
Edelstahlanker 38, 41
Edelstahlblech 142

Edelstahldübel 43, 44, 45
Edelstahlgewebe 166
Edelstahlkonservierer 143
Edelstahlnagel 152
Edelstahloberfläche 142
Edelstahlrohr 40
Edelstahl Rostfrei 142, 143
Edelstahlsorte 155
Edelstahlteil 142
EDS-Analyse 209
Effekt 26, 167, 216, 217
Effusion 268
Eigengewicht 52, 104
Eigenschaft 86, 87, 170, 180, 214, 220
Eigenspannung 31, 82, 179, 194, 213, 265, 266
Eigenspannungsabbau 264
Eigenspannungsgradient 172, 173
Eigenspannungsmessung 172
Eigenspannungszustand 172
Eignung 112
Einbau 22, 54, 98, 105, 108, 109, 110, 138, 222, 242
Einbauanleitung 105, 108, 116, 117
Einbaubericht 105
Einbausituation 105, 106
Einbauteil 132
Einbautoleranz 59
Einbeulung 266
Einbrand 234, 236, 240, 264
Einbrandkerbe 234, 235, 264
Einbruchhemmung 128
Einbruchschutz 128, 129, 130
Eindrehen 95
Eindringen 88
Eindringkörper 266
Einfachverglasung 130
Einfärben 142
Einflussfaktor 54, 212, 213
Einflussgröße 209, 210, 211
Einformen 214
Eingangsseite 116
Eingangstür 58
Einkerbung 62
Einklemmschutz 126
Einlagenschweißung 264
Einlagerung 233
Einlauftrichter 106, 107
Einleitung 22
Einnietmutter 36
Einsatzbedingung 155
Einsatzbereich 155
Einsatzhärten 57
Einsatzhärtung 82
Einschaltung 116

Einschlagstopfen 188
Einschluss 138, 180, 181, 196, 208, 233, 234
Einschränkung 155, 223
Einspannung 216
Einstellgröße 267
Einwirkung 24, 26, 35, 36, 50, 65, 96, 138
Einzelanfertigung 241
Einzellage 266
Einzelmessung 134
Einzugsstelle 127
Eisen-Zink-Reaktion 152
Elastomere 67
Elektrofachkraft 117
Elektromotor 114, 115
Elektronenmikroskop 265
Elektronenstrahlmikroanalyse 202
Elektronik 102, 103
Element 27, 32, 50, 52, 58, 64, 77, 85, 88, 90, 94, 96, 97, 111, 112, 144, 145, 146, 209, 211, 263
Elementfassade 94
Elementkombination 91
Elementkoppelfuge 94
Elementrahmenprofil 94
Elementstiel 94
Elementstoß 94
Elementversatz 94
Eloxalbad 140
Eloxalbetrieb 140
Eloxaloberfläche 141
Eloxalqualität 140, 141
Eloxalschicht 140, 141
Emissionsspektrometer 198
Empfehlung 142
Empfindlichkeit 142, 212, 213
Emulsion 213
Endanschlag 132, 133
Endbehandlung 185
Endbeschichtung 136
Endkraft 127
Endkrater 263
Endkraterlunker 236
Endkraterriss 236, 237
Endkunde 214
Endoskop 194
Energie 82, 212, 218
Energieeintrag 120, 264
Energieinhalt 120
Energieverlust 91
Entfernung 63
Entlüftung 99
Entmischungserscheinung 267
Entriegelung 47
Entspannung 172

Entstehungsort 233
Entwässerung 36, 88, 89, 118, 155, 242, 243
Entwurf 265
Entzinkung 178
Epoxidharz 136
Erdboden 239
Erdgeschoss 88
Erholungsvorgang 215
Ermüdung 264
Ermüdungsbruch 56, 264
Errichter 105
Erscheinungsbild 65, 151, 248, 249, 250
Erscheinungsform 144
Erstarren 233
Erstarrung 266, 267, 268
Erstarrungsablauf 211
Erstarrungsfront 268
Erstarrungsprozess 267
Erstarrungsstruktur 202
Erstellung 96
Erstprüfung 86
Ertüchtigung 92, 94
ESG-Glas 111
ETA 43, 45, 124
Eurocode 52
Exaktheit 241
EXC 2 24
Extremfall 44
Exzenter 54, 55
Exzenterkragen 54
Exzenterschraube 54, 55
Exzentrizität 48
E-Zylinder 103

**F**

Fachpersonal 107
Fachunternehmererklärung 109
Fahrzeugkonstruktion 216
Fall 86
Fallen-Riegel-Schloss 130, 131
Farbabläufer 138
Farbabplatzung 146, 147, 246
Farbabweichung 138, 224
Farbauftrag 146
Farbbeschichtung 62, 139, 146, 153
Farbe 96, 146
Färbebad 140
Farbeindringverfahren 158, 159, 162, 201
Farbgrenzmuster 140
Farbniederschlagsätzungen 210
Farbnuancen 140
Farbsortierung 140

Farbton 141, 142, 144, 146, 150, 190
Farbtonabweichung 148
Farbtonunterschied 141
Färbung 267
Farbunterschied 94, 140, 190, 191
Farbveränderung 144
Faserspur 192
Fassade 22, 26, 49, 50, 53, 59, 76, 77, 85, 86, 91, 92, 98, 118, 141, 148, 249, 254, 258, 260
Fassadenabdichtung 94
Fassadenbauer 94
Fassadenbekleidung 140, 152, 153
Fassadenelement 22, 26, 50, 51, 52, 94, 95, 124, 141
Fassadenfläche 48
Fassadenfüllung 90
Fassadenhülle 90
Fassadenkonstruktion 48, 51, 77, 85
Fassadenplatte 52
Fassadenprofil 76
Fassadenscheibe 112
Fassadentafel 50, 51
Fassaden-Unterkonstruktion 152
Feder 160, 161
Federband 104, 105
Federbein 56
Federpaket 170
Federstahldraht 160
Federwerkstoff 160
Fehler 87, 162, 170, 235
Fehleranalyse 62, 68
Fehlerbeseitigung 198
Fehlerquelle 152
Fehlerscheinung 225
Fehlervermeidung 255
Fehlfunktion 116
Fehlleistung 225
Fehlstelle 139, 146, 147, 174, 233, 234, 247, 263
Feingussgefüge 220
Feingusswerkstoff 220
Feinkornbaustahl 214, 215
Feinschleifen 230, 231
Feinschliff 191
Fenster 59, 76, 98, 110, 122, 124, 141, 222, 223, 225, 254, 258, 260
Fensteranschlussfuge 98
Fensterausschnitt 146
Fensterbank 98, 99, 118, 119, 240
Fensterbanktiefe 118
Fensterelement 76, 90, 110, 140
Fensterfläche 120
Fensterflügel 94, 123
Fensterfront 90, 91, 96

Fensterfuge 99
Fenstergruppe 117
Fensterprofil 76
Fensterrahmen 140
Fenstersystem 89, 122
Fenstertür 122
Feritscope 264
Fernwärmeleitung 205
Fernwärmeversorgung 204
Ferrit 172, 173, 217
Ferritanordnung 220, 221
Ferritanteil 210, 217
Ferritgehalt 216, 217, 264
Ferritkorn 172
Ferritscop 216
Fertigbelag 72
Fertigfußboden 108, 243
Fertigstellung 182, 190
Fertigung 24, 29, 30, 51, 53, 56, 174, 192, 222, 238, 254
Fertigungsablauf 213, 225
Fertigungsbedingung 53, 61
Fertigungsbeginn 197, 203
Fertigungsbereich 193
Fertigungscharge 181
Fertigungsfehler 181
Fertigungsmangel 131
Fertigungsprozess 213
Fertigungsqualität 235
Fertigungsunterlage 197
Fertigungsverfahren 83, 252
Fertigungszeichnung 130, 197, 238
Festfeld 128
Festigkeit 25, 32, 96, 112, 113, 120, 172, 212
Festigkeitsabfall 214, 215
Festigkeitsberechnung 136
Festigkeitseigenschaft 218
Festigkeitsverlust 214
Festigkeitswert 214
Festlegung 239
Festpunkt 52, 77, 229
Feststellanlage 100, 107
Feststellung 64, 108
Festverglasung 128, 129, 130
Fett 57, 80
Fettabsaugung 168
Fettschmutz-Löser 143
Fett-Wasser Gemisch 168
Feuchte 252
Feuchteschutz 252
Feuchtigkeit 44, 67, 88, 94, 98, 99, 188, 196, 243
Feuchtigkeitsmessung 74
Feuchtigkeitsschutz 89

Feuerschutzabschluss 105, 109, 110, 258
Feuerschutztür 105, 108, 258
Feuertisch 248, 249
Feuerverzinken 28, 29, 31, 33, 63, 134, 225, 230, 232, 252
Feuerverzinkung 23, 25, 80, 134, 135, 137, 153, 232, 246, 253
Feuerverzinkungsoberfläche 246
Feuerwehr 102
Feuerwiderstandsklasse 111
Filiformkorrosion 95, 264
Fingerabdruck 143
Fingerprint 142
Fingerspitzengefühl 226, 229
Finish-Schicht 143
Finite-Elemente-Software 121
Flachdach 88, 89, 148, 191
Flachdachabdichtung 88
Flachdachrichtlinie 88, 89
Fläche 120
Flacherzeugnis 214
Flachmaterial 214
Flachprobe 216, 217
Flachschliff 178, 179
Flachstahl 46, 47, 75, 131, 188
Flamme 265
Flammengeschwindigkeit 265
Flanke 198, 199
Flankenbindefehler 194, 195, 198
Flankenhaftung 92
Flansch 192, 228
Flanschverbindung 80
Fleck 142, 143, 144
Fleckenbildung 144
Fließpresse 170
Floatglas 113
Flockenriss 186, 187, 263
Flucht 103, 245
Fluchtabweichung 190
Fluchttreppe 70, 227
Fluchttür 76
Fluchtweg 71, 102
Fluchtweg-Treppenhaus 100
Flügel 123, 146
Flügeldichtung 91
Flügelfüllung 146
Flügelrahmen 136, 147
Flugrost 192
Flüssiglack 231
Flussmittel 233, 234
Fokuslage 213
Folgeschaden 14, 245
Folie 92, 93, 98, 99, 112, 118, 144, 145

Folienabdichtung 98
Folienanschluss 98, 99
Folienbeschichtung 144, 145
Folienqualität 145
Förderband 200
Formabweichung 233, 234
Formänderung 76, 77, 229
Formatierung 192
Formiergas 184, 189
Formteil 188
Formulierung 221
Fragment 113
Fraktographie 265
Freigabe 222
Freigabezeichnung 242
Fremdeinwirkung 144
Fremdkörper 194
Fremdmetall 234
Fremdschaden 14
Fremdstoff 233
Fuge 41, 66, 67, 92, 93, 108
Fugenbreite 51, 92, 94, 95, 98, 99
Fugendichtungsband 99
Fugenhobeln 265
Fugenstoß 94
Fugentiefe 92
Fügeverfahren 23
Führungsschiene 144
Füllen 265
Fülllage 265
Füllmaterial 190
Füllstab 65, 190, 191
Füllung 58, 73, 122, 126
Fundament 64, 84, 96
Funkenspektrometrie 214
Funktion 75, 104, 106, 107, 108, 116, 117, 118, 222, 267
Funktionsbeeinträchtigung 116
Funktionsebene 90
Funktionsfähigkeit 17, 114, 117, 126, 222
Funktionsmängel 106
Funktionsmaß 222
Funktionsnachweis 122
Funktionsstörung 90
Funktionstauglichkeit 108, 184, 233
Funktionstest 105
Funktionstür 103
Funktionsweise 116
Fusionszone 212, 213
Fußboden 69, 74, 106, 131
Fußbodenbelag 86
Fußbodenerkennung 114
Fußplatte 40, 246

## G

Galeriegeländer 232, 239
Galvanisieren 268
Gangbarkeit 130
Ganzglasbrüstung 36
Ganzglasgeländer 66
Garage 104
Garageneinfahrt 114
Garagentor 86, 87, 144
Gaseinschluss 233
Gaskanal 233, 237
Gasschutz 235
Gasschweißen 235
Gasstrom 265
Gebäude 22, 24, 152
Gebäudedaten 91
Gebäudekante 245
Gebäudekategorie 102
Gebäudereinigungsfirma 142
Gebäudesockelanschluss 94
Gebäudetreppe 41, 68, 70, 71, 72, 73, 227
Gebrauch 108
Gebrauchshinweis 119
Gebrauchsspur 248
Gebrauchstauglichkeit 26, 35, 75, 77, 87, 95, 108, 222, 233, 235, 241, 242, 247, 248, 249, 265
Gebrauchswert 151
Gefahr 23
Gefälle 87, 224
Gefüge 83, 157, 158, 159, 160, 167, 171, 172, 178, 181, 200, 201, 206, 209, 210, 211, 214, 217, 218, 220, 221, 263, 265, 266, 268
Gefügeänderung 217
Gefügeanteil 264
Gefügeausbildung 158, 164, 165, 167, 218, 220
Gefügebestandteil 217, 265
Gefügedarstellung 221
Gefügeinhomogenität 209
Gefügestruktur 212
Gefügeumwandlung 176, 177
Gefügeunterschied 178
Gefügeuntersuchung 204
Gefügeveränderung 60, 217
Gegebenheit 106
Gegenlicht 229, 231
Gegenseite 169
Gehäuse 203
Gehflügel 108
Gehrung 94, 104, 105
Gehrungsecke 94
Gehrungsschnitt 95

Gehrungsstoß 94, 95
Geländer 37, 38, 39, 40, 41, 44, 45, 72, 73, 190, 227, 230, 231, 239, 242, 245, 246, 247, 254, 258, 260
Geländerabschnitt 72
Geländerabstand 226
Geländeranlage 190
Geländerbau 226
Geländerbauteil 256
Geländerbefestigung 44, 45
Geländerhandlauf 225
Geländerhöhe 190, 191
Geländerkante 245
Geländermontage 38
Geländerpfosten 44, 45, 188, 190
Geländerstab 227
Geländerstütze 40
Geländerverbindung 190
Gelenk 182, 183
Genauigkeit 26, 222
Generalunternehmer 140, 184
Geometrie 53, 86, 121, 232, 234
Geradheit 227, 238
Geradheitstoleranz 227
Geräusch 229
Gericht 14, 15, 108, 116, 136, 138, 139, 154, 240, 245
Gerichtsstreit 239
Gerichtsstreitigkeit 226
Gerichtsverfahren 248
Geringfügigkeit 240
Gesamtbruchfläche 160
Gesamtdicke 118
Gesamtkonstruktion 229
Gesenk 54
Gesetz 252
Gesteinsart 225
Gewährleistung 45, 184, 242
Gewährleistungsanspruch 251
Gewährleistungsbedingung 116
Gewährleistungsfrist 134
Gewährleistungspflicht 104
Gewaltbruch 160, 174
Gewaltbruchmerkmal 206
Gewalteinwirkung 174
Gewebe 166, 167
Gewerk 151
Gewinde 54, 188
Gewindeauslauf 174
Gewindebolzen 52
Gewindegang 80, 81
Gewindestange 22, 23, 40, 42
Gießharz 112
Gitter 71, 217, 265
Gitterrost 70, 226
Gitterroststufe 71

Gitterschnitt 146, 147
Gitterschnittprüfung 146
Gitterschnitttest 147, 265
Glanzunterschiede 138
Glas 26, 36, 37, 66, 67, 68, 88, 94, 110, 112, 113, 116, 119, 120, 121, 241, 252, 253
Glasart 120
Glasaufbau 67, 112, 118, 119, 124
Glasausschnitt 138
Glasbau 16, 67, 113, 123
Glasboden 66
Glasbruch 118, 119, 120, 121
Glascontainer 196
Glasdach 254
Glasdicke 26, 37, 113
Glasecke 110
Glaselement 112
Glaser 88, 110, 111
Glaserhandwerk 88, 89
Glaserzeugnis 225
Glasfassade 60, 61
Glasfläche 118
Glasgeländer 66
Glashalteleiste 110
Glashalter 125
Glaskante 66
Glaskonstruktion 67
Glasmaße 128
Glas-/Rahmenkonstruktionen 89
Glasscheibe 26, 36, 58, 66, 67, 73, 112, 138
Glasscherbe 112
Glasstatik 37, 67, 96
Glasstempel 111
Glastür-Faltschiebesystem 35
Glastyp 119
Glasverbund 113
Glätten 191
Gleichung 121
Gleitbruch 172
Gleitlinie 54
Gleitpunkt 51
Glühen 166
Glühprozess 166
Glühung 166
Grad 64, 76, 78, 87, 224
Grad-Ecke 64
Gradzahl 224
Graphit 158, 159
Greiferschale 182, 183
Greiferteil 182
Greifvorrichtung 182
Grenzabmaß 226, 227
Grenzbelastung 78
Grenze 210, 225, 235, 267
Grenzfall 5, 6, 14, 17, 83

Grenzmaß 68, 222
Grenzmuster 15, 140, 141, 226, 238, 240
Grenzwert 31, 34, 96, 198, 233, 237, 254, 266
Grenzzustand 26, 265
Griffspur 142
Grobblech 214
Grobkornbildung 265
Grundbeschichtung 136, 137
Grundfestigkeit 172
Grundierung 239
Grundmetall 151
Grundplatte 46
Grundvoraussetzung 184
Grundwerkstoff 25, 52, 81, 152, 153, 200, 201, 202, 203, 208, 210, 214, 217, 230, 233, 234, 263, 264, 267
Grundwerkstoffdicke 235
GU 140
Gurt 22, 23, 66
Gusseisen 158
Gussgefüge 265
Gusskörper 158
Gusszustand 210
Gutachten 36, 38, 65, 74, 84, 96, 100, 118, 130, 137, 142, 184, 191, 240, 242
Gutachter 15, 112, 126, 138, 139, 183, 226, 229, 231, 238, 240, 243, 256
Güte 162, 200, 205, 207

**H**

Haftfähigkeit 146, 147
Haftfestigkeit 146, 147
Haftfläche 93
Haftung 92, 93, 112, 113
Halbzeug 66, 80, 140, 141
Halbzeugmenge 140
Halbzeug-Profil 228
Halle 193
Hallendach 150, 151
Hallendacheindeckung 151
Hallenfassade 148, 149
Halterung 28, 29, 46
Handfertigkeit 196
Handhabung 154, 225
Handlauf 36, 39, 44, 72, 73, 188, 190, 227, 232, 238, 240, 254
Handlaufhöhe 226
Handlaufkrümmling 240, 241
Handlaufoberfläche 231
Handschaltung 117
Handsender 126

Harfengeländer 245
Härte 56, 57, 67, 79, 81, 171, 178, 198, 263, 265, 266
Härteabfall 178, 214
Härtemessung 178
Härten 170
Härteniveau 212
Härteprüfung 218, 265, 266
Härteprüfverfahren 266
Härteriss 82, 171, 265
Härterissbildung 201
Härtespitze 214
Härteunterschied 178
Härteverlaufskurve 198, 199, 219
Härtewert 198, 214, 266
Hartschaumdämmung 148
Hartstempelung 214
Hauptgruppe 233, 234
Hauptlegierungselement 210
Hauptschließkante 106, 114, 126
Hauseingangstür 130
Haustür 59, 130, 138
Haustüranlage 131
Haustür-Innenseite 139
Hautfett 142
Hebelbeschlag 106, 107
Heften 193
Heftschweißung 188, 189
Heftstelle 192, 193
Heißriss 202, 203, 210, 211, 265
Heißrissbildung 211
Heißrissempfindlichkeit 211
Heißrissneigung 203
Heizkraftwerk 200
Hellgrenze 141
Herkunft 205, 207
Hersteller 42, 51, 53, 55, 57, 101, 106, 108, 109, 110, 146, 186, 187, 209, 224, 235, 246
Herstellerangabe 100
Herstellererklärung 111
Herstellerfirma 98, 243
Herstellerkennzeichnung 110
Herstellervorgabe 46, 116, 117
Herstellung 52, 66, 90, 91, 148, 153, 154, 158, 160, 214, 222, 224, 231, 238, 239, 240, 243
Herstellungscharge 140
Herstellungsfehler 205
Herstellungsparameter 210
Herstellungsprozess 51, 212
HF-Schweißverfahren 205
Hilfsmittel 228, 233, 248
Hilfsstoff 267
Hilfsvorrichtung 267
Hindernis 127
Hinnehmbarkeit 254

Hinterachse 54
Hinterschnitt 48
Hinterschnittanker 48, 50
Hinzunehmende Unregelmäßigkeit 9, 14, 17, 18, 63, 138, 222, 225, 227, 230, 234, 240, 250, 252, 253, 254, 256, 265
Hitze 103
Hitzestau 118, 119
Hitzestrahlung 111
Hochbau 66, 67, 136
Höchstmaß 222
Höchstwert 222
Höhe 71, 73, 74, 86
Höhenbezugspunkt 17, 254
Höhenunterschied 62, 69, 107
Hohlkammer 182
Hohlkammerprofil 95
Hohlkehle 241
Hohlkehlstelle 241
Hohlkörper 189
Hohlprofil 22, 23, 214, 215
Hohlprofilherstellung 214
Hohlraum 233, 266, 267
Holm 36, 68
Holmlast 26, 44
Holmtreppe 68
Holz 74, 232
Holz-Aluminium-Fensterelemente 140
Holzart 232
Holzbelag 68, 69
Holzfeuchtigkeit 74
Holzmaserung 225
Holzplatte 74
Hook`sches Gesetz 120
Horizontalverband 24
Horizontalverglasung 37
HV-Verbindung 23
Hydraulikstempel 164
Hydrophobierung 51

**I**

Idealfall 241
Idealzustand 222, 224, 226, 233, 265
Impulsbetrieb 126
Impulssteuerung 114
Inaugenscheinnahme 138, 139
Inbetriebnahme 132
Indikator 212
Industrieanlage 194
Infrarotbereich 115
Ingenieurbau 136
Inhomogenität 208
Innenbauteil 138

Innenbeschattung 119
Innenecke 94
Innenhofverglasung 92
Innenraum 86, 98
Innenraumtemperatur 76
Innenseite 58, 72, 80, 241
Innenwandung 168
Insolvenz 15
Inspektion 52, 190, 200, 201
Instabilität 75
Installation 113
Instandhaltung 123
Instandsetzung 99, 108
Instrument 168
Interferenzschicht 142
Inverkehrbringen 66
Inverkehrbringer 130
Isolierglasscheibe 118
Isolierschaum 144
Isolierung 98, 99
Isolierverglasung 130
ISO-Paneel 98, 99
Isothermenverlauf 44, 45
ISO-Verglasung 110
Istmaß 68, 70, 227
Istwert 214

**K**

Kabeldurchführung 242
Käfig 178
Käfigdeckel 178
Käfigkamm 178
Kalibrieren 59, 224
Kalibrierung 59
Kalkulation 182, 183
Kaltband 212
Kaltbiegen 28
Kältebrücke 99
Kältebrückenvermeidung 98
Kaltfließpresse 54, 55, 171
Kaltriss 266
Kaltrissbildung 264
Kaltrissigkeit 198
Kaltrissverhalten 266
Kaltverformung 206
Kaltziehen 172
Kaltziehprozess 172
Kalzium 209
Kante 120, 188, 192, 193, 218, 246, 267
Kantenbearbeitung 120
Kantenbereich 120, 246
Kantenfestigkeit 120
Kantenform 244
Kantenlänge 26
Kantenqualität 120

Kantenschutz 73
Kantenverlauf 240
Kantenversatz 235, 240
Kantteil 95
Kanüle 168
Kanülenspitze 168
Kapplage 266
Kassetten-Eindichtung 91
Kastenrinne 35
Kategorie 100, 114, 115, 147, 248
Kategorisierung 228
Kavität 194, 195, 208
Kehle 243
Kehlnaht 190, 194, 206, 208, 229, 235, 236, 237
Kehlnahtdicke 234, 237
Kehlnahtunregelmäßigkeit 190
Kellerraum 146
Kellertreppe 239
Kellertür 103
Kenngröße 198
Kennwerte 121
Kennzeichnungspflicht 107
Keramik 263
Kerbe 56, 57, 79, 169, 234, 264
Kerbfaktor 264
Kerbschlagarbeit 214
Kerbschlagbiegeversuch 170, 180, 214
Kerbschlagprobe 170, 171
Kerbschlagzähigkeit 80
Kerbspannungserhöhung 198
Kerbwirkung 56, 160, 169, 172, 206, 266, 267, 268
Kernbereich 170, 171
Kernbohrung 48
Kerngefüge 171
Kettenlasche 198
Kfz-Bereich 212
Kindergarten 226
Kippmoment 56
Kläger 88, 240
Klassifizierung 90, 112, 113, 124, 129, 130, 257
Klebeband 146, 147
Klebstoff 268
Klemme 36
Klemmleiste 139
Klemmung 112
Klemmverbindung 23
Klima 90
Klimadaten 121
Klimakammer 112
Klimatrennung 90
Knackgeräusch 229, 252
Knallgeräusch 229
Knaufunterteil 103

Knickkante 241
Knickkantenstelle 240, 241
Knickstelle 46, 47
Knoop 265
Kobalt 202, 203
Kohlenstoff 32, 263
Kohlenstoffanteil 266
Kohlenstoffäquivalent 198, 220, 221, 266
Kohlenstoff-Mangan-Legierung 264
Kombination 99, 154
Komponente 178
Kompriband 98
Kompromisslösung 89
Kondensat 194
Kondensatbildung 149
Kondensation 98
Kondenswasser 80
Konfliktpotenzial 238
Konformität 90
Konsens 238
Konservierungsmittel 143
Konservierungsmittelproben 143
Konsole 22, 23, 48, 49, 132
Konsolenkonstruktion 22
Konstrukteur 22, 222, 235
Konstruktion 9, 75, 85, 89, 90, 91, 97, 182, 198, 208, 210, 215, 229, 242, 243, 244, 246, 252, 254, 256, 268
Konstruktionsdetail 88
Konstruktionsmangel 256
Konstruktionsregel 17, 253, 254
Konstruktionstechnik 87
Konstruktionsteil 229
Kontaktkorrosion 192
Kontaktleiste 114
Kontinuität 120
Kontrolle 165, 208, 224, 234
Kontrollmaß 133
Kontrollmessung 59
Kontur 73, 166
Kopfanschluss 92
Kopfbereich 92
Kopfplatte 134, 135
Koppelfuge 94
Kopplung 121
Körner 265
Korngrenze 80, 82, 83, 263
Korngrenzenfläche 174
Korngrenzenschädigung 268
Kornvergröberung 215
Kornwachstum 215
Korrekturmaßnahme 234

Korrosion 44, 45, 46, 47, 57, 81, 150, 152, 154, 155, 188, 192, 193, 197
Korrosionsangriff 155, 267
Korrosionsbelastung 45, 134, 136
Korrosionsbeständigkeit 166, 184, 188
Korrosionserscheinung 151, 224, 264
Korrosionsgefahr 151, 155, 189
Korrosionsgeschwindigkeit 45
Korrosionskategorie 136
Korrosionsloch 192, 193
Korrosionsmechanismus 179
Korrosionsprodukt 185, 267
Korrosionsschaden 154, 155, 186, 196
Korrosionsschädigung 164
Korrosionsschutz 24, 28, 29, 57, 63, 135, 136, 137, 148, 153, 189, 230, 231, 257
Korrosionsschutzarbeit 136
Korrosionsschutzbeschichtung 137
Korrosionsschutzmaßnahme 80
Korrosionsschutzschicht 54, 80, 151
Korrosionsschutzsystem 25, 137
Korrosionsschutzüberzug 231
Korrosionsschutzverfahren 252
Korrosionsspur 57, 150
Korrosivitätskategorie 134, 154
Kosten 162
Kostenschätzung 149
Kraft 22, 44, 84, 107, 114
Kraftabschaltung 126
Kraftbegrenzung 47, 126
Kraftbegrenzungseinrichtung 114
Krafteinleitung 23
Krafteinwirkung 78, 114, 115
Kraftmessung 126
Kraftübertragung 23
Kragarm 243
Kragarmende 243
Kran 132, 133
Krananlage 133
Kranbahn 132
Kranbahnschiene 133
Kranbahnstütze 132
Kranbahnträger 132, 133
Kranbahnträgerende 133
Kranportal 132
Kranschiene 133
Krater 62, 138
Kratzer 15, 62, 78, 138, 139, 142, 143, 148, 151, 224, 239, 240, 247

Kreuzverband 24
Kriterium 190, 234, 239
Kübel 154
Kugel 56, 57
Kugelbolzen 56, 57
Kugelfallprüfung 113
Kugelgehäuse 202
Kugelgraphit 158, 159
Kugelkopf 56
Kulanzgründe 145
Kunde 108, 117, 216, 231, 232, 238, 242, 245, 247, 250, 253
Kundenkommunikation 250
Kundenschreiben 250
Kunststoff 77, 103, 145
Kunststoffdübel 40, 42
Kunststoffeinsatz 146
Kunststoff-Fensterprofil 145
Kunststofffolie 148
Kunststoffstopfen 188
Kupfer 79, 164, 200, 201, 202, 203
Kurzschluss 102

**L**

Labor 112, 151, 154
Labor-Emissionsspektrometer 208
Laborprüfung 136
Lack 63
Lackabplatzung 151
Lackabtragung 151
Lackbeschädigung 63
Lackieren 231
Lackierfehler 267
Lackierung 138, 146, 267
Lackoberfläche 63
Lackschaden 62, 63
Ladestation 148
Lage 198, 199, 203, 234, 264, 266, 268
Lage-Gegenlage 266
Lagenaufbau 266
Lager 182, 183
Lagerhalle 148
Lagerkäfig 178
Lagerkäfigdeckel 179
Lagerkäfigserie 178
Lagerung 24, 112, 148, 231, 232
Lamellengraphit 158, 159
Landesbauordnung 191
Längenänderung 51, 77, 96, 97, 222, 223, 229
Längenausdehnung 76, 96
Längenausdehnungskoeffizient 229
Längenmaß 224, 226

Langloch 48, 52, 190
Längsnaht 186, 194, 212, 235
Längsnahtschweißen 214
Längsrichtung 24, 164, 170
Längsschliff 162, 163, 173
Längsschweißnaht 204, 205
Lasche 32, 33, 198
Laschenwerkstoff 198
Laser 168
Lasermessgerät 34
Laserschnitt 218
Laserschweißen 212
Laserschweißnaht 212
Laserschweißprozess 212
Laserschweißung 212, 213
Laserspot 213
Laserstrahl 212
Laserstrahlschweißen 210
Laserstrahlschweißverbindung 210, 211
Laserstrahltrennen 218
Laserteile 188
Last 43
Lastabminderung 228
Lastabtragung 26
Lastannahme 96
Lastspitze 174
Lastübertragung 24, 48, 49
Lastwechselbeanspruchung 264
Lauf 68
Laufschiene 136
Laugenrisssprödigkeit 186, 187, 263
Lebensdauer 45, 52, 84, 85, 157, 223
Lebenszyklus 122
Leckage 194, 195
Leckagestelle 204, 205
Legierung 79, 229, 266, 267
Legierungselement 210, 263, 267
Legierungsgehalt 210
Leichtbauhalle 149
Leistenaufnahme 110
Leistung 73, 250, 251
Leistungsangabe 222
Leistungsbeschreibung 15, 42, 226, 238, 256
Leistungseigenschaft 87, 108
Leistungserklärung 42, 86, 112, 113, 124, 125, 130, 152
Leistungsniveau 113
Leistungsverzeichnis 136, 137, 152, 190, 191, 239
Leiter 254
Leitfähigkeit 212
Leitung 193
Leitungsteil 192

Lenkstange 172
Lenkungsteil 172
Lernfahrt 127
Lichtband 50, 148
Lichtbogenschweißverbindung 234
Lichtbogentemperatur 209
Lichtdurchflutung 241
Lichtmikroskop 265
Lichtschranke 114, 115, 126, 127
Lichtverhältnis 238
Lieferant 143, 205, 207
Lieferbedingung 142
Lieferliste 214
Lieferschein 104
Lieferung 154
Liefervertrag 159
Linie 228
Liposuktion 168
Liquidustemperatur 266, 267
Lisene 94
Lkw-Abstellplatz 110
Loch 22, 44, 56, 107, 169
Lochfraß 154
Lochkorrosion 192, 193
Loggia 88
Loslager 96, 97
Lospunkt 96, 229
Lötbruch 268
Lötrissigkeit 268
Luftdichtigkeit 90
Luftdurchlässigkeit 90, 130
Luftfeuchte 74
Luftfeuchtigkeit 98, 154
Luftgeschwindigkeit 90
Luftsauerstoff 188
Luftschichtdicke 267
Luftspalt 107, 222
Lüftung 90
Lüftungsanlage 90
Luftwechselrate 90
Lunker 233, 266
Lupe 161

**M**

Magnesium 158, 159
Magnetismus 217
Magnetpulverprüfung 198
Magnetpulverprüfverfahren 158, 159, 201
Makellosigkeit 241
Makrobilder 172
Makrofraktographie 265
Makroschliff 180, 194, 195, 210
Malerarbeit 146
Mangangehalt 180

Mangansulfid 172, 173
Mangansulfid-Agglomeration 172
Mangansulfidzeile 172
Mangel 14, 15, 17, 34, 38, 62, 63, 64, 65, 95, 100, 106, 110, 116, 123, 130, 132, 140, 142, 186, 187, 190, 246, 248, 249, 250, 251, 256, 259
Mängelanzeige 17, 130, 184, 250, 252, 253
Mängelbeseitigung 69, 184
Mängelrüge 251
Manipulation 106
Manipulationssicherheit 123
Mantelblech 186
Marmor 72
Martensit 217
Martensitanteil 198, 199
Martensitgefüge 200, 201
Maschine 252
Maschinenbau 264, 267
Maschinenfehler 174
Maschinenrichtlinie 126, 252
Maserung 225, 232
Maß 15, 26, 46, 70, 71, 74, 222, 223, 243, 256, 257
Maßabweichung 233, 234, 245
Massenverlust 136
Maßhaltigkeit 151
Massivumformung 170
Maßkette 132
Maßnahme 71
Maßtoleranz 17, 35, 63, 71, 79, 226
Maßunterschied 190
Mast 80, 258
Material 53, 54, 67, 112, 154, 155, 160, 162, 172, 174, 198, 199, 200, 205, 207, 229, 233, 263, 264, 265, 266, 267, 268
Materialabtrag 204
Materialbeschaffenheit 142
Materialbestellung 140, 205, 207, 252
Materialcharge 141
Materialdicke 49, 52, 190, 266
Materialeigenschaft 34, 113
Materialeinfluss 141
Materialfehler 14, 154
Materialgüte 216, 220
Materialkante 246
Materialkombination 53
Materialkosten 183
Materialmenge 153
Materialprobe 152, 154
Materialprüfung 174
Materialschaden 14
Materialschrumpfung 233
Materialsicherheitsfaktor 52

Materialtrennung 170, 171, 174, 267
Materialverhalten 170
Materialzeugnis 152, 159, 200, 201, 202, 203
Materialzusammensetzung 140
Matrix 178, 179, 248
Mauerwerk 40, 98, 104
Maximalgehalt 210
Medium 178, 179
Medizintechnik 210
Mehrfachbefestigung 43
Mehrfachunregelmäßigkeit 225, 235
Mehrfachverriegelung 128, 129
Mehrlagenschweißen 264, 265
Mehrlagenschweißung 266
Mehrschneidengerät 265
Mehrzweckhalle 132
Meißelkerbe 234
Merkmal 212, 213
Messart 59
Messergebnis 216, 217
Messfehler 58
Messfläche 134
Messgerät 73, 90, 224
Messgröße 267
Messing 53, 79, 178, 192
Messingkäfig 178
Messkeule 114
Messmethode 217
Messmittel 233
Messprotokoll 223
Messpunkt 50
Messregel 41, 68, 69, 71, 72, 73
Messung 59, 120, 146, 147, 178, 198, 210, 216, 217, 218, 222, 231
Messungenauigkeit 224
Messunsicherheit 180
Messwerkzeug 59
Messwert 59, 134
Metall 143, 263
Metallbauarbeit 226
Metallbaubetrieb 142, 152
Metallbaufirma 154
Metallfußplatte 191
Metallhalbzeuge 230
Metallkonstruktion 229, 232, 258
Metallleichtbau 148
Metalllichtbogenschweißen 235
Metallschiene 109
Metall-Schutzgasschweißen 235
Metallurgie 266
Metallzaun 65
Meterriss 17, 254
Methan 82
Mikroeinschluss 209

Mikrofasertuch 143
Mikrofraktographie 265
Mikrogefüge 194, 214, 215, 217
Mikroporosität 209
Mikroriss 233, 237
Mikroschliff 30, 180, 181, 195, 200, 203, 204, 205, 206, 209, 211, 214
Mikroschliffuntersuchung 158
Mikroskop 151
Mikrostruktur 265
Minderung 167, 248, 251
Minderwert 135
Mindestanforderung 145
Mindestauftrittsbreite 72
Mindestfugentiefe 92
Mindestklassifizierung 113
Mindestmaß 222
Mindestschichtdicke 134, 135, 140
Mindestschutzniveau 114
Mindestwert 222, 232
Minimalgehalt 210
Minimalismus 253
Mischbruch 80, 174, 175, 212
Mischkristallgefüge 178
Mittelphase 170
Mittelwert 53, 178, 218
Modellierung 26, 27, 36, 77
Moderator 15
Modifizierung 145
Molybdängehalt 202
Monitoring 208
Monopile 266
Montage 22, 38, 39, 42, 43, 44, 46, 48, 49, 51, 52, 54, 63, 65, 69, 87, 88, 89, 90, 92, 96, 97, 104, 105, 114, 130, 137, 148, 150, 152, 179, 223, 231, 241, 254
Montageanleitung 42, 108, 110
Montageanweisung 42, 87
Montageart 41
Montagebedingung 148
Montagebetrieb 86, 102, 107, 130, 146
Montagedetail 98
Montagefehler 48, 64, 256
Montagehinweis 49, 87, 105
Montagemängel 131
Montagemaß 222
Montagestöße 131
Montagesystem 96
Montagetoleranz 51
Montageverfahren 152
Monteur 42, 49, 100, 104, 105, 106
Morphologie 167, 173
Morphologievorgabe 173
Motor 126

Motorsteuerung 126
Mulde 56
Muster 32, 156, 166, 170, 218, 220
Mutter 80, 81

**N**

Nacharbeit 67
Nachbearbeitung 57, 72, 184, 199, 234
Nachbehandlung 184, 185, 233
Nachbesserung 38, 126, 199, 248, 251
Nachbesserungskosten 251
Nachbesserungswunsch 251
Nachkontrolle 197
Nachlackieren 147
Nachrüstprodukt 122
Nachrüstung 91
Nachschweißen 203
Nachtrag 231
Nachverzinkung 134
Nachvollziehbarkeit 248
Nachweis 26, 35, 36, 37, 40, 44, 45, 48, 50, 52, 53, 77, 110, 112, 229, 242
Nachweisfähigkeit 217
Nadelstichkorrosion 192
Naht 14, 184, 197, 198, 203, 212, 233, 234, 263, 264
Nahtanfang 263
Nahtbereich 187, 196, 197, 198, 203
Nahtbreite 198
Nahtdicke 233, 266
Nahtfehler 196
Nahtflanke 264
Nahtgeometrie 198, 225, 233, 235
Nahtgut 197
Nahtlänge 208
Nahtmitte 202
Nahtqualität 197
Nahtquerschnitt 235, 264
Nahtstelle 184
Nahtübergang 206, 234
Nahtübergangsbereich 200
Nahtübergangswinkel 237
Nahtüberhöhung 190, 236, 237
Nahtversatz 234
Nahtwurzel 193, 234, 266
Nahtwurzelbereich 193
Natronsilicatglas 120
Natursteine 232
Nebeneingangstür 146
Nebenleistung 185
Nebenprodukt 267
Nebenriss 56

Nebenschließkante 127
Neigung 224, 243
Nennmaß 68, 70, 222, 228, 237
Nennmaßlänge 224
Nennwert 222
Netzteil 116, 117
Neuanschaffung 182
Neubau 31, 44, 69, 72
Neueloxieren 141
Neueloxierung 141
Neufertigung 193
Neuherstellung 141
Neunzig-Grad-Kantung 149
Neuteil 91
Nickel 200, 201, 210, 211, 229, 235
Nickelanteil 217
Nickelgehalt 202, 210
Nickellegierung 235
Niete 52
Nietkopf 178
Nietstift 178
Niob 32, 55
Nitrieren 57
Norm 252
Normalglühen 29, 215, 220
Normalglühgefüge 157, 220, 221
Normalisierung 220
Normbeschaffenheit 142
Normvorgabe 115, 210
Notausgangsverschluss 100
Nottreppenhaus 100
NPD 124
Nulldurchgang 116
Nulllinie 24
Nut 86, 87
Nutzer 45, 119, 223
Nutzung 225, 265, 267
Nutzungsanforderung 34
Nutzungshinweis 117
Nutzungssicherheit 15, 256
Nutzungstyp 114
Nutzwertanalyse 141, 151

**O**

Obentürschließer 130
Oberfläche 28, 29, 30, 31, 52, 56, 57, 60, 62, 76, 78, 82, 88, 95, 108, 136, 138, 139, 140, 141, 142, 143, 144, 146, 151, 157, 158, 160, 162, 164, 165, 166, 170, 176, 184, 185, 188, 191, 192, 193, 194, 206, 208, 224, 228, 230, 231, 232, 233, 234, 238, 240, 241, 242, 246, 247, 253, 256, 257, 265, 266, 267
Oberfläche im Radiusbereich (Rissausgang) 156

Oberflächenabtrag 134
Oberflächenart 136
Oberflächenausführung 168
Oberflächenaussehen 140
Oberflächenbehandlung 53, 74
Oberflächenbereich 268
Oberflächenbeschädigung 78, 139
Oberflächenbeschaffenheit 151, 228
Oberflächenbeschichtung 231
Oberflächenfarbschicht 159
Oberflächenfehler 158, 161, 162
Oberflächengüte 156, 157
Oberflächenhärte 218
Oberflächenmerkmal 204
Oberflächennähe 159
Oberflächenoptik 131
Oberflächenpore 196, 197, 208, 229, 233
Oberflächenqualität, geforderte 137
Oberflächenriefe 160, 161
Oberflächenrissprüfung 159, 162
Oberflächenschaden 63
Oberflächenspannung 264
Oberflächenstruktur 140
Oberflächentechnik 9, 16, 252
Oberflächenunregelmäßigkeit 15, 158, 159, 160, 161, 162, 163, 225
Oberflächenvorbereitung 136
Oberflächenwasser 94, 98
Oberflächenzustand 140
Obergeschoss 90, 91
Obergurt 24
Oberkante 69, 92, 93, 108, 242, 243
Oberseite 22, 44, 59
Objekt 222, 223, 228, 239
Objekttemperatur 145
Ofenleistung 167
Öffnung 38, 58, 70, 71, 87
Öffnungsart 122
Öffnungsbegrenzer 122, 123, 124
Öffnungsbreite 122
Öffnungskraft 115
Öffnungsmoment 130
Öffnungsvorgang 86, 87
Offshore-Windkraftanlage 266
Optik 58, 86, 190, 232
Optimierung 213
Orangenhaut 138, 231, 267
Original-Ersatzteil 107
Ortsbesichtigung 60, 152
Ortstermin 42, 46, 86, 90, 98, 108, 116, 134, 138, 142, 146, 148, 150, 154, 191, 243
Oswald 248

## 5.3 Stichwortverzeichnis

Oswald-Matrix 250
Oxid 233
Oxidation 184, 187, 193, 263
Oxidationsprodukt 184, 185
Oxideinschluss 204, 205
Oxidfalte 158
Oxidhaut 246
Oxidschicht 140

## P

Paneel 94, 130, 146, 147, 149
Paneelfläche 129
Panikbeschlag 100
Panikgedränge 100
Panikschloss 100, 101
Paniktür 100
Parallelitätstoleranz 227
Parameter 53, 104, 177
Parametereinstellung 176
Parkbereich 148
Partei 226, 228, 229, 238, 247
Parteivorteilsnahme 139
Partikel 192
Partikelnest 150
Passivieren 184
Passivschicht 95, 154, 185
Passstücke 110
Passteil 140
Passung 235
Patzer 208
Pendelprüfung 113
Pendelschlag 113
Pendelschlagversuch 36, 37, 112, 124
Pendelung 268
Penetriermittelprüfung 198
Pergole 249, 250
Perlit 172, 215
Perlitzeile 218
Perlit-Zeiligkeit 218
Personenschutz 100
Pfannenbehandlung 209
Pflanzkübel 154, 155
Pflasterung 64
Pflege 130
Pflegeanleitung 267
Pflegemaßnahme 143
Pfosten 34, 64, 65, 84, 140, 188, 189
Pfostenabstand 44
Pfostenfundament 65
Pfostenhöhe 62
Pfostenprofil 96, 97
Pfosten-Riegelbauweise 94
Pfosten-Riegelfassade 92, 118

Pfosten-Riegel-Konstruktion 96, 97, 98, 99
Pfosten-Riegel-System 93
Phase 265, 266, 268
Phosphor 32, 152, 263
Photovoltaik 112
Pickel 224
Pkw-Lenkstange 172
Planer 252, 255, 256
Planung 72, 93, 96, 99, 101, 102, 104, 106, 243, 252, 254
Planungsfehler 71
Planungsphase 229
Planungsunterlage 222
Plasmaschweißen 235
Plättchen 174
Plattendicke 51
Plattenrand 50
Plausibilität 114
PMMA 145
Podest 71
Podestbelag 70, 241
Podestfläche 70
Podesttreppe 68
Polieren 184, 208
Pore 196, 197, 224, 229, 267
Porennest 233
Porenzelle 233
Portalkrananlage 132
Prägen 166
Präparationsfehler 208
Prävention 174
Primärerstarrung 211
Primärkristallisation 210, 211
Primärseite 116
Prinzipskizze 93
Probekörper 52, 53
Probeneinspannung 217
Probenherstellung 170
Probenlänge 216
Probenpräparation 172
Probeverzinkung 153
Produkt 222, 231, 232, 235, 238, 252
Produktbemusterung 198
Produktinformation 98
Produktionsablauf 148
Produktionskette 172
Produktionskontrolle 66
Produktionskontrolle, werkseigene 214
Produktionsstopp 194
Produktionsstrang 194
Professor Oswald 17, 151, 247
Profil 37, 57, 76, 77, 94, 95, 110, 181, 212, 213, 228

Profildimensionierung 242
Profilecke 110
Profilgeometrie 213
Profilhersteller 110
Profillänge 96, 97
Profilnut 94
Profiloptimierung 96
Profilrohr 96, 97
Profilschnitt 95
Profilstoß 95, 131
Profilsystem 85, 128
Profilwandung 94, 95
Profilzylinder 108, 109
Projekt 222, 230
Projektierungsphase 132
Projektleitung 184
Prozess 213, 232, 233, 236
Prozessabschnitt 167
Prozessanalyse 54, 55
Prozessdatenaufzeichnung 210
Prozessfehler 246
Prozesskette 172
Prozessmöglichkeit 231
Prozessparameter 218, 219, 225
Prozessüberwachung 177
Prüfbedingung 198
Prüfbericht 36, 105
Prüfergebnis 112
Prüfgerät 217
Prüfinstitut 86
Prüfkraft 266
Prüfleistung 113
Prüfmuster 112
Prüfprotokoll 152
Prüfstelle 36, 147
Prüfung 100, 110, 112, 158, 191, 210, 234
Prüfungszeugnis 110
Prüfverfahren 63, 90, 199, 216, 265
Prüfvermerk 44
Prüfvorschrift 77
Prüfzeugnis 33, 36, 77, 128, 129
Publikumsverkehr 142
Pulverbeschichten 191
Pulverbeschichtung 62
Pulverlackierung 74
Punkthalter 36
Punktlaser 59
PVB-Folie 36
PVB-Zwischenlage 112
PVC-Folie 144
PVC-Noppenboden 106
PVDF 145
Pyramide 266

## Q

Quadratrohr 84, 131
Quadratrohr-Pfosten 188
Quadratrohrprofil 130
Quadratrohrquerschnitt 188
Qualifikation 14, 105
Qualifizierung 233
Qualität 120, 138, 225, 231, 233, 238, 240, 247
Qualitätsprüfung 214
Qualitätssicherungssystem 210
Qualitätsstufe 146
Quantität 138
Querkraft 52
Querlenker 56
Querrichtung 24, 54, 170
Querriss 170, 171
Querschliff 162, 163, 195, 198, 199, 207, 267
Querschnitt 96, 158, 160, 161, 162, 174, 214, 218, 220, 266, 268
Querspross 130
Querstrebe 28, 29, 241, 242
Quertraverse 84

## R

Radius 56, 57, 156
Radiusbereich 156, 157
Radsatz 156
Rahmen 63, 66, 78, 89, 138, 147, 222, 228
Rahmenbedingung 226
Rahmenbereich 89
Rahmendübel 43
Rahmenecke 24, 25, 94
Rahmenelement 146
Rahmengrundprofil 131
Rahmenkonstruktion 46, 88, 130
Rahmenprofil 94, 131
Randabstand 228, 256
Randbedingung 52, 232
Randbereich 120, 173, 220
Randhärteverlauf 218, 219
Randschicht 82
Randschichthärte 156
Randschichthärtung 156, 157
Randzone 184, 219
Rangierarbeit 148
Rasterelektronenmikroskop 56, 57, 82, 144, 160, 169, 175, 192, 202, 206, 208
Rauch 106
Rauchabschottung 100, 106
Rauchentwicklung 100
Rauchschutz 15, 103, 256
Rauchschutzfunktion 108, 109

Rauchschutztür 100, 101, 103, 106, 107, 108
Rauheit 156
Raumbeleuchtung 100
Raumfeuchtigkeit 99
Raumluft 98
Raumvolumen 90
RC 2 129
RC 3 128, 129
Rechenmodell 121
Rechnung 182
Rechteckfuge 92, 93
Rechteckprofil 212
Rechteckrohr 130
Rechteckrohrprofil 130
Rechtsfrage 238
Rechtsstreit 142
Reduzierung 166
Referenzfläche 134, 135
Referenzmuster 220, 221
Regel 53, 63, 65, 66, 67, 68, 69, 71, 73, 74, 75, 76, 79, 81, 83, 85
Regelung 53, 238, 252
Regelwerk 88, 222, 226
Regenrinne 38
Reibung 229
Reinheitsgrad 205, 207
Reinigung 14, 52, 142, 196, 242, 243
Reinigungsanweisung 232
Reinigungsbad 186
Reinigungsempfehlung 142, 143
Reinigungsfirma 142
Reinigungshäufigkeit 143
Reinigungshinweis 14, 242, 267
Reinigungsmaßnahme 142
Reinigungsmittel 143, 144
Reinigungsmittelproben 142
Reinigungsprozess 176
Reinigungsschritt 142
Reinigungswirkung 143
Reklamation 231
Reklamationsfall 186
Rekristallisation 215
Rekristallisationstemperatur 215
REM-Aufnahme 206
Remote Switch 117
Reparatur 30, 104, 107, 142, 156, 182, 194
Rest 234
Restduktilität 80, 82, 83
Restfestigkeit 112
Restgewaltbruch 80, 156, 157, 212, 213
Restquerschnitt 170, 193
Restsauerstoffgehalt 187
Reststück 168

Resttragfähigkeit 37
Resttragfähigkeitsversuch 112
Richten 82
Richtlinie 88, 89
Richtungsänderung 240
Riegel 24, 92
Riegel-Konstruktion 77
Rinne 38, 86
Rippe 24
Risiko 118, 198, 223
Risikobeurteilung 126, 127
Riss 28, 29, 30, 31, 53, 62, 82, 83, 84, 158, 159, 162, 167, 171, 173, 180, 181, 197, 200, 201, 202, 207, 210, 211, 212, 233, 237, 265, 267, 268
Rissart 233
Rissausbreitung 156
Rissausgang 157
Rissausweitung 171
Rissbereich 200, 201
Rissbildung 144, 145, 166, 172, 173, 198, 202, 218, 265
Rissende 181
Rissentstehung 172
Risserscheinung 210
Rissfläche 202
Rissprüfung 158, 159, 162, 201
Risstyp 237
Rissverlauf 181, 233
Risswachstum 172
Rockwell 265
Rohdecke 100
Rohr 192, 200, 204, 214
Rohrabschnitt 204
Rohrabzweigung 235
Rohrbogen 192
Rohreinformtechnik 215
Rohrgrundwerkstoff 214
Rohrhersteller 215
Rohrinnenseite 192, 193
Rohrleitung 185
Rohrleitungsarbeit 184
Rohrprofil 35, 96, 97
Rohrquerschnitt 240
Rohrrahmen 60
Rohrwanddicke 204, 205, 237
Rohrwerkstoff 200, 201
Rohstoffpreis 210
Rollgitter 114
Rolltor 114
Rolltoranlage 114
Röntgenmikroanalyse 144
Rost 89, 154, 182, 206
Rostbefall 154
Rostspur 151
Roststelle 192

Rotrost 150, 267
RT-Verfahren 194
Rückfederung 212, 213
Rücklaufleitung 204
Rückmontage 49
Rückseite 51, 52, 53, 66
Rückstände 242
Rückstellprobe 210, 267
Rundnaht 186, 192
Rundstahl 74

**S**

Sachkunde 184
Sachkundiger 105
Sachmangel 251
Sachschaden 27
Sachverständigengutachten 100
Sachverständiger 88, 90, 91, 92, 93, 94, 95, 96, 98, 100, 102, 106, 108, 110, 114, 115, 116, 118, 132, 133, 134, 135, 138, 139, 142, 144, 146, 147, 148, 149, 150, 151, 152, 154, 155, 182, 184, 188, 191, 194, 223, 227, 238, 240, 242, 243, 244, 246, 247, 255, 258
Sägekante 139
Salpetersäure 185
Sandwichbauweise 132
Sandwichelement 22, 144
Sandwichoberfläche 146, 147
Sandwichpaneel 130, 147, 148
Sanierung 45, 75, 149, 182, 245
Sanierungskonzept 99
Satteldichtung 95
Sattelprofil 94
Sauerstoff 32, 212, 263
Sauerstoff-Brenngas-Flamme 235
Säule 24, 25
Säure 242
Schaden 44, 63, 78, 79, 80, 82, 83, 87, 90, 103, 114, 148, 149, 156, 160, 174, 176
Schadensanalyse 79, 81, 83, 265
Schadensbereich 158, 159, 164, 169, 201
Schadensbeseitigung 106
Schadensbild 51, 171, 218
Schadenscharge 210
Schadensfall 8, 76, 80, 84, 106, 256, 263
Schadensfallgutachter 210, 214
Schadenshergang 54
Schadensmechanismus 213
Schadensmuster 221
Schadenspotenzial 178

Schadensstelle 119, 164, 165, 200, 204, 205
Schadensursache 54, 76, 144, 170, 242
Schadensverlauf 114
Schadensvermeidung 70
Schädigung 164, 165, 167, 168, 169, 193
Schädigungsbild 208
Schädigungsform 170
Schädigungsmechanismus 208
Schadstelle 139, 148
Schaft 56
Schale 76
Schallschutz 252
Schaltvorgang 116, 117
Schaumstoffkern 146
Scheibe 48, 112, 118, 119, 245
Scheibengröße 67
Schenkellänge 95
Scherengitter 114, 115
Scherengitterwelle 114, 115
Scherkraft 42
Scherpin 78, 267
Scherspannung 172
Schicht 210
Schichtdicke 134, 135, 137, 152, 230, 231, 232
Schichtdickenmessung 152, 153, 230
Schiebetor 62, 63, 126
Schiebetoranlage 126
Schiebetür 128, 244
Schiebetüranlage 129
Schiebetürflügel 128, 129
Schiebetürrahmen 244
Schimmelbildung 98
Schlacke 233, 234, 263, 267
Schlackeeinschwemmung 172
Schlackeneinschluss 206, 207, 267
Schlackenzeile 181
Schlackepulver 267
Schlagregen 90, 93
Schlagregendichtheit 130
Schlagregenwasser 94
Schlauchpore 237
Schlauchtülle 176
Schleifen 57, 184, 191, 208
Schleifkerbe 234
Schleifkörnung 228
Schleifmittel 184
Schleiffriefe 57, 138
Schleifstaub 192
Schleifvlies 192
Schlichtung 226
Schließanlage 102
Schließbarkeit 130

Schließen 104
Schließfolgeregelung 108
Schließkante 115
Schließkraft 114
Schließplan 103
Schließzylinder 102
Schliff 81, 164, 172, 175, 194, 202
Schliffbild 176, 177, 199, 224, 228, 242
Schliffebene 205
Schliffoberfläche 208
Schliffprobe 208
Schliffuntersuchung 160, 161, 186, 187
Schloss 101, 108
Schlossvariante 100
Schlüsselloch 78
Schlüsselschalter 114
Schlüsseltaster 114
Schmelzanalyse 180
Schmelzbad 263
Schmelze 103, 172, 264, 265, 267
Schmelzennummer 214
Schmelzintervall 266
Schmelzlinie 206, 267
Schmelzschweißverbindung 234
Schmelztauchverzinken 24
Schmelztauchverzinkung 25
Schmelztemperatur 152
Schmelzzusammensetzung 172
Schmiedegefüge 265
Schmierung 56
Schneelast 34, 35
Schneelastzone 34, 35
Schneidflanke 218
Schnittfläche 219
Schnittkante 95, 149, 189, 218, 219
Schnurgerüst 59
Schott 100
Schräge 59, 224
Schrägverglasung 118
Schramme 247
Schraube 23, 36, 40, 42, 43, 52, 54, 80, 104, 170, 190
Schraubenachse 54
Schraubenbruch 170
Schraubenkopf 55, 80
Schraubenlänge 105
Schraubenverbindung 22, 23, 80, 81, 252
Schraubzwinge 74, 75
Schrottbeimengung 202
Schrotteinschmelzung 200
Schutzeinrichtung 114, 126
Schutzfolie 148
Schutzgas 167, 187
Schutzgasgemisch 208

Schutzkontaktleiste 126
Schutzniveau 114
Schutzziel 114
Schwächung 197
Schwefel 203
Schwefelanteil 202
Schwefeldioxid 154
Schwefelgehalt 202, 203
Schweißabschnitt 225
Schweißanweisung 183, 198, 253
Schweißarbeit 187, 193, 194, 208, 263
Schweißargon 184
Schweißaufsicht 208, 209
Schweißaufsichtsperson 183
Schweißbolzen 52, 53
Schweißeigenspannung 211
Schweißeignung 266
Schweißen 9, 15, 23, 25, 29, 31, 41, 53, 60, 61, 184, 186, 190, 193, 200, 201, 202, 208, 212, 214, 220, 221, 226, 229, 233, 234, 252, 256, 263, 264, 266, 267, 268
Schweißer 66, 195, 208, 233
Schweißerprüfung 195, 256
Schweißerprüfungsbescheinigung 196
Schweißfachbetrieb 210
Schweißfehler 184, 229
Schweißgut 194, 198, 199, 208, 210, 211, 230, 233, 234, 263, 264, 267
Schweißgutüberlauf 234
Schweißkonstruktion 41, 66, 226, 227
Schweißlage 264, 266
Schweißnaht 28, 30, 52, 60, 130, 131, 138, 182, 183, 184, 185, 186, 188, 189, 190, 191, 192, 193, 194, 196, 198, 199, 200, 201, 202, 204, 206, 212, 216, 220, 225, 229, 230, 233, 234, 252, 253, 254, 264, 266
Schweißnahtbereich 188, 195, 210, 230
Schweißnahtfehler 194, 196, 206, 207, 235, 264
Schweißnahtgefüge 202
Schweißnahtmaß 234
Schweißnahtoberfläche 233
Schweißnahtprüfung 234
Schweißnahtqualität 204
Schweißnahtübergangsbereich 30
Schweißnahtunregelmäßigkeit 234
Schweißnahtvorbereitung 196, 265, 266, 267
Schweißnahtwurzel 184

Schweißparameter 52, 203, 208, 267
Schweißpersonal 253
Schweißpore 234
Schweißposition 235
Schweißprozess 28, 29, 53, 60, 189, 213, 220, 232, 235, 263, 264, 267
Schweißpunkt 188
Schweißraupe 266, 268
Schweißschaden 188
Schweißseite 266
Schweißspritzer 190, 192, 234, 235
Schweißstoß 267
Schweißstrom 53
Schweißung 197, 233, 266
Schweißverbindung 17, 18, 48, 194, 195, 204, 205, 208, 210, 211, 214, 233, 234, 235, 254, 266
Schweißverfahren 263
Schweißvorgang 200
Schweißvorrichtung 267
Schweißwärme 263, 268
Schweißwärmezyklus 265
Schweißzulassung 190
Schwellenhöhe 89
Schwellenprofil 130
Schwellenverbindung 89
Schwerlastanker 38, 39
Schwert 188
Schwindung 266
Schwingbruch 56, 57, 157, 264
Schwingung 74, 75, 242
Schwingungsbeanspruchung 174
Schwingungsbruch 264
Schwingungsverhalten 242
sd-Wert 267
Sechskantschraube 22
Sechskantstange 162
Segment 240
Seigerung 267
Seitenteil 58, 130
Sektion 86, 87
Sektionalblech 144
Sektionalelement 144
Sektionalteil 144
Sektionaltor 86, 87, 144, 145
Sekundärentwässerung 88
Selbstreinigung 243
Selektion 225
Senkrechte 59, 227, 228
Senkung 40
Sensorleiste 114
Setzbereich 153
Setzbolzen 152
Shore 265
Sicherheit 48, 112, 114, 268
Sicherheitsabstand 126

Sicherheitsaspekt 223
Sicherheitseinrichtung 114, 126, 127
Sicherheitssensorleiste 115
Sicherungskasten 101
Sicherungsschalter 101
Sicherungsstift 78, 267
Sicherungstechnik 15, 256
Sichtfeld 138
Sichtkontrolle 161, 186, 197
Sichtprüfung 162, 180, 181, 190, 194, 233, 234, 235
Sicke 144
Siedepunkt 209
Silikon 67, 106, 107
Silizium 152, 208, 230
Siliziumgehalt 30, 31, 208, 230
Sitzbank 249, 250
Sockel 131
Sockelabdichtung 94
Sockelanschluss 94, 95
Sockelprofil 66, 94, 114
Solidustemperatur 266
Sollbruchstelle 78, 160, 267
Sollmaß 68, 70
Soll-Werkstoff 174, 198
Sollwert 202, 203, 210, 214, 218
Sollzustand 222
Sonnenbestrahlung 144
Sonneneinstrahlung 76
Sonnenlicht 229
Sonnenschutz 120, 258
Sonnenschutzanlage 76
Sonnenschutzlamelle 76
Sonnenstrahlung 120
Sorte 215
Spalt 53, 64, 76, 92, 213, 249
Spaltbruch 171, 174, 175
Spaltbruchgefüge 220
Spalte 107, 188, 189, 222
Spaltfacette 171, 220
Spaltfläche 80
Spaltkorrosion 154
Spaltmaß 108, 138, 222, 223
Span 150
Spannschraube 170
Spannung 26, 28, 29, 30, 55, 56, 57, 61, 82, 83, 96, 97, 104, 117, 118, 119, 178, 229, 233, 264
Spannungsänderung 217
Spannungsarmglühen 29, 172, 178
Spannungsgradient 172
Spannungsniveau 268
Spannungsrisskorrosion 81, 178, 179
Spannungsrisskorrosionsanfälligkeit 178, 179

Spannungsrisskorrosionsangriff 194, 195
Spannungsspitze 116, 179, 268
Spannungsüberhöhung 56, 266, 268
Spannungsverteilung 112
Spannungszustand 268
Spannweite 34, 35
Spant 182
Spanvolumen 174
Sparren 42
Spektralanalyse 154, 203
Spektrometer 208
Spezialbohrer 48, 49
Spezialkleber 110
Spezifikation 146, 172
Spindeltreppe 66
Spitze 168
Spitzenwert 198, 199
Spreizanker 38
Spreizdübel 38
Spritzer 234
Spritznarbe 267
Sprödbruch 264
Sprungbild 118
Spülen 193
Spur 54
Stab 172, 246
Stababstand 246
Stabilisierung 200, 263
Stabilität 113, 190, 191
Stablänge 246
Stabmaterial 170
Staboberfläche 172, 173
Stabquerschnitt 172
Stabstahl 172
Stabziehen 173
Stahl 28, 30, 31, 32, 33, 38, 42, 43, 55, 56, 57, 61, 63, 66, 67, 77, 82, 83, 118, 136, 154, 184, 185, 192, 208, 211, 216, 229, 235, 246, 252, 263, 264, 266, 267, 268
Stahlanker 44
Stahlbau 34, 35, 208, 209
Stahlbaubetrieb 132, 182
Stahlbauer 22, 23, 214
Stahlbauleistung 136
Stahlbauteil 136, 268
Stahlbauunternehmen 22
Stahlbeton 66
Stahlbetonkonsole 133
Stahlbetonstütze 132
Stahlbetonwand 132
Stahlblech 22, 60, 68, 76, 132, 144, 146, 150, 208, 266

Stahlblende 72, 73
Stahlbrandschutztür 102, 104
Stahl-Eisen-Werkstoffblatt 198
Stahlelement 136, 137
Stahlgitter 263
Stahl-Glas-Fassade 26
Stahlgruppe 198
Stahlhalle 150, 258
Stahlhallendach 151
Stahlhändler 214
Stahlhersteller 209, 210, 211
Stahlherstellung 200, 202
Stahl, hochlegierter 188, 242
Stahlhohlprofil 153
Stahlkonsole 22
Stahlkonstruktion 22, 23, 24, 25, 60, 152, 153, 214, 234, 258, 260
Stahlmatrix 172
Stahl, nichtrostender 142, 155, 166, 184, 190, 210, 211, 228, 239, 252
Stahloberfläche 253
Stahlprofil 62, 66, 130, 152, 153
Stahlrahmen 24, 104
Stahl-Rechteckrohr 68
Stahlrohr 204
Stahlschmelze 209
Stahlsorte 211
Stahlspan 151
Stahlstütze 22, 23, 134, 148
Stahlteil 62, 231, 268
Stahlträger 180
Stahltragkonstruktion 66, 67
Stahltragwerk 34, 41, 239
Stahltüranlage 130
Stahl, unlegierter 209
Stahlverbundbau 136
Stahlwangen 73
Stahlwinkel 22
Stahlzarge 104
Stahlzusammensetzung 225
Standfestigkeit 37, 49
Standsicherheit 38, 39, 48, 49, 50, 51, 77, 228, 252
Standsicherheitsnachweis 242
Stange 162, 163
Statik 9, 14, 15, 22, 23, 24, 25, 26, 27, 32, 34, 36, 37, 38, 39, 40, 41, 42, 43, 44, 45, 46, 54, 56, 75, 77, 85, 96, 97, 118, 191, 252, 256
Statikberechnung 96
Statiker 26, 41, 44, 45, 252
Statikprogramm 35, 96
Staunässe 88
Steg 23, 200
Stegblech 24
Stegdicke 180

Stegseite 181
Steifen 24
Steifigkeit 112
Steifigkeitssprung 266
Steigung 68, 69, 70, 71, 73, 224, 228
Steigungshöhe 68, 69, 257
Steigungsmaß 256
Steinoberfläche 232
Stempelung 110, 111
Stereomikroskop 161
Steuerung 126, 127, 232
Stichprobe 48
Stickstoff 32, 167, 263
Stickstoffabschrecken 167
Stickstoffperlit 167
Stillstand 46, 114
Stirnfläche 176, 218
Stirnseite 44
Stockwerk 142
Stopfen 188
Stoß 94, 95
Stoßfuge 94
Stoßgriff 130
Stoßplatte 100
Stoßsicherheit 123, 124
Strahlen 184
Strahlschweißen 229
Strebe 241, 242
Streckenenergie 268
Streckgrenze 180
Streiflicht 229
Streit 243, 244
Streitfall 126, 136, 141, 190, 243, 245, 247
Streitgegenstand 224
Streitigkeit 100, 224, 225, 226, 230, 232, 238, 253
Streitobjekt 15
Streitpunkt 14
Stress-Analyse 121
Strichraupentechnik 268
Stromdichte-Potentialkurve 166
Stromfluss 164, 176, 177
Stromleitung 101
Strömungsverschleiß 204
Stromzuleitung 100, 101
Struktur 80, 83, 167, 200, 201, 212, 231
Stückanalyse 180
Stückverzinken 33, 246, 268
Stufe 68, 69, 70, 71, 72, 73, 223, 241
Stufenabstand 70
Stufenbelag 70, 72
Stufenbereich 227
Stufenüberstand 72

Stufenvorderkante 72
Stuhlwinkel 97
Stumpfnaht 208, 229, 235, 236, 237
Sturz 54, 114
Stütze 24, 42, 66, 132, 135
Stützrolle 212
Stützweite 34, 35
Styropor 154, 155
Styroporplatte 154, 155
Sulfid 172
Sulfidzeile 162, 172
System 92, 116
Systemgeber 86, 87, 95, 108
Systemhaus 92, 93, 97, 98
Systemhersteller 42, 77, 86, 87, 95, 96, 99, 111

**T**

T-30-Brandschutztür 104
T-30-Glas 110
Tafel 214
Tafelnummer 214
Tagbetrieb 128, 129
Tageslicht 138, 229
Tauchdauer 152
Tauglichkeit 153
Tauwasserbildung 44, 45
Technik 65, 66, 68, 74, 75
Technische Baubestimmung 125
Technologie 23, 208, 215
Teilautomatisierung 232
Teilbeschattung 118, 119
Teilsicherheitsfaktor 52
Tellurgehalt 172
Temperatur 32, 50, 61, 76, 82, 120, 167, 268
Temperaturänderung 229
Temperaturausdehnung 77
Temperaturdifferenz 76, 97
Temperatureinwirkung 121
Temperaturerhöhung 76, 120
Temperaturleitung 121
Temperaturschwankung 222
Temperaturunterschied 96
Temperaturveränderung 96, 229
Temperaturwechsel 120
Temperaturwechselfestigkeit 120
Temperaturzunahme 120
Terrasse 35, 43, 44, 88, 89, 244
Terrassenabdichtung 44, 45
Terrassenbruch 55
Terrassendach 34, 35, 42
Terrassengeländer 190, 191, 227, 231
Terrassentür 88, 244

Terrassenüberdachung 42, 243
Theorie 76
Thermobruch 120, 121
Tiefbau 136
Tiefziehen 217
Titan 32, 55, 229, 235
Titanlegierung 235
Toleranz 14, 15, 17, 18, 19, 52, 59, 60, 61, 63, 66, 67, 68, 69, 70, 71, 78, 79, 118, 222, 226, 227, 228, 234, 245, 246, 252, 254, 256, 257
Toleranzbereich 62, 67, 190, 222, 223, 227, 228
Toleranzgrenze 63, 70, 223, 225, 226, 232, 238, 239
Toleranzklasse 63, 66, 223, 226, 227
Toleranzmaß 95
Toleranznorm 224, 239
Toleranzregel 239
Toleranzvorgabe 223
Topfzeit 268
Topographie 54
Tor 46, 47, 62, 63, 86, 87, 114, 136, 225, 254, 258, 260
Torachse 115
Toranlage 46, 86, 114, 126, 136
Torantrieb 46, 126
Torband 46
Torbau 63, 87
Torbeplankung 86
Torbereich 114
Torbetätigung 114
Torblatt 126, 127
Tordokument 47
Torelement 136
Torfahrt 127
Torflügel 47, 62, 63, 114, 126, 136
Torflügelprofil 63
Torkonstruktion 62
Toröffnung 24, 114, 115
Torpfosten 46, 47, 64, 126, 127
Totmannschaltung 114
Tragelement 77
Träger 24, 35, 133, 244
Trägerschicht 145
Tragfähigkeit 26, 36, 48, 96, 112, 158, 196, 265, 268
Tragfähigkeitsverlust 48
Traggelenk 56
Tragkonsole 48, 49
Tragkonstruktion 34, 42, 60, 66, 67, 118
Tragsystem 26
Tragwerk 26, 67
Tragwerksplanung 27, 37, 51, 265
Tragwiderstand 48

Transition Piece 268
Transparenz 241, 242, 253
Transport 148, 153
Transportschaden 256
Trapezblech 148, 150
Trapezblecheindeckung 150
Traufenträger 243
Traufhöhe 148
Trennbruch 174, 175
Trennen 218
Trennmaterial 229
Trennmittel 103
Trennschnitt 218
Trennung 76, 180, 205, 207, 233, 265
Trennverfahren 218, 219
Trennwand 193
Treppe 61, 68, 69, 71, 72, 73, 223, 226, 230, 240, 241, 242, 244, 246, 254, 256, 258, 260
Treppe, gewendelte 244
Treppenabschnitt 72, 242
Treppenanlage 68, 69, 244
Treppenauge 72
Treppenaustritt 70, 71
Treppenaustrittsstufen 71
Treppenbauer 228
Treppengeländer 60, 61, 232, 240
Treppenhaus 142
Treppenholm 68
Treppenkonstruktion 241
Treppenlauf 60, 61, 68, 70, 72, 223
Treppenlaufbreite 72
Treppenmaß 69, 70, 71, 226
Treppensteigung 68, 70, 223
Treppenstufe 60, 225, 257
Treppenverlauf 72
Treppenwangen 241, 244
Trittstufe 70
Trocknung 99
Tropfblech 148
T-Stoß 237
Tür 35, 58, 59, 64, 76, 77, 88, 89, 100, 101, 102, 103, 104, 105, 106, 108, 128, 130, 131, 138, 146, 222, 223, 225, 254, 258, 260
Türanlage 35, 130
Türanschlagprofil 131
Türanschluss 89, 100
Türblatt 104, 105
Turbulenzgrad-Sonde 90
Türdichtung 106
Türdrücker 130
Türelement 58, 59, 76, 77, 103, 105, 130, 147
Türfläche 77
Türflügel 65, 130, 131

Türflügelrahmen 146
Türfugen 99
Türhersteller 105
Türmitte 106
Türpfosten 64, 65
Türrahmen 146
Türschließer 107
Türschloss 104
Türschwelle 131
Türschwellenprofil 130
Türspaltmaß 106
Türzarge 105
T-Verbindung 95
Typenbezeichnung 38
Typenstatik 35

**U**

Überarbeitung 182
Überbeanspruchung 160
Überdachung 43, 243, 244, 258
Überdimensionierung 268
Übereck-Profilstoß 94, 95
Übereinstimmung 76, 105
Übereinstimmungserklärung 105, 109, 110
Übergabereinigung 142
Übergang 153
Übergangsradius 56
Überhitzung 170
Überhöhung 190, 234
Überkopfverglasung 112
Überlappung 189
Überlastung 55
Überprüfung 166, 182
Überschleife 246
Überschreitung 78
Überschweißung 198
Übersichtsaufnahme 209
Überstand 48, 72
Überwachung 133, 165
Überwachungsorganisation 132, 194
Überwalzung 160, 161, 180
Überzug 230, 231
Ü-Kennzeichnung 152
Ultraschallprüfung 171
Umbau 101
Umformbarkeit 166
Umformbedingung 170
Umformeigenschaft 218
Umformen 57, 166, 218
Umformfähigkeit 166
Umformfehler 171
Umformgrad 54
Umformkraft 215
Umformprozess 171

Umformung 54, 172
Umformvermögen 166, 218
Umgebungsbedingung 136, 137, 154, 233
Umhüllung 267
Umlauf 164
Umnutzung 22
Umschmelzen 267
Umwehrung 39, 254
Unbrauchbarkeit 100
Undichtigkeit 44, 45, 90, 91, 92, 148, 149, 194, 202, 204, 242, 243
Unebenheit 60, 61, 138
Unfall 84, 85
Ungleichschenkligkeit 236
Unregelmäßigkeit 15, 17, 24, 60, 65, 87, 127, 148, 150, 151, 152, 158, 159, 161, 162, 180, 186, 190, 191, 196, 197, 205, 222, 225, 226, 229, 231, 232, 233, 234, 235, 236, 237, 238, 240, 241, 242, 246, 247, 248, 252, 253, 254, 266
Unstimmigkeit 224
Unteransicht 73, 241
Unterauftragnehmer 214, 215
Unterbau 74
Untergrund 109
Untergurt 190
Unterhaltsreinigung 142
Unterkante 243
Unterkonstruktion 50, 51, 66, 68, 69, 153
Unterkupferung 164
Unterlage 69, 143, 238
Unterlegscheibe 40, 48, 49
Unternehmererklärung 86
Unterpulverschweißen 235
Unterschneidung 71
Unterseite 22, 73
Untersuchung 54, 81, 172, 175, 216
Unterwanderung 144, 264
Unterwölbung 234
Unzulänglichkeit 208
UP-Verfahren 215
Ursache 72, 77, 78, 86
Ursachenermittlung 210
Ursachenforschung 208
Ursprung 164
Ursprungszustand 139
UV-Strahlung 145

**V**

Vakuum 166
VdS-Anerkennung 128
Ventil 78, 194

Verankerung 38, 39, 48, 49, 94, 128, 256
Verankerungsgrund 48, 49
Verankerungspunkt 50
Verankerungstiefe 48
Verarbeitung 146, 151, 209, 239
Verarbeitungsrichtlinie 93, 95
Verbesserung 91
Verbinder 95
Verbindung 23, 44, 51, 56, 190, 234, 253, 267
Verbindungsstrebe 242
Verbindungsstück 80, 268
Verblender 40
Verblendung 148
Verbund 76
Verbundglas 112
Verbundmaterial 84
Verbundplatte 85
Verbundprofil 76
Verbundsicherheitsglas 66, 112, 113, 130
Verdrehung 74
Vereinbarung 226, 228, 230, 231
Verfahren 76, 77, 184, 216, 219, 234
Verfahrensprüfung 195
Verfahrenstechnik 140, 266
Verfärbung 144, 164, 234
Verfestigung 166
Verfestigungsgrad 216, 217
Verformungsvermögen 265
Verformung 26, 28, 32, 34, 45, 49, 50, 51, 53, 54, 77, 81, 82, 83, 94, 96, 148, 168, 217, 264, 265, 268
Verformungsbruchmerkmal 206
Verformungsfähigkeit 263
Verformungsmartensit 160, 217, 264
Verformungsrichtung 170
Verformungsvermögen 264
Vergießen 158
Verglasung 37, 67, 73, 110, 116, 117, 122, 128, 129, 130, 253
Vergleich 183
Vergleichsmuster 228
Vergleichsprobe 228
Vergleichsspannung 268
Vergrößerung 77, 120, 164, 221
Vergüten 171
Vergütungsgefüge 170, 174
Vergütungsstahl 174, 220
Verhältnis 26
Verhältnismäßigkeit 61, 226
Verkanten 132
Verkleben 72
Verladebereich 148

Verlauf 72, 244
Verletzungsgefahr 190
Vermeidung 120
Vermessung 62, 78, 79
Verminderung 230, 268
Vermörtelung 108, 109
Vernieten 179
Vernietung 178
Verordnung 252
Verriegelung 76, 106
Verriegelungsmechanismus 123
Versagen 44, 45, 48, 52, 100, 102, 112, 264, 268
Versagensart 52
Versagensrisiko 178
Versagensursache 172
Versammlungsstätte 226
Versatz 64, 245
Verschattung 120
Verschleiß 56, 251
Verschleißbeständigkeit 82
Verschleißerscheinung 90
Verschleißschädigung 164
Verschlussstange 106
Verschmutzung 148, 224, 243, 267
Verschraubung 22, 46, 77, 171
Verschweißen 28
Versetzung 215, 263
Versiegelung 110
Verspachteln 60
Verspreizung 48
Versprödung 29, 145, 172, 201
Verstärkung 22, 23, 24, 25
Verstärkungsblech 22
Versteifung 24, 25, 74, 77
Verstopfung 243
Versuch 52, 78
Vertiefung 144, 164, 168
Vertikal 224
Vertikalbehang 114
Vertrag 222, 251
Vertragsabschluss 143, 228, 232, 245
Vertragsabwicklung 159
Vertragsbedingung 41, 47, 69, 227
Vertragsbestandteil 158
Vertragsgrundlage 38, 239
Vertragspartner 89, 140
Vertragsschluss 155
Vertragsvereinbarung 197
Verunreinigung 206, 267
Verweildauer 167
Verweilzeit 140
Verwendbarkeit 36, 50, 52, 53, 268
Verwendbarkeitsnachweis 52, 103, 122

Verwendung 119, 154
Verwendungsfähigkeit 135, 268
Verwendungsort 148
Verwitterung 144
Verwölbung 50, 51
Verziehung 72
Verzinken 29, 30, 31, 33, 190, 229, 230, 246
Verzinkerei 230, 232, 247
Verzinkung 44, 170
Verzinkungsoberfläche 246
Verzinkungsprozess 230
Verzinkungsüberzug 230
Verzögerung 170
Verzug 82, 268
Verzunderung 186, 192, 193, 234
Vickers 265, 266
Vierkantrohr 152, 212
Vierkantstift 100
Viertelwendelung 73
Viskosität 95
Visualisierung 244
VOA-Farbton 140
Vollziegel 42
Volumen 120
Volumenzunahme 209
Vorbehandlung 176, 177
Vorbemessung 96
Vorbereitung 233, 267
Vordach 148, 242, 243, 258
Vordachkonstruktion 148, 149
Vorderseite 22, 51
Vorgabe 67, 68, 69, 70, 222, 226
Vorgewerk 153
Vorhang 119
Vorhangfassade 48
Vorlaufleistung 204
Vormaterial 171, 174
Vor-Ort-Termin 140
Vorschädigung 54, 171
Vorschrift 71
Vorströmzeit 187
Vorwärmen 197, 266
Vorwärmtemperatur 198, 268
Vorwärmung 199, 201, 220, 221
Voute 25
Voutenblech 24, 25
VSG-Scheibe 118
Vulkanausbruch 208

## W

Wabenbruch 54, 170, 171, 172
Wabenbruchstruktur 212
Wähltastatur 142
Walzemulsion 212
Walzen 162, 181

Walzgefüge 265
Wälzlager 178
Walzrichtung 207
Walzzustand 210
Wand 64, 65, 110, 114
Wandanschluss 98, 99
Wandanschlussprofil 42
Wandbauart 108
Wandbauform 105
Wandbekleidung 86, 149
Wanddicke 188, 200
Wanddurchbruch 194
Wandfläche 142
Wandprofil 42
Wandriegel 22
Wandseite 24
Wandungslochung 168
Wandungsquerschnitt 169
Wangentreppe 242
Wangenverlauf 244
Wareneingangskontrolle 159, 161, 162, 181, 247
Wärme 156, 184, 200, 252
Wärmeabfuhr 212
Wärmebehandlung 29, 54, 55, 82, 83, 166, 171, 174, 214, 215, 265, 268
Wärmebehandlungsdauer 178
Wärmebehandlungsgefüge 265
Wärmebehandlungsprozess 172
Wärmedämmung 92, 99
Wärmedämmverbundsystem (WDVS) 42, 190
Wärmedurchgangskoeffizient 130
Wärmeeinbringen 211
Wärmeeinbringung 203
Wärmeeinflusszone 198, 199, 204, 205, 206, 214, 220, 233, 263, 265, 267
Wärmeführung 268
Wärmenachbehandlung 268
Wärmeschutz 76, 252
Wärmestau 118
Warmniete 178
Warmumformen 215
Wartung 14, 52, 106, 114, 115, 123, 130, 143
Wartungsanleitung 108
Wartungsarbeit 78
Wartungsempfehlung 143
Wartungshinweise 14
Wartungspflicht 101, 107
Wartungsstau 90
Wasser 88, 89, 92, 204
Wasserablauf 243
Wasserableitung 89
Wasserbelastung 95

Wasserboiler 186
Wasserdampfsperrwert 267
Wasserdichtheit 86
Wasserleitung 192
Wasserstau 88
Wasserstoff 32, 82, 83, 186, 187, 212, 213, 263
Wasserstoffanalyse 212
Wasserstoffarmglühen 268
Wasserstoffatom 268
Wasserstoffaufnahme 213
Wasserstoffeffusionsglühen 268
Wasserstoffeinlagerung 266
Wasserstoffgas 186
Wasserstoffgehalt 80, 82, 212
Wasserstoffmolekül 186
Wasserstoffschädigung 171
Wasserstoffversprödung 80, 81, 82, 83, 170, 212, 213, 268
Wasserstrahl 218
Wasserstrahltrennen 219
Wasserwaage 59, 62
WDVS 42
Wechselbeanspruchung 198
Wechselbiege-Ermüdungsbruch 156
Wechselbiege-Schwingbruchfläche 156
Wechselfeld 216
Wechselrate 90
Wechselwirkung 112
Weißrost 225, 231, 232
Weißrostbelastung 231
Weißrostbildung 144
Welle 115, 222
Wellenantrieb 114, 115
Wellenzapfen 156
Wendelstufe 72, 73
Wendelung 72
Werkplanung 92, 93, 96
Werkstatt 94, 231, 267
Werkstoff 9, 14, 30, 45, 52, 53, 54, 55, 61, 79, 80, 82, 120, 153, 154, 155, 160, 162, 166, 169, 170, 178, 180, 184, 186, 192, 193, 200, 203, 206, 207, 208, 210, 211, 212, 214, 216, 217, 218, 219, 220, 232, 239, 247, 252, 254, 255, 264, 265, 266, 268
Werkstoffanalyse 30, 152, 180
Werkstoffänderung 220
Werkstoffauswahl 154, 256
Werkstoffbestellung 201
Werkstoffdicke 230
Werkstoffdokumentation 210
Werkstoffeigenschaft 213, 222

Werkstoffempfindlichkeit 179
Werkstofffehler 206
Werkstoffgefüge 79, 82
Werkstoffgitter 82
Werkstoffgruppe 198
Werkstoffgüte 218
Werkstoffkenngröße 214
Werkstoffkunde 266
Werkstoffnummer 154, 155
Werkstoffprobe 267
Werkstoffprüflabor 180, 194, 206, 208, 255
Werkstoffprüfung 16
Werkstoffqualität 205, 207
Werkstoffverhalten 265
Werkstoffwahl 220
Werkstoffwechsel 187
Werkstoffzeugnis 203
Werkstoffzustand 200, 201
Werkstück 233, 265, 266, 268
Werkszeugnis 14, 180, 205, 207
Werkvertrag 60
Werkzeug 193
Werkzeugaufnahme 174
Werte 91
Wertminderung 17, 150, 151, 247, 248
Wetterschenkel 94
Widerstand 46, 47, 53, 86, 107, 265
Widerstandsfähigkeit 130
Widmannstättensche Struktur 220
Wiederauffahren 114
Wiederherstellung 85
Wiederherstellungsreinigung 142
WIG-Abschmelzprobe 210
WIG-Brenner 210
Wind 52, 90
Windfang-Glasscheibe 245
Windfangkante 245
Windfangscheibe 245
Windkraftanlage 266
Windlast 97, 113, 130
Windsogversuch 50
Winkel 78, 224, 240, 246
Winkelabweichung 224, 227
Winkelangabe 224
Winkelgröße 224
Winkelmaß 41, 61, 224, 226, 227
Winkelprofil 22, 23, 206, 207
Winkelrahmen 226
Winkelstahl 46, 228
Winkeltoleranz 224
Wintergarten 35, 254, 258, 260
Wischspur 142, 144
Wismut 30, 31
Witterung 146

Wölbung 227
Wolfram 202, 203
Wolframdraht 169
Wolframschutzgasschweißen 235
Wurzel 263
Wurzelbereich 199
Wurzelbindefehler 266
Wurzeleinbrand 236
Wurzellage 198, 199, 265
Wurzelschutzgas 193

**Z**

Zähigkeitskennwert 214
Zähigkeitswert 200
Zapfenbruch 156
Zarge 104, 105, 136, 146
Zargenbett 104
Zaun 64, 65, 254, 260
Zaunanlage 64, 65
Zaunelement 64, 65
Zaunfeld 64, 65
Zaunpfosten 64, 65
Zeichnung 111, 222
Zeichnungsforderung 198, 216
Zeichnungslegende 238
Zeichnungsunterlage 133
Zeitschaltuhr 114, 116, 117
Zement 51
Zersetzung 145
Zerspanung 81
Zerstörung 22
Zertifizierung 14, 256, 257
Zeugnis 110
Ziehparameter 172
Ziehsteingeometrie 172
Zielbaummethode 151
Zink 28, 29, 30, 31, 178, 246, 267
Zinkabplatzung 152, 153
Zinkabtrag 134
Zinkbad 30, 31, 152
Zink-Lötrissigkeit 28, 30, 31, 268
Zinkoxid 30
Zinkschicht 30, 31, 136, 151, 152, 153, 190, 191
Zinkschichtdicke 134, 135, 152, 225
Zinkstaubfarbe 29
Zinküberzug 134, 135, 152, 232, 268
Zinn 30, 31, 164
Zirkelriegelschloss 128
Zufahrt 114
Zug 97
Zugänglichkeit 22, 23, 113, 193
Zugbeanspruchung 48
Zugeigenspannung 172

Zugerscheinung 90
Zugfeder 160
Zugfestigkeit 52, 82, 113, 180, 214
Zugkraft 52
Zuglast 191
Zugluft 90
Zuglufterscheinung 90, 91
Zugspannung 120, 179
Zugspannungsüberhöhung 172
Zugstab 46
Zugversuch 44, 52, 80, 170, 180, 214, 216, 217, 268
Zukaufteil 232
Zulässigkeit 114, 115, 225, 226

Zulassung 14, 37, 41, 43, 45, 48, 49, 50, 51, 66, 67, 100, 101, 103, 104, 105, 107, 108, 109, 110, 128, 129, 136, 189, 228
Zuleitung 100
Zunderschicht 246
Zündstelle 190, 234, 236
Zurückweisung 230, 232, 246
Zusammendrücken 213
Zusammenhang 156
Zusammensetzung 30, 32, 33, 152, 153, 154, 174, 180, 198, 208, 214, 218, 230, 266
Zusatzfunktion 117
Zusatzwerkstoff 198, 263, 264

Zustand 23, 217
Zustimmung 50, 257
Zustimmung im Einzelfall 122
Zwangslage 241
Zwängung 51
Zweiflankenhaftung 92
Zweigelenkrahmen 25
Zwischenlagentemperatur 268
Zwischenpodest 68
Zwischenschicht 112, 113
Zwischenschichtmaterial 113
Zwischenwand 90
Zylinder 102, 103
Zylinderrollenlager 178

## 5.4 Normenverzeichnis

In dieser Übersicht finden Sie die Normen, die für die Beurteilung der Schadensfälle heranzuziehen waren. Es ist unbedingt zu beachten, dass immer die zum Zeitpunkt des Schadensfalles beziehungsweise zum Erstellungszeitpunkt des Objektes gültige Fassung der Normen für die Schadensbeurteilung maßgeblich ist.

Die gefetteten Normen sind Bestandteil des Normenpaketes der Volltextnormen, die die Nutzer des Fachregelwerkes Metallbauerhandwerk – Konstruktionstechnik im Rahmen ihres Abonnements kostenlos nutzen können.

Weitere Informationen finden Sie unter www.metallbaupraxis.de.

- DIN 276 Kosten im Bauwesen,
- DIN 743-1 Tragfähigkeitsberechnung von Wellen und Achsen; Teil 1: Grundlagen,
- DIN 1121 Türen; Verhalten zwischen zwei unterschiedlichen Klimaten; Prüfverfahren,
- DIN 2097 Zylindrische Schraubenfedern aus runden Drähten; Gütevorschriften für kaltgeformte Zugfedern,
- **DIN 4102-5 Brandverhalten von Baustoffen und Bauteilen; Feuerschutzabschlüsse, Abschlüsse in Fahrschachtwänden und gegen Feuer widerstandsfähige Verglasungen; Begriffe, Anforderungen und Prüfungen,**
- **DIN 4102-13 Brandverhalten von Baustoffen und Bauteilen; Brandschutzverglasungen; Begriffe, Anforderungen und Prüfungen,**
- DIN 6507-1 Metallische Werkstoffe; Härteprüfung nach Vickers; Teil 1: Prüfverfahren,
- DIN 8580 Fertigungsverfahren; Begriffe, Einteilung,
- DIN 12219 Türen; Klimaeinflüsse; Anforderungen und Klassifizierung,
- DIN 17022 Wärmebehandlung von Eisenwerkstoffen; Verfahren der Wärmebehandlung,
- DIN 17611 Anodisch oxidierte Erzeugnisse aus Aluminium und Aluminium-Knetlegierungen; Technische Lieferbedingungen,
- **DIN 18008-1 Glas im Bauwesen; Bemessungs- und Konstruktionsregeln; Teil 1: Begriffe und allgemeine Grundlagen,**
- **DIN 18008-2 Glas im Bauwesen; Bemessungs- und Konstruktionsregeln; Teil 2: Linienförmig gelagerte Verglasungen,**
- **DIN 18008-4 Glas im Bauwesen; Bemessungs- und Konstruktionsregeln; Teil 4: Zusatzanforderungen an absturzsichernde Verglasungen,**
- **DIN 18008-5 Glas im Bauwesen; Bemessungs- und Konstruktionsregeln; Teil 5: Zusatzanforderungen an begehbare Verglasungen,**
- DIN 18065 Gebäudetreppen; Begriffe, Messregeln, Hauptmaße,
- DIN 18095-1 Türen; Rauchschutztüren, Begriffe und Anforderungen,
- DIN 18202 Toleranzen im Hochbau; Bauwerke,
- DIN 18040-1 Barrierefreies Bauen; Planungsgrundlagen; Teil 1: Öffentlich zugängliche Gebäude,
- DIN 18335 VOB Vergabe- und Vertragsordnung für Bauleistungen; Teil C: Allgemeine Technische Vertragsbedingungen für Bauleistungen (ATV); Stahlbauarbeiten,
- **DIN 18360 VOB Vergabe- und Vertragsordnung für Bauleistungen; Teil C: Allgemeine Technische Vertragsbedingungen für Bauleistungen (ATV); Metallbauarbeiten,**
- DIN 18363 VOB Vergabe- und Vertragsordnung für Bauleistungen; Teil C: Allgemeine Technische Vertragsbedingungen für Bauleistungen (ATV); Maler- und Lackierarbeiten; Beschichtungen,
- DIN 18516 Bekleidungen für Außenwände, hinterlüftet; Teil 1: Anforderungen, Grundsätze der Prüfung,
- DIN 50929-1 Korrosion der Metalle; Korrosionswahrscheinlichkeit metallener Werkstoffe bei äußerer Korrosionsbelastung; Teil 1: Allgemeines,
- DIN 50929-3 Korrosion der Metalle; Korrosionswahrscheinlichkeit metallener Werkstoffe bei äußerer Korrosionsbelastung; Teil 3: Rohrleitungen und Bauteile in Böden und Wässern,

- DIN 50929-3 Beiblatt 1 Korrosion der Metalle; Korrosionswahrscheinlichkeit metallischer Werkstoffe bei äußerer Korrosionsbelastung; Teil 3: Rohrleitungen und Bauteile in Böden und Wässern; Beiblatt 1: Korrosionsraten von Bauteilen in Gewässern,
- DIN 50976 Feuerverzinken von Einzelteilen (Stückverzinken) (zurückgezogen), ersetzt durch DIN EN ISO 1461,
- DIN 54130 Zerstörungsfreie Prüfung; Magnetische Streufluss-Verfahren, Allgemeines (zurückgezogen),
- **DIN EN 179 Schlösser und Baubeschläge: Notausgangsverschlüsse mit Drücker oder Stoßplatte für Türen in Rettungswegen; Anforderungen und Prüfverfahren,**
- DIN EN 572-1 Glas im Bauwesen; Basiserzeugnisse aus Kalk-Natronsilicatglas; Teil 1: Definitionen und allgemeine physikalische und mechanische Eigenschaften,
- DIN EN 1011-2 Schweißen; Empfehlungen zum Schweißen metallischer Werkstoffe; Teil 2: Lichtbogenschweißen von ferritischen Stählen,
- DIN EN 1011-3 Schweißen; Empfehlungen zum Schweißen metallischer Werkstoffe Teil 3: Lichtbogenschweißen von nichtrostenden Stählen,
- **DIN EN 1090-1 Ausführung von Stahltragwerken und Aluminiumtragwerken; Teil 1: Konformitätsnachweisverfahren für tragende Bauteile,**
- **DIN EN 1090-2 Ausführung von Stahltragwerken und Aluminiumtragwerken; Teil 2: Technische Regeln für die Ausführung von Stahltragwerken,**

- **DIN EN 1125 Schlösser und Baubeschläge; Paniktürverschlüsse mit horizontaler Betätigungsstange für Türen in Rettungswegen; Anforderungen und Prüfverfahren,**
- DIN EN 1370 Gießereiwesen; Bewertung des Oberflächenzustandes,
- DIN EN 1563 Gießereiwesen; Gusseisen mit Kugelgraphit,
- DIN EN 1564 Gießereiwesen; Ausferritisches Gusseisen mit Kugelgraphit,
- **DIN EN 1627 Türen, Fenster, Vorhangfassaden, Gitterelemente und Abschlüsse; Einbruchhemmung; Anforderungen und Klassifizierung,**
- DIN EN 1863-1 Glas im Bauwesen; Teilvorgespanntes Kalknatronglas; Teil 1: Definition und Beschreibung,
- **DIN EN 1990 Eurocode: Grundlagen der Tragwerksplanung,**
- **DIN EN 1990/NA Nationaler Anhang; National festgelegte Parameter; Eurocode: Grundlagen der Tragwerksplanung,**
- DIN EN 1991 Eurocode 1: Einwirkungen auf Tragwerke,
- DIN EN 1991-1-3 Eurocode 1: Einwirkungen auf Tragwerke; Teil 1-3: Allgemeine Einwirkungen, Schneelasten,
- DIN EN 1993-1-1 Eurocode 3: Bemessung und Konstruktion von Stahlbauten; Teil 1-1: Allgemeine Bemessungsregeln und Regeln für den Hochbau,
- prEN 1999-1-1 Eurocode 9: Bemessung und Konstruktion von Aluminiumtragwerken; Teil 1-1: Allgemeine statische Regeln,
- DIN EN 2516 Luft- und Raumfahrt; Passivieren von korrosionsbeständigen Stählen und Dekontaminierung von Nickel- oder Cobaltlegierungen,

- **DIN EN 10025 Warmgewalzte Erzeugnisse aus Baustählen,**
- **DIN EN 10025-2 Warmgewalzte Erzeugnisse aus Baustählen; Teil 2: Technische Lieferbedingungen für unlegierte Baustähle,**
- DIN EN 10088-1 Nichtrostende Stähle; Teil 1: Verzeichnis der nichtrostenden Stähle,
- DIN EN 10088-2 Nichtrostende Stähle; Teil 2: Technische Lieferbedingungen für Blech und Band aus korrosionsbeständigen Stählen für allgemeine Verwendung,
- DIN EN 10149-2 Warmgewalzte Flacherzeugnisse aus Stählen mit hoher Streckgrenze zum Kaltumformen; Teil 2: Technische Lieferbedingungen für thermomechanisch gewalzte Stähle,
- **DIN EN 10204 Metallische Erzeugnisse; Arten von Prüfbescheinigungen,**
- DIN EN 10228-1 Zerstörungsfreie Prüfung von Schmiedestücken aus Stahl; Teil 1: Magnetpulverprüfung,
- DIN EN 10228-2 Zerstörungsfreie Prüfung von Schmiedestücken aus Stahl, Teil 2: Eindringprüfung,
- DIN EN 10228-3 Zerstörungsfreie Prüfung von Schmiedestücken aus Stahl, Teil 3: Ultraschallprüfung von Schmiedestücken aus ferritischem oder martensitischem Stahl,
- DIN EN 10228-4 Zerstörungsfreie Prüfung von Schmiedestücken aus Stahl, Teil 4: Ultraschallprüfung von Schmiedestücken aus austenitischem und austenitisch-ferritischem nichtrostendem Stahl,
- DIN EN 10308 Zerstörungsfreie Prüfung; Ultraschallprüfung von Stäben aus Stahl,

## 5.4 Normenverzeichnis

- DIN EN 12150-1 Glas im Bauwesen; Thermisch vorgespanntes Kalknatron-Einscheiben-Sicherheitsglas; Teil 1: Definition und Beschreibung,
- **DIN EN 12453 Tore; Nutzungssicherheit kraftbetätigter Tore; Anforderungen und Prüfverfahren,**
- **DIN EN 12604 Tore; Mechanische Aspekte; Anforderungen und Prüfverfahren,**
- DIN EN 12978 Türen und Tore; Schutzeinrichtungen für kraftbetätigte Türen und Tore, Anforderungen und Prüfverfahren,
- **DIN EN 13241 Tore; Produktnorm, Leistungseigenschaften,**
- DIN EN 13445 Unbefeuerte Druckbehälter; Teil 1: Allgemeines,
- **DIN EN 14351-1 Fenster und Türen; Produktnorm, Leistungseigenschaften; Teil 1: Fenster und Außentüren,**
- DIN EN 15684 Schlösser und Baubeschläge; Mechatronische Schließzylinder; Anforderungen und Prüfverfahren,
- **DIN EN 16034 Türen, Tore, Fenster; Produktnorm, Leistungseigenschaften; Feuer- und/oder Rauchschutzeigenschaften,**
- **DIN EN ISO 1461 Durch Feuerverzinken auf Stahl aufgebrachte Zinküberzüge (Stückverzinken); Anforderungen und Prüfungen,**
- DIN EN ISO 2409 Beschichtungsstoffe; Gitterschnittprüfung,
- DIN EN ISO 3059 Zerstörungsfreie Prüfung; Eindringprüfung und Magnetpulverprüfung; Betrachtungsbedingungen,
- DIN EN ISO 3452-1 Zerstörungsfreie Prüfung: Eindringprüfung; Teil 1: Allgemeine Grundlagen,

- **DIN EN ISO 5817 Schweißen; Schmelzschweißverbindungen an Stahl, Nickel, Titan und deren Legierungen (ohne Strahlschweißen); Bewertungsgruppen von Unregelmäßigkeiten,**
- DIN EN ISO 6520-1 Schweißen und verwandte Prozesse; Einteilung von geometrischen Unregelmäßigkeiten an metallischen Werkstoffen; Teil 1: Schmelzschweißen,
- DIN EN ISO 6520-2 Schweißen und verwandte Prozesse; Einteilung von geometrischen Unregelmäßigkeiten an metallischen Werkstoffen; Teil 2: Pressschweißungen,
- DIN EN ISO 7599 Anodisieren von Aluminium und Aluminiumlegierungen; Verfahren zur Spezifizierung dekorativer und schützender anodisch erzeugter Oxidschichten auf Aluminium,
- **DIN EN ISO 9606 Prüfung von Schweißern; Schmelzschweißen,**
- **DIN EN ISO 9606-1 Prüfung von Schweißern; Schmelzschweißen; Teil 1: Stähle,**
- **DIN EN ISO 9692 Schweißen und verwandte Prozesse; Arten der Schweißnahtvorbereitung; Teil 1: Lichtbogenhandschweißen, Schutzgasschweißen, Gasschweißen, WIG-Schweißen und Strahlschweißen von Stählen,**
- DIN EN ISO 9934-1 Zerstörungsfreie Prüfung; Magnetpulverprüfung; Teil 1: Allgemeine Grundlagen,
- DIN EN ISO 10042 Schweißen; Lichtbogenschweißverbindungen an Aluminium und seinen Legierungen; Bewertungsgruppen von Unregelmäßigkeiten,
- DIN EN ISO 12932 Schweißen; Laserstrahl-Lichtbogen-Hybridschweißen von Stählen, Nickel und Nickellegierungen: Bewertungsgruppen für Unregelmäßigkeiten,

- DIN EN ISO 13485 Medizinprodukte; Qualitätsmanagementsysteme; Anforderungen für regulatorische Zwecke,
- DIN EN ISO 13919-1 Elektronen- und Laserstrahl-Schweißverbindungen; Anforderungen und Empfehlungen für Bewertungsgruppen für Unregelmäßigkeiten; Teil 1: Stahl, Nickel, Titan und deren Legierungen,
- DIN EN ISO 13919-2 Elektronen- und Laserstrahl-Schweißverbindungen; Anforderungen und Empfehlungen für Bewertungsgruppen für Unregelmäßigkeiten; Teil 2: Aluminium, Magnesium und ihre Legierungen und reines Kupfer,
- **DIN EN ISO 13920 Schweißen; Allgemeintoleranzen für Schweißkonstruktionen; Längen- und Winkelmaße, Form und Lage,**
- DIN EN ISO 14555 Schweißen; Lichtbogenbolzenschweißen von metallischen Werkstoffen,
- DIN EN ISO 14713-1 Zinküberzüge; Leitfäden und Empfehlungen zum Schutz von Eisen- und Stahlkonstruktionen vor Korrosion; Teil 1: Allgemeine Konstruktionsgrundsätze und Korrosionsbeständigkeit,
- **DIN EN ISO 14713-2 Zinküberzüge; Leitfäden und Empfehlungen zum Schutz von Eisen- und Stahlkonstruktionen vor Korrosion; Teil 2: Feuerverzinken.**
- DIN EN ISO 15613 Anforderung und Qualifizierung von Schweißverfahren für metallische Werkstoffe; Qualifizierung aufgrund einer vorgezogenen Arbeitsprüfung,
- DIN EN ISO 15614 Anforderung und Qualifizierung von Schweißverfahren für metallische Werkstoffe; Schweißverfahrensprüfung,

- **DIN EN ISO 15614-1** Anforderung und Qualifizierung von Schweißverfahren für metallische Werkstoffe; Schweißverfahrensprüfung; Teil 1: Lichtbogen- und Gasschweißen von Stählen und Lichtbogenschweißen von Nickel und Nickellegierungen,
- **DIN EN ISO 17636-2** Zerstörungsfreie Prüfung von Schweißverbindungen; Durchstrahlungsprüfung; Teil 2: Röntgen- und Gammastrahlungstechniken mit digitalen Detektoren,
- DIN EN ISO 17655 Zerstörende Prüfung von Schweißverbindungen an metallischen Werkstoffen; Verfahren zur Probenahme für die Bestimmung des Deltaferrit-Anteils (zurückgezogen),
- DIN EN ISO 21920-1 Geometrische Produktspezifikation (GPS); Oberflächenbeschaffenheit: Profile; Teil 1: Angabe der Oberflächenbeschaffenheit,
- DIN CEN/TS 19100-1 Bemessung und Konstruktion von Tragwerken aus Glas; Teil 1: Grundlagen der Bemessung und Materialien,
- DIN-Fachbericht CEN ISO TR 20172.

## 5.5 Richtlinienverzeichnis

In dieser Übersicht finden Sie die Richtlinien und weitere Quellen, die für die Beurteilung der Schadensfälle heranzuziehen waren. Es ist unbedingt zu beachten, dass immer die zum Zeitpunkt des Schadensfalles beziehungsweise zum Erstellungszeitpunkt des Objektes gültigen Fassungen der Quellen für die Schadensbeurteilung maßgeblich sind.

### Richtlinien

- VDI-Richtlinie 3138 Blatt 1: Kaltmassivumformen von Stählen und NE-Metallen – Grundlagen für das Kaltfließpressen (zurückgezogen),
- VDI-Richtlinie 3822: Schadensanalyse – Grundlagen und Durchführung einer Schadensanalyse,
- VDI-Richtlinie 3822 Blatt 1.2: Schadensanalyse – Schäden an Metallprodukten durch Korrosion in wässrigen Medien,
- VDI-Richtlinie 3822 Blatt 1.5: Schadensanalyse – Schäden an geschweißten Metallprodukten,
- VDI-Richtlinie 3822 Blatt 2: Schadensanalyse – Schäden durch mechanische Beanspruchungen,
- ift-Richtlinie: FE-18/1 Fenster mit Öffnungsbegrenzung,
- DASt-Richtlinie 021: Schraubenverbindungen aus feuerverzinkten Garnituren M39 bis M72,
- DASt-Richtlinie 022: Feuerverzinken von tragenden Stahlbauteilen,
- Geländerrichtlinie. Bundesverband Metall, Essen,
- Richtlinie Feuerschutzabschlüsse. Bundesverband Metall, Essen,
- ETB Richtlinie: Bauteile, die gegen Absturz sichern,
- Deutsches Dachdeckerhandwerk Regelwerk,
- IFBS-Fachregeln des Metallleichtbaus. Internationaler Verband für den Metallleichtbau (IFBS), Krefeld,
- RAL-GZ 695 Fenster, Haustüren und Fassaden,
- Güte- und Prüfbestimmungen für Komponenten und -verfahren (Technischer Anhang zur RAL GZ 716 Kunststoff-Fensterprofilsysteme),
- DGUV Information 208-022 Türen und Tore,
- DGUV Information 215-520 Klima im Büro,
- ASR A 1.7 Türen und Tore,
- ASR A3.6 Lüftung,
- Flachdachrichtlinie – Die Fachregel für Abdichtungen. Zentralverband des Deutschen Dachdeckerhandwerks (ZVDH), Fachverband Dach-, Wand- und Abdichtungstechnik,
- Technische Richtlinien des Glaserhandwerks. Bundesinnungsverband des Glaserhandwerks,
- Arbeitshilfe A.1.3: Empfehlung zur Stahlsortenwahl im Stahlhochbau. bauforumstahl, Düsseldorf, Ausgabe 2024.

### Merkblätter

- Merkblatt 822: Die Verarbeitung von Edelstahl Rostfrei. Informationsstelle Edelstahl Rostfrei (ISER), Düsseldorf,
- Merkblatt 823: Schweißen von Edelstahl Rostfrei. Informationsstelle Edelstahl Rostfrei (ISER), Düsseldorf,
- Merkblatt 824: Reinigung von Edelstahl Rostfrei. Informationsstelle Edelstahl Rostfrei (ISER), Düsseldorf,
- Merkblatt 826: Beizen von Edelstahl Rostfrei. Informationsstelle Edelstahl Rostfrei (ISER), Düsseldorf,
- Merkblatt 833: Edelstahl Rostfrei in Erdböden. Informationsstelle Edelstahl Rostfrei (ISER), Düsseldorf,
- Merkblatt 965: Reinigung nichtrostender Stähle im Bauwesen. Informationsstelle Edelstahl Rostfrei (ISER), Düsseldorf,
- Merkblatt 976: Farbiger nichtrostender Stahl. Informationsstelle Edelstahl Rostfrei (ISER), Düsseldorf,
- Dokumentation 960: Edelstahl Rostfrei – Oberflächen im Bauwesen. Informationsstelle Edelstahl Rostfrei (ISER), Düsseldorf,
- Sonderdruck 862: Allgemeine bauaufsichtliche Zulassung Z-30.3-6 vom 20.04.2022 Erzeugnisse, Bauteile und Verbindungselemente aus nichtrostenden Stählen. Informationsstelle Edelstahl Rostfrei (ISER), Düsseldorf,

- VFF Merkblatt Al.02 Visuelle Beurteilung von organisch beschichteten (lackierten) Oberflächen aus Aluminium. Verband Fenster + Fassade (VFF), Frankfurt am Main,
- VFF Merkblatt AL.03: Visuelle Beurteilung von anodisch oxidierten (eloxierten) Oberflächen auf Aluminium. Verband Fenster + Fassade (VFF), Frankfurt am Main,
- VFF Merkblatt ST.03: Visuelle Beurteilung von Oberflächen aus Edelstahl Rostfrei. Verband Fenster + Fassade (VFF), Frankfurt am Main,
- VFF Merkblatt WP.02: Instandhaltung von Fenstern, Fassaden und Außentüren – Wartung/ Pflege & Inspektion: Maßnahmen und Unterlagen. Verband Fenster + Fassade (VFF), Frankfurt am Main,
- VFF Merkblatt WP.03: Instandhaltung von Fenstern, Fassaden und Außentüren – Wartung/ Pflege & Inspektion: Wartungsvertrag. Verband Fenster + Fassade (VFF), Frankfurt am Main,
- GGGR Merkblatt ER.02: Ergebnisorientierte Reinigung – ein Vorteil? Gütegemeinschaft Gebäudereinigung e.V., Berlin,
- GRM Merkblatt 3: Die GRM Reinigungsmittelliste. Gütegemeinschaft Reinigung Fassaden und Metallfassadensanierung e.V., Schwäbisch-Gmünd,
- VOA Merkblatt 05: Farbtoleranzen bei der dekorativen Anodisation. Verband für die Oberflächenveredelung von Aluminium e.V., München,
- DVS-Merkblatt 1004-1 bis 4: Heißrissprüfverfahren,
- Infoblatt: Feuerverzinkungsgerechtes Konstruieren. Institut Feuerverzinken, Düsseldorf,
- Europäische Technische Zulassungen (ETZ),
- Zulassung Nr. Z-21.1-489 Fischer-Zykon-Anker FZA vom 08.10.1996, Deutsches Institut für Bautechnik, Berlin,
- ETAG 001 Metallanchors für Use in Concrete, Annex C: DESIGN METHODS FOR ANCHORAGES, Europäische Organisation für Technische Zulassungen, Brüssel 1997,
- allgemeine bauaufsichtliche Zulassungen (abZ),
- allgemeine bauaufsichtliche Prüfzeugnisse (abP),
- Typenstatiken,
- Hersteller- und Verarbeitungsrichtlinien,
- Montageanweisungen der Systemgeber,
- Montage-, Bedienungs- und Wartungsanleitungen der Hersteller,
- Technische Datenblätter der Schwerlastanker.

**Gesetze und Verordnungen**

- Richtlinie 2014/68/EU des Europäischen Parlaments und des Rates vom 15. Mai 2014 zur Harmonisierung der Rechtsvorschriften der Mitgliedstaaten über die Bereitstellung von Druckgeräten auf dem Markt – (DGRL),
- Verordnung (EU) Nr. 305/2011 des Europäischen Parlamentes und des Rates vom 9. März 2011 zur Festlegung harmonisierter Bedingungen für die Vermarktung von Bauprodukten und zur Aufhebung der Richtlinie 89/106/EWG des Rates,
- Maschinenrichtlinie 2006/42/EG,
- EU-Bauproduktenverordnung (EU-BauPVO),
- Musterbauordnung (MBO),
- Landesbauordnungen (LBO).

## 5.6 Literatur- und Quellenverzeichnis

[1] Jürgensen, J. et al.: Impact and Detection of Hydrogen in Metals. HTM Journal of Heat Treatment and Materials, vol. 78, no. 5, 2023,

[2] Robertson et al.: Hydrogen Embrittlement Understood. Metall Mater Trans A 46, 2015,

[3] Tabellenbuch Metall. Verlag Europa-Lehrmittel, Haan-Gruiten,

[4] Tabellenbuch für Metallbautechnik. Verlag Europa-Lehrmittel, Haan-Gruiten,

[5] Stahl-Eisen-Werkstoffblatt 088: Schweißgeeignete Feinkornbaustähle. Richtlinien für die Verarbeitung, besonders für das Schweißen. 4. Ausgabe, April 1993, Verlag Stahleisen, Düsseldorf,

[6] Serope Kalpakjian, Steven R. Schmid, Ewald Werner: Werkstofftechnik: Herstellung, Verarbeitung, Fertigung. Pearson-Studium Maschinenbau,

[7] Messing ja – Spannungsrisskorrosion muss nicht sein! Ein kurzer Wegweiser zum problemlosen Umgang mit Zerspanungsmessing. Messing-Info/2 10/98, Deutsches Kupfer-Institut e.V., Informationsblatt,

[8] Rainer Oswald, Ruth Abel: Hinzunehmende Unregelmäßigkeiten bei Gebäuden. 3. Auflage, Vieweg Verlag, Wiesbaden,

[9] Schuster, J.: Heißrisse in Schweißverbindungen – Entstehung, Nachweis und Vermeidung. DVS-Berichte, Band 233, DVS-Verlag GmbH, Düsseldorf, 2004,

[10] Klug, P.; Mußmann, J. W. (Hrsg.): Schweißen im Druckgerätebau. Fachbuchreihe Schweißtechnik, Band 154, DVS-Media GmbH, Düsseldorf, 2015,

[11] F. Feldmeier, J. Schmid: Statische Nachweise bei Metall-Kunststoff-Verbundprofilen. ift Rosenheim, 1988,

[12] Richtlinie für den Nachweis der Standsicherheit von Metall-Kunststoff-Verbundprofilen. Mitteilungen des Instituts für Bautechnik, Berlin, 17 (1986) Heft 6.

## 5.7 Bildnachweis

Dr.-Ing. Elena Alexandrakis:
S. 48, 49, 50, 51

Schlossermeister Jens Belz:
S. 40, 41, 74, 75

Fachregelwerk Metallbauerhandwerk – Konstruktionstechnik:
S. 233, 236, 237, 253, 254

Norbert Finke:
S. 60, 61, 86, 87, 91, 146, 147, 148, 149, 150, 151, 152, 153

Metallbauermeister Andreas Friedel:
S. 108, 109, 155

Werkzeugmachermeister Thomas Hammer:
S. 70, 71, 72, 73, 188, 189

Metallbauermeister Walter Heinrichs:
S. 34, 88, 96, 97, 98, 99, 138, 139

Dr.-Ing. Lothar Höher:
S. 48, 49, 50, 51

Dipl.-Ing. Martin Hofmann:
S. 32, 156, 157, 164, 165, 166, 167, 168, 169, 170, 171, 174, 175, 176, 177, 198, 199, 216, 218, 219, 220, 221

Dipl.-Ing. Architekt Frank Kammenhuber:
S. 94, 95, 115

Dipl.-Ing. (FH) Achim Knapp:
S. 38, 39, 58, 59, 182, 183

Metallbauermeister Andreas Konzept:
S. 92, 93, 116, 117, 118, 119

Dipl.-Ing. Erwin Kostyra:
S. 44, 46, 47, 62, 63, 64, 65, 130, 131

Lehrgebiet Werkstoffprüfung, Ruhr-Universität Bochum:
S. 54, 55, 56, 57, 78, 79, 80, 81, 83, 172, 173, 178, 179, 212, 213

M&T Metallhandwerk:
S. 5, 8, 9, 14, 234, 235, 256, 257, 259, 269

Metallbauermeister Ralf Patzer:
S. 42, 43, 66, 67, 69, 126, 127

Dipl.-Ing. (FH) Hans Pfeifer:
S. 141, 142, 143, 144, 145

Dr.-Ing. Barbara Siebert:
26, 27, 36, 37, 52, 53, 76, 77, 112, 120, 121, 122, 123, 124

SLV Halle GmbH:
S. 22, 23, 24, 25, 132, 133, 195, 208, 209, 211, 215

SLV Mannheim GmbH:
S. 180, 181, 204, 205, 206, 207

Metallbauermeister German Sternberger:
S. 134, 184, 185, 223, 224, 225, 227, 228, 229, 230, 231, 232, 239, 240, 241, 242, 243, 244, 245, 246, 247, 248, 249, 250

Metallbauermeister Pascal Tonneau:
S. 100, 101, 102, 103, 104, 105, 106, 107, 111

Gabriele Weilnhammer, SLV München:
S. 28, 29, 30, 31, 158, 159, 160, 161, 162, 163, 186, 187, 192, 193, 196, 197, 200, 201, 202, 203

Metallbauermeister Peter Zimmermann:
S. 84, 85, 190

## 5.8 Autorinnen und Autoren

Hier finden Sie eine Kurzvita der Autorinnen und Autoren und in den Klammern darunter jeweils die Schadensfälle beziehungsweise die Kapitel, für die sie verantwortlich zeichnen.

Dr.-Ing. **Elena Alexandrakis** ist Geschäftsführerin der Inno-Test-Lab GmbH in Reinheim. Die Schwerpunkte der Arbeit liegen in der systematischen Prüfung und Bewertung neuer Produkte im Bereich von Fassaden- und Befestigungssystemen. Sie studierte Massivbau, war Versuchsingenieurin bei Hochtief-Consult und promovierte 2018.

(Kapitel 2.1.14, 2.1.15)

Foto: Alexandrakis

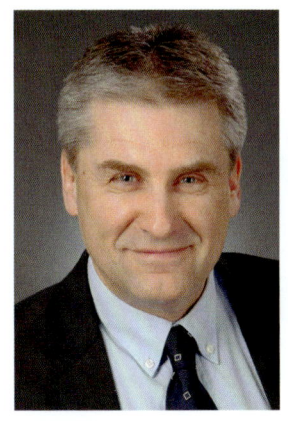

Schlossermeister **Jens Belz** aus Schwanewede ist selbstständiger Unternehmer und Zertifizierter Internationaler Schweißfachmann (CIWS-zertifiziert). Er ist durch die Handwerkskammer Braunschweig-Lüneburg-Stade öffentlich bestellter und vereidigter Sachverständiger im Metallbauerhandwerk.

(Kapitel 2.1.10, 2.2.9)

Foto: Belz

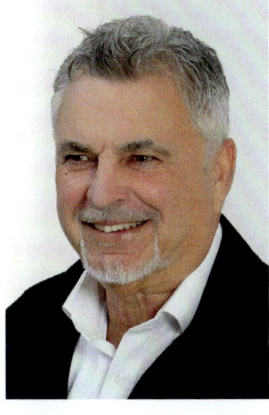

**Norbert Finke** wurde 2001 von der Handwerkskammer Ostwestfalen-Lippe zu Bielefeld für das Metallbauerhandwerk zum öffentlich bestellten und vereidigten Sachverständigen ernannt. Er erstellt Expertisen für Gerichte, die Bauwirtschaft und die Versicherungswirtschaft. Daneben ist er beratend für Handwerksbetriebe und mittelständische Metallverarbeitungsbetriebe tätig, wenn es darum geht, regelkonforme Arbeitsprozesse zu gestalten.

(Kapitel 2.2.2, 2.3.1, 2.3.3, 2.6.7, 2.6.8, 2.6.9, 2.6.10)

Foto: Finke

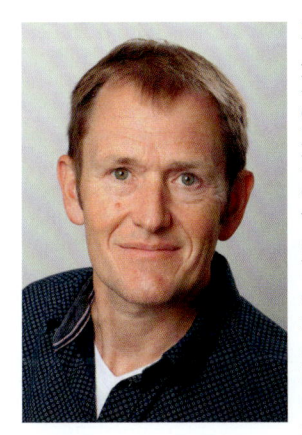

Metallbauermeister **Andreas Friedel** aus Neckargemünd ist von der Handwerkskammer Mannheim Rhein-Neckar-Odenwald öffentlich bestellter und vereidigter Sachverständiger im Metallbauerhandwerk. Er ist europäischer Schweißfachmann, Auditor sowie Inspektor ISO/IEC 17065 der IC-BIT GmbH und Energieeffizienz-Experte für Wohngebäude. Andreas Friedel ist Fachautor.

(Kapitel 2.4.5, 2.6.11, 2.7.2)

Foto: Friedel

Werkzeugmachermeister **Thomas Hammer** aus Angelbachtal ist öffentlich bestellter und vereidigter Sachverständiger im Metallbauerhandwerk. Er war dreißig Jahre als Metallbauer selbstständig, ist Betriebswirt des Handwerks, europäischer Schweißfachmann, zweifacher Gewinner des Deutschen Metallbaupreises, Ehren-Obermeister der Metall-Innung Sinsheim, Fachgruppenleiter der Fachgruppe Stahlbau-Schweißen im Unternehmerverband Metall Baden-Württemberg und hat einen Sitz im Arbeitskreis Öffentlichkeitsarbeit im Bundesverband Metall.

(Kapitel 2.2.7, 2.2.8, 2.7.4)

Foto: Hammer

Metallbauermeister **Walter Heinrichs** aus Simmerath ist von der Handwerkskammer Aachen öffentlich bestellter und vereidigter Sachverständiger für das Metallbauerhandwerk. Er ist European Welding Specialist, Vorsitzender der Fachgruppe Metallbau/Stahlbau/Schweißen im Fachverband Metall Nordrhein-Westfalen, Mitglied im DIN-Normenausschuss Bauwesen NA 005-09-86 AA – Treppen und Geländer, Sachverständiger im BVTG – Bundesverband Treppen- und Geländerbau e.V. und Sachverständiger im BVS – Bundesverband öffentlich bestellter und vereidigter sowie qualifizierter Sachverständige e.V.

(Kapitel 2.1.7, 2.3.2, 2.3.6, 2.3.7, 2.6.3)

Foto: Heinrichs

Dr.-Ing. **Lothar Höher** aus Seebach in Frankreich studierte Bauingenieurwesen und promovierte zum Dr.-Ing. Er war Prüfingenieur der Staatlichen Bauaufsicht der DDR, Anwendungstechniker der Firma fischer, Leiter Technisches Büro der Firma Halfen und Geschäftsführender Gesellschafter der IFBT GmbH. Seit 2019 ist er im Ruhestand und als freiberuflicher Berater tätig.

(Kapitel 2.1.14, 2.1.15)

Foto: Höher

Dipl.-Ing. **Martin Hofmann** ist Inhaber des MHW Martin Hofmann Werkstofftechnik Ing. & Sachverständigenbüro in Schwarza. Er ist öffentlich bestellter und vereidigter Sachverständiger für metallkundliche Untersuchungen und Schadensanalysen. Im Ehrenamt ist er als Vizevorsitzender des Landesverbandes OST des DVS Deutscher Verband für Schweißtechnik und verwandte Verfahren e.V. tätig. Außerdem leitet er den Härtereikreis Suhl der AWT (Arbeitsgemeinschaft Wärmebehandlung und Werkstofftechnik e.V.) und ist Vorsitzender des Prüfungsausschusses für den Lehrberuf Werkstoffprüfer der IHK Erfurt. Für die HWK Südthüringen ist er als Dozent aktiv.

(Kapitel 2.1.6, 2.6.12, 2.6.16, 2.6.17, 2.6.18, 2.6.19, 2.6.21, 2.6.22, 2.7.9, 2.7.18, 2.7.19, 2.7.20)

Foto: Hofmann

## 5.8 Autorinnen und Autoren

Dr.-Ing. **Jens Jürgensen** ist Oberingenieur und leitet die Gruppe „Wasserstoff in Metallen" am Lehrgebiet Werkstoffprüfung der Ruhr-Universität Bochum. Bei der Euro-Labor GmbH in Bochum klärt er technische Schadensfälle im Maschinen- und Anlagenbau auf.

(Kapitel 2.1.17, 2.1.18, 2.2.11, 2.2.12, 2.2.13, 2.7.16)
Foto: Ruhr-Uni Bochum

Dipl.-Ing. Architekt **Frank Kammenhuber** ist seit vielen Jahren öffentlich bestellter und vereidigter Sachverständiger in Hamburg. Er ist dort im Sachverständigen-Büro Dipl.-Ing. Frank Kammenhuber in der Bürogemeinschaft Giering Hillhagen Kammenhuber tätig.

(Kapitel 2.3.5, 2.5.1)
Foto: Kammenhuber

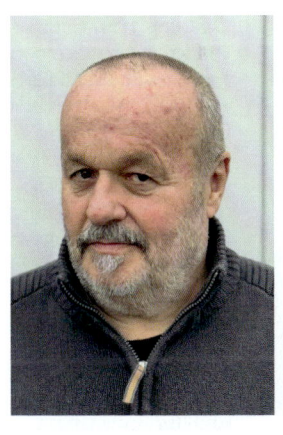

Dipl.-Ing. (FH) **Achim Knapp** aus Heidelberg ist öffentlich bestellter und vereidigter Sachverständiger der Handwerkskammer Mannheim Rhein-Neckar-Odenwald im Metallbauhandwerk. Seit 1998 ist er Inhaber eines Metallbaufachbetriebs im Raum Heidelberg mit Spezialisierung auf Edelstahlverarbeitung in Einzelanfertigung.

(Kapitel 2.1.9, 2.2.1, 2.7.1)
Foto: Knapp

Metallbauermeister **Andreas Konzept** aus Radolfzell ist staatlich geprüfter Metallbautechniker sowie öffentlich bestellter und vereidigter Sachverständiger der Handwerkskammer Konstanz für das Metallbauerhandwerk. Er ist Geschäftsführer der Metallbau Konzept GmbH und Co. KG sowie der Firma WIR GmbH Co. KG.

(Kapitel 2.3.4, 2.5.2, 2.5.3)
Foto: Konzept

Dipl.-Ing. **Erwin Kostyra** aus Berlin ist öffentlich bestellter und vereidigter Sachverständiger für das Metallbauerhandwerk. Er ist Landesinnungsmeister des Metallhandwerks Berlin-Brandenburg.

(Kapitel 2.1.12, 2.1.13, 2.2.3, 2.2.4, 2.5.8, 2.5.9, 2.6.2)
Foto: Kostyra

M. Sc. **Nico Maczionsek** ist wissenschaftlicher Mitarbeiter an der Ruhr-Universität Bochum. Am Lehrgebiet Werkstoffprüfung (WP) promoviert er über wasserstoffinduzierte Spannungsrisskorrosion an höchstfesten Spannstählen. Ebenso zählt die Aufklärung von Schadensfällen aus der Industrie zu seinem Tätigkeitsbereich.

(Kapitel 2.6.20, 2.6.23)
Foto: Ruhr-Uni Bochum

Metallbauermeister **Ralf Patzer** aus Heiligenhaus ist selbstständiger Unternehmer, Schweißfachmann und von der Handwerkskammer Düsseldorf öffentlich bestellter und vereidigter Sachverständiger für das Metallbauerhandwerk.

(Kapitel 2.1.11, 2.2.5, 2.2.6, 2.5.7)
Foto: Patzer

Dipl.-Ing. (FH) **Hans Pfeifer** ist öffentlich bestellter und vereidigter Sachverständiger bei der IHK Ostwürttemberg für das Fachgebiet angewandte Elektrochemie und Werkstoffkunde. Er ist Mitglied im UBF (Unabhängige Berater für Fassadentechnik e.V.). Weiter ist er als Lehrbeauftragter an der Hochschule Augsburg, Fakultät für Architektur und Bauwesen tätig.

(Kapitel 2.6.4, 2.6.5, 2.6.6)
Foto: IFO

Prof. Dr.-Ing. **Michael Pohl** vertritt als Seniorprofessor das Lehrgebiet Werkstoffprüfung (WP) an der Ruhr-Universität Bochum. Er ist unter anderem Mitglied des VDI-Expertenkreises Schadensanalyse und öffentlich bestellter und vereidigter Sachverständiger für Werkstoffe, Qualitätssicherung und Schadensanalyse.

(Kapitel 2.1.17, 2.1.18, 2.2.11, 2.2.12, 2.2.13, 2.6.20, 2.6.23, 2.7.16)

Foto: Ruhr-Uni Bochum

Dipl.-Journ. **Yvonne Schneider** gründete 2011 gemeinsam mit John Siehoff und Jörg Dombrowski den Deutschen Metallbaupreis und hat die Projektleitung inne. Sie ist seit rund 18 Jahren als Fachjournalistin fürs Metallhandwerk rund um die Medienmarke M&T bei RM Rudolf Müller Medien tätig.

(Kapitel 4.3)

Foto: M&T

Prof. Dr.-Ing. habil. **Jochen Schuster** ist Fachbereichsleiter „Schweißmetallurgie" in der Schweißtechnischen Lehr- und Versuchsanstalt SLV Halle GmbH. Seine Arbeitsschwerpunkte sind die schweißmetallurgische Forschung und Entwicklung, die Schadensfallbewertung und Gutachtertätigkeit und er ist als Referent in SFI- und SFM-Lehrgängen tätig. Außerdem hat er eine Honorarprofessur für allgemeine und spezielle Schweißmetallurgie und spezielle Werkstoffkunde an der Hochschule Anhalt.

(Kapitel 2.7.7, 2.7.14, 2.7.15, 2.7.17)

Foto: M&T

Dr.-Ing. **Barbara Siebert** ist Beratende Ingenieurin (BYIK-BAU) und Partnerin der Dr. Siebert und Partner Beratende Ingenieure PartGmbB in München. Dr. Barbara Siebert bearbeitet die Spezialgebiete Konstruktiver Ingenieurbau, Fassaden und Bauen im Bestand. Sie veröffentlicht und trägt vor bei nationalen und internationalen Konferenzen und ist von der IHK München öffentlich bestellte und vereidigte Sachverständige für Glasbau.

(Kapitel 2.1.3, 2.1.8, 2.1.16, 2.2.10, 2.4.7, 2.5.4, 2.5.5, 2.5.6)

Foto: Siebert

Universitätsprofessor Dr.-Ing. **Geralt Siebert** ist Inhaber der Professur für Baukonstruktion und Bauphysik am Institut für Konstruktiven Ingenieurbau der Universität der Bundeswehr München. Er ist Beratender Ingenieur (BYIK-BAU) und Partner eines Ingenieurbüros in München. Er ist Obmann des zur Erarbeitung der DIN 18008 verantwortlichen Ausschusses sowie Mitglied in weiteren nationalen und internationalen Normenausschüssen.

(Kapitel 2.1.3, 2.1.8, 2.1.16, 2.2.10, 2.4.7, 2.5.4, 2.5.5, 2.5.6)

Foto: Siebert

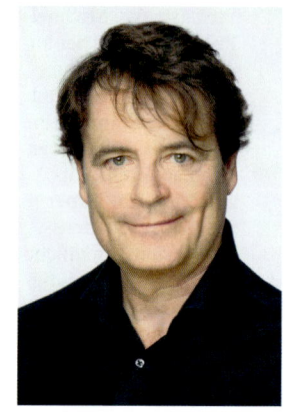

Dr. **John Siehoff,** damals Leiter des Charles Coleman Verlags, und Jörg Dombrowski als Herausgeber starteten 2011 die Buchreihe „Schäden im Metallbau". John Siehoff ist seit 2003 verantwortlich für die Medienmarke M&T-Metallhandwerk und Technik, die bei RM Rudolf Müller Medien erscheint.

(Geleitwort)

Foto: M&T

Dipl.-Ing. (FH) **Helmut Simianer** ist Schweißfachingenieur und war langjähriger Leiter der Materialprüfung in der SLV Mannheim GmbH. Seine Arbeitsschwerpunkte waren die Schadensfallbewertung und Gutachtertätigkeit. Weiterhin ist er als Referent in SFI- und SFM-Lehrgängen tätig sowie Lehrbeauftragter für Werkstofftechnik an der dualen Hochschule Baden-Württemberg (DHBW) Mannheim und für Schweißtechnik an der Hochschule Mannheim.

(Kapitel 2.6.24, 2.7.12, 2.7.13)

Foto: SLV Mannheim

Metallbauermeister **Pascal Tonneau** aus Fröndenberg/Ruhr ist Internationaler Schweißfachmann IWS und von der Handwerkskammer Dortmund und der Handwerkskammer Südwestfalen öffentlich bestellter und vereidigter Sachverständiger für das Metallbauhandwerk. Er ist Gastdozent an der HWK Südwestfalen und beim Bundesverband Metall. Er ist Inhaber der Metallbau-Schlosserei Schulte-Filthaut in Fröndenberg.

(Kapitel 2.4.1, 2.4.2, 2.4.3, 2.4.4, 2.4.6)

Foto: Tonneau

## 5.8 Autorinnen und Autoren

Dipl.-Ing. **Steffen Wagner** ist Geschäftsführer der Schweißtechnischen Lehr- und Versuchsanstalt Halle GmbH. Er ist Internationaler Schweißfachingenieur, Schraubfachingenieur und Aufsichtsführender bei der Ausführung von Korrosionsschutzarbeiten. Er ist Leiter des Ressort Werkstofftechnik der GSI mbH und deren kooperierenden Einrichtungen. Weiterhin ist er Leiter des DGZfP-Arbeitskreis Halle-Leipzig und ist auch als Prüfer im Bereich der Zerstörungsfreien Prüfung mit Zertifikaten der Stufe 2 tätig. Die fügetechnische Bemessung und Konstruktion sind ihm ebenso vertraut.

(Kapitel 2.1.1, 2.1.2, 2.5.10)

Foto: M&T

**Gabriele Weilnhammer** war von 1982 bis 2019 als Metallographin bei der SLV München beschäftigt, davon von 1998 bis 2019 als Leiterin des Metallographie-Labors. Im Rahmen dieser Tätigkeit zeichnete sie für zahlreiche Vorträge, Veröffentlichungen, die Durchführung von Metallographie-Kursen, die Mitwirkung als Dozentin an Ausbildungsmaßnahmen der SLV München, der Technischen Akademie Esslingen, der Universität in Cheonan (Südkorea) und der Industrie- und Handelskammer verantwortlich. Seit November 2019 ist sie zwar im Ruhestand, aber immer noch als freie Mitarbeiterin für die SLV München und für die IHK München tätig. Darüber hinaus hält sie Fachvorträge, schreibt Artikel und ist Autorin von Fachbüchern.

(Kapitel 2.1.4, 2.,1.5, 2.6.13, 2.6.14, 2.6.15, 2.7.3, 2.7.6, 2.7.8, 2.7.10, 2.7.11)

Foto: Weilnhammer

Metallbauermeister **Peter Zimmermann** (Fachrichtung Metallgestaltung) ist seit 2015 öffentlich bestellter und vereidigter Sachverständiger der Handwerkskammer Freiburg und Internationaler Schweißfachmann (IWS). Er ist seit 1985 mit dem Metallbaubetrieb Stilworks Metallgestaltung mit Sitz in Riegel am Kaiserstuhl selbstständig.

(Kapitel 2.2.14, 2.7.5)

Foto: M&T

## Herausgeber

Dipl.-Ing. **Jörg Dombrowski** aus Berlin ist seit vielen Jahren Redakteur bei der RM Rudolf Müller Medien GmbH in Köln und Herausgeber der ersten fünf Bände der Schadensfallbuchreihe.

(Kapitel 1, 3.3, 3.6, 4.1, 4.2, 5.1, 5.2, 5.3, 5.4, 5.5, 5.6, 5.7, 5.8)

Foto: M&T

Metallbauermeister **German Sternberger** aus Leimen ist öffentlich bestellter und vereidigter Sachverständiger im Metallbauerhandwerk. Er ist europäischer Schweißfachmann und Werkstattleiter in den Forschungswerkstätten der Chemischen Institute der Universität Heidelberg. Er engagiert sich im Gesellenprüfungsausschuss der Innung und im Metallbau-Meisterprüfungsausschuss der Handwerkskammer Mannheim Rhein-Neckar-Odenwald.

(Kapitel 1, 2.6.1, 3.1, 3.2, 3.4, 3.5, 5.2, 5.3)

Foto: M&T

# M&T Metallhandwerk & Technik:
## Fachinformationen für die Praxis

M&T Metallhandwerk & Technik informiert umfassend über Trends in der Metallverarbeitung und über die Auswirkungen von Richtlinienänderungen auf Ihre tägliche Arbeit. Da die Redaktion direkt aus der Branche berichtet, profitieren Sie mit jeder Ausgabe von ausführlichen Technikberichten, Branchen- und Produktinformationen sowie Betriebsmanagement-Tipps.

### Ihre Vorteile im Überblick:

- Abbildungen, Infokästen und kompakte Checklisten helfen beim Anwenden der vorgestellten Techniken und Produkte

- Als Abonnent von Vorzugspreisen auf das Fachregelwerk Metallbaupraxis und den Metallbaukongress profitieren

- Mobile Digitalausgabe inklusive

Jetzt 2 Ausgaben im Miniabo testen unter:
**www.baufachmedien.de/mt**

## M&T Metallhandwerk & Technik
*Mehr Technik. Mehr Tiefe. Mehr Tipps.*

**Bundesverband Metall**

**RM** Rudolf Müller

# Metallkongress

*powered by* **M&T** | **Bundesverband Metall**

## Hier trifft sich die Branche:

Zum Austauschen, Netzwerken, Informieren und Feiern!

**Sind Sie auch dabei?**

Jetzt informieren:
www.metallkongress.de

**M&T** Metallhandwerk & Technik
*Mehr Technik. Mehr Tiefe. Mehr Tipps.*

Bundesverband Metall

**RM** Rudolf Müller